建筑工程投标施工组织设计的编制

主　编　马荣全　徐　蓉
副主编　王旭峰　杨　勤

中国建筑工业出版社

图书在版编目（CIP）数据

建筑工程投标施工组织设计的编制／马荣全，徐蓉主编.
北京：中国建筑工业出版社，2009
ISBN 978-7-112-10666-0

I. 建… II. ①马… ②徐… III. 建筑工程－投标－施工组
织－设计 IV. TU723.2

中国版本图书馆 CIP 数据核字（2009）第 008443 号

建筑工程投标施工组织设计的编制
主 编 马荣全 徐 蓉
副主编 王旭峰 杨 勤
＊
中国建筑工业出版社出版、发行（北京西郊百万庄）
各地新华书店、建筑书店经销
北京华艺制版公司制版
世界知识印刷厂印刷
＊
开本：787×1092 毫米 1/16 印张：25¼ 字数：630 千字
2009 年 4 月第一版 2009 年 4 月第一次印刷
定价：**48.00** 元
ISBN 978-7-112-10666-0
（17599）

本书以国内外招标制度发展和现状为背景，分析施工企业建筑工程投标目标，重点说明投标施工组织设计的编制原理和应用，分别从编制流程、编制要点、编制策略、技术标和商务标结合策略，说明投标施工组织设计编制的方法，并通过典型案例进行应用分析，探讨建立投标施工组织设计资源库平台，实现多元化的投标决策，在此基础上总结投标施工组织设计的发展趋势。

本书编者根据投标施工组织设计编制的相关规范和要求，提供了投标施工组织设计编制标准（推荐）和典型公共建筑工程、大型厂房工程的施工组织设计编制案例，有助于增强读者对实践知识的认识，提高理论联系实际的应用能力。书后还附有建筑工程投标施工组织设计编制软件的有关介绍，方便读者掌握现代化投标施工组织设计编制的操作能力。

本书可作为工程类专业成人教育、继续教育院校学生的专业辅导用书，也可以为建筑施工单位投标阶段和经营决策阶段使用，同时可作为相关单位管理人员的专业参考书，还可以为建设单位、管理单位、咨询单位的工程施工管理提供参考。

*　　*　　*

责任编辑：付培鑫　邓　卫
责任设计：赵明霞
责任校对：王金珠　王雪竹

前　言

　　工程投标是一门科学。随着市场经济体制的逐步确立和我国建筑市场的逐步放开，政府依法监督，招投标活动当事人在建设工程交易中心依法定程序进行交易活动，我国招投标制度日益成熟，建筑市场发展日益规范化，市场各参与主体的竞争更加激烈。工程项目设计施工的"高度、深度、难度"也呈现出新的特点和趋势，对技术力量雄厚、施工经验丰富的企业也提出了越来越高的要求。建筑市场的价格竞争主要反映在工程报价上，建筑工程报价要求的是合理价格。报价高了，没有希望取胜；报价低了，不能反映企业实际水平，质量没有保证，也不可能取胜。投标施工组织设计是承包商向业主充分展示自己技术水平和组织管理协调能力的具体体现，目前我国施工企业对增加投标施工组织设计的科技含量，提高建筑施工经济效益的研究成果相对较少。分析各种竞争因素，可以看到，要使企业提高投标竞争能力，提高经济效益和中标率，应在积累经验的基础上，摸索规律，发挥优势，克服劣势。针对目前工程项目经常面临的工期紧、质量要求高、技术复杂、施工难度大等特点，及时有效地编制投标施工方案，进行合理报价，已成为目前大型企业需要解决的重要课题。

　　本书以目前施工企业工程投标现状为背景，分析施工组织设计方案存在的问题，说明投标文件中施工组织设计方案编制的现状及投标施工组织设计的编制流程，结合评标方法、投标策略，阐述投标施工组织设计的编制要点、技术标与商务标的结合及投标施工组织设计的编制策略，最后总结和展望投标施工组织设计的发展趋势。书稿内容体系适应建筑工程投标的迫切需要，反映工程技术管理人员的知识结构。本书由同济大学土木工程学院和中建八局中南公司强强联合，发挥双方优势力量，旨在总结近年大型项目施工投标经验，研究施工项目投标施工方案，探讨项目投标规律，进行基础素材资源整合，为工程项目施工方案的编制决策提供依据，从而有助于企业在工程施工项目的投标中突出优势，提高项目中标率。本书编写过程中通过调查研究、系统分析、理论计算、实际应用、总结提高等手段，研究探讨建设工程项目投标施工组织设计的编制，同时总结建设项目施工特点，提出针对性的投标施工组织设计编制模式，列出主要方案措施编制目录和必要内容，并针对典型工程类型，进行应用总结；根据《招标投标法》规定的评标方法，分析常用评标模型，提出应对的投标施工方案和报价方案；建立建设工程项目主要施工组织设计资源信息库应用模型；分析投标方案与实施施工方案的区别，明确投标报价技巧，为项目中标后的赢利提供机会。

　　本书特点如下：

　　1. 内容新颖。本书以国家规范、相应法律法规为依据，同时提取了大量专业图书和专业论文的精要，结合作者的经验和研究成果编制。

　　2. 问题阐述系统全面。本书以建筑工程投标施工组织设计编制为主线，加以拓宽，涵盖了工程投标各阶段的具体工作。

3．注重实用。书中以理论为指导，把理论引入到具体的操作中，着重介绍了为什么要这样做、做什么、怎样做，并配备典型案例，可操作性强。

本书由马荣全、徐蓉主编，王旭峰、杨勤担任副主编。具体编写分工如下：第一章由徐蓉、杜瑞利编写；第二章由马荣全、杜瑞利、万小兵编写；第三章杨勤、杨全付、龙炎飞编写；第四章由王旭峰、万小兵、龙炎飞编写；第五章由徐蓉、杜瑞利、俞宝达编写；第六章由王旭峰、方娟编写；专题Ⅰ和Ⅱ由中建八局中南公司何娟、赵亚军整理提供，专题Ⅲ由王旭峰、朱伟、董智力整理提供，高克送、俞宝达提供了部分资料，最后由龙炎飞负责校对、整理。

虽然编者实践经验充分，参阅了大量的资料，但限于编者水平，书中难免有不当之处，恳请读者提出宝贵的意见，以便再版时能做得更好。

目　　录

1 概　　述

1.1　招投标制度和国内外发展概述

　　招标是在市场经济条件下进行建设工程、货物买卖、财产租售和中介服务等经济活动的一种竞争和交易形式。其特征是引入竞争机制以求达成交易协议和（或）订立合同，它兼有经济活动和民事法律行为两种性质。其作为一种特殊的交易方式，是在一定范围内公开货物、工程或服务采购的条件和要求，邀请众多投标人参加投标，并按照规定程序从中选择交易对象的一种市场交易行为。工程项目的投标是指通过投标资格预审的投标人，以发包人提供的招标文件为依据，对招标文件要求作出实质性的响应，经过详细的市场调查，按照招标文件的要求编写投标文件，通过投标的方式承揽工程的过程。投标是获取工程施工承包权的主要手段，是响应招标、参与竞争的一种法律行为。要获得工程施工，必须以合理科学的价格和施工技术打动招标人，而表现施工技术的文件主要是投标施工组织设计。投标施工组织设计与投标报价密不可分，而招投标制度是这两者的限制与决定性因素。

　　与其他采购方式相比，招标具备以下特点：一是程序规范。在招标投标活动中，从招标、投标、开标、评标、定标到签订合同，每个环节都有严格的程序和规则。这些程序和规则具有法律约束力，当事人不能随意改变。二是必须编制招标及投标文件。在招标投标活动中，招标人必须编制招标文件，投标人据此编制投标文件参加投标，招标人组织评标委员会对投标文件进行评审和比较，从中选出中标人。因此，是否编制招标、投标文件，是区别招标与其他采购方式的最主要特征之一。三是公开性。招标投标的基本原则是"公开、公平、公正和诚实信用"，将采购行为置于透明的环境中，防止腐败行为的发生。四是一次成交。在一般的交易活动中，买卖双方往往要经过多次谈判后才能成交。招标则不同，在投标人递交投标文件后到确定中标人之前，招标人不得与投标人就投标价格等实质性内容进行谈判，也就是说，投标人只能一次报价，不能与招标人讨价还价，只能以中标报价作为签订合同的基础。以上四个特点，基本反映了招标投标的本质，也是招投标活动的基本特征。

1.1.1　国外招投标制度

　　随着生产力的发展，产生了社会分工和商品生产，商品交换也随之产生，人们在商品交换过程中会参与洽谈，进行"货比三家"，从中选择价格与质量相对优质的商品，这便是原始意义上的招投标。商品市场在不断转变与完善，经过近两个世纪的实践，国际上的招投标运作日趋成熟，目前已经形成了一整套国际惯例，规范化程度也越来越高。1977年，国际咨询工程师联合会（FIDIC）和欧洲建筑工程国际联合会（FIEC）以各国实践为基础，编制了土木工程施工国际通用合同条件，它以招标承包制为基础，规定了工程承包过程的管理条件，目前广泛应用于国际工程市场。一些国家相应编制了有关招标与投标的"指南"或"规范"，例如英国《土木工程承包招标投标指南》、德国 VOB－A《建筑工程招标一般规定 DIN1960》等。招标采购能给招标者带来最佳的经济利益，所以它一诞生就具有强大的生命力，世界市场经济国家的招标采购已成为一项事业，并不断发展和完善，现已形成一套可供借鉴的管理制度。

1.1.1.1　注重立法，实行法制化管理

政府采购法律法规是市场经济国家以及有关国际组织的基本法律制度之一。英国早在18 世纪就制定了有关政府部门公用品招标采购法律。澳大利亚 1901 年就在有关法律中对政府采购作出了原则性规定，并以此为依据制定了《联邦政府采购导则》等法规。奥地利在 1989 年制定了供内部使用的公共采购规则，并在 1994 年正式以法律形式公开实施。美国在 20 世纪 30 年代初就制定了《购买美国产品法》，并先后制定和颁布了《联邦财产与行政服务法》、《联邦采购政策办公室宪法》、《合同争议法》以及与招标采购有关的《小企业法》，同时为实施这些法律制定了一系列实施细则，如《联邦采购规则》、《联邦国防采购补充规则》等。1991 年和 1994 年意大利议会分别通过了 109 号法令和 406 号法令，对本国的公共采购行为作了专门的规定。瑞士于 1991 年根据关贸总协定的有关规定和本国的实际情况制定和颁布了《公共采购法》，确定除铁路、邮电等部门外，所有联邦政府部门的公共采购行为均应遵守这部法律。比利时于 1993 年通过了《关于公共市场和一些为公共市场服务的私人市场的法律》，规定了公共采购的大体框架，并授权国王就具体事项制定法令，1996 年又颁布了两个关于传统公共采购和公用事业单位采购实施措施和程序的皇家法令。

国际组织也相继制定颁布了采购或招标采购法律。世界银行为规范借款国的招标采购行为，1981 年颁布了《世界银行借款人和世界银行作为执行机构聘请咨询专家指南》，1985 年颁布了以强化对招标采购的严密监管而著称的《国际复兴开发银行贷款和国际开发协会信贷采购指南》。欧盟在《成立欧洲经济共同体条约》的指导下，相继制定了有关政府采购、工程、服务和公用事业等方面的招标规则。联合国贸易法委员会为促进国际贸易法律的规范化和统一化，1994 年颁布了《货物、工程和示范法》，以指导各国特别是发展中国家的招标采购立法，随后关贸总协定最终达成了《政府采购协议》。

西方国家和世界国际组织的招标采购立法，尽管体系不同，某些具体内容也有差异，但从总体上看，具有以下几个特点：

1. 贯穿竞争、平等、公开、开放的宗旨。在价格、质量、及时提供产品或服务等方面最大限度地满足招标采购人的要求，坚持报价最低或条件最优惠的投标人中标原则；促进和鼓励国内所有的供应商和承包商参与投标，并在一定限制内鼓励国外的供应商和承包商参与投标，以体现充分竞争；坚持给予所有参加投标的供应商和承包商以公平和平等的待遇的原则；保证招标采购过程的所有参与人在其权利受到侵犯时能及时获得有效的法律救助。

2. 对公共（政府及国有企业、事业单位）采购实行强制招标。对公共采购推行强制招标是绝大多数国家采购法律的又一个特点。普遍规定，凡是政府部门、国有企业以及某

些对公共利益影响重大的私人企业进行的采购项目达到规定金额的都必须实行招标。美国和欧盟（包括各成员国）按传统的公共采购部门和公用事业部门的采购将其分为两类：一是将传统公共采购部门的货物和服务招标限额按中央政府部门和其他公共采购部门划分为两类；二是将公用事业部门的货物和服务招标限额不同部门划分为两类。如美国法律规定，中央政府部门的货物或服务采购金额达到 13 万美元特别提款权的必须实行招标；欧盟法律规定，中央政府部门的货物或服务采购金额达到 137537 欧元的必须实行招标。

从种类和限额划分主要体现以下几个特点：第一，货物与服务的招标限额是一样的，比工程的招标限额要低得多，一般后者为前者的十倍以上。第二，在传统公共采购中，中央政府部门限额要比地方政府和其他公共采购部门的限额低。而在公用事业部门的采购中，水、能源和交通运输部门的限额要比电信部门的限额低，也就是说中央政府、地方政府比其他公共部门要严格得多。第三，欧盟除了中央政府部门的货物和服务的招标限额与美国的相同，其他有关的招标限额都比美国的要低一些。

3. 自由选择招标方式，但对谈判招标方式（议标）进行严格限制。法律对招标方式不作硬性规定，招标人可以根据实际情况选择招标方式，也就是说既可选择完全竞争性招标，也可以选择有限竞争招标方式，还可以采用谈判招标方式（议标），但都对谈判招标方式进行严格限制。比如作为指导各国立法的《示范法》规定，只有在以下情况下，才能采用谈判招标：第一，招标人不可能拟定有关货物或工程的详细规格，或不可能拟定服务的特点，只能通过谈判才能使其招标获得最满意的解决；第二，招标人为谋求签订一项进行研究、实验、调查或开发工作的合同；第三，招标涉及国防或国家安全；第四，已采用完全竞争招标或有限竞争招标程序，但未有人投标或招标人根据法律规定拒绝了全部投标，而且招标人认为再进行新的招标程序也不太可能产生采购行为；第五，急需获得该货物、工程或服务，采用完全竞争或有限竞争招标程序不切实际，但条件是造成此种紧迫性的情况并非招标人所能预见，也非招标人办事拖拉所致；第六，由于某一灾难性事件急需得到该货物、工程或服务，而采用的其他招标程序因耗时太久而不可行。美国、奥地利、比利时等国家的法律规定，采用谈判招标，一般情况下也必须引入竞争机制，即至少由三家以上供应商或承包商参加投标谈判，而且都必须事先公布招标通告和中标结果，以便其他潜在投标人询问原因直至向行政或司法部门提出异议或诉讼。招标过程中，招标人与投标人可以就价格等实质性内容进行协商，一般情况下不需开标（也无标可开），谈判后直接决定中标结果。

4. 法律监管制度完善。法律规定，如果招标过程中招标人违反了有关规定，投标人可以要求招标人改正或对其行为作出解释，或请求仲裁，或向法院起诉，或要求审计总署（国会的一个机构）对有关事实作独立审计。通过这些行政的、司法的和仲裁的措施，有效地监管了招标法律规则的执行。瑞士的联邦政府委员会和英国的合同评审委员会，属于政府机构专门处理和仲裁招标投标纠纷的部门。奥地利、比利时采购法律和欧盟《公共救济指令》及《公用事业救济指令》都对公共采购法律的监管进行了严格规定。总的原则是，对于招标过程中招标人的违法行为，投标人可以向成员国或欧盟委员会提出控告。如果违法行为发生在成员国内部的招标过程中，则由该成员国的行政或司法机关监管；如果发生在几个成员国之间，则由欧盟负责调查处理；如果成员国法院解决不了某一诉讼而需要欧盟作出解释，就应向欧盟提出申请，或者直接将案件移交欧洲法院审理。奥地利由行使独立权力的联邦采购办公室负责对招标采购进行监管，该局首席长官由总统任命，有权调查处理招标采购过程中的违法行为，但受到奥地利宪法法院和欧洲法院的制约，即当事人不服其处理决定时，可以向这些法院提起上诉。比利时对招标采购法律执行的监管主要由公共市场委员会负责，此外，还通过审计等财政监控对招标采购程序进行严格监督。

1.1.1.2 设立专门机构，实行职业化管理

政府采购往往是经常性的，而且任务量大，招标采购专业性又很强，所以建立招标采购机构、培养专业采购人员，是有效运用法律、提高采购效率的有力保证。目前在欧盟及世界范围内公共采购职业已经成为与律师、会计师一样重要的、专业化的社会职业。1782年，英国首先设立文具公用局，作为特别负责政府部门所需办公用品采购的机构，以后发展为物资供应部，专门采购政府部门所需物资。继英国之后，很多国家都成立了专门的机构以确保招标采购的顺利进行。美国联邦政府各部门如国防部、商务部、宇航局等都设立了专门的采购机构，负责本部门的采购业务。奥地利总理府设立了宪法工作部，负责招标法的采购业务，还设立一个采购处，负责总理府的采购业务。比利时、新西兰等国政府也设有专门的采购机构，在国家总的采购政策指导下，从事本部门、本地区的采购业务。国有企业和对公共利益影响较大的某些私人企业，也有自己的专门采购机构。这些机构的设立，为招标采购法律的执行和采购业务的开展，提供了有力保障。随之而来的是采购队伍的不断壮大和发展，美国、奥地利、比利时都拥有一支30000名招标采购专家和15000名招标采购官员的庞大的招标采购队伍，这支队伍在公共采购中发挥着不可估量的作用。

在对本国产品和企业进行保护方面，在招标采购中能否给予国内投标人一定的优惠以达到保护本国产品和企业的目的，是各国采购法律中都涉及的一个重要而敏感的问题。美国有专门的《购买美国产品法》，其中规定：10万美元以上的招标采购，必须购买相当比例的美国产品；招标人在招标文件中必须根据法律规定说明给予国内企业的优惠幅度。例外的情况是：一是美国没有该产品或该产品不多；二是外国产品价格低，对本国产品给予25%的价格优惠后，本国产品价格仍然高于外国产品的价格（即使在这种情况下仍需将授予外国企业的合同报主管部门核准）。美国的国防采购规则还特别规定，国防部在招标采购中要注意照顾以下投标企业：残疾人企业，中小企业，劳改企业，对人体产生危害的生产企业。欧盟尽管反对在欧盟内部实行优惠政策，但对欧盟外仍实行限制政策。其法律规定，欧盟内的招标采购不得给予发展水平较低的成员国以一定的优惠，但可以在招标竞争以外的其他方面给予支持，如资金转移等，以促进其发展。在统一对外上，欧盟也采取保护政策，法律规定对欧盟成员国的投标人给予一定的优惠，也就是说，对非欧盟成员国的投标人是有限制的。不仅如此，美国和欧盟在加入世贸组织的《政府采购协议》时，都对本国公共采购市场的对外开放做了很严格的控制，与此同时均设立专门采购机构。美国早在1969年就成立了政府采购委员会，在这个委员会的建议下，于1974年又建立了一个权力高度集中的联邦采购政策办公室，主要负责制定影响采购活动的总政策，确保政府财政资金在采购中得到恰当的保留，如在公用事业采购方面，美国就不对欧盟开放其电信领域的采购市场。联合国贸法委员会《示范法》也规定允许招标采购中给予本国投标人一定的优惠，但未做具体规定。

1.1.1.3　建立运作有效的招标采购监管体系

西方发达国家和国际组织不仅重视招标采购法律的制定，同时更加重视招标采购监管体系的建立和完善。美国于1990年成立了联邦采购规则委员会，负责监管联邦公共采购法律的实施。这个委员会的主要成员由采购任务较多的重要部门负责人组成，如联邦采购政策办公室主任、国防部长、宇航局局长及总服务局局长等都是委员会的成员。联邦政府各部门还设有由一名监察长领导的独立的监察办公室，负责审定是否需要对本部门公共采购采取纠正的事宜。同时世界范围内正在逐步寻求国际或区域范围内招标采购法律规范的统一化。欧盟的存在不仅促进了成员国经济的一体化，而且也促进了成员国招标采购法律的一体化。各成员国的招标采购法律基本上是欧盟规则的具体实施，在大的原则规定方面已经没有差别。美国和欧盟一起参加世贸组织《政府采购协议》后，根据《协议》的规定对自己已有的招标法律、规则进行了修订，因而有的"差距"已越来越小，这大大促进了美国和欧盟间招标采购法律的统一。

目前世界范围内招标采购立法及其实践出现了新的发展趋势：一是在法律规定上做若干修改，着眼点是要使招标采购当事人的利益在世界自由贸易中得到保障，但程序规定不一定做大的改动；二是突出强调公共采购要更多地选择商品市场上已有的商品；三是注重通过国际电子网络系统进行招标采购，这样可以大大节省编写招标、投标文件和传递这些文件的时间，进一步提高招标效率，称为"无纸办公目标"；四是开始改变单纯从过去的老客户中选定投标人的做法，注重从新的客户中选定投标人，因此有必要重新拟定"合格供应商和承包商永久名单"；五是要在法律程序上更加重视协商、仲裁和调解手段在解决纠纷中的重要性，切实减少对簿公堂的争端。

各国招标投标法大都规定了招标投标监督机制，以对公共采购的招标投标活动进行独立的、有效的监督。监督程序一般分为二级，即行政监督和司法监督。行政监督是由中央和地方政府设立一定数量的招标投标监督机构，对属于各自范围的公共采购的招标投标活动进行监督。司法监督是法院对招标投标活动及行政监督的最后监督，如德国在联邦卡特尔局设立两个招标投标监督处，监督处在业务上受联邦卡特尔局局长领导，在法律规定的范围内独立地、负责任地从事其活动。监督处由一名主席和两名委员组成，两名委员中，一名是荣誉职位委员；主席和专职委员必须是终身任期的具有担任高级行政职务或相应专业职务能力的公务员；主席必须具有担任法官职务的能力；委员应当具备扎实的招标投标知识；荣誉职位的委员还应当在招标投标领域具有多年的实践经验。监督处成员任职期为五年，独立作出决定，对招标投标行为负责。

监督处应当事人的申请进行审核。任何一个跟公共采购具有利益关系的企业，只要提出招标人因不遵守招标规定而损害了或可能损害到自己的利益的主张，都可以向监督处提出审核要求。如果申请人在招标投标程序进行过程中即已发现其声称的违反招标投标规定的事实，而未及时向采购人提出申诉的，则其申请不合法。监督处受理当事人提出的合法申请后，依职权调查案情。在调查过程中，监督处应注意避免对招标投标的进展过程产生不适当的影响。监督处将当事人的申请书送达给招标人，并要求招标人提供说明招标投标程序的卷宗材料。所有当事人原则上都可以查阅这些卷宗材料。

监督处依据口头辩论作出决定，但口头辩论应限于一个日期，全体当事人都有发表意见的机会。监督处一般应当在收到申请书后五周内，以书面形式，对申请人的权利是否受到损害作出决定并采取适当措施，以排除权利侵害行为并阻止对相关利益的损害。监督处在作出决定时可以不受申请书的约束，对招标投标程序的合法性施加影响。要求审核的申请书送达招标人后，招标人不得在监督处作出决定之前确定中标。

司法监督机关是各州高等法院。当事人不服招标投标监督处作出的决定，可以在决定送达后两周内，向州高等法院提出立即抗告，州高等法院设立招标投标庭，负责审理此类立即抗告。立即抗告对招标投标监督处作出的决定具有暂时的延缓效力。

应招标人申请，法院在虑及立即抗告取胜前景的情况下，可以允许继续进行招标投标程序并确定中标。这种申请应以书面形式提出，并且应同时陈述理由。申请人还应对陈述申请理由时提出的事实以及紧急处理的原因进行证明。法院认为抗告成立的，应撤销招标投标监督处的决定。在这种情况下，由抗告法院或者自行对案件作出判决，或者宣布招标投标处必须在考虑本法院的法律观点的情况下，对该案重新作出决定。

1.1.2　我国招投标制度

在十一届三中全会以后，我国的招投标事业飞速发展。1979 年，我国土木建筑业最先参与国际竞争，以投标方式在中东、亚洲、非洲和港澳地区开展国际工程承包业务，国内建筑业于 1981 年在深圳和吉林开始招投标的试点工作。深圳国际商业大厦工程 $52000m^2$，经招标确定施工单位，投资节省 964.4 万元，工期缩短半年，工程质量达到优良，取得了显著的经济效益和社会效益。吉林省吉林市从 1985 年开始在公用建筑及住宅小区试行招标制。原水利电力部于 1982 年 7 月，在鲁布革引水工程中首次进行国际招标投标，参加投标的企业有 8 家，日本大成公司以比标底低 46% 的价格中标，工期缩短 120 天。这些招标投标试点的成功，在中国工程建设领域引起很大的反响。为了推行招投标制，在以后的20 几年中，陆续出台了一系列的规章、法规，促使我国的招投标制度努力完善。招投标作为一种采购方式和订立合同的一种特殊程序，已经在我国工程建设领域随着建筑市场的形成而逐渐建立和完善起来，从发展趋势看，招投标的领域还在继续拓宽，规范化程度也正进一步提高。

我国在 2003 年 7 月 1 日起施行《建设工程工程量清单计价规范》（GB 50500—2003），遵循商品经济的规律，建立以市场形成价格为主的价格依据，即实行量价分离。实行工程量清单招标投标就是把定价权交给企业和市场，淡化定额的法定作用，它是根据施工图纸计算工程量，并提供给投标单位，给各投标单位审定并确认后，作为投标报价的基础。它是在统一量的基础上由各企业自定各个分项的综合单价进行报价，该综合单价包含了成本、利润和风险金及税金。这样投标单位可以自主报价，成为真正意义上的市场竞争者。在工程招标投标程序中增加"询标"环节，让投标人对报价的合理性、低价的依据、如何确保工程质量及落实安全措施等进行详细说明。在工程投标中，报价是受竞争激烈程度的制约而浮动的，它是投标单位根据自己的实际情况，结合工程特点，并反映企业的管理水平和技术优势而提出的。报价质量的衡量尺度是：既能中标，又能盈利。而要形成较为适度的报价，首先要有一个科学、合理、先进和切实可行的施工组织设计作基础。

建设工程招投标包括建设工程勘察设计招投标、建设工程监理招投标、建设工程施工招投标和建设工程采购招投标。根据《中华人民共和国招标投标法》规定，法定强制招标项目的范围有两类：一是法律明确规定必须进行招标的项目；二是依照其他法律或者国务院的规定必须进行招标的项目。现在我国建设投资已呈现多元化局面，国内的外资项目，如世界银行项目、亚洲开发银行项目、中外合资项目、外商独资项目均以按国际惯例进行交易和管理，市场竞争激烈，合同风险随之会显现出来，因此就要重视招标投标和合同管理，这也是发展趋势。相比较发达国家而言，我国招投标制度与国际招投标制度有相似之处，也有自身的特征和特点。

1.1.2.1 建立了较为完善的招标投标法律体系

改革开放以来，我国从 20 世纪 80 年代初开始，逐步在工程建设、进口机电设备、机械成套设备、政府采购、利用国际金融组织和外国政府贷款项目以及科技开发、勘察设计、工程监理、证券发行等服务项目方面推行招标投标制度，取得了明显的成效。为进一步规范招标投标活动，适应加入 WTO 的需要，全国人大九届十一次常务委员会于 1999 年 8 月 30 日通过《中华人民共和国招标投标法》（简称《招标投标法》），并与 2000 年 1 月 1 日起实行。

《招标投标法》是国内建设工程招投标活动的一部基本法，适用于在我国境内进行的招投标活动。它规定了建设工程的招标范围、招标投标程序、行政监督以及相关的法律责任。与之配套的文件主要有：

1. 《关于国务院有关部门实施招标投标活动行政监督的职责分工的意见》（国办发 [2004] 34 号）；
2. 《工程建设项目招标范围和规模标准规定》（国计委 3 号令）；
3. 《招标公告发布暂行办法》（国计委 4 号令）；
4. 《工程建设项目自行招标试行办法》（国计委 5 号令）；
5. 《国家重大建设项目稽查办法》（国计委 6 号令）；
6. 《工程建设项目可行性研究报告增加招标内容以及核准招标事项暂行规定》（国计委 9 号令）；
7. 《国家重大建设项目招标投标标准监督暂行办法》（国计委 18 号令）。

国家关于建设项目招投标活动制定相关法律和文件，其目的是为了规范招标投标活动，保护国家利益、社会公共利益和招投标活动当事人的合法权益，提高经济效益，保证项目质量。《招标投标法》对招标投标过程中的法律责任作出了明确规定。根据所承担的法律责任及处罚对象不同处罚可分为对招标人的处罚、对招标代理机构的处罚、对评标委员会的处罚、对投标人的处罚、对相关单位的处罚。国家对招投标活动的重视程度愈来愈高，这一点从不断颁布的法律法规条文中就可以看出。社会经济持续发展，国内市场不断开放，建筑市场逐步规范、完善，国家也根据发展情况不断修订或新颁布法律法规引导和监督条文，对招标投标活动正确指引，并对违反招标投标规定进行处罚，在招投标活动中健全法律体系，为招投标活动保驾护航。

1.1.2.2 贯彻了公开、公平、公正的原则和宗旨

招投标制度的宗旨是"公开、公平、公正"，为保证其顺利实施，我国招投标制度明

确了以下原则：

1. 竞争原则

公共采购人必须根据招标投标法规定的程序和规则，通过竞争以及透明的招标投标程序，采购货物、建筑工程和服务。采购主体是法律规定的公共采购人，采购数额达到法定的标准，又不存在例外情况，公共采购的招标投标过程中贯彻自由竞争和公平竞争，是招标投标法的首要宗旨。

2. 禁止歧视原则

这个原则要求，招标投标程序对参与人应一视同仁，除非法律明确规定区别对待参与人是合适的或合法的。这是平等竞争原则在招标投标法中的具体体现，也是上述竞争原则的一项具体要求。根据此项原则，招标人必须平等对待所有投标人，让他们平等、公平地参与到采购程序中去，确保他们具有完全平等的交易机会。招标人不得因投标人地域、隶属关系、所有制等的不同而给予其不同的待遇，不得将采购活动限于一定的区域范围。

3. 专业技能原则

公共采购人应邀请具有良好的专业技能、经济效益和商业信誉的企业投标。只有在法律有相应规定情况下，才能向投标人提出其他的要求或进一步的要求。采购人在安排招标时，应当以相关企业的专业技能作为其决策的标准，而不应以其他与招标投标项目无关或关系不大的政治、经济或社会等方面的政策目标来考虑作为取舍的依据。只有在法律有明文规定时，才能（例外地）对其他非专业技能因素加以考虑。或者说，在竞争原则与其他公共利益之间发生冲突时，原则上应以前者为先。

4. 最经济的投标中标的原则

最经济的投标中标，就是指投标人的投标能够最大程度地满足招标人在招标文件中规定的各项综合评价标准，而报价最低的不一定就是最经济的投标。考察一项投标是不是"最经济的"除了要看报价高低外，还要对诸如供货期限、产品的质量、项目执行时间以及是否会产生后续成本等因素作综合分析。

5. 投标人有权要求招标人遵守有关法律规定的原则

投标人作为相对容易受到侵害的一方，应有权要求招标人遵守有关招标投标程序的规定。根据此项原则，参与招标投标的投标人，享有要求招标人遵守有关招标投标程序规定的权利。这项权利是一项可以向有关行政监督部门和法院诉请的权利。招标人违反招标投标法的规定，特别是旨在保护投标人合法权益的规定，给投标人造成利益损害或其他损害的，必须予以赔偿。

1.1.2.3 确定了公共采购的强制招标制度

对公共采购推行强制招标是绝大多数国家招标投标制度的重要核心内容。普遍规定，凡是政府部门、国营企业以及某些对公共利益影响重大的私人企业进行的货物、工程和服务采购，达到规定金额标准的都必须实行招标。《招标投标法》第三条规定：在中华人民共和国境内进行下列工程项目包括勘察、设计、施工、监理以及与工程建设有关的重要设备、材料等的采购，必须进行招投标：

1. 大型基础设施、公用事业等关系社会公共利益、公众安全的项目；

2. 全部或者部分使用国有资金投资或者国家融资的项目；

3. 使用国际组织或者国外政府贷款、援助资金的项目。

招标活动应当遵循公开、公平、公正和诚实信用的原则。任何单位和个人不得将依法必须进行招标的项目化整为零或者以其他任何方式规避招标。

国家发展计划委员会经国务院批准于 2000 年 5 月 1 日发布的《工程建设项目招标范围和规模标准规定》（第 3 号令），依据《招标投标法》"具体范围和规模标准，由国务院发展计划部门会同国务院有关部门制定，报国务院批准"的要求，进一步明确必须进行招标的工程建设项目的具体范围和规模标准。

（1）关系社会公共利益、公众安全的基础设施项目的范围：

1）煤炭、石油、天然气、电力、新能源等能源项目；

2）铁路、公路、管道、水运、航空以及其他交通运输业等交通运输项目；

3）邮政、电信枢纽、通信、信息网络等邮电通讯项目；

4）防洪、灌溉、排涝、引（洪）水、滩涂治理、水土保持、水利枢纽等水利项目；

5）道路、桥梁、地铁和轨道交通、污水排放及处理、垃圾处理、地下管道、公共停车场等城市设施项目；

6）生态环境保护项目；

7）其他基础设施项目。

（2）关系社会公共利益、公众安全的公用事业项目的范围：

1）供水、供电、供气、供热等市政工程项目；

2）科技、教育、文化等项目；

3）卫生、社会福利等项目；

4）体育、旅游等项目；

5）商品住宅，包括经济适用房；

6）其他公用设施项目。

（3）使用国有资金投资项目的范围：

1）使用各级财政预算资金的项目；

2）使用纳入财政管理的各级政府专项建设基金的项目；

3）使用国有企业事业单位自有资金，并且国有资产投资者实际拥有控制权的项目。

（4）国家融资项目的范围：

1）使用国家发行债券所筹资金的项目；

2）使用国家对外借款或者担保所筹资金的项目；

3）使用国家政策性贷款的项目；

4）国家授权投资主体融资的项目；

5）国家特许的融资项目。

（5）使用国际组织或者外国政府资金的项目的范围：

1）使用世界银行、亚洲开发银行等国际组织贷款资金项目；

2）使用外国政府及其机构贷款资金项目；

3）使用国际组织或者外国政府援助资金项目。

（6）必须进行招标的项目范围：

1）施工单项合同估算价在 200 万元人民币以上的项目；

2）重要设备、材料等货物的采购，单项合同估算价 100 万人民币以上的；

3）勘察、设计、监理等服务的采购，单项合同估算价在 50 万元人民币以上的；

4）单项合同估算价低于 1）、2）、3）项规定的标准，但项目总投资额在 3000 万元人民币以上的。

（7）必须公开招标的项目：

全部使用国有资金投资或者国有资金投资占控股或者主导地位的，应当公开招标。招标投标活动不受地区、部门的限制，不得对潜在投标人实行歧视待遇。

（8）依法必须进行招标的项目，有下列情形之一的，经审批可以进行邀请招标：

1）项目技术复杂或者有特殊要求，只有少量几家潜在投标人可供选择的；

2）受自然地域环境限制的；

3）涉及国家安全、国家秘密或抢险救灾，适宜招标但不宜公开招标的；

4）拟公开招标的费用与项目价值相比，不值得的；

5）法律、法规规定不宜公开招标的。

国家重点建设项目的邀请招标，应当经国务院发展计划部门批准；地方重点建设项目的邀请招标，应当经省、自治区、直辖市人民政府批准。全部使用国有资金投资或者国有资金占控股或者主导地位的并需要审批的工程建设项目的邀请招标，应当经项目审批部门批准，但项目审批部门只审批立项的，由有关行政监督部门批准。

（9）需要审批的工程建设项目，有下列情形之一的，由上述规定的审批部门批准，可以不进行施工招标：

1）涉及国家安全、国家秘密或者抢险救灾而不适宜招标的；

2）属于利用扶贫资金实行以工代赈需要使用农民工的；

3）施工主要技术采用特定的专利或者专有技术的；

4）施工企业自建自用工程，且该施工企业资质等级符合工程要求的；

5）在建工程追加的附属小型工程或者主体加层工程，原中标人仍具备承包能力的；

6）法律、行政法规规定的其他情形。

（10）不需要审批但依法必须招标的工程建设项目，有上述情形之一的可以不进行施工招标。

1.1.2.4 规定了明确的招标程序（图 1-1）

招标投标方式是采购的基本方式，决定着招标投标的竞争程度，也是防止不正当交易的重要手段。招标投标活动的各个环节均体现了"公开、公平、公正"的原则：招标人首先要在指定的报刊或其他媒体上发布招标通告，邀请所有潜在的投标人参加投标；在招标文件中详细说明拟采购的货物、工程或服务的技术规格，评价和比较投标文件以及选定中标者的标准，在提交投标文件截止时间的同一时间公开开标；在确定中标人前，招标人不得与投标人就投标价格、投标方案等实质性内容进行谈判。这样，

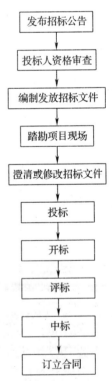

发布招标公告

投标人资格审查

编制发放招标文件

踏勘项目现场

澄清或修改招标文件

投标

开标

评标

中标

订立合同

图 1-1 招标程序

招标投标活动被完全置于社会的公开监督之下，可以防止不正当的交易行为。

1. 发布招标公告

《招标投标法》规定：招标人采用公开招标方式的，应当发布招标公告。国家发改委据此于 2000 年 7 月 1 日发布了《招标公告发布暂行办法》（第 4 号令），对发布招标公告作了进一步明确规定。

（1）发布招标公告的媒介

1）国家发展计划委员会根据国务院授权，按照相对集中、适度竞争、受众分布合理的原则，指定《中国日报》、《中国经济报》、《中国建设报》和《中国采购与招标网》（http：//www.chinabidding.con.cn）为发布依法必须招标项目的招标公告发布的媒介。其中，依法必须招标的国际招标项目的招标公告应在《中国日报》上发布。

2）各地方人民政府依照审批权限审批的依法必须招标的民用建筑工程项目的招标公告，可以在省、自治区、直辖市人民政府发展计划部门指定的媒介发布。

3）使用国际组织或者外国政府贷款、援助资金的招标项目，贷款方、资金提供方对招标公告的发布另有规定的，适用其规定。

（2）发布招标公告的要求

1）拟发布的招标公告文本应当由招标人或其委托的招标代理机构的主要负责人签名并加盖公章。

2）招标人或其委托的招标代理机构发布招标公告，应向指定媒介提供营业执照（或法人证书）、项目批准文件的复印件等证明文件。

3）招标人或其委托的招标代理机构应至少在一家指定的媒介发布招标公告。

4）招标人或其委托的招标代理机构在两个以上媒介发布同一招标项目的招标公告内容应当相同。

5）指定报纸和网络应当在收到招标公告文本之日起七日内发布招标公告。指定媒介应与招标人或其委托的招标代理机构就招标公告内容进行核实，经双方确定无误后，在前款规定的时间内发布。

6）在指定报纸免费发布的招标公告所占的版面一般不超过整版的 1/40，且字体不小于六号字。

（3）发布招标公告的内容

招标公告应当载明招标人的名称和地址，招标项目的性质、数量、实施地点和时间，投标截止日期以及获取招标文件的办法事项。

招标人或其委托的招标代理机构应保证招标公告内容的真实、准确和完整。

（4）招标公告的修改

发布的招标公告文本有下列情形之一的，有关媒介可以要求招标人或其委托的招标代理机构及时予以更正、补充或调整：

1）字迹潦草、模糊，无法辨认；

2）载明的事项不符合规定的招标公告内容；

3）招标人或其委托的招标代理机构主要负责人没有签名并加盖公章；

4）在两家以上媒介发布的同一招标公告的内容不一致。

指定媒介发布的招标公告的内容与招标人或其委托的招标代理机构提供的招标公告文

本不一致并造成不良影响的，应当及时纠正，重新发布。

（5）违规行为的处罚

1）招标人或其委托的招标代理机构有下列行为之一的，由国家发展计划委员会和有关行政监督部门视情节依照《中华人民共和国招标投标法》第四十九条、第五十一条的规定处罚：

① 依法必须招标的项目，应当发布公告而不发布的；

② 不在指定媒介发布依法必须招标项目的招标公告的；

③ 招标公告中有关获取招标文件的时间和办法的规定明显不合理的；

④ 招标公告中以不合理的条件限制或排斥潜在投标人的；

⑤ 提供虚假的招标公告、证明材料的，或者招标公告含有欺诈内容的；

⑥ 在两个以上媒介发布同一招标项目的招标公告的内容不一致的。

2）指定媒介有下列情形之一的，给予警告；情节严重的，取消指定：

① 违法收取或变相收取招标公告发布费用的；

② 无正当理由拒绝发布招标公告的；

③ 不向网络抄送招标公告的；

④ 无正当理由延误招标公告的发布时间的；

⑤ 名称、住所发生变更后，没有及时公告并备案；

⑥ 其他违法行为。

3）任何单位和个人非法干预招标公告发布活动，限制招标公告的发布地点和发布范围的，由有关行政监督部门依照《中华人民共和国招标投标法》第六十二条规定处罚。

2．投标人资格预审

《招标投标法》第十七条、第十八条规定：

（1）招标人可以根据招标项目本身的要求，在招标公告或者投标邀请书中，要求潜在投标人提供有关资质证明文件和业绩情况，并对潜在投标人进行资格审查；国家对投标人的资格条件有规定的，依照其规定。招标人不得以不合理的条件限制或者排斥潜在投标人，不得对潜在投标人实行歧视待遇。

（2）招标人采用邀请招标方式的，应当向三个以上具备承担招标项目、资信良好的独立法人或者其他组织发出投标邀请书。

3．编制发放招标文件

《招标投标法》第十九条、第二十条、第二十四条规定：

（1）招标人应当根据招标项目的特点和需要编制招标文件。招标文件应当包括招标项目的技术要求、对投标人资格审查的标准、投标报价要求和评标标准等所有实质性要求和条件以及拟签订合同的主要条款。

（2）国家对招标项目的技术、标准有规定的，招标人应当按照其规定在招标文件中提出相应的要求。

（3）招标项目需要划分标段、确定工期的，招标人应当合理划分标段、确定工期，并在招标文件中载明。

（4）招标文件不得要求或者标明特定的生产供应者以及含有倾向或者排斥潜在投标人的其他内容。

（5）招标人不得向他人透露已获取招标文件的潜在投标人的名称、数量以及可能影响公平竞争的有关招标投标的其他情况。

（6）招标人应当确定投标人编制投标文件所需要的合理时间。但是，依照法律必须进行招标的项目，自投标文件开始发出之日起至投标人提交投标文件截止之日，最短不得少于 20 日。

4. 踏勘项目现场

《招标投标法》第二十一条规定，招标人根据招标项目的具体情况，可以组织潜在投标人踏勘项目现场。

5. 澄清或修改招标文件

《招标投标法》第二十三条规定，招标人对已发出的招标文件进行必要的澄清或修改的，应当在招标文件要求提交投标文件截止时间至少 15 日前，以书面形式通知所有招标文件收受人。该澄清或修改的内容为招标文件的组成部分。

6. 投标

《招标投标法》第二十五条、第二十六条、第二十七条、第二十八条、第二十九条、第三十一条、第三十二条、第三十三条规定：

（1）投标人是响应招标、参加投标竞争的法人或其他组织。

（2）投标人应当具备承担招标项目的能力；国家或者招标文件对投标人资格条件有规定的，投标人应当具备规定的资格条件。

（3）投标人应当按照招标文件的要求编制投标文件。投标文件应当对招标文提出的实质性要求和条件作出响应。招标项目属于建设施工的，投标文件的内容应当包括拟派出的项目负责人与主要技术人员的简历、业绩和拟用于完成招标项目的机械设备等。

（4）投标人根据招标文件载明的项目实际情况，拟在中标后将中标项目的部分非主体、非关键性工作进行分包，应当在投标文件中载明。

（5）投标人应当在招标文件要求提交投标文件截止时间前，将投标文件送达投标地点。

（6）投标人在招标文件要求提交投标文件截止时间前，可以修改、补充或者撤回已提交的投标文件，并书面通知招标人。补充、修改的内容为投标文件的组成部分。

（7）对投标人的限制

1）投标人不得相互串通投标报价，不得排挤其他投标人的公平竞争，损害招标人或者其他投标人的合法权益；

2）投标人不得与招标人串通投标，损害国家利益、社会公共利益或者他人的合法权益；

3）禁止投标人以向招标人或者评标委员会成员行贿的手段谋取中标；

4）投标人不得以低于成本的报价竞标，也不得以他人名义投标或者以其他弄虚作假，骗取中标。

（8）联合体投标

两个以上法人或者其他组织可以组成一个联合体，以一个投标人的身份共同投标。

联合体各方均应当具备承担招标项目的相应能力；国家有关规定或者招标文件对投标人资格条件有规定的，联合体各方均应具备规定的相应资格条件。由同一专业的单位组成联合体，按照资质等级较低的单位确定资质等级。

联合体各方应当签订共同投标协议，明确约定各方拟承担的工作和责任，并将共同投标协议连同投标文件一并提交招标人。联合体中标的，联合体各方应当共同与招标人签订合同，就中标项目向招标人承担连带责任。

招标人不得强制投标人组成联合体共同投标，不得限制投标人之间的竞争。

7. 开标

《招标投标法》第三十四条、第三十五条、第三十六条规定：

（1）开标应当在招标文件规定的提交投标截止时间的同一时间公开进行，开标地点应为招标文件中预先确定的地点。

（2）开标由招标人主持，邀请所有投标人参加。

（3）开标时，由投标人或者其推选的代表检查投标文件的密封情况，也可由招标人委托的公证机构检查并公证；确认无误后，由工作人员当场拆封，宣读投标人名称、投标价格和投标文件的其他主要内容。招标人在招标文件要求提交投标文件的截止时间前收到所有投标文件，开标时应当众予以拆封、宣读。开标过程应当记录，并存档备查。

8. 评标

《招标投标法》第三十七条、第三十八条、第三十九条、第四十二条、第四十四条规定：

（1）评标由招标人依法组建的评标委员会负责。

（2）依法必须进行招标的项目，其评标委员会由招标人的代表和有关技术、经济等方面的专家组成，成员人数为五人以上单数，其中技术、经济等方面的专家不得少于成员总数的2/3。评标专家应当从事相关领域工作满八年并具有高级职称或者具有同等专业水平，由招标人从国务院有关部门或省、自治区、直辖市人民政府有关部门提供的专家名册或招标代理机构的专家库内相关专业的专家名册中确定。一般招标项目可以采取随机抽取方式，特殊招标项目可以由招标人直接确定。与投标人有利害关系的人，不得进入相关项目的评标委员会，已进入的，应当更换。评标委员会成员的名单在中标结果确定前保密。

（3）评标委员会可以要求投标人对投标文件中含义不明确的内容作出必要的澄清或者说明，但澄清或说明不得超出投标文件的范围或者改变投标文件的实质内容。

（4）评标委员会应当按照招标文件确定的评标标准和方法，对投标文件进行评审和比较；设有标底的，应参考标底。评标委员会完成评标后，应当向招标人提出书面评标报告，并推荐合格的中标候选人。

（5）评标委员会经评审，认为所有投标都不符合招标文件要求的，可以否决所有投标。

（6）评标委员会成员应当客观、公正地履行职务，遵守职业道德，对所提出的评审意见承担个人责任。评标委员会成员不得私下接触投标人，不得收受投标人的财物或者其他好处。评标委员会成员和参与评标的有关工作人员不得透露对投标文件评审和比较，中标候选人的推荐情况以及与评标有关的其他情况。

（7）招标人应当采取必要措施，保证评标在严格保密的情况下进行。任何单位和个人不得非法干预、影响评标的过程和结果。

9. 中标

《招标投标法》第四十条、第四十一条、第四十五条、第四十七条规定：

（1）招标人根据评标委员会提出的书面评标报告和推荐的中标候选人确定中标人，招标人也可以授权评标委员会直接确定中标人。

（2）中标人的投标文件应当符合下列条件之一：

1）能够最大限度地满足招标文件中规定的各项综合评价标准；

2）能够满足招标文件的实质性要求，并且经评审的投标价格最低，但是投标价格低于成本的除外。

3）中标人确定后，招标人应当向中标人发出中标通知书，并同时将中标结果通知所有未中标的投标人。

4）中标通知书对招标人和中标人具有法律效力。中标通知书发出后，招标人改变中标结果的，或者中标人放弃中标项目的，应当依法承担法律责任。

5）依法必须进行招标的项目，招标人应当自确定中标人之日起 15 日内，向有关行政监督部门提交招标投标情况书面报告。

10. 订立合同

《招标投标法》第四十六条、第四十八条规定：

（1）任何中标人应当自中标通知书发出之日起 30 日内，按照招标文件和中标人的投标文件订立书面合同。招标人和中标人不得再订立背离合同实质性内容的其他协议。招标文件要求中标人提交履约保证金的，中标人应当提交。

（2）中标人应当按照合同约定履行义务，完成中标项目。中标人不得向他人转让中标项目，也不得将中标项目肢解后分别向他人转让。中标人按照合同约定或者经招标人同意，可以将中标项目的部分非主体、非关键性工作分包给他人完成。接受分包的人应当具备相应的资格条件，但不得再次分包。中标人应当就分包项目向招标人负责，接受分包的人就分包项目承担连带责任。

1.1.2.5　确立了行政、司法监督机制

关于招标投标的行政监督，《招标投标法》及国务院和国家发展计划委员会所颁布的有关文件均作出了规定。

1. 行政监督内容

《招标投标法》第七条、第十二条、第四十七条、第六十五条等有关内容规定：

（1）依法对招标投标活动实施监督，依法查处招标投标活动中的违法行为；

（2）依法必须进行招标的项目，招标人自行办理招标事宜，应当向有关行政监督部门备案；

（3）依法必须进行招标的项目，招标人应当自确定中标人之日起 15 日内，向有关行政监督部门提交招标投标情况的书面报告；

（4）接受招投标任何利害关系人认为招标活动不符合招标办法有关规定的投诉；

（5）依法作出行政处罚决定。

2. 行政职责划分

行政监督的具体职责划分依据《招标投标法》第七条，由国务院规定，经中央机构编制委员会办公室报国务院同意，在国办发 ［2004］34 号《关于国务院有关部门实施招标

投标活动行政监督的职责分工意见》予以明确：

（1）国家发展计划委员会指导和协调全国招投标工作，会同有关行政主管部门拟定《招标投标法》配套法规、综合性政策和必须进行招标的项目的具体范围、规模标准以及不适宜进行招标的项目，报国务院批准；制定发布招标公告的报刊、信息网络或者其他媒介。有关行政主管部门根据《招标投标法》和国家有关法规、政策，可联合或者分别制定具体实施办法。

（2）项目审批部门在审批必须进行招标的项目可行性研究报告时，核准项目的招标方式（委托招标或自行招标）以及国家有关财政项目的招标范围，发包初步方案。项目审批后，及时向有关行政主管部门通报所确定的招标方式和范围等情况。

（3）对于招投标过程，包括开标、投标、评标、中标过程泄露保密资料、泄露标底、串通招标、串通投标、歧视排斥投标等违法活动的监督执法，按现行的职责分工，分别由有关行政主管部门负责并受理投标人和其他利害关系人的投诉。按照这一原则，各类房屋建筑及其附属设施的建造和与其配套线路、管道、设备的安装项目和市政工程项目的招标投标活动的监督执法，由建设行政主管部门负责。有关行政主管部门必须将监督过程中发现的问题，及时通知项目审批部门，项目审批部门根据情况依法暂停项目执行或者暂停资金拨付。

（4）从事各类工程建设项目招标代理业务的招标代理机构的资格，由建设行政主管部门认定；从事与工程建设有关的进口机电设备采购招标代理的代理机构的资格，由外经贸行政主管部门认定；从事其他招标代理业务的招标代理机构的资格，按现行职责划分，分别由相关的行政主管部门认定。

（5）国家发展计划委员会负责组织国家重大建设项目稽查特派员，对国家重大建设项目建设过程中的工程招投标活动进行监督检查。

3. 国家重大建设项目行政监督的细则

关于国家重大建设项目的招标投标监督办法，国家发展计划委员会先后于2000年8月17日发布《国家重大建设项目稽查办法》（第6号令），于2002年1月10日发布《国家重大建设项目招标投标监督暂行办法》（第18号令），明确了组织稽查特派员及助理（简称稽查人员）对建设项目招标投标进行监督的细则。

（1）稽查对象

国家重大建设项目是指国家出资融资的，经国家计划委员会审批或审核后报国务院审批的建设项目。

（2）稽查方式

采取经常性稽查和专项性稽查方式。经常性稽查方式是对建设项目所有招标投标活动进行全过程的跟踪监控；专项性稽查方式是对建设项目招标投标活动实施稽查。列入经常性稽查的项目，招标人应当根据核准的招标事项编制招标文件，并在发售前15个工作日将招标文件、资格预审情况和时间安排及相关文件一式三份报国家计委备案。招标人确定中标人后，应当在15个工作日内向国家计委提交招标投标情况报告。

（3）稽查人员职责

1）监督检查招标投标当事人和其他行政监督部门有关招标投标的行为是否符合法律、法规规定的权限、程序；

2）监督检查招标投标的有关文件、资料，对其合法性、真实性进行核实；

3）监督检查资格预审、开标、评标、定标过程是否合法以及是否符合招标文件、资格审查文件的规定，并可进行相关的调查核实；

4）监督检查招标投标结果执行情况。

（4）监督检查方式

1）检查项目审批程序、资金拨付等资料和文件；

2）检查招标公告、投标邀请书、招标文件、投标文件，核查投标单位的资质等级和资信等情况；

3）监督开标、评标，并可以旁听与招标投标事项有关的重要会议；

4）向招标人、投标人、招标代理机构、有关行政主管部门、招标公证机构调查了解情况，听取意见；

5）审阅招标投标情况报告、合同及有关文件；

6）现场查验、调查、核实招标结果执行情况。

根据需要，可以联合国务院其他行政监督部门、地方发展计划部门开展工作，并可以聘请有关专业技术人员参加检查。稽查人员在监督检查过程中不得泄露知悉的保密事项，不得作为评标委员会成员直接参与评标。

（5）稽查发现违规处罚

对招投标活动监督检查中发现的招标人、招标代理机构、投标人、评标委员会成员和相关工作人员违反《中华人民共和国招标投标法》及相关配套法规、规章的，国家计委视情节依法给予以下处罚：

1）警告；

2）责令限期整改；

3）罚款；

4）没收违法所得；

5）取消在一定时期参加国家重大建设项目投标、评标资格；

6）暂停安排国家建设资金或暂停审批有关地区、部门建设项目。

对需要暂停或取消招标代理资质、吊销营业执照、责令停业整改、给予行政处分、依法追究刑事责任的，移交有关部门、地方人民政府或者司法机关处理。对国家重大建设项目招标投标过程中发生的各种违法行为进行处罚时，也可以依据职责分工由国家计委会同有关部门共同实施。重大处理决定，应当报国务院批准。

1.1.3 招标方式及特点

总体来看，目前世界各国和有关国际组织的招标采购法律、规则大都规定了公开招标、邀请招标、议标等三种方式及其相关程序，我国招投标法规定的招标方式只有公开招标和邀请招标两种。

1.1.3.1 公开招标

公开招标，又叫竞争性招标，即由招标人在报刊、电子网络或其他媒体上刊登招标公告，吸引众多企业单位参加投标竞争，招标人从中择优选择中标单位的招标方式。按照竞争程度，公开招标可分为国际竞争性招标和国内竞争性招标。

（1）国际竞争性招标

这是在世界范围内进行招标，国内外合格的投标商均可以投标。要求制作完整的英文招标书，在国际上通过各种宣传媒介刊登招标公告。例如，世界银行对贷款项目货物及工程的采购规定了三个原则：必须注意节约资金并提高效率，即经济有效；要为世界银行的全部成员提供平等的竞争机会，不歧视投标人；有利于促进贷款国本国的建筑业和制造业的发展。世界银行在确定项目的采购方式时都从这三个原则出发，国际竞争性招标是采用得最多、占采购金额最大的一种方式，它的特点是高效、经济、公平。采购合同金额较大，国外投标商感兴趣的货物、工程必须采用国际竞争性招标。

实践证明，尽管国际竞争性招标程序比较复杂，但确实有很多的优点。首先，由于投标竞争激烈，一般可以实现对买主有利的价格采购需要的设备和工程。其次，可以引进先进的工艺设备、工程技术和管理经验。第三，可以保证所有合格的投标人都有参加投标的机会。由于国际竞争性招标对货物、设备和工程客观的衡量标准，可促进发展中国家的制造商和承包商提高产品和工程建设质量，提高国际竞争力。第四，保证采购工作根据预先确定并为大家所知道的程序和标准公开而客观地进行，因而减少了在采购中作弊的可能。当然，国际竞争性招标也存在一些缺陷，主要是：国际竞争性招标费时较多。国际竞争性招标有一套周密而比较复杂的程序，从招标公告、投标人作出反应、评标到授予合同，一般都要半年以上的时间。国际竞争性招标所需准备的文件较多，招标文件要明确规定各种技术规格、评标标准以及买卖双方的义务等内容，招标文件中任何含糊不清或未予明确的内容都可能导致执行合同意见不一致，甚至产生争执。另外还要将大量文件译成国际通用文字，工作量很大。在中标的供应商和承包商中，发展中国家所占份额很少。在世界银行用于采购的货款总金额中，国际竞争性招标的占60%，其中，发达国家如美国、德国、日本等国家中标额就占到80%左右。

（2）国内竞争性招标

在国内进行招标，可用本国语言编写招标书，只在国内的媒体上登出广告，公开出售招标书，公开开标。通常用于合同金额较小（世界银行规定：一般50万美元以下）、采购品种比较分散、分批交货时间较长、劳动密集型、商品成本较低而运费较高、当地价格明显低于国际市场采购价格。此外，若从国内采购货物或者工程建筑可以大大节省时间，而且这种便利将对项目的实施具有重要的意义，也可仅在国内实行竞争性招标。在国内竞争性招标的情况下，如果外国公司愿意参加，则应允许他们按照国内竞争性招标规则参加投标，不应人为设置障碍，妨碍其公平参加竞争。国内竞争性招标的程序大致与国际竞性招标相同。由于国内竞争招标限制了竞争范围，通常国外供应商不能得到有关投标的信息，这与招标的原则不符，所以一些国际组织对国内竞争性招标都加以限制。

1.1.3.2 邀请招标

邀请招标，也称有限竞争性招标或选择性招标，即由招标单位选择一定数目的企业，向其发出投标邀请书，邀请他们参加投标竞争。一般选择 3～10 个参加较为适宜，可视具体的招标项目的规模大小而定。由于被邀请的投标竞争者有限，不仅可以节约招标费用，而且提高了每个投标者的中标机会，然而，由于邀请招标限制了充分的竞争，因此招标投标法规一般都规定，招标人应尽量采用公开招标。邀请招标的特点是，邀请招标不使用公开的公告形式，接受邀请的单位是合格投标人，投标人的数量有限。

邀请招标与公开招标相比，因为不用刊登招标公告，招标文件只送几家，投标有效期大大缩短，这对采购那些价格波动较大的商品是非常必要的，可以降低投标风险和投标价格。例如在欧盟的公共采购规则中，如果采购金额超过法定界限，必须使用招标形式的，项目法人有权自由选择公开招标或邀请招标。由于邀请招标有上述的优点，所以在欧盟的成员国家中，邀请招标被广泛使用。

1.1.3.3 议标

议标又称谈判招标或限制性招标，即通过谈判来确定中标者，主要有以下几种方式：

（1）直接邀请议标方式

选择中标单位不是通过公开或邀请招标，而是由招标人或其代理人直接邀请某一企业进行单独协商，达成协议后签订采购合同。如果与一家协商不成，可以邀请另一家，直到协议达成为止。

（2）比价议标方式

"比价"是兼有邀请招标和协商特点的一种招标方式，一般用于规模不大、内容简单的工程和货物采购。通常的做法是由招标人将采购的有关要求送交选定的几家企业，要求他们在约定的时间提出报价，招标单位经过分析比较，选择报价合理的企业，就工期、造价、质量、付款条件等细节进行协商，从而达成一致，签订合同。

（3）方案竞赛议标方式

方案竞赛议标方式是选择工程规划设计任务承包商的常用方式。通常组织公开竞赛，也可邀请经预先选择的规划设计机构参加竞赛。一般的做法是由招标人提出规划设计的基本要求和投资控制目标，并提供可行性研究报告或设计任务书、场地平面图、有关场地条件和环境情况的说明，以及规划、设计管理部门的有关规定等基础资料，参加方案竞赛的单位据此提出自己的规划或设计的初步方案，阐述方案的优点，提出该项规划或设计任务的主要人员配置、完成任务的时间和进度安排，总投资估算和设计方案等，一并报送招标人。由招标人邀请有关专家组成评选委员会，选出优胜单位，招标人与优胜者签订合同。对未中选的参审单位给予一定补偿。

（4）公开招标，但不公开开标的议标方式

在科技工程项目招标中，通常使用公开招标，但不公开开标的议标。招标单位在接到各投标单位的标书后，先就技术、设计、加工、资信能力等方面进行调查，在取得初步认可的基础上，选择一名最理想的预中标单位并与之商谈，对标书进行调整协商，如能取得一致意见，则可定为中标单位。若不行则再找第二家预中标单位，这样逐次协商，直至双方达成一致意见，签订合同。

比较而言，议标方式使招标单位有更多的灵活性，可以选择比较熟悉的供应商和承包商，但由于中标者是通过谈判产生的，不便于公众监督，容易导致非法交易。国内规定，议标不能作为招标的方式，应纳入直接发包的管理范畴；国际上允许采用议标方式的，也大都做了严格限制。例如，《联合国贸易法委员会货物、工程和服务采购示范法》规定：经颁布国批准，招标人只有在下述情况下可采用议标的方法进行采购：第一，急需获得该货物、工程或服务，采用招标程序不切实际，但条件是造成紧迫性的情况并非采购实体所能预见，也非采购实体办事拖拉所致；第二，由于某一灾难性事件，急需得到该货物、工程或服务，而采用其他方式因耗时太多而不可行。

为了使议标尽可能体现招标的公平、公开、公正原则，《联合国贸易法委员会货物、工程和服务采购示范法》还规定，在议标过程中，招标人应与足够数目的供应商或承包商举行谈判，以确保有效竞争，如果是采用邀请报价，至少应有三家；招标人向某供应商和承包商发送的与谈判的有关的任何规定、准则、文件、澄清或其他资料，应在平等基础上发送给正与该招标人举行谈判的所有其他供应商或承包商；招标人与某一供应商或承包商之间的谈判应是保密的，谈判的任何一方在未征得另一方同意的情况下，不得向任何人透露与谈判有关的任何技术资料、价格或其他信息。

1.2　工程投标中施工组织设计的编制现状

建筑工程市场是一个激烈竞争的市场，竞争的方式是招投标，工程承包公司如何采取正确的投标策略，出奇制胜，提高中标率，是一个十分重要的问题。工程承包商首先必须充分认识国际工程招投标与国内工程招投标做法的差异，认识工程招投标的法律性和竞争性，以转换思想，确定对策，编制出高质量的投标文件参与竞争，提高编制水平，促进建筑工程承包发包市场的规范化发展。

投标施工组织设计是承包商为了中标而根据业主的要求和施工的需要编制的，既反映承包商的技术水平和施工经验，又反映承包商的组织水平和管理能力。它是业主考察承包商能力的依据，业主通过投标施工组织设计，首先能确定承包商是否响应招标文件提出的各项相关要求的状况，是否满足了招标文件的要求；其次能了解承包商的施工技术水平和施工组织管理能力。投标施工组织设计是评定技术标的主要依据，是承包商经济实力和综合协调能力的反映，也是承包商对业主项目的关注、理解程度及将投入的施工力量的体现，投标施工组织设计还是工程建设的质量和技术保障，承包商必须通过编制施工组织设计进行策划和构思以实现工程质量、进度等各方面管理标准的要求。

随着中国加入 WTO，我国的建筑市场正逐步与国际惯例接轨，逐步走向规范化，工程招投标已成为建筑工程建设市场日常交易的主要活动。建筑施工企业为了获得市场、取得效益，就必须参加到工程项目投标的激烈竞争中去，只有在竞争中充分展示企业的综合实力、管理水平、诚信程度，才能够战胜对手，取得招标单位的信任而得以中标。

分析建筑工程项目招投标的要求，可以看出，反映企业技术水平、提高竞争能力的重要手段之一是提高投标施工组织设计编制水平。施工组织设计的编制既要满足招投标文件的要求，有利于参加竞争；又要能全面指导项目实际施工的组织管理，反映企业管理水平。投标施工组织设计作为指导施工全过程中技术、经济和组织等活动的前期综合性文件，是施工技术与施工项目管理有机结合的产物。投标施工组织设计的编制，就是根据不同招标工程的特点和要求，根据现有的和可能创造的施工条件，从实际出发，决定各种生产要素，如材料、机械、资金、劳动力和施工方法等的结合方式。重点是根据招标文件的要求，认真进行调查研究，搞好方案比选，做好施工前的各项准备工作，根据招标工程的具体情况，遵循经济合理的原则，对整个工程如何进行，从时间、空间、资源、资金等方面进行综合规划，全面平衡，并明确施工的目标、方向、途径和方法，为科学施工作出全面部署，保证按期完成建设任务。由于投标施工组织设计是投标文件的组成部分，一般招标文件对其编制内容排列都有相关要求，投标人只要在相应位置编写自己的内容。分析目前投标施工组织设计的编制现状，还有许多需要改进的地方。

1.2.1 投标施工组织设计编制存在的问题

我国施工企业对增加施工组织设计的科技含量、提高建筑施工经济效益的研究成果相对较少，目前很多施工企业对施工组织设计的作用认识还不够，没能真正做到内业指导外业的施工，对于复杂的施工项目而言，还不能正确处理人与物、空间与时间、质量与数量等之间的相互关系，根本原因是到目前为止大多数施工企业只把施工组织设计当作一个参加投标、应付检查的一部分，而在实际施工中却把它置于案头，起不到实际指导意义。而现实工作中，计算机网络技术应用越来越广泛，对于大型、复杂的工程项目，应用计算机辅助系统编制投标施工组织设计，更能体现其快速、及时、高效、费用低的优点，因此我们应积极采用、全面推广现代计算机网络技术系统来完成施工组织设计的编制与管理的工作。

此外，技术经济分析既是施工组织设计的内容之一，也是必要的优化手段。施工组织设计中经济分析的目的是论证施工组织设计在经济上是否合算，在技术上是否可行，通过科学的计算和分析比较，选择技术经济效果最佳的方案，寻求增产节约的途径，实现最大限度提高施工经济效益的目的。技术经济分析应围绕质量、工期、成本、安全等几个主要方面，并应有不同的分析重点。选用某一方案的原则是，在质量能达到优良的前提下，工期合理，成本最低。

投标文件是施工单位获得工程的有效途径，施工组织设计是投标单位展示自己技术能力的最好方式，但是现在的很多施工单位是为中标而中标，对投标施工组织设计不够重视，在编制方面比较容易出现的问题主要有以下几个方面：

1. 缺乏完整性

投标施工组织设计的内容主要包括工程概况，施工方案和施工方法，人材机需用量计划，施工进度计划，施工平面布置图，确保工程质量、进度、成本的措施，文明施工的措施，安全措施及季节性施工措施等。由于招投标的时间限制，也限定了技术标要在规定时间内完成，无论大小工程项目，以上内容都必须包括，否则评标时，由于内容不全将被扣分。

投标施工组织设计所包含的内容要全面，要制定一份好的施工组织设计目录，因为评标时间较短，评委没有时间将每份施工组织设计都详细阅读，通过查看设计目录，可以粗略了解设计内容。设计目录要主次分明，大小标题明确，错落有致，上下关联，小标题也要尽可能详细些，以显示方案中考虑了哪些因素。

2. 缺乏针对性

很多投标施工组织设计照抄、照搬现成的资料，内容雷同，缺少针对性。每一个投标项目都有其自身特点，或则技术复杂，或则采用了某种新技术、新材料，或则工期很紧等。作为投标用的施工组织设计不能泛泛而论、平均着墨。在保证整个施工组织设计完整性的基础上，要有针对性，针对本次投标的全部或某个特点，充分展开，以显示投标单位的能力，并给评委留下深刻的印象。但是一些小的建筑施工企业由于技术水平有限，照抄其他单位的施工组织设计，造成投标施工组织设计千人一面，内容雷同。这也就需要施工企业加强自身技术力量，提高编制水平，促进企业整体素质提升。

3. 重点不突出，没有深广度

有些投标施工组织设计内容较全面，但不能突出重点，不能针对主导施工工序进行重点阐述，不分主次，没有深广度。根据投标工程的具体情况，对于一些主导施工工序，容易出现质量问题的工序及将采用新技术、新材料的工序，其施工方法及质量保证措施要重点阐述；对于一般的施工工序，其施工方法可以略写。

4. 不能响应招标文件

投标用施工组织设计是投标文件的一部分，投标文件是对招标文件响应性的表达。因此，在施工组织设计中，应处处注意对招标文件的完全响应。为此应逐条逐句研究招标文件，凡是在招标文件中涉及施工组织设计编写的内容，在编写时要逐条响应，不能遗漏。有时候，招标文件对格式也有要求，比如字体、字号和行距等，对这些应特别注意，否则有可能被判为作弊而沦为废标，更要注意，有些地区对投标文件的总页数有规定，超过规定会被定为废标。

5. 缺乏特色

有些投标施工组织设计不能很好地结合本企业的具体情况，比如本企业的机械设备优势、管理优势、推广新技术的优势等，致使投标施工组织设计过于平淡，缺乏企业特色，难拿高分。每个投标企业都应根据企业自身的优势，在投标施工组织设计中充分发挥企业特长，如在施工机械选用、质量管理、文明施工或内外装饰上，突出企业的亮点，让业主和评委感觉到该企业与其他企业相比的长处，以增强对该企业的信任。

6. 进度计划过于简单

很多中小企业不能应用网络计划技术来编制施工进度计划。采用横道图时施工过程划分较粗，反映不出流水施工，致使进度计划过于简单，不能反映关键线路和关键工作，更不能指导施工，给评标委员会的印象是企业技术水平有限。因此，每个企业都应掌握网络技术编制进度计划的基本原理，并付诸于投标实践。

7. 施工平面图布置混乱，缺少动态性

施工平面图是对建筑工程施工现场的平面规划和空间布置图，是现场文明施工的先决条件。施工平面图布置的合理与否，直接反映着施工企业的组织能力和管理水平。施工平面图综合反映着诸多因素，合理布置不仅需要施工组织编制人员的经验，更需要全方面、多角度地细致考虑。有些投标单位施工平面图内容不完整，现场布置不合理，生产区和生活区未分开，道路管线布置不科学，一张图纸代表了全部施工过程，这些都会给评标委员会留下不好的印象，有损于施工企业的整体形象。

1.2.2 投标施工组织设计编制的改进建议及注意点

通过以上分析，可以看到，投标施工组织设计编制中，必须做到总工期符合招标文件的要求，如果合同要求分期、分批竣工交付使用，应标明分期、分批交付使用的时间和数量，要能表示各项主要工程的开始和结束时间。例如房屋建筑中的土方工程、基础工程、结构工程、屋面工程、装修工程、水电安装工程等的开始与结束时间，要能体现主要工序相互衔接和合理安排，既有利于均衡安排劳动力，避免现场劳动力数量急剧起落，以提高工效和节省临时设施，又有利于充分有效地利用施工机械设备，减少机械设备占用周期，有利于降低流动资金的占用量，节省资金利息。施工方案的制订一定要从确保工期、技术可行、保证质量、降低成本等方面综合考虑，通过优化比选选择和确定各项工程的主要施工方法和适用、经济的施工方案。投标施工组织设计编制应注意以下几个方面：

1. 首先要使编制投标文件的技术人员认识到施工组织设计与报价是不可分割的一个整体，努力转变"重报价、轻施组"的思想，切实重视施工组织设计编制工作。

2. 选择责任心强、施工经验丰富、内业工作水平较高的技术人员参加编制投标文件的工作。利用施工组织设计编制人员的技术理论基础和具体施工经验，对具体工程的特点进行有针对性的规划和设计，尽量优化施工组织设计，优选施工方案，以利于报价的优化和竞争力的提高。

3. 组织施工组织设计编制人员学习预算知识和报价编制方法，使其一方面能结合工程实际和定额，核实工程项目和数量，为正确报价提供各方面的数据和资料；另一方面对企业定额项目完善与否进行必要的检验和补充，使其符合工程实际，对报价中活的因素考虑得更全面，提高投标报价的竞争力。

4. 施工组织设计和报价人员要全面认真地熟悉招标文件，协同做好标前调查，加强协作配合，明白各自的要求，随时磋商，克服各搞一套的弊端。

5. 努力向施工组织报价一体化方向发展，培养既懂施工技术，又懂经济的复合型人才，减少相互配合中出现的不必要的差错。

6. 充分利用计算机技术，较为系统、全面地积累与编制投标文件有关的数据、指标和施工方案，特别要注意收集、积累工程实施中的实证资料，建立工程实施的反馈制度，不断提高各种数据、资料的准确性，提高工作效率，降低投标成本，提高企业自身的竞争力。

7. 建立投标施工方案资源库，充分有效利用所累积的建筑施工技术资源，特别是智力资源。这一方面要求编制人员自身素质和经验丰富，另一方面要求信息传播渠道充分畅通，对早已有的成功经验积极借鉴，所编制的内容尽量利用资源库的新技术、新工艺，提高劳动效率、降低资源消耗，减少编制人员大量的重复劳动。

8. 投标施工组织设计必须针对具体工程特点进行规划设计，对每个建筑工程单独进行编制，以适应不同工程的特点，切忌照搬照抄，出现雷同。

9. 投标施工组织设计中的组织技术措施和经济管理两方面内容都要注重，投标施工组织设计不仅是技术管理的一项工作，也是计算投标报价的依据，投标施工组织设计在追求技术可行的同时，要确保经济合理，达到降低成本、提高经济效益的目标。

10. 投标施工组织设计的编制要注意技术部门技术人员和生产部门人员的沟通，要使编制与执行结合起来，使方案能够实施，让施工组织设计跟实际施工有效结合，真正起到指导后续施工实践的作用。

随着科学技术的发展和建筑水平的不断提高，施工企业管理体制的进一步完善，原有的传统投标施工组织设计编制方法已不能适应现在的要求。目前我国已加入了WTO，建筑施工企业为了适应日益激烈的建筑市场竞争的形势，在市场中占有自己的地位，提高投标成功率，就必须对投标施工组织设计的编制方法不断改进、不断完善。

1.3　工程投标中施工组织设计的作用

作为劳动密集型的建筑行业的市场竞争日益激烈，施工企业承揽工程的难度也越来越大。所以，如何编制投标文件、确保标书质量，使其既能反映本企业的管理水平、技术优势和综合实力，又能兼顾企业利益、提高竞争能力和增加中标率，是摆在各施工企业特别是国有大中型企业面前的一个重要课题。

一份投标文件，通常由三部分构成：一是投标报价单；二是投标施工组织设计；三是企业资信材料，如资质证书、业绩等。要使投标书具有较高的竞争能力，关键是要有一个项目内容构成合理、单价适中又能盈利的报价，而报价质量的高低则又取决于施工组织设计质量的高低。随着社会的发展、科学技术的进步，建筑工程的技术含量也越来越高，体现施工企业技术水平高低的施工组织设计，在投标书中所占的分量也越来越重，目前，采用百分制评标的招标工程，其施工组织设计可占到50～60分，为适应投标工作中激烈的竞争形势，必须重视和加强施工组织设计的编制工作。

施工组织设计是投标文件中的重要组成部分之一，它是投标单位针对招标工程的特点、自然条件和外部环境，结合企业自身的技术水平、管理水平、施工经验、技术装备和经营战略思想等实际情况，通过施工方案的比较、资源的配置和工程措施的制定，对实施该工程在技术上的可行性和条件上的符合性，作出全面系统的评价，此外还为投标报价经济上是否合理提供可靠的依据。

投标单位所编制的施工组织设计，应在全面符合招标文件要求和规定的前提下，对工程项目施工作出科学、合理、系统的安排，一方面使业主感到施工组织设计的实施性强，切实可靠，能建立起初步的信任感；另一方面也给业主提供了一个了解投标企业整体实力和综合管理水平的窗口。所以，施工组织设计应充分体现出投标单位在特定工程项目上所具有的优势。投标施工组织设计的作用表现为以下几个方面：

1. 投标施工组织设计是招标单位选择施工队伍的重要依据，是投标施工单位技术水平的重要特征。

施工组织设计是工程施工的"纲"，有了这个"纲"，才能确定与报价有密切关系的施工管理的具体内容和要求，才能为报价提供准确、完整的基础数据和资料，合理适度的报价才有了良好的基础。如：大临工程的布置和数量、材料供应方法和运距、土石方调配方案、工期和施工工序安排等。计划安排上的差异对报价有很大的影响，尤其是施工方案的正确与否直接影响到能否中标。在施工组织设计中，施工方案是灵魂，其他各方面的考虑、规划、安排，大都是围绕这一灵魂而展开的。一旦施工方案有误，就会引起整个施工组织发生偏差，报价失去了可靠的基础，报价自然也难有竞争力。

如在某城市地下工程的投标中，由于对招标文件没有"吃透"。对当地的地质条件调查不清，因而在编制施工组织设计时，采用了不适合该地区地质条件的地下连续墙的施工方案，使得业主对投标单位在工程施工中如何确保工期和工程质量表示怀疑，虽然报价比较适度，但最终仍未中标。相反，另一投标单位针对该地区地质条件较差的特点，提出了既切实可行，令业主满意和信赖的施工方案，虽然报价高出标底，但最终仍以施工方案的优势中标。

2. 投标施工组织设计是业主考察承包商能力的依据。

业主通过投标施工组织设计，首先，考察承包商响应招标文件提出的各项要求的状况，如对质量方面、进度方面、现场管理方面、协作配合方面等，看其是否满足了招标文件的要求；其次，考察承包商的施工技术水平和管理能力，如采用技术的先进程度、创新水平、施工组织水平、质量保证能力、工期保证能力、安全保证能力、成本保证能力等；第三，作为评定技术标的主要依据，目前招标单位采用两种评标方法，即综合评标法和经评审的最低投标价法，针对商务标和技术标的评定，都要求技术标满足要求后才进行下一步商务标的评定，而施工组织设计就是技术标的重要依据。

3. 投标施工组织设计是投标单位对所投标工程项目的认识程度、理解深度和重视程度的标志。

只有投标者对工程施工图纸内容、工程结构、现场情况以及有关要求精神吃透的情况下，才能编制出符合实际的、高质量的施工组织设计，这一点往往在评标、定标中起着决定性的作用。

如某一新建工程的招标文件中，说明施工用电由建设方负责从邻厂接入工地。现场勘察时，其中一家投标单位到邻厂了解到每周有一天是停电日，因此在施工组织设计中，列入一台自备发电机，以保证工程不间断施工，其他几个投标单位不仅忽视了这一点，而且在投标书中提出如因供电原因造成工期延误、费用增加等应由建设方负责。相比之下，前者投标单位保证施工工期的可靠性加大，也有主动性，在评标中具有较大的优势。

4. 优化施工组织设计是降低报价，提高投标竞争力的重要保证。

目前，建筑市场竞争越来越激烈，对投标要求也越来越高，为了适应日趋激烈的竞争形势，投标企业为了提高竞争力、增加中标机会，适度降低投标报价是不可避免的。但仅靠降低费率，或在施工技术没有较大突破的情况下，降低材料消耗量水平，压缩人工、机械工时消耗等方法均属非合适手段，风险也较大，不宜过度采用，而应从优化施工组织设计上下工夫，也就是应从挖掘本企业的管理潜能入手，发挥本企业的施工技术优势，积极采取有效措施，精心优化施工组织设计，进而达到降低工程成本的目的。同一项工程，由于施工方案和施工方法的不同，会使工程技术经济指标有较大的区别。

例如：在某城市大型地下结构施工投标中，在研究软弱地基深基坑开挖支护结构的施工方案时，可以对不同的支护方案应用多指标对比法进行分析，如表1-1所示，得出最优投标方案，确保项目中标。

支护结构方案多指标对比表   表 1-1

序号	比较项目	方案1（连续墙）	方案2（圆柱桩）	方案3（方桩桩）
1	结构防水性能	工字钢接头，防水性好	围护与主体侧墙间有塑料防水板，防水性好	桩接头防水较方案1稍差，加0.2m防水混凝土内衬，可满足设计要求
2	混凝土质量	水下灌注混凝土，质量控制要求严，水泥用量大	无水下灌注混凝土，混凝土质量易于保证，水泥用量少	同方案2
3	受力情况	地下连续墙厚60mm，刚度较小，支撑间距较密	刚度大，支撑间距可加大至4m	同方案2
4	施工场地	较多	较少	较少
5	对环境的影响	泥浆对环境有一定污染，结构变形小，对周围地层和建筑物影响小	无泥浆，对环境无污染，挖孔中对周围地层有一定影响	同方案2
6	对交通疏解的影响	围护结构轮廓线宽度最小，能保证道路交通疏解	围护结构轮廓线宽度较方案1大2.4m，对交通有一定影响，但仍能保证交通疏解	维护结构轮廓线宽度较方案1大1.0m，能保证交通疏解
7	施工难易程度	入岩施工较困难	人工开挖入岩，施工较易	同方案2
8	用水量	大	少	少
9	窝工数量	最小	最大	较方案1大，较方案2小
10	文明施工条件	较方案2、方案3差	好	好
11	施工设备	需要设备多	需要设备少	同方案2
12	工期	较合同工期提前2月	较合同工期提前3月	同方案2
13	造价（万元）	1485.97	1282.88	1119.42

根据表 1-1，结合本工程招标文件的规定、项目施工特点及发挥施工技术特长的要求，经过科学分析决策，在投标书中采用了方案 3 即方桩围护方案。

5. 投标施工组织设计是施工投标书的一个重要组成部分，是施工单位投标竞争力的一个重要方面。它全面体现了施工单位的技术水平和综合管理经验。

施工投标书通常由两部分组成，一是以报价、工期、质量等级为主的定量部分，亦称商务标书；二是以施工组织设计、施工技术方案为主的施工管理部分，亦称技术标书。应该承认，在投标竞争中，报价、工期、质量等级等定量指标将显示出巨大的竞争力，在评标、定标中起着重要的作用。但也应该看到，施工招标投标中，施工投标单位如果只把注意力集中在报价、工期、质量等级等定量指标上，而忽视施工组织设计的编制质量，则很多有把握中标的工程也会失败。这是因为报价、工期、质量等级等定量指标给人印象往往是感性的，而施工组织设计的编制质量给人的印象则常常是理性的。

有些重要工程或科技含量较高的特殊工程常作分阶段投标，首先进行对施工技术投标，对施工投标企业所提供的施工技术方案进行分析、论证，筛选淘汰一批不合格的施工投标企业，选择施工管理严密、施工技术方案可靠的施工组织设计。因此，在一定程度上讲，施工组织设计的编制质量也是业主审视施工投标单位对工程质量重视程度的一个窗口，在评标定标中将产生较为重要的影响。

6. 投标施工组织设计指导中标前后的合同谈判

近些年，随着我国与国际上其他国家的交流日益增加，使得我国与世界的融合程度越来越高。按照国际惯例，承包商中标前后，应与招标单位进行多次谈判，既有中标前的技术谈判，审核投标施工组织设计的合理性、可靠性和先进性；也有中标后的合同前经济谈判，通过谈判最终确定合同价款及承包条件。不论是技术谈判还是经济谈判，双方关心的主要内容是对具体的施工组织、技术措施、价格组成、质量控制等的界定或探讨，其直接依据就是投标施工组织设计中所对应的内容。因此，承包商要提高中标率，必须编制出反映其水平的高质量的投标施工组织设计。

7. 投标施工组织设计是施工企业中标后指导施工的纲领性文件，是落实施工进度、保证工程质量、安全生产以及提高经济效益的具体体现和可靠保证，也是企业素质和管理水平的体现，是实实在在的能力体现。内容应全面，措施应具体，重点应突出，有针对性，可操作性强。

投标施工组织设计提供的各种施工技术方案、技术措施和相应数据等，应看作是施工投标单位向业主方作出的承诺，中标后施工单位将受此约束。如果投标施工组织设计不切实际，仅做表面文章，摆花架子，中标后另搞一套，则业主有权要求施工投标企业承担相应责任。

8. 投标施工组织设计，其施工方案、技术措施的出发点和归宿是围绕造价、工期、质量和安全而设定的。如果业主方选择了该单位中标，也就意味着对该单位的施工组织设计的认定。在日后的施工中，业主方也将受施工组织设计中有关规定的约束，并承担相应责任。双方将共同努力，按照施工组织设计中锁定的目标进行工作。因此，从某种意义上讲，也是对施工投标单位的支持和保护。

如某高层建筑，地处市中心繁华地段，施工现场十分狭小。施工招标前，业主方借了与大楼毗邻的一块待建空地，作为施工临时用地，可以堆放建筑材料等，投标单位在施工组织设计中也充分利用了这一空地。但在开工不久，待建空地也破土动工，材料堆放场地被迫转移，为此，不仅发生了一笔数量不小的材料易地堆放费和两次搬运费。最后通过有关管理部门的协调，在法制轨道上统一认识，这笔费用由业主方承担。施工投标企业依靠详细、合理的施工组织设计，维护了自身的利益，避免了不必要的经济损失。

9. 投标施工组织设计是工程建设的质量和技术保障

工程建设标准、规范和规程是工程施工质量、安全、作业和验收的法定要求，是技术指导的根本依据，因此，根据工程建设标准和规范结合工程条件和特点所编制的施工组织设计必然是成熟而可靠的，并无可非议地成了工程建设质量和技术的保障。

2 建筑工程施工投标流程

工程项目施工投标是指通过资格预审的投标人，以发包人提供的招标文件为依据，对招标文件的要求作出实质性的响应，并经过详细的市场调查，按照招标文件的要求编写投标文件，通过投标报价的方式承揽工程的过程。投标是获取工程施工承包权的主要手段，是响应招标、参与竞争的一种法律行为，投标人根据发包人的要约邀请而向业主发出要约，一旦业主确定其中标即作出承诺，施工合同即告成立。承包人就应当根据招标文件的要求，在规定的时间内完成施工合同规定的施工任务，这样只有施工组织有效，编排妥当，人员、资金、机械、材料、安全、管理全部安排合理到位，施工展开才能做到有效、有条、有理、有节，以保证质量、进度控制目标，否则轻则不能赢利、出现亏损，重则造成违约，承担相应的法律责任。

通常施工投标应包括投标准备阶段、资格审查阶段、熟悉招标文件阶段、投标文件编制阶段、投标开标阶段及评标定标阶段，具体工作流程如图2-1所示。

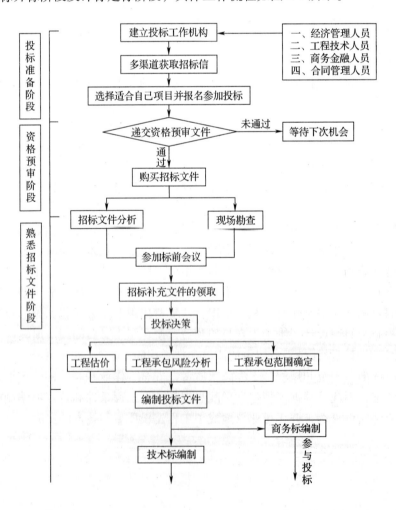

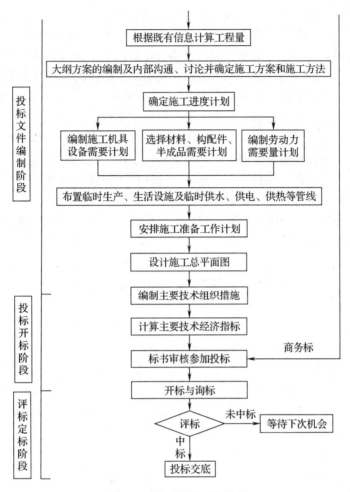

图 2-1 施工投标工作流程

2.1 投标准备阶段

施工企业的经营管理人员应将投标工作作为企业生存发展的重点工作内容，平时经常收集各类招投标信息，加以分析、积累资料，以应付各种情况下的竞争态势。投标准备工作也应成为投标工作人员的日常工作之一。施工企业的投标准备工作主要包括组建投标工作机构、获取招投标信息、选择适合自己的项目参加投标等。

2.1.1 组建投标工作机构

工程投标是一场没有硝烟的战争，不仅比报价的高低、技术方案的优劣，还要比人员、管理、经验、实力和信誉等。为了能笑到竞争结束，成为获胜者，施工企业必须精心挑选精兵强将组成投标工作机构。实践证明：建立一个强有力、业务水平高的投标机构能大大增加中标的概率，获得投标的成功。一般投标机构由经济管理类人才、工程技术类人才、商务金融类人才以及合同管理类人才几方面组成。

经济管理类人才，是指从事工程估价的投标报价人员，他们不仅熟悉本公司在各类分部分项工程的工料消耗标准和水平，而且对本公司的技术特长与不足之处有客观的分析和认识，掌握生产要素的市场行情，同时能够对竞争对手的情况有较清醒的认识，能运用科学的调查、分析、预测方法，能够运用价值工程原理和技术经济技术，优化工程实施方案，以保证投标报价既具备充分竞争力，又可以保证工程中标后的赢利。

工程技术类人才，是指工程实施过程中从事工程设计和施工的各类专业技术人才，他们掌握本专业领域内的最新技术知识，具有丰富的工作经验，能根据投标工程的专业要求和技术规范，从本公司的实际技术水平出发，选择最经济合理的施工方法。

商务金融类人才，是指具有从事金融、贷款、保函、保险、采购等方面工作经验和知识的专业人员。他们可以为准确估算工程成本、安排项目筹资、优化材料设备采购方案以及正确评估工程承包风险等提供帮助。

合同管理类人才从工程项目开始招标投标，直至承包合同的签订，进行全过程的服务，所以，工程投标成员中必须配备熟悉合同相关法律、法规，熟悉工程合同条件并能进行深入分析、提出应特别注意的问题、具有合同谈判和合同签订经验、善于发现和处理索赔等方面敏感问题的专业人员。对国际工程来讲，合同管理类人才还必须精通国际惯例和FIDIC（国际咨询工程师联合会）、ICE（英国土木工程师学会）、AIA（美国建筑师学会）等国际常用的合同条件。

为了保守商业秘密，投标班子人员不宜过多，同时要注意班子成员的相对稳定，通过积累和总结以往经验，不断提高素质和水平，形成一个高效率的工作团队，提高企业投标竞争力。

2.1.2   获取招标信息

招标信息的主要来源是招投标交易中心。交易中心会定期不定期地发布工程招标信息，但是，如果投标人仅仅依靠从交易中心获得工程招标信息，往往会处于劣势地位。我国招标投标法规定了两种招标方式：公开招标和邀请招标。若招标人常常已经完成了考察及选择招标邀请对象的工作，投标人此时才去报名参加，已经错过被邀请的机会。因此，投标人建立广泛的信息网络非常关键，及早获取招标项目信息应从工程立项甚至从项目可行性研究阶段就开始跟踪，并根据自身的技术优势和施工经验为招标人提供合理化建议，从而获得招标人信任，争取被邀请的机会。投标人取得招标信息主要有以下几种途径：

（1）通过招标广告或公告来了解招标项目，这是获得公开招标信息的方式；

（2）通过政府部门，如计委、建委、行业协会等单位获得信息；

（3）通过咨询公司、监理公司、科研设计单位等机构获得信息；

（4）取得老客户信任，从而承接后续工程或接受邀请而获得信息；

（5）搞好公共关系，经常派业务员深入各个单位获得信息；

（6）与总承包商建立广泛联系；

（7）利用有形的建筑交易市场及各种报刊、网站获得信息；

（8）通过社会知名人士的介绍得到信息。

2.1.3 对投标项目的选择

作为投标人来说，并不是逢标必投，有个投标策略的问题，包括以下三个方面的内容：针对项目招标，是投标还是不投标；如果去投标，是投什么性质的标；投标中如何采取以长制短、以优胜劣的投标策略。投标决策的正确与否，关系到能否中标和中标后的经济效益，关系到企业的生存发展和职工的效益。

一般来讲有下列情形之一的招标项目，承包人不宜参加投标：

（1）工程资质要求超过本企业资质等级的项目；

（2）本企业业务范围和经营能力之外的项目；

（3）本企业在建任务比较饱满，而招标工程的风险较大或盈利水平较低的项目；

（4）投标资源投入量过大，超出本企业承受能力的项目；

（5）有技术等级、信誉、水平和实力等方面具有明显优势的潜在对手参加的项目。

2.1.4 对合作伙伴的选择

由国家发展计划委员会、建设部、铁道部、交通部、信息产业部、水利部、民航总局等单位于2003年颁发的《工程建设项目施工招标投标办法》规定，两个以上法人或者其他组织可以组成一个联合体，以一个投标人的身份共同投标。联合体各方签订共同投标协议后，不得再以个人名义单独投标，也不得组成新的联合体或参加其他联合体在同一项目中投标。联合体参加资格预审并获通过的，其组成的任何变化都必须在提交投标文件截止之日前征得招标人的同意。如果变化后的联合体削弱了竞争，含有事先未经过资格预审或资格预审不合格的法人或者其他组织，或者使联合体的资质降到资格预审文件中规定的最低标准以下，招标人有权拒绝。联合体各方必须指定牵头人，授权其代表所有联合体成员负责投标和合同实施阶段的主办、协调工作，并应当向联合体各方负责，以联合体中牵头人的名义提交投标保证金。以联合体中牵头人的名义提交的投标保证金，对联合体各成员具有约束力。

施工企业在一些大型项目投标时，可以考虑组成联合体，强强联合，优势互补，在竞争中取得主动地位，但在联合体投标中选择合适的合作伙伴是竞争成败的关键，一般应从以下几方面着重考虑：

1. 合作伙伴的资质等级及行业属性

在选择合作伙伴时，不仅要考虑其资质等级是否满足招标文件要求，还要考虑其行业属性与拟招标工程是否一致，由于不同行业的行业标准、各类规范均不相同，在同等条件下，业主一般不会选择虽具备高等级资质但非本行业的企业。

2. 合作伙伴的主营业务和兼营业务范围及完成同类工程的历史情况

如果拟投标工程属合作伙伴的主营业务，而该公司又不拟竞投此标，则选择其联合投标是有益的，如果拟投标工程仅为其兼营业务范围，则对竞标会产生一定的影响。

3. 合作伙伴已完成的工程情况及历史投标信息

　　通过分析合作伙伴已完成工程中主营、兼营项目的个数，合同价格的分类配比，可以判断出该企业的运营情况。同时，从已完成工程情况中也可分析其历史投标情况，一个企业的投标、中标历史就是一个企业的发展史；由其中标工程的标价可判断该企业是稳健、激进还是保守；由其中标工程的类别可判断其投标重点及投标的决策；由其中标工程的所在区域可判断其实力范围及影响范围。

　　4. 合作伙伴的背景

　　对合作伙伴的经营性质、主管部门的基本情况、法人代表的履历等问题的考察、分析，也都有助于竞标的成功。

　　5. 合作伙伴的行业优势

　　合作伙伴在拟投标工程所属行业中实力的强弱、规模的大小、信誉的好坏、人员素质的高低及结构、设备的种类及数量都是联合投标必须考虑的，尤其是合作伙伴在行业内的实力和信誉。如果在以往类似工程的施工中，暴露出解决技术难题的能力不足，或出现安全事故，将给监理和业主留下不良的印象，甚至录入"黑名单"，这将导致该企业与同行业同资质等级的企业相比已处于劣势，实质上已非同一级别的竞争对手。因此，在选择合作伙伴时，应力求避免历史上有不良记录的企业。

　　6. 合作伙伴的质量认证及各种荣誉、获奖和专利情况

　　如果合作伙伴通过了质量体系认证并在有效期内，则有益于投标得分，如果合作伙伴有相同或类似工程的获奖项目及国家专利，如新技术、新工艺、新材料的应用或试验资料，无疑可以加深业主及评委对其企业先进技术水平的印象。

　　7. 合作伙伴的财务状况

　　投标文件主要由报价文件、施工组织设计、资质及各类证照、财务报表四部分组成。其中最容易让人忽视的是财务报表。在目前加入WTO后的国内招标市场上，尤其是世界银行贷款工程招标中，评委不仅仅由本行的专家组成，还有财务方面的专家参与。在日趋规范的招标市场上，一个资质等级高但财务管理及经营状况不良的企业很难让业主及评委放心。

　　通过对合作伙伴财务状况的分析，有助于了解合作伙伴在资金垫付、资金投入、资金周转方面的情况。对合作伙伴的财务状况，就短期合作而言主要分析其短期债务清偿能力比率指标，即流动比率、速动比率和流动资产构成比率。联合体投标中的合作双方互为同一项目的投资者，而现金流量表结合利润表及资产负债表则向投资者与债权人提供了全面、有用的信息。其中筹资活动产生的现金流量（包括分配利润、向银行贷款、吸收投资、发行债券、偿还债务等收到和付出的现金）更能全面反映企业偿付债务和利息的能力。

　　8. 联合体各方的合作形式

　　联合体投标中投标文件的财务报表、资质及相关证照，一般都是现成文件较容易完成，报价文件和施工组织设计则应视合作伙伴对拟投标工程的了解程度而言，合作各方关系应是一种平等基础上的主从关系。合作方中的主体应对拟投标工程有丰富的施工经验，有较强的组织能力，应由其负责报价文件的编制和施工组织设计，其他方则作为从属关系的客体来配合完成。

　　9. 合作各方的主次关系及对投标文件的控制

合作各方的主从关系不应简单地由资质等级高低、规模大小来定，而应由合作各方承担风险的程度、投资大小、承担的责任与义务、获得的权利和利益来确定。

作为合作各方的主体，应力求全面掌握投标报价和施工组织设计。作为联合体投标中处于主要地位的主体，应绝对控制对投标报价的参与权、建议权、修改权和最终决定权。但这并不意味着就了解和掌握了整个投标文件的全部，施工组织设计涉及质量、工期、管理人员、施工机械、施工道路、施工现场布置、施工工艺、施工方法、施工流程、材料使用计划、资金使用计划、人员使用计划、环保、安全保障等方方面面。因此，不能疏忽投标施工组织设计。联合体投标的主体应拥有对投标报价的最终决定权，并尽可能地参与施工组织设计，才能掌握主动，控制全局，在投标中作出有益于自己的抉择。

10. 合作各方的权责关系、利益分配方式

在联合体合作协议中应明确各自的权利、义务、责任、利益分配方式，以及投标文件中错漏之处导致竞标失败的投资赔偿等问题，并应根据利益分配确定各自在资金周转、资金垫付、税费缴纳、生产支出、机械使用及维修等资金投入方面的比例及在合同管理、施工资料整理等方面的义务等内容，为避免可能的纠纷，这些具体问题宜以协议或合同方式约定。

联合体投标中对合作伙伴的选择绝不是资质等级的高低、企业规模的大小之类的简单的选择，而应是多层次、全方位的选择，对合作伙伴的分析不应仅仅是专业技术领域的单纯分析，还应考虑其财务管理、经营状况、商业信用等多方面的指标，进行全面、综合、系统的分析。选择合适的合作伙伴是联合体竞标成功的基础，并对企业的发展有着很大的影响。如果因选错合作伙伴而导致竞标失败，则企业损失的不仅仅是金钱，还有机遇、企业信誉、企业凝聚力、决策层的向心力、企业的稳定性等。因此，如果不得不进行联合投标，却选择不到合适的、理想的合作伙伴，则宁可放弃也不宜冒险或侥幸投标。

2.2 资格审查阶段

投标人得到招标信息后，应及时表明自己的意愿，报名参加投标，并向招标人提交资格审查资料。《招标投标法》第十八条规定："招标人可以根据招标项目本身的要求，在招标公告或招标邀请书中，要求潜在投标人提供有关资质证明文件和业绩情况，并对潜在投标人进行资格审查；国家对投标人的资格条件有规定的，依照其规定。招标人不得以不合理的条件限制或排斥潜在投标人，不得对潜在投标人实行歧视待遇。"《工程建设项目施工招标投标办法》中的规定：招标人可以根据招标项目本身的要求，要求潜在投标人提供满足其资格要求的文件，对潜在投标人或投标人进行资格审查；法律、行政法规对潜在投标人或投标人的资格条件有规定的，依照其规定。

由此可见，进行资格审查是法律赋予招标人的一项权利。资格审查工作要做到公平、公正，不得任意提高资质等级、歧视和排斥潜在投标人等等。资格审查主要审查潜在投标人或投标人是否符合以下条件：第一、具有独立订立合同的权利；第二、具有履行合同的能力；第三、没有处于被责令停业，投标资格被取消，财产被接管、冻结、破产状态；第四、在最近 3 年内没有骗取中标和严重违约及重大工程质量问题；第五、法律、行政法规规定的其他资格条件。

资格审查包括资格预审和资格后审。资格预审是指在招标开始前或者招标初期，由招标人对申请参加投标的潜在投标人进行的资格审查。招标人在发出招标公告或者招标邀请后，要求潜在投标人提交资格预审的申请和相关的证明资料，经资格预审合格的，方可领取招标文件，参加正式的投标竞争。资格后审是指开标之后对投标人资格进行的审查。投标人在提交的投标文件开标后在对其是否有能力履行进行审查。进行资格预审的，一般不再进行资格后审，但是招标文件另有规定除外。本节重点介绍资格预审。对于大型或者复杂的建筑工程施工项目，一般采用资格预审来筛选投标人，确定工程的潜在投标人，从而可以大大减轻招标的工作量，有利于提高招标工作效率，降低招标成本，同时也可以了解到潜在投标人对本工程的态度。

资格预审大致分为发布有资格预审要求的招标公告（或投标邀请书）、资格预审文件编发、资格预审申请、资格审查、发放资格预审合格通知书几个阶段。

2.2.1   发布资格预审的招标公告（或投标邀请书）

采用资格预审的招标公告（或投标邀请书），除一般招标公告中应该载明的招标项目名称、规模、结构类型、招标范围、建设地点、质量要求、计划开竣工日期以及投标人的资质要求外，特别要载明几点：获取资格预审文件的时间、提交资格预审申请文件的方式以及截止日期、预计发出资格预审合格通知书的时间。

中华人民共和国标准施工招标资格预审文件（2007 年版）中规定资格预审的招标公告应包含以下内容：

1. 招标条件：资金来源和落实情况、招标范围、计划工期和质量要求；
2. 项目概况；
3. 申请人资格条件：申请人应具备承担本工程施工的资质条件、能力和信誉；
4. 资格预审方法；
5. 资格预审文件的获取，资格预审申请文件的递交；
6. 发布公告的媒介；
7. 语言文字要求，费用承担规定，资格预审各项工作的规定时间；
8. 申请人须知附表：载明联系方式，是否接受联合体申请、截止时间、装订要求等。

2.2.2   资格预审文件编发

1. 资格预审文件的组成

资格预审文件包括资格预审公告、申请人须知、资格审查办法、资格预审申请文件格式、项目建设概况以及对资格预审文件的澄清和对资格预审文件的修改；当资格预审文件的澄清或修改等在同一内容的表述上不一致时，以最后发出的书面文件为准。

2. 资格预审文件的澄清

申请人应仔细阅读和检查资格预审文件的全部内容。如有疑问，应在申请人须知前附表规定的时间内以书面形式（包括信函、电报、传真等可以有形表现所载内容的形式）要求招标人对资格预审文件进行澄清。招标人应在申请人须知前附表规定的时间内，以书面形式将澄清内容发给所有购买资格预审文件的申请人，但不指明澄清问题的来源。申请人收到澄清后应在申请人须知前附表规定的时间内以书面形式通知招标人，确认已收到该澄清。

3. 资格预审文件的修改

在申请人须知前附表规定的时间前，招标人可以书面形式通知申请人修改资格预审文件。在申请人须知前附表规定的时间后修改资格预审文件的，招标人应相应顺延资格预审申请截止时间。申请人收到修改的内容后，应在申请人须知前附表规定的时间内以书面形式通知招标人，确认已收到该修改。

2.2.3 资格预审申请

1. 资格预审申请文件的组成

资格预审申请文件应包括：资格预审申请函，法定代表人身份证明或附有法定代表人身份证明的授权委托书，联合体协议书，申请人基本情况表，申请人近年财务状况表，申请人近3～5年完成的类似项目情况表，申请人正在施工和新承接的项目情况表，申请人近3～5年发生的诉讼及仲裁情况等。

当申请人须知附表规定不接受联合体资格预审申请的或申请人未组建联合体的，资格预审申请文件不包括联合体协议书。

2. 资格预审申请文件的编制

资格预审申请文件应按资格预审文件中规定的格式进行编写，如有必要，可以增加附页。申请人须知前附表规定接受联合体资格预审申请的，各项规定的表格和资料应包括联合体各方相关情况。在编制资格预审申请文件时要注意以下几个方面：

（1）法定代表人授权委托书必须由法定代表人签名盖章。

（2）"申请人基本情况表"应提供附申请人营业执照及其年检合格的证明材料，资质证书副本和安全生产许可证等材料的复印件。

（3）"近年财务状况表"应提供经会计师事务所或审计机构审计的财务会计报表，包括资产负债表、现金流量表、利润表和财务情况说明书的复印件，具体年份要求按资格预审文件规定。

（4）"近年完成的类似项目情况表"应附中标通知书和（或）合同协议书、工程接收证书（工程竣工验收证书）的复印件，具体年份按资格预审文件规定。每张表格只填写一个项目，并标明序号。

（5）"正在施工和新承接的项目情况表"应附中标通知书和（或）合同协议书复印件。每张表格只填写一个项目，并标明序号。

（6）"近年发生的诉讼及仲裁情况"应说明相关情况，并附法院或仲裁机构作出的判决、裁决等有关法律文书复印件，具体年份按资格预审文件规定。

3. 资格预审申请文件的装订、签章

资格预审申请人按上述要求，编制完整的资格预审申请文件，用不褪色的材料书写或打印，并由申请人的法定代表人或其委托代理人签字盖章。资格预审申请文件中的任何改动之处应加盖单位章或由申请人的法定代表人或其委托代理人签字确认。资格预审申请文件正本一份，副本份数见申请人须知前附表。正本和副本的封面上应清楚地标记"正本"或"副本"字样。当正本和副本不一致时，以正本为准。资格预审申请文件正本与副本应编制目录分别装订成册，加贴封条，并在封套的封口处加盖资格预审申请人单位章，装订要求要符合资格预审文件中的规定。

　　4．资格预审申请文件的递交

　　资格预审申请应在申请须知前附表规定的截止时间前，将密封的资格申请文件送到规定的递交地点，逾期送达或者未送达指定地点的资格预审申请文件，招标人不予受理。

2.2.4　资格审查

　　资格预审申请文件由招标人组建的审查委员会负责审查，审查委员会参照《中华人民共和国招标投标法》第三十七条规定组建。审查委员会根据资格预审文件规定的方法和审查标准，对所有已受理的资格预审申请文件进行审查。

2.2.4.1　资格审查的内容

　　根据《招标投标法》，招标人对投标人进行资格审查时不得超出资格预审文件中的评审标准，不得以提高资质标准、业绩标准和曾获奖项等附加条件来限制或排斥潜在投标人。审查委员会应对投标人所报以下资格预审申请书内容进行评审：

　　（1）投标人资质等级和营业范围是否满足要求；

　　（2）财务状况，包括固定资产、流动资金情况等；

　　（3）管理情况，包括主要管理体系和管理模式等；

　　（4）技术能力、劳动力、施工设备等方面的情况；

　　（5）拟选派承担招标项目经理和主要技术管理人员简历、业绩等资料以及资格证书等，项目经理和主要技术管理人员应是投标人本单位的人员，其证书、证件、单位名称应与投标人名称一致；

　　（6）近几年完成的和目前正在履行的与招标项目类似的项目情况，类似项目指结构、规模相近或类同，并提供相关的资料（如中标通知书、合同等）；

　　（7）近几年经审计部门审计过的财务报表和资产负债表；

　　（8）拟选用的主要施工机械设备情况；

　　（9）目前和过去几年是否涉及诉讼案件情况；

　　（10）其他各种奖励或处罚等资料。

2.2.4.2　资格审查的方法

　　一般资格审查的方法有合格制和有限数量制。

　　1．合格制审查方法

　　合格制审查方法规定，凡符合资格预审文件中"申请人须知"规定的审查标准的申请人均通过资格预审。合格制审查方法的审查标准见表2-1。

合格制审查方法的审查标准　　　　　　　　　表 2-1

条　款　号		审　查　因　素	审　查　标　准
2.1	初步审查标准	申请人名称	与营业执照、资质证书、安全生产许可证一致
		申请函签字盖章	有法定代表人或其委托代理人签字加盖单位章
		申请文件格式	符合"资格预审申请义件格式"的要求
		联合体申请人（如有）	提交联合体协议书，并明确联合体牵头人
		……	……
2.2	详细审查标准	营业执照	具备有效的营业执照
		安全生产许可证	具备有效的安全生产许可证
		资质等级	符合"申请人须知"规定
		财务状况	符合"申请人须知"规定
		类似项目业绩	符合"申请人须知"规定
		信誉	符合"申请人须知"规定
		项目经理资格	符合"申请人须知"规定
		其他要求	符合"申请人须知"规定
		联合体申请人	符合"申请人须知"规定
		……	……

按照表 2-1，合格制的审查方法按以下程序进行：

（1）初步审查

审查委员会依据表 2-1 初步审查标准，对资格预审申请文件进行逐项审查，有一项因素不符合审查标准的，不能通过资格预审。审查中，审查委员会可以要求申请人提交各项审查标准规定的有关证明和证件的原件，进行核验。

（2）详细审查

审查委员会依据申请人须知规定的标准，对通过初步审查的资格预审申请文件进行详细审查，有一项因素不符合审查标准的，不能通过资格预审。通过资格预审的申请人除应满足申请人须知规定的审查标准外，还不得存在以下行为：

1）不按审查委员会要求澄清或说明的；

2）有"申请人须知"规定的任何一种情形的；

3）在资格预审过程中弄虚作假、行贿或有其他违法违规行为的。

（3）资格预审申请文件的澄清

在审查过程中，审查委员会可以以书面形式要求申请人对所提交的资格预审申请文件中不明确的内容进行必要的澄清或说明。申请人的澄清或说明应采用书面形式，并不得改变资格预审申请文件的实质性内容。申请人的澄清和说明内容属于资格预审申请文件的组成部分。招标人和审查委员会不接受申请人主动提出的澄清或说明。

（4）确定审查结果

审查委员会按照资格预审文件规定的程序对资格预审申请文件完成审查后，确定通过资格预审的申请人名单，并向招标人提交书面审查报告。如通过资格预审申请人的数量不足 3 名，招标人重新组织资格预审或不再组织资格预审而直接招标。

2. 有限数量制

有限数量制审查方法是由审查委员会依据规定的审查标准和程序，对通过初步审查和详细审查的资格预审申请文件进行量化打分，按得分由高到低的顺序确定通过资格预审的申请人名单。通过资格预审的申请人不超过资格审查办法前附表规定的数量，有限数量制审查方法的审查标准见 2-2。

有限数量制审查方法的审查标准 表 2-2

条　款　号		审查因素	审查标准
2.1	初步审查标准	申请人名称	与营业执照、资质证书、安全生产许可证一致
		申请函签字盖章	有法定代表人或其委托代理人签字或加盖单位章
		申请文件格式	符合"资格预审申请文件格式"的要求
		联合体申请人（如有）	提交联合体协议书，并明确联合体牵头人
		……	……
2.2	详细审查标准	营业执照	具备有效的营业执照
		安全生产许可证	具备有效的安全生产许可证
		资质等级	符合"申请人须知"规定
		财务状况	符合"申请人须知"规定
		类似项目业绩	符合"申请人须知"规定
		企业信誉	符合"申请人须知"规定
		项目经理资格	符合"申请人须知"规定
		其他要求	符合"申请人须知"规定
		联合体申请人	符合"申请人须知"规定
		……	……
2.3	评分标准	评分因素	评分标准
		财务状况	……
		类似项目业绩	……
		信誉	……
		认证体系	……
		……	……

按表格 2-2，有限数量制审查方法按以下程序进行：

（1）初步审查

（2）详细审查

（3）资格预审申请文件的澄清

以上三个步骤和方法跟合格制审查方法相同。

（4）评分

通过详细审查的申请人不少于 3 名且没有超过规定数量的，合格单位均通过资格预审，不再进行评分。通过详细审查的申请人数量超过规定数量的，审查委员会依据表 2-2

中2.3款评分标准进行评分，按得分由高到低的顺序进行排序。

（5）确定审查结果

审查委员会按照资格预审文件规定的程序对资格预审申请文件完成审查后，确定通过资格预审的申请人名单，并向招标人提交书面审查报告。如通过详细审查的资格预审申请人数量不足3名，招标人重新组织资格预审或不再组织资格预审而直接招标。

2.2.5 发放资格预审合格通知书

招标人在申请人须知前附表规定的时间内以书面形式将资格预审结果通知申请人，并向通过资格预审的申请人发出投标邀请书。通过资格预审的申请人收到投标邀请书后应在申请人须知前附表规定的时间内以书面形式明确表示是否参加投标。如在申请人须知前附表规定时间内未表示是否参加投标或明确表示不参加投标的，不得再参加投标。因此造成潜在投标人数量不足3个的，招标人重新组织资格预审或不再组织资格预审而直接招标。

资格预审合格通知书是通知预审合格的投标人领取（或购买）招标文件的凭证。通知书包括领取（或购买）招标文件的地点、方式及时限。设有投标保证金的，也应在通知书中一起载明。投标单位应根据其中规定要求，到规定的地点，在限制的时间内领取（或购买）招标文件。

2.3 熟悉招标文件阶段

熟悉招标文件的过程包括对工程现场情况的熟悉和对招标文件各项条款的研究。对工程现场情况的熟悉，通过现场踏勘和参加标前会议来实现，对招标文件的各项条款则要通过仔细分析理解来作出相应的投标响应。

2.3.1 现场踏勘

投标人拿到招标文件并作了初步研究之后，应按照招标文件中规定的时间和地点，进行现场踏勘。现场踏勘是招标人组织投标人对项目实施现场的经济、地理、气候等客观条件和环境进行的现场调查。现场踏勘是承包人投标时全面了解现场施工环境及施工风险的重要途径，是投标单位做好投标方案的先决条件。现场踏勘对于提高投标报价的精确度、控制成本、了解投标人所面临的风险有很大帮助，可以为投标文件编制提供第一手资料。这个环节很重要，应由技术标主管、技术主编会同商务部、市场部有关人员一起进行现场踏勘。投标人现场勘查费用应自己承担。

现场踏勘有两个目的：一是让投标人了解项目的现场条件、自然条件等，以便编制投标施工方案；二是投标人通过对现场的踏勘，可以确定投标原则和选择正确的投标策略。一般招标文件中都规定这样的条款："承包商是在通过现场踏勘考察了周围环境后递交的投标文件，因此承包商应对投标书的完备性负责"。这对承包商要求很严格，因此作为承包商，必须对现场踏勘给予高度重视，而不是走过场。如某大型建筑工程招标文件中指出，砂源距离施工现场2km，某承包商没有认真考察现场就按照2km计算砂子的单价，结果开工后，经工程师的检验，业主提供的砂源不能满足技术规范要求，承包商不得不从100km之外的地点运砂，引起许多额外费用，但业主却不给予补偿，理由是投标文件是经过了现场踏勘后编制的，承包商应对各种可能预见的风险予以考虑，仅此一项就给承包商带来很大的损失。

潜在投标人可根据是否决定投标或者编制投标文件的需要，到现场调查，进一步了解招标者的意图和现场环境情况，以获得有用信息并据此作出是否投标或投标策略以及投标价格的决定。在现场踏勘时，招标人应主动向投标人介绍相关的内容，如施工现场的地质条件、土质、地下水位、水文地质条件、周围环境条件、地理位置、地形、地貌、临时用地、临时设施的布置以及气候条件和环境等资料情况。投标人现场踏勘中如有疑问，可现场提问，也可在标前会议前以书面形式提出。对现场踏勘的提问招标人应采取书面形式解答，并将解答发给所有获取招标文件的投标人，招标人也可以在预备会上解答，并以会议纪要的形式发给所有获取招标文件的投标人。为了便于投标人提出的问题能够顺利得到解答，现场踏勘一般安排在标前会议的前几天，投标人在现场踏勘后如存在疑问，也应在标前会议前以书面形式向招标人提出，但要给招标人留出必要的解答时间。

在投标有效期内及中标施工过程中，承包人无权以现场考察不周、情况不了解为由提出修改标书或调整标价给予补偿的要求。因此，投标单位在着手编制投标文件以前必须认真地进行现场考察，全面、细致地了解工地及周围的政治、经济、地理等情况，收集与施工方案编制有关的各种资料。现场踏勘通常包括以下几方面内容：

1. 地理、地貌、气象方面

（1）项目所在地及附近地形地貌与设计图纸是否相符；

（2）项目所在地的河流水深、地下水情况、水质等；

（3）项目所在地的气候条件（如温度、湿度、风力等）和近20年气象资料；

（4）当地特大风、雨、雪、灾害情况；

（5）地震等灾害情况；

（6）自然地理：修筑便道位置、高度、宽度标准，运输条件及水、陆运输情况；

（7）交通状况：在城市施工，需注意周边道路、单双车道、地铁等分布。

2. 工程施工条件方面

（1）施工现场的地址；

（2）工程所需当地建筑材料的来源及分布地；

（3）场内外交通运输条件，现场周围道路桥梁通行能力，便道便桥修建位置、长度、数量；

（4）施工供电、供水条件，外电架设的可能性（包括数量、架支线长度、费用等）以及污水排放条件等；

（5）新盖生产生活房屋的场地及可能租赁的民房情况、价格；

（6）当地劳动力来源、技术水平及工资标准情况；

（7）当地施工机械租赁、修理能力；

（8）施工现场是否达到招标文件规定的条件；

（9）施工现场临时用地、临时设施搭建位置等，及工程施工过程中临时使用的工棚、堆放材料的库房以及这些设施所占地方等。

3. 工程所在地有关健康、安全、环保和治安情况

（1）环保要求、废料处理及渠道；

（2）医疗设施、救护工作环境；

（3）保安配套措施等；

（4）当地政府主管部门的规定；

（5）当地居民的接受程度等。

《现场勘察纪要》格式见表 2-3。

现场勘察纪要　　　　　　　　　　　　表 2-3

工 程 名 称		工 程 地 点	
勘察方式		□ 业主组织　　□ 自行组织	
参 加 人 员	招标人		投标人
勘察内容：			
招标人答疑：			
记录人		日期	

2.3.2 参加标前会议

投标人对现场踏勘完毕后，应按照招标文件规定的时间，参加招标人组织的投标预备会议，也称标前会议。投标预备会的目的在于为投标人澄清招标文件中的一些疑问，同时由招标人为投标人解答针对招标文件和现场踏勘所提出的问题。投标预备会议是招标人给所有投标人提供的一次答疑的会议，投标人应将招标文件中的问题及经过现场踏勘后发现的问题有意识地向招标人提出。招标人对投标人所提的问题，必须采用书面形式回答，并作为招标文件的组成部分，与招标文件具有同等效力。

投标预备会由招标人主持召开，对招标文件和现场情况作出说明或解释，并解答投标人所提出的各项有关问题，包括书面形式和口头形式所提出的问题。招标人负责整理会议记录和解答内容，并以书面形式向所有的投标人发出。投标预备会的具体程序是：首先宣布投标预备会的开始，其次是招标人向投标人介绍负责解答的人员，再次是解答投标人的问题。

投标预备会是招标单位以正式会议的形式，口头解答投标单位在现场考察前后提出的各种问题的一次重要会议，投标人一般不应缺席。在标前会议上，业主对带有共性的问题、收到的各家单位提出的书面问题或招标文件中不明确的地方，予以直接解答，解答一般不展开，应针对问题的提出而简要回答。会议结束后，以"会议纪要"的文字形式通告各个投标单位。

招标补充文件的地位等同于招标文件。根据标前会议内容，对众多投标单位提出的质疑问题做补充修改，若所涉及的内容与最初文件有矛盾，则最终以招标补充文件的规定内

容为主。投标人对一般问题，可采用口头提问形式，但涉及标书条款修正或补充时，一定要使用书面提问形式，并要求获得书面答复，以便有法律依据。书面提问关系到施工组织设计编制内容是否足够全面，也是承包单位对招标信息进行书面更改的最后机会，可以避免因甲方的疏忽造成承包者施工中的一些问题以及其后的经济纠葛，因此要详略得当，分清主次，体现一定的投标策略。

2.3.3 招标文件的阅读

招标文件是指导投标人正确投标的依据性文件，它一般包括投标须知、合同通用条件、合同专用条件、技术规范、工程图纸、工程量清单及标准格式文件（如投标书格式）等。它的作用主要有三个方面：一是使投标人明确招标工程的内容及技术要求、质量要求、工期要求，二是使投标人了解投标时应遵守的有关规定，三是使投标人明确在投标过程中需要提交文件的格式。另外招标人在技术经济、合同、融资等方面的要求和意图也会反映在招标文件中，因此作为投标人，要使投标文件合格有效，要使投标方案和报价做到准确合理，必须对招标文件进行细致认真研究。

招标文件购回之后，投标工作人员应仔细研读，对疑问之处应整理记录，交由参加现场踏勘和标前会议的人员，提示他们在考察时及标前会议上充分注意，尽量予以澄清。投标单位应重点研究投标须知、合同条件、设计图纸、工程量清单，对技术规范主要是看有无特殊要求。在现场踏勘之后，再结合招标文件，进一步分析，作出书面提问。

2.3.3.1 掌握工程概况

工程项目自身概况，是投标时必须考虑的一项因素。作为投标人，应对工程概况从下面几方面进行分析研究：

1. 工程性质

在投标前，应对工程项目的性质了解清楚，即属于新建项目、扩建项目还是改建项目。如项目是改建项目，就应考虑原有的部分建筑及设备拆除的方案和安全措施；如是扩建项目，原有的部分继续生产和使用，则应考虑特殊的安全围护方案。

2. 工程的发包范围

工程的发包范围也会影响工程项目的投标方案。作为投标人，对这一点应该有清楚的认识。如投标文件中要求工程竣工后，应进行投料试车，则投标人应将投料试车方案考虑到施工组织安排中。招标文件中如果要求投标人负责项目的地质勘查和设计，也必须安排专门的项目管理技术人员完成。

3. 工程规模

工程规模的大小，决定投标人是独立承包商，或是将工程一部分分包出去，或是与其他投标人组成联合体，共同承揽工程。随着工程项目规模的扩大，很多项目的技术性问题日渐复杂，而且涉及许多专业，因而无论采用总包还是分包方式，或是采用联营方式，投标人都必须针对具体的情况进行充分考虑和策划，编制满足工程质量进度等要求的施工组织设计。

4. 工程项目的资金来源问题

在研究工程概况时，应注意两个方面的问题：一是投资者的情况，二是资金来源。如果投资者为政府，则应明确其资金来源是国家预算投资还是外国政府贷款，或是国际金融机构贷款，或是境内外投资机构以 BOT 方式参与的。如是政府投资项目，编制方案以质量、进度、安全为主要目标，尽早投入使用，提高投资效益；如是企业投资项目，则以控制投资为主要前提，确保工程质量、进度、安全目标的实现。应针对不同资金来源，分析业主追求的首要目标，确定投标施工组织设计的编制方案。

2.3.3.2　熟悉投标须知

投标须知表明了招标人对投标行为的要求，其重要作用是指导投标人正确地进行投标，以避免造成废标，它有利于招标人选择合适的投标人实施该项工程。投标须知中应重点关注以下内容：

1. 工期的限定范围与提前完工的奖励

投标须知中规定了工期的限定范围和提前完工的奖励。提前完工，承包人一般要多投入，费用可能会增加，但早完工可给业主带来超前收益，因此可获得提前竣工奖。投标人必须考虑，是缩短工期增加成本，还是提前竣工获得奖励，权衡利弊，安排进度方案。

2. 技术性选择方案

投标须知中，投标人应被告知，业主有无技术性建议方案的邀请和投标人主动提出的技术性建议方案是否考虑，如业主对技术性建议方案是考虑的，而且规定只有符合基本技术要求且评估价最低的投标人，其所提交建议方案才会被考虑。这时，投标建议方案的编制就有一定的要求。

3. 投标的响应性

投标人编制的投标书能够按照招标文件的要求及各项条件逐项地作出回答，而且不对上述条件作出任何修改，这样的投标书被称为"响应性投标"，投标书是有效的。如果投标人不能按照招标文件的要求及各项条件逐项地作出回答，而是遗漏了某些主要或关键内容，或是对招标文件作了修改，则此投标书被视为"非响应性投标"，是无效的投标书，按废标处理。因此投标人应严格按照招标文件的要求进行投标文件的编制。

4. 投标的有效性

（1）投标是一种法律行为，招标文件通常要求投标人提交投标保证金或投标保函，作为对其投标行为的担保。投标人应充分注意投标保函或保证金的额度、出具单位、有效期及保函格式等是否符合招标文件的规定。上述任何一项不合格，均有可能被认为是废标。投标人递交投标书后，在投标截止期以后，要求撤回标书的，或中标后拒绝和业主签订合同的，该投标保证金或投标保函将被没收。

（2）投标文件必须按招标文件中规定注明一本"正本"和多本"副本"，数量亦应符合规定。

（3）投标文件的密封方式必须符合规定要求，否则将被判为废标。

（4）投标文件的送达时间和地点必须符合规定的要求，一般情况下采取当地直接手投方式。

5. 投标文件的完整性

一般来说，投标文件由投标函部分、商务标部分和技术标部分三部分组成，采用资格后审的还应包括资格审查文件。

（1）投标函部分

投标函部分包括法定代表人身份证明书、投标文件签署授权委托书、投标函、投标函附录、投标担保银行保函、投标担保书、招标文件要求投标人提交的其他投标资料。

（2）商务标部分

1）采用综合单价形式

商务标部分包括投标报价说明、投标报价汇总表、主要材料清单报价表、设备清单报价表、工程量清单报价表、措施项目报价表、其他项目报价表、工程量清单项目价格计算表、投标报价需要的其他资料。

2）采用工料单价形式

商务标部分包括投标报价的要求、投标报价汇总表、设备清单报价表、分部工程工料价格计算表、分部工程费用计算表、投标报价需要的其他资料。

（3）技术标部分

1）施工组织设计或施工方案

包括各分部分项工程的主要施工方法、工程投入的主要施工机械设备情况、主要施工机械进场计划、劳动力安排计划、确保工程质量的技术组织措施、确保安全生产的技术组织措施、确保文明施工的技术组织措施、确保工期的技术组织措施、施工平面图、有必要说明的其他内容。

2）项目管理机构配备情况表

包括项目管理机构配备情况表、项目经理简历表、项目技术负责人简历表、其他辅助说明资料、拟分包项目名称和分包人情况。

（4）资格预审更新资料或资格审查申请书（如资格后审）

资格审查申请书包括投标人一般情况、年营业额数据表、近三年竣工的工程一览表、目前在建工程一览表、近三年财务状况表、联合体状况表、类似工程经验、现场条件类似的施工经验、招标人要求提交的其他资料。

6．投标报价计算的正确性

投标人应特别注意报价计算过程的正确性，要对报价单中的数据进行严格的检查与复核。在工程投标评标中，经常用以下原则：

（1）数字金额与文字金额不一致时，以文字金额为准。

（2）各项工作单价与数量的乘积之和与总价有矛盾时，以单价的计算为准。除非有明显小数点错误，则以总价为准，修正单价。

（3）副本与正本不一致时，以正本为准。

另外，还有按最不利投标人修正的原则。因此，报价计算的疏忽可能会使整个投标文件的编制工作功亏一篑，失去中标机会。

7．替代方案的提交

作为工程建设项目，实施的方案有许多，招标人在招标文件中提出的方案不一定是最优的。为了弥补这方面的不足，有些招标人在招标文件中允许投标者提供替代方案。作为投标人，应注意替代方案必须优于招标文件中的实施方案，如工期缩短及造价降低等。投标人必须研究招标文件中对有关替代方案的规定。投标人首先必须按照招标文件中的原始实施方案报价，然后再提出自己的替代方案，否则投标书将被视为废标。这一点就要求投标单位要有足够的经验积累，能够依靠优秀的施工方案设计、高效的管理机构，运用自身优势编制一套先进可行的施工组织设计，在竞标中获得成功。

2.3.3.3 研究合同条款

招标文件中一般附有施工合同的主要条款，包括通用条款和专用条款，涉及工程进度、开工与工期、临时用地、双方职责等内容。需要注意分析这些条款对投标报价和投标方案编制的影响。

1. 合同计价方式

施工合同按照计价方式不同可以有三种类型：总价合同、单价合同、成本加酬金合同。在这三种不同计价方式中，承包商承担风险的大小是不同的。在总价合同中，工程量风险和价格风险都有承包商承担，而业主承担的风险相对较小，因此总价合同是承包商风险最大的合同计价方式；在单价合同中，由于工程结算时按照承包商完成的合格工程量计算，因此工程量变化的风险由业主承担，而价格风险依然属于承包商，业主和承包商共同承担风险；成本加酬金合同对承包商而言，风险最小。采用哪种合同计价方式，并不是投标人能够选择的，招标人在招标文件中对此一般都有明确的规定，投标人需要根据不同的计价方式来确定投标报价时采用的风险费率。

2. 承包商的工作和责任

招标文件中的工程量清单、图纸及技术说明界定了承包商的工作，它是投标文件编制的重要依据。投标人要明确工程范围的界限和承包商的责任，如承包商应为工程现场提供照明、围栏及警卫，这项责任承包商是需要支付费用的，在编制方案和报价时都应合理考虑，以免造成不必要的损失。

3. 预付款和进度款的拨付

一般而言，工程预付款在开工前拨付给承包商，用以备料周转，但大部分业主给予的预付款并不能完全满足流动资金的周转，投标单位还必须考虑利用一部分贷款来解决资金流转的问题。投标人应合理地考虑占用贷款额度的时间和利息。

工程进度款是随着工程的逐步实施，以一定时间内的工程量为依据由业主向承包商支付的款项。一般在单价合同中，业主按月向承包商支付已完工程量的价款；在总价合同中，业主经常按照一定条件分阶段付款。投标人要认真研究招标文件，了解付款时间、方式、条件和延期付款是否支付利息等事宜，以利中标后的合同谈判及实施过程中的工程款支付申请。

4. 保留金的扣留及返还

保留金是扣留在业主手中的一笔款项，用于约束承包商必须严格地履行合同，如果承包商违约而使业主蒙受损失时，业主有权从保留金内获得赔偿。保留金在国际工程中和国内工程中的规定是不同的。FIDIC 施工合同在通用条件中规定，保留金扣留从首次支付工程进度款开始，按照合同比例扣留，累计扣至合同规定的最高额度为止。国际工程中，每月扣留的比例一般在 5% ~10% 之间，保留金最高额度为合同的 5%。国际工程中，保留金的退还分为两个阶段：工程师颁发工程移交证书时，业主将一半保留金退还承包商；工程师颁发履约证书时，退还剩余的保留金。国内工程中，保留金又叫保修金，一般扣留工程结算总额的3%，在最后结算时，一次性扣除，待协商的时间或协商的条件出现时，支付保留金，如果保修期内需要修缮，可以请原施工方前来免费维修，也可另请施工队维修，其维修费用直接在保留金内扣除。保留金的扣留及返还方式和时间也影响到投标人的资金占用时间，因此也必须认真考虑。

5. 对保函和保险的要求

在工程招标中，往往要求投标人出具保函，作为对投标人各类行为的担保。常用的施工保函有以下几种：投标保函，履约保函，预付款保函，维修保函。这些保函费用是投标报价时必须考虑的因素之一，投标人应认真研究上述保函的额度要求、保函开出行的限制、保函有效期的要求以及保函手续费的计算等，以免陷于被动。

任何工程建设项目都要求承包商办理各种保险，以便在保险的事件发生时，可以将部分风险损失转嫁给保险公司承担，这有助于保护业主和承包商的利益。目前工程保险主要有以下几种：工程一切险、第三责任险、承包商设备险、人身财产险。合同条件中规定由承包商投保的项目，其保险费用应列入工程成本，如果承包商未按照规定办理投保时，业主可以办理，但保险费用要从承包商的进度款中扣回，因为承包商已经将此项费用列入报价项目中。投标人应了解保险种类、最低保险金额度、保险费用、保险期限及对保险公司的限制要求等，以利投标时使用。

6. 工程变更

工程变更是指施工过程中的实际情况与合同签订时的预计条件不一致，而需要改变某些工作内容，或是施工过程中由于某些要求或业主的实际需要而添加或减少施工内容。工程变更是合同实施过程中的正常管理工作，承包商有义务执行工程师变更的指令，只不过在工程结算时可以进行工程索赔，追加工程款额度，业主也可以在结算时扣除因减少工程量而减少的工程款。投标人应认真研究招标文件中有关工程变更的条款、变更款项额度限制及如何估算工程变更内容带来的价格变化。

7. 支付货币

国内工程承包中，大部分采用单一货币人民币作为计价货币，但是随着市场的开放，国外资金的融入，国外资金也逐步进入中国国内工程建设领域，并且逐年扩大，这样就可能会采用国际通用货币美元作为计价货币。在国际工程承包中，招标人往往要求投标人以某种货币作为计价货币，但可能以两种或两种以上的货币作为支付货币，也可能以工程所在国家的货币或投资商所在国家的货币作为工程估价和支付的货币形式。如果计价货币形式为工程所在国的货币，但按照一定的比例支付自由外汇时，投标人应注意采用的汇率是固定汇率还是浮动汇率，当采用浮动汇率对要特别注意汇率变化给承包商带来的风险。投标人应当搞清楚支付货币的种类和比例，正确估计支付货币与工程所在国货币的汇率变化带来的风险。

8. 物价调整

投标人应对招标文件中的有关调价条款进行认真研究，了解材料、设备、人工是否存在调价的可能，如果存在，幅度有多大，工厂材料、设备、人工是按照固定价格还是按照市场价格按实结算。如果招标文件中规定整个工程施工期间不准调价，但是工期又比较长，那么投标人应对工程施工期间的各种可能涨价因素及幅度作出判断，以便将其考虑在投标报价之中，避免过多地替业主承担物价上涨的风险，使自己损失过多。当然，要精确预测物价上涨指数是有一定困难的，要对市场有敏感性，尽可能多地收集相关的资料，可以收集工程所在地的往年市场资料、物价情况、供应商的供货信誉以及国家经济政策趋势来进行合理有效的推断，争取使自己的风险降到最低。

9. 业主责任

业主责任在合同中主要体现在两个方面：一是业主在合同中所承担的义务；二是业主所承担的风险。施工合同从法律属性来讲，是一种双务合同，业主、承包商双方在享有权利的同时，也必须承担相应的义务，在获取利润的同时还要承担相应的风险。承包商所做的投标方案和报价是以业主正确履行合同义务为前提条件的，但是作为投标人，应对业主不履行或不完全履行合同义务时可能给承包商带来一定的损失作出预测。对于业主承担的风险，投标人没有必要考虑这部分风险费用，但是投标人应注意投标文件合同条款中有关风险部分的表述，以防止风险被转移到承包商身上。

10. 工期影响

招标文件中有关工期的规定，是承包商制订施工进度计划的重要依据，也是投标报价时必须考虑的因素之一，因为工期对工程造价有很大的影响。投标人应特别注意合同条件中对工程提前竣工是否存在奖励以及对工期延误时的日罚款额度和最高额度。为了保证工期，施工方必须在了解现场条件、材料市场以及材料市场到达施工现场的道路情况，还有劳务人员的召集情况，进而编制合理有效的施工方案，科学安排，既满足招标工期要求，又把施工成本降到最合理的价位。

2.3.3.4 分析技术要求

技术要求是招标文件对材料、设备及工程应达到的质量要求，施工方法及程序，检验、实验及验收方法等作出的规定。它一般有两种表现形式：一是技术规范，二是技术说明书。

招标文件中所规定的技术规范，全面反映了材料、设备及工程质量要求、验收标准及程序。投标人的工程技术人员应认真研究和熟悉招标文件中所列出的技术规范，并对能否达到该技术规范的要求作出分析和判断。如果投标人熟悉该技术规范而且有把握达到其要求的程度，则不存在问题，尽管大胆投标，但是如果投标人不熟悉该技术规范，则应与业主协商，争取采用熟悉但又不影响施工质量的其他技术规范。国际上常用的技术规范有美国的 ANSI、英国的 BS、日本的 JIS、法国的 NF、德国的 DIN 等，有不少工程所在国的业主在招标文件中要求采用本国的技术规范，还有一些国外投资商投资的工程项目，很多都采用投资商所在国的技术规范，对此投标人应仔细研究分析，采取相应的投标方案进行投标。

招标人认为技术规范不能准确表达他对工程质量的要求，另外对于某些质量要求高的工程，采用特种施工技术的工程，以及一些零星工程，在招标文件中常以技术说明书的形式反映招标人对工程质量的要求。此时，投标人应以技术规范和技术说明书为指针，以图纸和工程质量清单为依据，拟定施工方案和编制施工进度计划，进行施工组织设计，进而作出合理而且准确的施工投标文件。

2.3.3.5   校核工程量清单

工程量清单是投标人投标报价的依据，是评标的统一尺度。投标人在报价之前，必须对工程量清单进行认真分析校核。工程量清单中所列的数量是工程量的一种估算，不能作为工程结算的依据，但工程量对施工方案和施工进度计划的编制有着重大的影响。在报价计算中，有许多费用如管理费和利润要摊入到工程量中，因此工程量计算的准确与否，对工程报价的准确性有很大的影响。如果招标文件中规定采用总价合同，则对投标人而言工程量计算准确与否直接影响到中标后的效益。因此，作为投标人，必须熟悉常用的工程量计算规则，按照规定的计算方法，复核工程量清单的主要分项工程数量。

2.4   投标文件编制阶段

在完成上述准备工作后，可以着手进行投标文件的编制，投标文件的编制包括：(1) 商务标的准备，主要有招标文件规定的证书资料收集，大部分投标单位日常工作已经有所安排；(2) 技术标的编制，从施工方案、施工组织设计到施工部署，这是本节重点讨论的内容；(3) 投标报价的编制，这涉及投标的成败。

2.4.1   投标施工大纲方案的编制和审批

投标施工大纲方案将对整个建设项目的施工全局作出统筹和全面安排，对影响全局的重大战略部署作出决策。技术部主管、主编人员根据招标文件要求及现场踏勘情况编制初步大纲方案，内容应包括临时设施布置图、主要施工机械选择、施工部署、基坑支护形式、关键特殊措施内容以及标书编制格式、目录要求等。

编制标书过程中要建立技术方案讨论审批制度，力争将工作做深、做细、做透，初步大纲方案完成后，由技术部门经理召集主管人员、主编人员以及相关配合人员、相关部门参加大纲方案讨论，听取各方意见，汇总后形成书面大纲方案，报主管及主编审核。在回标的前一周内，召开技术部、商务部、合约部有关标书编制的碰头会，对标志性项目、志在必得的重大项目，要请总工程师、施工技术策划部门、工程管理部门共同参与讨论，针对技术措施包括的内容如基坑围护、降水的形式，临设的布置，模板、机械、脚手架的选用等，通过技术措施多方案的比较，制订出具有可操作性、与现场实际施工相结合的、经济、合理、安全的技术措施。

方案讨论会应以技术标编制大纲进行讨论，一般应在招标文件收到后的 5 天内完成；对方案编制思路的讨论，一般应在编制人员熟悉招标文件和图纸 3 天后讨论；对技术标编制大纲进行修订，一般应在收到招标答疑文件后 2 天内完成；对专业方案专题论证，一般应在答疑文件收到、方案初稿基本完成的时候召开。方案讨论会由方案编制组组长组织，方案编制组全体人员参加，也可聘请专家参加。方案讨论会应形成会议纪要，并填写如表 2-4 所示的《方案讨论会记录》。

方案讨论会记录　　　　　　　　　　　　　　表 2-4

工 程 名 称		工 程 地 点	
工 程 性 质		工 程 规 模	
会 议 地 点			
参 加 人 员			
会议纪要			
1	质量目标		
2	工期目标		
3	现场管理目标		
4	主要管理人员		
5	特殊施工方案		
6	工程难、重点		
7	项目管理架构		
8	项目管理方式		
9	项目分包方式		
10	……		
记录人：		日期：	

　　投标施工方案的编制要根据自身的资源条件、社会可利用生产要素、地域条件、地方常用习惯做法，结合质量、工期、安全文明和造价等各项因素，力求科学可行、技术先进、经济合理、切合实际、满足工程技术和招标文件要求。方案的编写应体现项目的特点，紧扣大纲、条理清晰、层次分明、言简意赅、富有新意，避免千篇一律。特殊、复杂的施工方案、施工工艺要经多方案的比较和反复论证才能确定。

　　方案组编制投标施工组织设计初稿完成后，应进行内部审查，按评审程序，由方案编制组组长组织相关部门、专家对完成的施工组织设计进行评议和审查，主要评审该施工组织设计是否合理，是否根据方案讨论会意见或修改意见编制，是否违反招标文件内容，是否具有科学性、先进性和可操作性，最终形成评审意见和修改意见，并填写如表 2-5 所示的《方案评审记录》。

方案评审记录　　　　　　　　　　　　　　表 2-5

工 程 名 称		性　　质		规　　模	
方案包含专业					
施工组织设计要点					
编制人意见				签字	
				日期	
总方案师意见				签字	
				日期	
总工程师意见				签字	
				日期	

2.4.2　应用资源库编制施工组织设计

2.4.2.1　资源库的建立

当今，随着工程建设项目的增加，施工组织方面的资料也是日益增多，上网搜索就可以找出很多的工程施工组织资料，不过这些大多是没经过整理的原始资料，虽然有一定的参考作用，但是未必满足我们寻找资料的初衷，所以往往找不到适合自身工程建设项目的资料。为此，建立一个经过分类、整合的施工组织设计资源库就很有必要，对每一个施工过程建立专项方案，供使用者选择。同时，资源库的结构需要与投标施工组织设计相符合，这样在使用者搜索的时候就能顺利找到所需要的资料，表 2-6 是资源库平台中的按施工组织设计编制顺序安排的结构。

资源库平台施工组织设计编制结构　　　　　　　　　　　表 2-6

编制依据	主要内容有：建设项目基础文件，工程建设政策、法规和规范资料，建设地区原始调查资料，大量类似施工项目资料
工程概况	主要内容有：工程建设概况，工程建筑设计概况，工程结构设计概况，建筑设备安装概况，自然条件，工程特点和项目实施条件分析
施工部署	主要内容有：建立项目管理组织，项目管理目标，总承包管理，各项资源供应方式，施工流水段的划分及施工工艺流程
桩基工程	主要内容有：预制钢筋混凝土方桩，钢筋混凝土管桩，钢管桩，灌注桩，其他
基础工程	主要内容有：独立基础，条形基础，片筏基础，箱形基础，沉井基础，箱桩联合基础，其他基础
基坑围护工程	主要内容有：放坡，钢板桩，搅拌桩，SMW 工法，灌注桩，地下连续墙，土钉墙，围檩，钢管支撑，钢筋混凝土支撑，钢立柱，其他
土方工程	主要内容有：排水，挖土，回填土，场地平整，其他
脚手架工程	主要内容有：单排支柱式脚手架，双排支柱式脚手架，悬挑支柱式脚手架，悬吊脚手架，机械脚手架，爬升式脚手架，其他
模板工程	主要内容有：组合钢模板，大模板，爬模，滑模，台模，其他
钢筋工程	主要内容有：一般钢筋工程，预应力钢筋工程，冷轧扭钢筋工程，冷加工，其他
混凝土工程	主要内容有：结构混凝土，防水混凝土，特种混凝土，预制混凝土构件，其他
钢结构工程	主要内容有：钢结构制作、运输，钢结构吊装，网架工程，其他
结构吊装工程	主要内容有：预制混凝土构件的吊装，其他
砌筑工程	主要内容有：砌块，砌体，其他
门窗工程	主要内容有：木门窗，钢门窗，铝合金门窗，塑料门窗，玻璃幕墙，其他
装饰工程	主要内容有：粗装修，精装修
防水工程	主要内容有：屋面防水，地下防水，外墙防水，卫生间和地面防水，贮水池和贮液池防水，其他

续表

机电安装及预留预埋工程	主要内容有：给水、排水，强电、弱电，通风空调、采暖供热，消防系统以及电梯等安装和水、暖、电管道预埋预留等
电梯工程	主要内容有：垂直电梯，自动扶梯
弱电安装工程	主要内容有：通信系统，火灾自动报警系统与消防联动控制系统，电视和卫星接收系统，广播音响系统，安防系统
施工准备工作计划	主要内容有：施工准备工作计划具体内容，施工准备工作计划
施工平面布置	主要内容有：施工平面布置的依据，施工平面布置的原则，施工平面布置内容，设计施工平面图步骤，施工平面图输出要求，施工平面管理规划
施工资源计划	主要内容有：劳动力需用量计划，施工工具需要量计划，原材料需要量计划，成品、半成品需要量计划，施工机械、设备需要量计划，生产工艺设备需要量计划，测量装置需用量计划，技术文件配备计划
施工进度计划	主要内容有：编制施工进度计划依据，施工进度计划编制步骤，施工进度计划编制内容，制订施工进度控制实施细则
施工成本计划	主要内容有：施工成本计划，编制施工成本计划步骤，施工成本控制措施，降低施工成本技术措施计划
施工质量计划及保证措施	主要内容有：编制施工质量计划的依据，施工质量计划内容，质量保证措施，材料检验试验
职业安全健康管理方案	主要内容有：施工安全计划内容，制订安全技术措施
安全危险源控制	主要内容有：基坑安全，脚手架，高大模板支撑，吊装，洞口临边，机械施工，安全用电，消防安全，爆破，高空作业，房屋拆除
环境管理方案	主要内容有：施工环保计划内容，施工环保计划编制的步骤，施工环保管理目标，环保组织机构，环保事项内容和措施
施工风险防范	主要内容有：施工风险类型，施工风险因素识别，施工风险出现概率和损失值估计，施工风险管理重点，施工风险防范方对策，施工风险管理责任
项目信息管理规划	主要内容有：施工过程和施工程序的信息技术控制和项目管理网络信息平台
新技术应用计划	主要内容有：地基基础和地下空间工程技术，高性能混凝土技术，高效钢筋与预应力技术，新型模板及脚手架应用技术，钢结构技术，安装工程应用技术，建筑节能和环保应用技术，建筑防水新技术，施工过程监测和控制技术，建筑企业管理信息化技术
主要技术经济指标	主要内容有：施工工期，项目施工质量，项目施工成本，项目施工消耗，项目施工安全，项目施工其他指标

平台的建立以资源库为主，对已有的施工方案通过审核、分类并加以整理，然后导入方案库。目前确定的系统数据采集范围有：

（1）施工组织设计的收集和整理：对施工组织设计资料的数据采集汇总，建立相应的数据库，主要包括：工程项目基本信息、施工大纲、管理计划、技术方案和施工交底；工程项目相关资料，如招投标文件、合同、设计图纸、竣工资料 ABCD 册、多媒体等；技术总结材料，如科研成果、论文、工法等。要求软件系统建立专门的数据库存储区域和文件存储区域，提供对于以上基础资料信息的统一保存、操作和管理维护功能。建立真正意义上的施工组织设计资料的数据库环境平台。

（2）施工组织设计的审核审批统计：对于资源库中的数据材料、文档，可建立一套以管理流程规范为标准的审核、审批程序，以此来实现施工组织设计的网上审批流程功能，使得软件系统能够做到对于资料的信息化流程管理。同时对于流程管理过程中的审核、审批的管理信息，也要建立好保存的数据库环境，以备长期的管理和统计工作需求。

（3）法律法规和规程规范的数据库建立：这方面的信息将作为补充或者辅助信息的方式进入系统，主要包括：基本的法律法规、规程规范、企业标准和专利信息等。这些信息有专门的数据库存储区域和文件存储区域，可供用户随时查询和检索。

简单地说，资源库就是把自己的经验和知识转化为书面的东西进行分类和归档，并结合建筑领域内的新技术、新设备、新工艺、新材料来建立企业自己的内部网络平台，并把自身的资料按照工程类型和施工模块分别拆分，上传到信息平台，经审核后进入网络资源库。在投标施工组织编制时，资源库可供有权限的人员进入查看以前类似工程资料和施工方案资料，并可直接下载整合，有效减少工作量，节约成本，同时还能在原有的基础上，利用最新的技术、工艺、材料、设备进行施工组织优化，合理降低工程报价，在投标报价上占据优势地位。注意给资源库留有接口，这样就可以不断地更新资源库内的资料，使内容不断扩展和丰富。

2.4.2.2 资源库的功能

对资源库应用的功能设置应在方案库各种材料都准备好之后进行。应用资源库建立施工方案编制平台主要具备三大基本功能：精确查询功能、模糊搜索功能和智能化组合功能。其中"精确查询"可以按目录查询资源库中特定工程类别下不同子模块的所有方案，如大型公共建筑项目的土方工程方案、混凝土工程方案、各项施工措施等；"模糊搜索"功能根据用户输入的查询内容，系统自动在资源库中按关键字、方案摘要、方案名称等查询用户输入的关键词；"智能服务"功能，由用户根据系统提供的施工方案查询目录，在各子模块模式中输入关键字查询出所需要的模块系列，并通过"精确查询"功能查找资料，组合为用户所需要的参考投标施工方案。三大查询功能的查询结果分栏显示，用户可点击进入需要详细了解的方案页面查看方案的具体内容，并下载方案中附有的各种资料。以下详细介绍这三种功能。

（1）精确查找功能

精确查找功能，是指将现有的资料整理归类，制作成类似电子书的形式，用户根据目录，自行查找自己所需要的资料内容。

1）在本辅助系统首页左侧可见快速导航栏，点击图标"精确查询"，即可进入精确查询界面（见图2-2和图2-3）。

2）通过第一个下拉菜单选择工程类别，分为房地产项目等群体建筑、典型公共建筑、大型工业厂房（见图2-4）。

图 2-2　精确查询按钮

图 2-3　精确查询界面

图 2-4　精确查询中工程类别选项

3）通过第二个下拉菜单选择具体所属类别，即施工组织设计中的各部分，例如：编制依据、工程概况、施工部署、桩基工程、混凝土工程等内容（见图 2-5）。

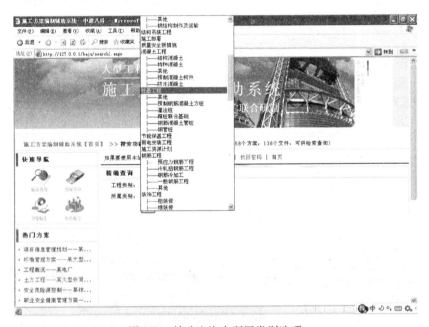

图 2-5　精确查询中所属类别选项

4）点击"查询"按钮，出现查询结果（见图 2-6 和图 2-7）。

（2）模糊搜索功能

根据用户输入需搜索查找的关键字进行查找，首先在数据库内部设置关键字查询系

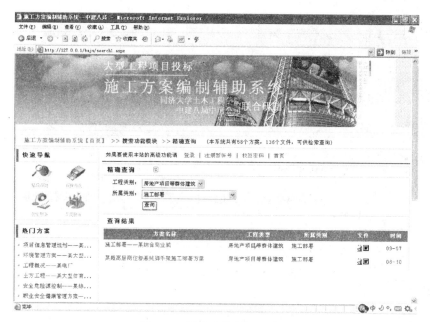

图 2-6 精确查询结果示范一

图 2-7 精确查询结果示范二

统,使用时,根据用户输入的关键字进行查找,列出本信息库中涉及该关键字的信息资源标题,用户再点击该标题查阅此条信息的详细内容。

1)点击导航栏处"模糊查询"图标,进入以下界面(见图 2-8 和图 2-9)。

2)在多选框中点击选择好需要查询的范围,然后在"关键字"栏中输入需要查询的内容,然后点击"查询"按键即可出现查询结果(见图 2-10 和图 2-11)。

图 2-8　模糊查询按钮

图 2-9　模糊查询界面

图 2-10　模糊查询示范

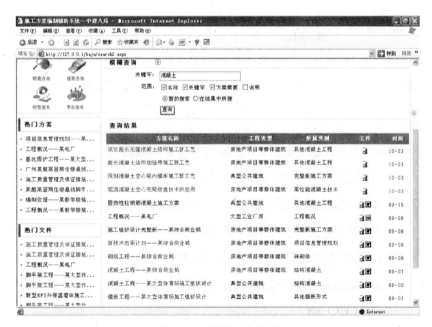

图 2-11　模糊查询结果

3）选择界面中的"在结果中继续查询"单选，用户可继续输入其他关键字，在查询的结果中进一步缩小查询范围，找到满意的资料（见图 2-12）。

（3）智能化组合功能

所谓智能化组合功能，外观上体现为用户输入某个工程项目的具体相关资料，比如基坑面积、深度等等，然后系统可以输出适合于此工程项目的施工组织设计。在数据库方

图2-12   在结果中继续查询

面，体现为数据库根据输入的信息，按照专家系统的原理进行逻辑运算，输出符合要求的信息。

1）点击导航栏处的"智能查询"图标，进入智能查询界面（见图2-13）。

图2-13   智能查询界面

2）在智能服务模块中，系统地排列了大型工程项目投标施工方案的各个内容，可通过单选框进行选择查询的范围，在右边的文本框输入查询内容，点击"检索"，即弹出查询结果界面，查看各方案及下载各方案的内容之方法与普通查询和模糊查询是一致的（见图 2-14 和图 2-15）。

图 2-14　智能查询示范

图 2-15　智能查询结果

同时，本方案库还担负着知识库的角色，库中不但可存有施工方案、工程计算书、多媒体资料、施工图等丰富的工程资料，还可存放新型施工工艺、施工方法的学术论文，用户既可以分享前人积累的大量工程经验，又可以了解到最新的学术动态，对相关人员业务水平的提高也很有益。

2.4.2.3 资源库的应用

一般应用资源库编制投标施工组织设计需要合理的组织、安排，才能最快捷地搜集到自己想要的资料，所以在搜索施工组织资料之前，需根据自身工程项目的特点列出一个具体的操作程序。方案库的应用一般包括以下几个程序：

（1）根据投标施工组织设计的特点编制大纲，按大纲要求进行检索。

比如大纲中写明在高层建筑施工中需要使用垂直运输设备，在资源库中按照目录找到垂直运输部分，点开"垂直运输部分"发现里面主要介绍了塔式起重机与流动式起重机的基本知识、适用场合、基本作业条件与要求等内容。然后当用户点开"塔式起重机简介"这一条，可看到"塔式起重机在建筑施工中已得到广泛应用，它是一种塔身直立，起重臂旋转的起重机，起重臂与塔身构成'厂'字形结构，故可以靠近建筑物布置。由于塔式起重机的高度与其支撑点间距尺寸的比值较大，所以保证其稳定性成为非常重要的问题。塔式起重机的起重力矩是确定和衡量塔式起重机能力的主要参数"等内容。据此就可以根据投标施工组织设计编制的需要，找出合适的运输机械并注明其各类参数。

（2）根据所查询到的内容进行修改、整合，使资料能够完全满足自身工程的需要。

根据所搜集到的资料，如果不加以筛选的话仍然会是一堆没有任何用处的文字和数据，所以整合各种资料是很必要的。比如当我们确定了起重机的选用、施工电梯的选用、输送泵的选用之后就需要根据实际情况修改、整合所搜集的资料，使其满足投标施工组织设计的原理，并相互配合发挥作用。

（3）将所整合的资料编制成一份完整的投标施工组织设计。

编制成的完整投标施工组织设计需详细检查其中有无不妥之处，有无与招标文件原则相违背的地方，再交由有经验的工程师复核，检查该施工组织设计是否已经满足了投标的要求，是否具有竞争力。

（4）提交技术质量部门的总工程师审批。

将经过复核的投标施工组织设计交由技术质量部门的总工程师审核，如确认通过，则该投标施工组织设计就可以打印整理。如有需要修改之处需再经过修改后再次审核通过后才能提交参加投标。

应用资源库编制的投标施工组织设计既能满足招标文件的要求，又能节省时间完成优秀的施工组织设计。应用资源库编制投标施工组织设计的流程图如图 2-16 所示。

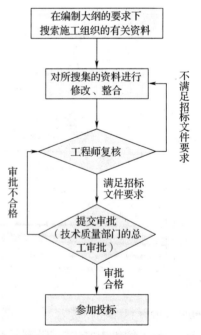

图 2-16 应用资源库编制投标施工组织设计的流程图

2.4.3 技术标书审核与后期制作

技术标书初稿一般于投标截止日期前三天完成，特殊工程可以例外，主编人员必须对技术标书初稿的文档、图纸、进度计划及相关的计算等进行逐字逐句的自检，以杜绝标书中低级错误的发生。再由主管人员进一步对技术标进行全面的审核，主编将主管人员的审核意见汇总并按照要求进行修改。修改完毕的技术标书由主管交技术部经理审核，必要时召开专家咨询会。技术部门经理审核完毕正式定稿，定稿后先打印一份，由主管复核后交技术部门经理审核，无误后即可进行复印及装订工作。

对暗标的信息内容要多加注意，避免出现失误，成为废标。对打印后稿件的复核过程也不可省略。打印过程中极少数情况下也可能出现非人为因素的程序或机械方面的错误，这种情况往往被忽视，但是出现的问题却又显而易见，结果导致功亏一篑，所以小环节也不容忽视。封标复印以主编人员为主（包括复印成稿后的抽检、电子文档的刻录），相关人员配合。技术标书装订，暗标由主编负责，明标由文印室负责。对于招标单位所发放的设计图纸、技术资料，主编人员及相关人员应做好整理及移交工作。

2.5 投标开标阶段

投标单位应按招标文件规定的时间、地点，将密封的标书送达，并参加开标会，接受评标委员会询标，等候评标结果，落实相关工作。

2.5.1 开标

我国招标投标法规定，开标应当在招标文件确定的提交投标文件截止时间的同一时间公开进行，并邀请所有投标人参加，开标地点应当为招标文件中确定的地点。这就是说，提交投标文件截止之时即为开标之时。逾期送达或者未送达指定地点的投标文件，招标人将不予接受。如遇有特殊情况，招标人可以推迟开标，但须事先书面通知各投标人，通知时间应在招标文件要求提交投标文件截至时间至少 15 日前。

开标由招标人或招标代理机构主持。主持人按照规定的程序负责开标的全过程。开标可以邀请上级主管部门、监督部门和公证机关派人参加。

1. 开标程序

按照惯例，开标一般按照下列程序进行：

（1）主持人在招标文件确定的时间停止接受投标文件，开始开标；

（2）宣布开标人员名单；

（3）确认投标人法定代表人或授权代表人是否在场；

（4）宣布投标文件开启顺序，一般按标书送达的先后顺序依次开标；

（5）开启标书时，先检查投标文件密封是否完好，再启封开标文件；

（6）宣布开标要素，并做好记录，同时有投标人代表签字确认；

（7）对上述工作进行记录，存档备查。

2. 开标工作要点

（1）检查投标文件的密封情况

开标时，由招标人和投标人或者其推选的代表共同检查投标文件的密封情况，也可以由招标人委托的公证机关检查并公证。

为了防止投标文件在未密封状况下失密，从而导致相互串标、更改投标报价等违法行为的发生，投标文件要求以书面形式加具签字并密封信袋内提交。所以，无论是邮寄还是直接送到开标地点，所有的投标文件都应该是密封的。只有密封的投标，才被认为是形式上合格的投标，才能被当众拆封，并公布有关的投标内容。

（2）宣读投标文件的主要内容

经检查密封情况完好的投标文件，由工作人员当众按序逐一启封，当场宣读各投标人的名称、投标工程质量、工期、报价和投标文件的其他主要内容，让投标人及其他参加人了解所有投标人的情况，增加开标程序的透明度。在招标文件要求提交投标文件的截止时间前收到的所有投标文件，除已经办理有效撤回手续的除外，其密封情况被确认无误后，均应公开宣读。开标后，不得要求也不允许对投标文件进行实质性的修改。

开标会议上一般不允许提问或作任何解释，但允许记录和录音。投标人或其他代表应在会议签到簿上签名以证明其在现场。

（3）记录开标结果

招标人对开标的整个过程需要做好记录，形成开标记录或纪要，并存档备查。开标记录一般应记载以下事项并由主持人和其他工作人员签字确认：开标日期、时间、地点，开标会议主持者，出席开标会议的全体人员名单，标书收到的日期和时间以及报价一览表，对截标后收到的投标文件（如果有的话）的处理，其他必要的事项。

（4）无效标书的确定和处理

一般情况下，在开标时，招标人对有下列情形之一的投标文件，可以拒绝或按无效标书处理，并告知评标委员会：

1）逾期送达的或者未送达指定地点的；

2）未按照招标文件要求进行密封的；

3）投标人不参加开标会议的。

被认定无效的投标书，应不予宣读。被拒绝以及按规定提交合格撤回通知的投标文件不予开封，并原封退回。

（5）有重大偏差标书的处理

开标时，发现投标文件有下列情况之一的，可初步判定为重大偏差，提交评标委员会确认后按废标处理，不再进入下一步评审：

1）无投标单位盖章并无法定代表人或法定代表人授权的代理人签字或盖章的；

2）未按规定的格式填写，内容不全或关键字迹模糊、无法辨认的；

3）投标人提交两份或多份内容不同的投标文件或在一份文件中对同一招标项目报有两个或多个报价，且未声明哪一个有效，但按招标文件规定提交备选投标方案的除外；

4）投标人名称或组织结构与资格预审时不一致的；

5）未按招标文件要求提交投标保证金的；

6）联合体投标时未附有联合体各方共同投标协议的；

7）招标文件规定的其他作为废标处理的。

有些情况可能还会导致招标人在开标时宣布此次投标无效。如为了保证招标投标活动的竞争性，我国招标投标法规定，一个项目招标少于 3 个有效投标人的，该次招标无效，应重新组织招标。

2.5.2　询标

询标大多在工程开标结束之后，招标人或招标代理人将已经投完标并在商务标和技术标总分前几名的单位找来对一些模糊的或者与已知情况有出入的地方进行询问，比如说主要材料单价为什么低于市场平均价、所用的方案能否实施、项目经理答辩能力表现。

询标按招标文件规定的时间或招标人通知的时间进行，投标单位应做好组织准备工作，一般由项目营销经理组织，由拟派项目经理和技术、商务报价人员参加。

询标分为书面询标和当面询标两种。采用当面询标的，拟派项目经理应参与，在投标文件定稿后，即由编标负责人对技术和商务报价等投标文件内容对参加答辩人员进行交底，答辩人员必须对投标文件有充分的了解，并就询标答辩内容做重点准备，招标人允许时也可准备相关音像资料进行介绍；采用书面询标时，对招标人提出的书面问题应在其规定的时间内给予答复，在询标时，当招标人提出新的要求超出原投标文件承诺时，应经公司决策层讨论后方可答复，并记录留底存档，以备中标后合同谈判之用。

当招标人要求当面询标时，必须做好充分的准备，为使询标答辩顺利通过，并给招标人留下良好印象，必须注意以下几点：

（1）首先必须选派既懂工程技术、熟悉业务，又有经济、法律知识，且善于答辩、经验丰富的工程技术人员参加答辩。每次出席人数不在于多而在于精，以 2～4 人为宜，并且要授予全权处理技术、商务、价格等问题。

（2）一般询标，技术问题涉及得较多较深，所以，对于不同的招标项目，必须配备专业对口的工程技术人员参加。同时，根据开标记录，分析竞争对手的价格和其他特点，研究招标人可能提出质询的问题，拟定答辩提纲，其主要内容包括：用精练的语言文字，进一步介绍自己的各项优势（避免用不适当的方式和语言评价其他投标人的投标）；简短明确地回答招标人可能提出的问题；根据自己投标文件中的可变因素和留有的余地，在投标总价不变的前提下，作出相应提价或相应降价、索取条件或作出让步的多种具体方案，视答辩的具体情况，灵活运用。

（3）答辩时，一定要沉着镇静、语言简练、观点明确、决策果断、态度真诚地回答技术、商务等方面的问题，争取评委和建设单位的满意和信任。现在企业家们都把投标策略既看成是一门科学，也看成是一门艺术。作为一门科学，必然有其可循的规律性；作为一门艺术，则又不可能具有一个固定的模式，而必须在实践中加以灵活运用。在实际投标中，各个投标者对待同一个项目的投标策略各有不同，就是说同一个投标者对不同项目的投标策略也不会完全一样。掌握投标策略既要有丰富的科学知识，把握其规律性，更要在实践中积累经验，可以适当地运用灵活性。

（4）询标结束之后，招标人就必须准备后续的评标定标事宜，如回标分析、选定评标专家、对标书的评审、项目经理答辩、确定投标人、签约等过程。

2.6 评标定标阶段

传统的定额计价方式是我国工程造价人员较为熟悉的工程计价方式，操作简单、过程明了。但工程量清单计价方式实行之后，建筑工程交易合同的签订由定额计价模式的总价合同，逐步向清单计价模式的单价合同与总价合同有机结合的合同方式转变，评、定标规则也由单独使用综合评估法向经评审的最低价法和综合评标法结合使用转变。为了科学、合理、有效地评标和加强对评标过程安全性、保密性、公平性，就需要在评标之前加进一个过程即"回标分析"，是整个评定标工作的初始部分，它的主要目的是保证投标文件能响应招标文件所要求的基本点以及行业相关规定，起到把关的作用。只有经回标分析合格的投标文件才能进入评审阶段。

2.6.1 工程量清单回标分析

回标分析一般由招标人（或招标代理机构）来完成，对回标分析中发现的疑问和需要澄清、说明和补正的事项，经有关投标人作出澄清、说明、补正后，由评标委员会认可的"评标价"方可作为评标的依据。

投标报价的回标分析是对有效的投标文件进行评价和系统分析。回标分析的目的，就是查清各投标报价中是否有漏项、缺项，是否有过低或过高的报价，是否有哄抬造价和低于"成本"的报价。

1. 回标分析思路

回标分析一般由总价依次逐级向每个项目的综合单价展开，其程序如图 2-17 所示。

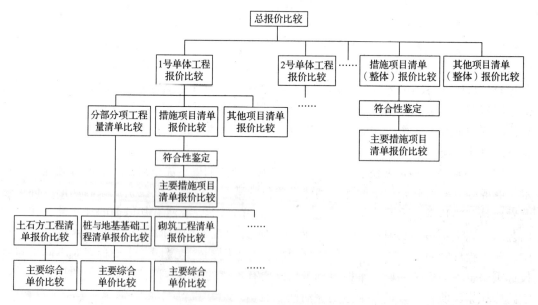

图 2-17   回标分析程序

2. 回标分析的主要内容和方法

回标分析时，可以设定一个参考值，参考值可以是"标底"，可以是最低的投标报价，也可以是各投标报价的算术平均值，当项目的技术难度较高时，也可将技术标得分最高者的投标报价作为参考值。

（1）投标总报价分析

开标时将各投标报价从低到高填入表 2-7 进行比较。

建设工程投标总报价排序分析表　　　　　　　　表 2-7

工程名称：　　　　　　　　　　　　　　　　　　报价日期

投标人名称 分析因素	投标人 1	投标人 2	
参考价（万元）			
总报价（万元）			
报价排序（从低到高）			
与最低价相差（%）			
与最低价相差金额（万元）			
与参考价相差（%）			
与参考价相差金额（万元）			

（2）单体工程投标报价分析

如有单体工程时，将各单体工程投标报价按表 2-8 进行比较。

单体工程施工投标报价排序分析表　　　　　　　　表 2-8

单位工程名称：　　　　　　　　　　　　　　　　报价日期

投标人名称 分析因素	投标人 1	投标人 2	
参考价（万元）			
总报价（万元）			
报价排序（从低到高）			
与最低价相差（%）			
与最低价相差金额（万元）			
与参考价相差（%）			
与参考价相差金额（万元）			

（3）分部分项工程量清单报价分析

分部分项工程量清单报价依次由专业（分类）工程、分部工程、分项工程逐级展开。

1）分部分项工程量清单专业（分类）工程报价分析

以一般房屋建筑工程为例，其专业（分类）工程由建筑工程、装饰装修工程和安装工程的分部分项工程量清单组成，如表2-9所示。

分部分项工程量清单专业（分类）工程报价分析表   表2-9

工程名称：   报价日期

分析因素 \ 投标人名称	投标人1	投标人2	
建筑工程参考价（万元）			
建筑工程报价（万元）			
与最低价相差（%）			
与最低价相差金额（万元）			
与参考价相差（%）			
与参考价相差金额（万元）			
装饰装修工程参考价（万元）			
装饰装修工程报价（万元）			
与最低价相差（%）			
与最低价相差金额（金额）			
与参考价相差（%）			
与参考价相差金额（万元）			
安装工程参考价（万元）			
安装工程报价（万元）			
与最低价相差（%）			
与最低价相差金额（万元）			
与参考价相差（%）			
与参考价相差金额（万元）			

2）分部分项工程量清单分部工程报价分析

以房屋建筑工程为例，可将建筑工程、装饰装修工程和安装工程的各个分部工程报价分别进行比较分析。

① 建筑工程报价分析（表2-10）

分部分项工程量清单分部工程报价分析表   表2-10

单位工程名称：建筑工程   报价日期

分析因素 \ 投标人名称	投标人1	投标人2	
土石方工程			
总报价（万元）			
与参考价相差（%）			
桩与地基基础			
与参考价相差（%）			
砌筑工程			
与参考价相差（%）			
混凝土及钢筋混凝土工程			

续表

分析因素＼投标人名称	投标人1	投标人2	
与参考价相差（%）			
厂库房大门、特种门、木结构工程			
与参考价相差（%）			
金属结构工程			
与参考价相差（%）			
屋面及防水工程			
与参考价相差（%）			
防腐、隔路、保温工程			
与参考价相差（%）			
小计			
算术正确总计			
算术误差			

② 装饰装修工程报价分析（表2-11）

分部分项工程量清单分项工程报价分析表 表2-11

工程名称：装饰装修工程　　　　　　　　　　　　　　　　　报价日期

分析因素＼投标人名称	投标人1	投标人2	
楼地面工程			
与参考价相差（%）			
墙、柱面工程			
与参考价相差（%）			
天棚工程			
与参考价相差（%）			
门窗工程			
与参考价相差（%）			
油漆、涂料、裱糊工程			
与参考价相差（%）			
其他工程			
与参考价相差（%）			
小计			
算术正确总计			
算术误差			

③ 安装工程报价分析（表2-12）

分部分项工程量清单分项工程报价分析表   表 2-12

投标人名称 分析因素	投标人 1	投标人 2	
机械设备安装工程			
与参考价相差（%）			
电气设备安装工程			
与参考价相差（%）			
热力设备安装工程			
与参考价相差（%）			
炉窑砌筑工程			
与参考价相差（%）			
静置设备与工艺金属 结构制作安装工程			
与参考价相差（%）			
工业管道工程			
与参考价相差（%）			
消防工程			
与参考价相差（%）			
给排水、采暖、燃气工程			
与参考价相差（%）			
通风空调工程			
与参考价相差（%）			
自动化控制仪表安装工程			
与参考价相差（%）			
其他项目费用			
零星工作项目费用			
小计			
算术正确总计			
算术误差			

3）分部分项工程量清单报价完整性检查

以分部工程为单位，以分部分项工程量清单为依据，逐项检查各分部分项工程量清单报价的相应的项目。先检查每个投标的分部分项工程量报价单中的工程数量，找出少报、漏报（或工程数量为零）的项目。再检查其综合单价，检查其报价是否为零或为负数。

4）分部分项工程量清单主要综合单价比较、分析

选定需进行分析的主要单价，一般剔除报价金额较小的次要项目后，选择报价金额比较大的项目进行比较（表2-13）。分析比较可以投标金额的平均值为基准（参考价），也

可以"标底"为基准（参考价），设定上下分析幅度，如高出 10%～20%，将幅度外的报价作为分析重点。

分部分项工程量清单主要综合单价分析　　　表 2-13

工程名称：

项目编码	项目内容	单位	投标人 1	投标人 2				参考价

通过比较，可以发现过低或过高的报价，发现有无计算错误、有无漏项、有无可能低于成本的情况。同时检查与指定单价、暂定单价的相符性，检查与其工、料、机清单报价的相符性。明显的细微偏差应予以纠正。同时将需要投标人澄清的问题一一列出。也可根据需要，选择有关项目要求投标人补送综合单价分析表。

（4）措施项目清单报价分析

1）措施项目清单报价项目的符合性鉴定

投标人的措施项目清单报价，是根据招标文件的要求，依据其投标文件中的施工组织设计而编制的，对其符合性检查步骤如下所示：

① 对招标人提出要求的措施项目必须有保证；

② 对招标提出需求的措施项目必须能满足；

③ 措施项目清单报价必须与投标文件中的施工组织设计相对应。

检查后如发生重大偏差，应由投标人澄清，投标人不能说明时，应将此情况列出分析报告，建议评标委员会作出处理。

2）措施项目清单报价比较分析

措施项目清单报价比较分析如表 2-14 所示。

措施项目清单报价分析表　　　表 2-14

分析因素　　　　　投标人名称	投标人 1	投标人 2	
措施项目总价（万元）			

3）环境保护、安全生产、文明施工项目报价的分析

环境保护、安全生产和文明施工这几个项目的分析，应该是按照招标文件的要求以及其投标文件所作出的承诺进行对比，一般的文明工地用一般的标准进行衡量，创市级文明工地则需由相应的更高标准进行衡量，这些项目的措施必须有费用保障，一般不允许投标让利、漏项不报或少报。

4）大型施工机械项目报价分析

将措施项目汇总表上在列的大型施工机械的进出场及安拆费进行比较，如发生较大偏差，再根据单项报价表分析其使用的机械规格、品种和数量是否经济合理，选择过大的机械是否在通行上存在问题。

5）脚手架项目报价分析

将措施项目报价汇总表上的脚手架费用进行比较，同样，发现过低与过高的报价时，对单项报价进行分析。

6）模板和支架项目报价分析

分析方法与上述方法相同。

上述措施项目的报价分析，主要是针对过低的报价者。过低的报价是否能保证施工项目顺利进行，投标人必须对其作出必要的澄清。应多鼓励精心编制施工方案、采用先进的技术以及合理化建议而降低成本的投标人。

其他如基坑围护、大体积混凝土的保温、大体积钢筋混凝土中的支撑系统，其金额较大时也应进行分析比较。

措施项目费用一般包干使用，故除上述情况外，一般不再对其他的措施项目费用进行分析比较。

通过上述分析比较，对需要投标人澄清的问题应分别一一列出，也可根据需要，要求投标人补报措施项目单项报价分析表或文字说明，其内容一并归入分析报告。

（5）其他项目清单报价分析

其他项目清单报价比较分析（表2-15）的工作相对比较简单，其分析要点如下：

1）每个暂定金额报价、指定金额报价必须与招标文件其他项目清单规定的金额一致，不能因为投标人在投标报价考虑下浮时，将其也列入下浮范围之内；

2）总承包服务费是否包括招标文件规定的每个项目，投标人是否承诺了应承担责任及取费的合理性；

3）对零星项目报价进行比较分析。

其他项目清单报价分析表   表 2-15

分析因素 ＼ 投标人名称	投标人 1	投标人 2	
1. 暂定金额			
2. 指定金额			
3. 总承包服务费			
4. 其他			
其他项目总价（万元）			

3. 回标分析报告

综上所述，对所有符合要求的投标人的投标文件进行汇总以后，通过比较分析就可以汇总成回标分析报告，其内容如下：

（1）投标报价排序及比较

1）建设工程投标总报价排序分析表；

2）单体工程投标报价排序分析表。

（2）分部分项工程量报价比较表

1）分部分项工程量清单报价汇总分析表；

2）分部分项工程量清单专业（分类）工程报价分析表；

3）分部分项工程量清单分部工程报价分析表；

4）分部分项工程量清单主要综合单价分析表；

5）投标人需澄清、说明、补正的事宜（按投标人分列）。

① 计算错误；

② 细微偏差澄清、说明、补正；

③ 漏项的澄清、说明、补正；

④ 要求投标人提供的主要综合单价分析表的项目清单；

⑤ 要求投标人进行澄清、说明、补正的项目清单。

（3）措施项目清单报价分析情况

1）符合性鉴定情况；

2）措施项目清单报价分析表；

3）环境保护、安全生产、文明生产项目报价分析表；

4）其他主要项目报价分析表（大型施工机械、脚手架、模板、基坑围护等）；

5）投标人需澄清、说明、补正事宜（本项内容与分部工程量清单相应部分相同，另需增加措施项目符合性鉴定中需澄清、说明、补正的内容）。

（4）其他

回标分析加强了投标报价分析，体现了竞争的公正性。以往评标时只对总报价进行打分，对组成总价的工程量、单价均不作分析。推行工程量清单招标后，由于采用了统一的清单报价格式，利用计算机辅助系统，能够迅速对所有报价进行回标分析，对分部分项报价逐一检查，避免个别企业以低于成本价的报价中标，后来再高额索赔。另外，采用不平衡报价，在材料价上做手脚，如投标中调换了招标文件中的材料规格型号、变动暂定价、组价不完整、措施项目组成与技术标准的施工方案不一致等，都是回标分析的重点。做好上述工作，就真正还原了招投标的本质，真正体现了公正、公平、择优的原则，从而可以为业主选择出优秀的总承包单位，为建设项目的顺利实施打下坚实的基础。所以对报价进行回标分析是一项不容忽视的工作。

2.6.2 评标

评标是招投标过程中的核心环节，我国《招标投标法》对评标作出了原则性的规定。评标应遵循公开、公平、科学、择优的原则，招标人应当采取必要的措施，保证评标活动在严格保密的情况下进行。

2.6.2.1 评标的准备和初步评审

（1）评标的准备

评标委员会成员应当编制供评标使用的相应表格，认真研究招标文件，至少应了解和熟悉招标目标，招标项目的范围和性质，招标文件规定的主要技术要求、标准和商务条款，招标文件规定的评标标准、评标方法和在评标过程中考虑的相关因素等内容。

（2）初步评审的内容

初步评审的内容包括对投标文件的符合性评审、技术性评审和商务性评审。

1）投标文件的符合性评审。投标文件的符合性评审包括商务符合性鉴定和技术符合性鉴定。投标文件应实质上响应招标文件的所有条款、条件，无显著的差异或保留。所谓显著的差异或保留包括以下情况：对工程的范围、质量及使用性能产生实质性影响；偏离了招标文件的要求，而对合同中规定的招标人的权利或者投标人的义务造成实质性的限制；纠正这种差异或者保留将会对提交实质性响应要求的投标书的其他投标人的竞争地位产生不公正影响。

2）投标文件的技术性评审。投标文件的技术性评审包括：方案可行性评估和关键工序评估，劳务、材料、机械设备、质量控制措施评估以及对施工现场周围环境污染的保护措施评估。

3）投标文件的商务性评审。投标文件的商务性评审包括：投标报价校核，审核全部报价数据计算的正确性，分析报价构成的合理性，并与标底价格进行对比分析。修正后的投标报价经投标人确认后对其起约束作用。

（3）投标文件的澄清和说明。评标委员会可以以书面方式要求投标人对投标文件中含义不明确的内容作必要的澄清、说明或补正，但是澄清、说明或补正不得超出投标文件的范围或者改变投标文件的实质性内容。

（4）投标偏差。评标委员会应当根据招标文件，审查并逐项列出投标文件的全部投标偏差。投标偏差分为重大偏差和细微偏差。

2.6.2.2   详细评审及其方法

经初步评审合格的招标文件，评标委员会应当根据招标文件确定的评标标准和方法，对其技术部分和商务部分做进一步评审、比较。

评标方法包括经评审的最低投标价法、综合评估法或者法律、行政法规允许的其他评标方法。

（1）经评审的最低投标价法

根据经评审的最低投标价法，能够满足招标文件的实质性要求，并且经评审的最低投标价的投标，应当推荐为中标候选人。这种评标办法是按照评审程序，经初审后，以合理低标价作为中标的主要条件。合理低标价必须是经过终审，进行答辩，证明是实现低标价的确实有力可行的报价。

（2）综合评估法

不宜采用经评审的最低投标价法的招标项目，一般应当采取综合评估法进行评审。根据综合评估法，最大限度地满足招标文件中规定的各项综合评标标准的投标，应当推荐为中标候选人。综合评估法要求评标委员会对各个评审因素进行量化时，应当将量化指标建立在同一基础或者同一标准上，使各投标文件具有可比性。

其他评估法有如建设部 1996 年发布的可以采用评议法等，这里不再详述。在第 5 章中将对评标方法作详细的讲述。

2.6.3　定标、签约

评标委员会提出书面评标报告后,招标人一般应当在 15 日内确定中标人,最迟应当在投标有效期结束日 30 个工作日前确定。中标通知书由招标人发出,同时通知未中标人。

(1) 评标委员会推荐的中标候选人应当限定在 1 至 3 人,并标明排列顺序。招标人应当接受评标委员会推荐的中标候选人,不得在评标委员会推荐的中标候选人之外确定中标人。依法必须进行招标的项目,招标人应当确定排名第一的中标候选人为中标人。排名第一的中标候选人放弃中标,或因不可抗力提出不能履行合同,或者招标文件规定应当提交履约保证金而在规定的期限内未能提交的,招标人可以确定排名第二的中标候选人为中标人。排名第二的中标候选人因前述原因不能签订合同的,招标人可以确定排名第三的中标候选人为中标人。招标人可以授权评标委员会委员直接确定中标人。

(2) 招标人不得向中标人提出压低报价、增加工程量、缩短工期或其他违背中标人意愿的要求,以此作为发出中标通知书和签订合同的条件。

(3) 中标通知书对招标人和中标人具有法律效力。中标通知书发出后,招标人改变中标结果的,或者中标人放弃中标项目的,应当依法承担法律责任。

(4) 招标人全部或者部分使用非中标单位投标文件中的技术成果或技术方案时,需征得其书面统一,并给予一定的经济补偿。

(5) 招标人和中标人应当自中标通知书发出之日起 30 日内,按照招标文件和中标人的投标文件订立书面合同。招标人和中标人不得再另行订立背离合同实质性内容的其他协议。

(6) 招标文件要求中标人提交履约保证金或者其他形式履约担保的,招标人应当同时向中标人提供工程款支付担保。

(7) 招标人不得直接指定分包人。对于不具备分包条件或者不符合分包规定的,招标人有权在签订合同或者中标人提出分包要求时予以拒绝。发现中标人转包或违法分包时,可以要求其改正;拒不改正的,可以终止合同,并报请行政监督部门查处。

(8) 中标人应当按照合同约定履行义务,完成中标项目。中标人不得向他人转让中标项目,也不得将中标项目肢解后分别向他人转让。中标人按照合同约定或者经招标人同意,可以将中标项目的部分非主体、非关键性工程分包给他人完成。接受分包的人应当具备相应的资格条件,并不能再次分包。中标人应当就分包项目向招标人负责,分包人就分包项目承担连带责任。招标人发现中标人转包或违法分包的,应当要求中标人改正;拒不改正的,可终止合同,并报请有关行政监督部门查处。

2.6.4　投标交底

投标交底在工程中标、合同签订后进行。投标交底由项目营销经理负责,方案和报价的主要骨干人员参加。中标后,经营中心对公司有关科室以及工程项目部进行集中交底,交底分书面交底和现场踏勘面对面交底两种。交底时,投标文件主管、主编以及技术部经理参加，书面交底内容主要包括工程概况、对业主的承诺、技术路线、工程难点、关键技术措施等；现场踏勘面对面交底，主要由投标文件主管、主编带领公司有关科室、工程项目部技术人员到现场进行踏勘，将现场情况介绍给有关人员。

1. 投标交底的内容

投标交底应就投标文件中主要条款和投标时应对招标文件的措施逐一说明，尤其是投标时采用的相关策略与技巧应交待清楚。内容应包括：招投标文件，投标时的施工组织设计，报价采取的定额，工料机费用标准，报价方法运用，各种来往信函、承诺书、合同风险情况等，包括书面资料和电子文档。交接各方填写投标文件及合同资料交接记录，双方签字确认后存档。

2. 投标资料归档、移交

投标资料整理移交工作由项目营销经理负责。资料内容包括：招标通知书或邀请函、招标文件、招标文件补充、招标文件答疑、投标书、投标书修改函、询标答辩会纪要、投标可行性报告、招标文件评审、投标书会签、合同评审、投标决策会议记要、投标决策价格会签表、营销效益分析测算、中标（或未中标）通知书、承包合同及投标过程中收集的有关工程质量证书、检验报告、用户证明及用户评价材料、材料询价结果、报价计算书等工程档案和有关具有参考价值的资料。

投标资料要分门别类整理，装订成册或立卷并编写目录清单，还应制作电子文档。整理好后移交给资料保管人员，分送工程施工项目部，经营部门留底一份。

投标资料应由专人管理，不得散落在个人手中。保存期限有规定的按规定执行，无规定的中标工程档案资料保存到工程竣工办理完移交事宜后两年，其他资料根据利用价值保存 1~3 年，保存期满后进行清理销毁。仍有使用价值部分可另行立卷继续保存。

经营部门除保存资料和图片实物外，凡已通过打印或电子邮件收集和编制的资料，必须保存在不可编辑的光盘上。实物资料和光盘内容应保证一致。

投标资料移交应在项目投标工作完成后及时进行。由项目营销经理负责，投标期间资料管理员参加，并应做好记录。

3　建筑工程投标施工组织设计编制流程与方法

在现阶段的投标活动中，作为工程投标的最主要的媒介——投标文件，一般按投标施工组织设计（技术标书）、投标报价（商务标书）进行组册和评核。其中投标施工组织设计是投标单位根据招标单位的要求、工程所在地的自然环境、所投工程项目的特点以及施工的需要，结合本单位的技术水平、管理能力和施工经验而编制的，展示的是投标单位的综合实力。因此，投标单位应该高度重视投标施工组织设计的编制，组织既具有丰富的现场施工经验、又具有一定的理论水平和熟练的文字整合能力的技术人员，优质、高效地编制出高水平的投标施工组织设计，从而在竞争中占得先机，为成功中标奠定基础。

3.1　建筑工程投标施工组织设计编制概述

投标施工组织设计是建筑工程投标活动的重要技术文件，是具有法律效力的技术文件，是投标人根据招标文件和设计图纸对所投工程的初步实施计划，向招标人展示自己的技术水平和管理水平的重要媒介。因此，为在激烈的招投标竞争中获得中标机会，投标人需在编制投标施工组织设计中投入相当多的精力，使用价值工程对各部分内容进行价值评估，在经济效益和社会效益之间寻找平衡点。

3.1.1　建筑工程投标施工组织设计的编制原则

投标单位最关注的三件事是报价、质量、工期，其中工期和质量是根据投标施工组织设计提出的方案和措施，考虑其先进性、合理性、可行性来择优选用。投标施工组织设计的编制应在熟悉招标文件、进行现场勘察的基础上，根据工程的特点和以往积累的经验，按照以下原则进行编制：

（1）认真贯彻国家对工程建设的各项方针、政策，严格执行建设程序，这是保证建设工程顺利开展的重要条件。

（2）科学编制进度计划、组织流水施工，保证施工的连续性、均衡性和节奏性，并严格遵守招标文件中要求的工程竣工及交付使用年限。

（3）遵循建筑施工工艺和技术规律，合理安排工程施工程序和施工顺序：

1）要及时完成有关的准备工作，如砍伐树木，拆除已有建筑物、构筑物，清理场地，设置围墙，铺设施工需要的临时性道路及供水、供电管网，建造临时性住房、行政、办公用房等，为正式施工创造良好的条件。当然不是要求所有准备工作都完成再开工，但是准备工作要满足开工需要，并应及时、尽快完成剩余准备工作。

2）正式施工时应该先进行全场性工作，然后再进行各个具体工程施工。全场性工作包括平整场地、铺设管网和修筑道路等。在安排管线施工时，宜先场外后场内，场外由远及近；先主干后分支；地下工程要先深后浅，排水要先上游后下游。

3）对单个房屋和构筑物的施工，既要考虑空间顺序，也要考虑工种之间的顺序。空间顺序是解决施工流水上的问题，它必须根据生产的需要、缩短工期和保证工程质量的要求来决定。工种顺序是解决时间上的搭接问题，必须做到保证质量，工种之间互相创造条件，充分利用工作面，争取时间。

4）可供施工期间使用的永久性建筑，如道路、各种管网、仓库、宿舍、招待所、餐厅和办公用房等，可尽先建造，以便减少临时设施工程，节约投资。

（4）采用合理的施工方案，应用科学的计划方法，确保施工安全，降低工程成本，提高施工质量。施工方案的优劣，很大程度上决定着投标施工组织设计的质量，要在确保工程质量和生产安全的前提下，力争使方案在技术上先进，经济上合理。在选择施工方案时，要结合具体的施工条件，积极采用国内外先进的新材料、新设备、新工艺和新技术，虚心吸收先进工地和先进工作者的施工方法、劳动组织等方面的经验，努力为新技术的推行创造条件；要注意结合工程特点和现场条件，使技术的先进实用性和经济合理性相结合，防止单纯追求先进而忽视经济效益的做法；还要符合施工验收规范、操作规程的要求，遵守有关防火、保安及环卫等规定，确保工程质量和施工安全。

（5）对于那些必须进入冬期、雨季施工的工程项目，应落实季节性施工措施，保证全年施工生产的连续性和均衡性。

（6）尽量利用正式工程、已有设施，减少各种临时设施；尽量利用当地资源，合理安排运输、装卸与存储作业，减少物资运输量，避免二次搬运；精心进行场地规划布置，节约施工用地，不占或少占红线外用地。

（7）必须注意根据构件的种类、运输和安装条件以及加工生产水平等因素，通过技术经济比较，恰当地选择预制方案或现场浇筑方案。确定预制方案时，应贯彻工厂预制与现场预制相结合的方针，取得最佳经济效果。

（8）充分利用现有机械设备，扩大机械化施工范围，提高机械化水平。在选择机械过程中要进行经济比较，使大型机械跟中、小型机械结合起来，使机械化跟半机械化结合起来，尽量扩大机械化施工范围，提高机械化施工程度。同时要充分发挥机械设备生产率，保持作业的连续性，提高机械设备的利用率。

（9）要贯彻"百年大计，质量第一"和"安全第一，预防为主"的方针政策，制订质量保证措施，预防和控制影响工程质量的各种因素。

（10）要贯彻安全生产的方针，制订安全保证措施。

3.1.2　建筑工程投标施工组织设计的编制依据

编制施工组织设计所需要的原始资料，与建设工程的类型和性质（如工业建筑、住宅建筑、商业建筑和市政工程等）有密切关系，通常包括建设地区各种自然条件和经济条件的资料。这些资料可以向业主、主体设计单位或专业勘察单位等单位收集与调查，不足之处可以通过实地勘察与调查取得。投标施工组织设计的编制依据一般有：

1. 建设项目基础文件
（1）建设项目可行性研究报告及其批准文件；
（2）建设项目规划红线范围和用地批准文件；

（3）建设项目勘察设计任务书、图纸和说明书；

（4）建设项目初步设计和技术设计批准文件，以及设计图纸和说明书；

（5）建设项目总概算、修正总概算或设计总概算；

（6）设计图纸及设计单位对施工的要求；

（7）建设项目施工招标文件和工程承包合同文件。

2．工程建设政策、法规和规范资料

（1）工程建设报建程序的有关规定；

（2）动迁工作的有关规定；

（3）工程项目实行建设监理的有关规定；

（4）工程建设管理机构资质管理的有关规定；

（5）工程造价管理的有关规定；

（6）工程设计、施工和质量验收的有关规定；

（7）现行的各有关图集；

（8）施工组织总设计对所投标工程的有关规定和安排。

3．建设地区原始调查资料

（1）地区气象资料；

（2）工程地形、工程地质和水文地质资料；

（3）地区交通运输能力和价格资料；

（4）地区建筑材料、构配件和半成品供应状况资料；

（5）地区进口设备和材料到货口岸及其转运方式资料；

（6）地区供水、供电、电讯和供热能力及价格资料；

（7）各种资源的配备情况，如机械设备来源、劳动力来源等。

4．类似施工项目经验资料

（1）类似施工项目成本控制资料；

（2）类似施工项目工期控制资料；

（3）类似施工项目质量控制资料；

（4）类似施工项目安全、环保控制资料；

（5）类似施工项目技术新成果资料；

（6）类似施工项目管理新经验资料。

5．编制施工组织设计文件的其他资料

其他资料包括：已复核的工程量清单，开工、竣工的日期要求；实地调查所掌握的有关气象、交通运输、地方材料分布、大型临时设施及小型临时设施的修建条件；建设单位可能提供的条件和水、电等的供应情况；既有材料现状、旧料可资利用的程度和数量、行车密度等资料；建设单位的特殊要求等资料。

招标文件是招标单位对投标人的总体要求，设计图纸是投标工程的具体体现，国家规范、行业及地方标准是投标人必须遵守的条款，建设地区基础资料有助于投标人更加了解建设工程，有关图集帮助投标人编制投标施工组织设计，有关法规规范投标人的行为及投标施工组织设计的内容要求，类似建设工程项目的资料和经验向投标人提供施工经验，有助于编制高质量的投标施工组织设计。

3.1.3   建筑工程投标施工组织设计的编制特点

投标施工组织设计作为投标文件的重要组成部分,应充分响应招标文件的内容,向评标专家充分表达投标单位的技术水平和管理水平。投标施工组织设计的编制工作是合同管理、工程技术和施工管理三大要素互相结合的过程,其编制过程有其相应特点:

1. 内容可扩充性

投标施工组织设计应涵盖标后施工组织设计所需的基本范围,其主要目的不是具体阐述如何"设计"和"组织"施工,而是争取评标小组的信任。凡能够证明投标人能力和荣誉的资质证书、主要业绩、专利及知识产权、质量和安全认证证明等证明文件都应作为投标施工组织设计不可缺少的保证资料。获得 ISO 9000 质量体系认证的承建商须提交质量管理文件和质量保证计划。

2. 依据不确定性

投标施工组织设计编制依据包括招标文件、工程量清单、施工现场踏勘情况、市场信息、技术经济调查资料、设计文件及参考资料等。实际操作时,由于工程条件和业主的特殊要求,加之时间紧迫,投标人在编制过程中对招标图纸无法准确计量,且有不具体的地质勘查资料、施工条件未完全落实等不确定性因素存在,使投标人面临一定的风险,投标施工方案编制要有一定的风险预见性。

3. 实施指导性

由于投标施工组织设计的目的、内容、作用决定其对中标后的工程开展具有指导性和制约性作用,因此,在文件编制过程中,投标人应以"重点突出,全面兼顾,技术先进,经济合理,确保质量,安全适用,实事求是,动态调整"为指导原则,做到技术方案与工程报价相结合,内容满足中标后深化编制的需要,计划安排留有余地,施工方案简明扼要,技术组织措施安全可靠。

4. 方案针对性

由于招投标活动的时间紧迫性,加上投标施工组织设计编制工作的繁琐性,投标单位照抄、照搬现成的资料,内容雷同,造成投标施工组织设计缺少针对性。但每一个投标项目都有其自身特点,作为投标施工组织设计不能泛泛而论,平均着墨。投标人应认真分析研究招标单位的招标文件、补遗书、答疑书等资料,了解招标单位对整个工程的工期、质量、安全的基本要求,掌握工程量、单体工程分布、构筑物结构类型、施工难易程度以及难点、重点工程的情况;详细做好各方面的调查研究工作,包括对本单位多方面实际情况的清楚了解,确保获得真实且尽可能多的第一手资料。在编制投标施工组织设计的时候,在内容上要全面覆盖整个工程的各个方面,同时,应在充分研究工程布置、建筑物特点、工期、质量、安全、环保等要求的基础上,抓住工程的难点、关键线路项目以及招标单位关注的其他重点问题进行详尽的表述,充分解释招标单位和评标专家们的疑惑。另外,在施工方案、施工方法上要突出本单位对该工程设计、施工的理解程度,把在本工程施工中计划采取的主要施工方法、关键技术、新材料、新工艺等着重加以突出。在保证整个施工组织设计完整性的基础上,要有针对性,针对本次投标的全部或某个特点，充分展开，以显示投标单位的能力，并给评委留下深刻的印象。

5. 实质响应性

投标施工组织设计是对招标文件的技术要求的积极响应，应该让招标单位和评标专家在最短的时间内了解投标人对招标要求内容的响应性情况，知道投标人的信誉、施工能力及管理能力。在编制过程中，应逐条逐句研究招标文件，凡是在招标文件中涉及施工组织设计编写的内容，在编写时要逐条响应，不能漏项。招标文件对格式也有要求，比如字体、字号和行距等，对这些应特别注意，否则有可能被判为作弊而沦为废标，更要注意，有些地区对投标文件的总页数有规定，超过规定会被定为废标。

3.2 建筑工程投标施工组织设计编制流程

3.2.1 投标施工组织设计的编制程序

投标施工组织设计是整个工程项目或群体建筑全面性和全局性的指导施工过程和组织施工的技术经济文件，是投标文件的核心内容，投标单位应高度重视投标施工组织设计的编制，组织专门的技术管理人员，按照科学合理的编制程序进行编制。一般的投标施工组织设计的编制程序如图 3-1 所示。

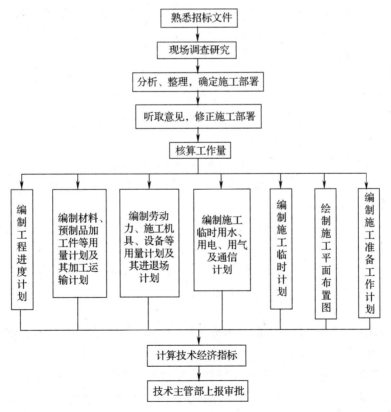

图 3-1 投标施工组织设计的编制程序

3.2.2 　建筑工程投标施工组织设计的编制内容

投标施工组织设计是对施工过程进行总体部署的战略性纲领，应以中标为目标，按照招标文件和评标标准进行响应性编制。在编写过程中，要避免冗长的文字叙述，多采用图表表达，尽可能的一目了然。一般来讲，投标单位参与投标，编制一份完整的投标施工组织设计文件，大体上应包括下列内容：

3.2.2.1 　工程概况

工程概况是对工程项目、建设地点、环境情况、建设期限、质量要求及施工条件等方面的客观叙述。

1. 工程项目

主要介绍建设项目的名称、工程组成情况、投资规模、投资期限、工程性质、工程建设地点、工程隶属关系、工程结构类型、占地面积、建筑面积、建筑安装工作量和设备安装工作量、设计采用的新工艺、新结构、新技术、新材料情况等以及每个单项工程占地面积、建筑面积、建筑层数、建筑体积、结构类型和复杂程度。有关建设项目的单位工程情况可列成一览表，以使人一目了然。

2. 招标、设计和投标单位

主要说明建设项目的建设、勘察、设计单位名称，总承包和分包单位名称，以及招标单位委托的监理单位名称及其组织状况。

3. 工程环境情况

主要介绍建设地点的建筑物情况、气象及其变化状态、工程地形、地质地貌及其变化状态和工程水文地质及其变化状态、地震级别及其危害程度、周边道路及交通条件、道路交通情况及地方材料的供应情况、劳动力资源情况、以及厂区及周边地下管线情况等。

4. 工程特点及项目实施条件分析

概要说明工程特点、难点，如：高、大（体量、跨度等）、新（结构、技术等）、特（有特殊要求）、重（国家、行业或地方的重点工程）、深（基础）、近（与周边建筑或道路）、短（工期）等。

项目实施条件分析主要对工程施工合同条件、现场条件、现行法规条件进行分析。

5. 工程目标及管理特点

概要说明项目承包方式，招标单位对建设项目在质量、安全、工期等方面的总体要求。

6. 工程具体要求

有关上级部门对建设项目的工期、质量等指标要求，及有关建筑市场管理情况。

7. 其他内容

主要说明建设项目单位工程情况（可列一览表）、建设总期限和各单位工程分批交付生产和使用的时间、有关上级部门及招标单位对工程的要求等已确定因素的情况和分析。

3.2.2.2 编制依据

投标单位要简述投标施工组织设计的编制情况及依据，从整体上满足和响应招标文件。一般包括建设项目基础文件、工程建设政策法规和规范资料、建设地区原始调查资料、类似施工项目经验资料四方面内容。

3.2.2.3 施工部署

施工部署是投标施工组织设计的核心内容之一，属于战略性决策方面的事，是对整个建设项目的统筹考虑。施工部署一般由施工管理目标、组织机构、施工区段划分及组织、施工总体流程、施工准备工作计划等几方面内容组成。

1. 施工管理目标

施工管理目标是投标单位对招标文件的明确响应，是投标单位对招标单位的郑重承诺。因此，投标单位可编写如表 3-1 所示的表格。

施工管理目标一览表 表 3-1

管理内容	管理目标
工期目标	1. 工程开工时间： 2. 工程竣工时间： 本工程总工期为×××天，比招标文件要求的规定工期提前××天。
质量目标	1. 质量等级：确保达到《建筑工程施工质量验收统一标准》的"合格"标准，同时满足招标文件、技术规范及图纸要求； 2. 质量奖项：
职业安全健康目标	杜绝重伤、死亡、火灾和重大机械设备事故，轻伤事故率低于 1.5‰。
文明施工目标	确保达到"××市文明安全样板工地"标准要求。
环境管理目标	1. 噪声排放达标，符合《建筑施工场界噪声限值》规定。 2. 污水排放达标，生产及生活污水经沉淀后排放，达到北京市的标准规定。 3. 控制粉尘排放，施工现场道路硬化，办公区环境绿化，达到现场目测无扬尘；达到 ISO 14001 的要求。 4. 达到"绿色施工"的要求。
服务目标	做好总承包配合服务工作，做好回访、维修工作。

2. 组织机构

组织机构是建筑工程项目管理实施的主体，投标单位应根据科学管理、精干高效、结构合理的原则，选配在同类工程的总承包管理中均具有丰富的施工经验、服务态度良好、勤奋实干的工程技术和管理人员组成，通过建立科学的项目管理制度，完善质量、技术、计划、成本和合约方面的管理程序，使整个工程的实施处于总承包商强有力的控制之下，实现对招标单位的承诺。

首先，投标单位要把项目经理部建成一个能够代表企业形象、面向市场的窗口，真正成为全面履行施工合同的主体。其次，投标单位要按照动态管理、优化配置的原则，使全部岗位职责覆盖项目施工全过程的管理，不留死角，避免职责重叠交叉。最后，投标单位要明确项目经理部和员工的职责和权利，严格控制施工过程。

项目组织机构和人员配备情况可绘制成图表形式，便于招标单位和评标专家的审阅。

3．施工区段划分及组织

流水施工是工程实施的有效方法。当投标项目的单位工程较多时，常常有多支施工队伍同时进入施工现场，为了合理组织施工工序，避免施工中的交叉和相互干扰等混乱现象，常常将所有的单位工程划分成几个施工区段，每个施工区段由一个施工队伍负责，或者一个施工队伍负责 1～2 个施工区段的施工任务，这样既减少各道工序的相互干扰，又加快了工程施工进度。

流水施工组织的具体步骤是：将投标工程的全部施工过程分解为若干个施工过程，在施工平面上划分为若干个施工区段，在竖向上划分为若干个施工层，然后按照施工过程组建专业工作队（或组），使其按照规定的顺序依次连续地投入到各施工区段，完成各个施工过程。当分层施工时，第一施工层各个施工区段的相应施工过程全部完成后，专业工作队依次、连续地投入到第二施工层，直至第 n 施工层，有节奏、均衡、连续地完成工程项目的施工全过程。

施工区段的划分应注意以下几点：

（1）尽量以单位工程所在的区域划分施工区段，以有利于施工中加强施工管理和现场管理。以现场道路为界限划分施工区段是通常采用的做法。

（2）每一施工区段的工程尽可能考虑组织流水施工，避免施工人员和施工机械设备的进出频繁。

4．总体施工流程

投标单位要对投标工程分区段组织施工，每个区段采取"先地下后地上，先主体后围护，先结构后装修"的施工顺序。整个工程施工顺序按照以下五个阶段进行（可绘制施工流程图）：

（1）施工准备阶段；

（2）±0.000 以下结构施工阶段；

（3）±0.000 以上结构施工阶段；

（4）机电安装及装修施工阶段；

（5）竣工验收阶段。

5．施工准备工作计划

投标单位要从两方面考虑施工准备工作。一方面，投标单位对施工方案熟悉，需要具备的技术准备工作和资源需要量计划，可以适当简略；另一方面，招标单位要为施工现场提供的施工条件，要详细阐述。

（1）施工技术准备，包括技术文件的学习及相关的准备工作、检测、实验器具配备（可列出详细的配备表）、技术工作计划。

（2）施工现场准备：

1）障碍物的拆除移位工作。原有建筑物的拆除，架空电线、埋地电缆、自来水管、污水管道、煤气管道等拆除、移位工作要作出周密详细的计划，向主管部门申报，批准后方可由专业施工队伍进行施工。

2）"三通一平"工作。在施工现场，平整场地、通畅道路、接通施工用水、接通施工用电要经过详细的现场勘查和计算，制订使用计划，向供电部门和供水部门申请，方可实现场地的"三通一平"。

3）测量放线工作。投标单位要制订详细的测量放线方案，会同招标单位技术人员共同检验和确认红线桩与标准水准点后方可放线。

4）搭设临时设施。现场临时设施要制订详细的计划，考虑长期使用和短期使用，必要时附上临时设施计划图。中标后，此计划要与招标单位商量，报规划、市政、消防、交通、环保等有关部门审查批准后方可搭设。

（3）劳动力准备，包括调配施工队伍、组织先遣人员进场工作、做好施工人员的质量安全及特殊作业人员岗前教育和培训工作。

（4）物资材料准备，包括编制材料、构件、加工品、半成品和机具的申请及准备工作计划，大宗材料的采购、送检，落实特种材料的采购、性能复试工作，落实机具设备、周转材料的使用数量、规格等工作。

3.2.2.4　施工方案

施工方案是投标施工组织设计的核心内容之一，投标单位应根据技术先进、经济合理的原则，分别按投标工程的施工工艺流程、施工流水段划分、施工工种的优化组合、施工机械的选择、施工材料的组织、施工顺序的安排、流水施工组织、场内外施工条件等方面，确定符合工程实体和符合招标文件实质性要求的有效方案，要做到突出重点、全面兼顾、结合实际、先进合理、语言简练。

一般情况下，施工组织设计的施工方案是确定的，无特殊情况不准随意更改，而投标施工施工组织设计要表现一定的选择性，其选择性表现在两方面：一是对于已选定的施工方法要陈述是怎样在比较中产生的，证明其合理性；二是当施工方法以施工条件为转移时，要说明施工方法与条件的对应关系及使用次序，什么条件可以采纳第一方案，什么条件下可以采用备选方案。在这部分内容中，对于技术难点及施工组织的关键环节应分别配置可靠的技术措施和监控手段，使施工方案在招标单位和评标专家的印象中具有鲜明的可操作性。

1. 主要施工机械的选择

投标单位首先要根据投标工程的特点提出主要施工机械设备的类型、数量、功率、用电量、进出场日期及费用指标（台班费、租赁费、大型机械出场费）。主要机械的选择是否合理，既影响进度，又影响工程成本，应根据工程特点和施工现场情况，合理选择机械型号和数量，尽可能做到一机多用、连续使用，特别是大型施工机械要做到统一调度、集中使用。如机械设备是租赁的，则退场时间要做到严格控制，以节约机械费用。主要机械的选择不仅影响中标后的施工情况，还能向评委展示自己的生产管理水平、增加评委对自己的印象。

施工机械的选择要达到以下"五性"：

（1）技术先进性：机械设备的性能越优越，生产率越高；

（2）使用可靠性：能稳定地保持其应有的技术性能，达到安全可靠运行；

（3）便于维修性：便于检查、维护、修理，配件标准化、通用性强；

（4）运行安全性：安全有保障，不漏电，防护装置齐全可靠；

（5）经济实惠性：耗电少，省油，运行成本低，有良好的经济效益。

对主要施工机械的选择，应列出机械进退场计划表，便于各方认真贯彻执行。

2. 主要项目的施工方案

在投标施工组织设计中，要对主要项目的施工方案提出原则性的意见，对关键性的分部分项施工工艺应提出明确的安排。因为这些项目和关键性分部分项工程的施工安排，往往对整个工程项目的建设进度、工程质量、施工成本等起着控制性的作用，招标单位和评委更希望看到投标单位对主要项目和关键分部分项工程的安排，所以应特别予以重视。

需要指出的是，投标施工组织设计中提出的意见，通常不是特别具体的，但是对施工用施工组织设计具有指导意义，具体的施工方案可以在施工用施工组织设计中进行细化，使之更具操作性。在投标施工组织设计中应主要明确以下内容：

（1）土方工程

1）对大型土方的开挖，应明确开挖的方法；

2）对带有地下室的深基坑土方开挖，应明确降低地下水位的措施；

3）对开挖深基坑，应明确基坑土壁的安全措施。

（2）混凝土工程

1）明确是采用商品混凝土还是自制集中搅拌中心供料，或是各单位工程进行各自搅拌操作；

2）特种混凝土或高强混凝土的实验要求；

3）确定支模方式；

4）明确钢筋连接方法。

（3）吊装工程

1）明确吊装方法；

2）确定吊装机械；

3）确定吊装与其他分项工程的衔接、交叉时间安排。

（4）垂直运输

应明确垂直运输机械设备和塔吊形式。

（5）关键过程的施工方法

关键过程是指工程量大、施工工期长、在施工过程中占据重要地位的施工过程。如框架结构的混凝土工程、单层工业厂房的结构吊装工程、装修工程的内外抹灰工程等，投标施工组织设计要针对这些处于主导地位的施工过程制订详细的施工方案及质量控制措施。

（6）关键部位的施工方法

复杂的施工过程，或施工时要采用新工艺、新技术、新材料、新设备，特别是对工程质量起关键作用的施工过程，如基础降排水工程、高层建筑深基坑支护、地下室防水工程、预应力框架施工、快速支拆模板体系施工、高层建筑施工脚手架等，投标施工组织设计要针对这些关键部位的施工过程提出针对性施工方法，体现投标单位的施工经验、技术水平和管理水平。

（7）特殊结构的施工方法

对于施工单位来说，某些特殊不常见的结构或者不熟悉、缺乏施工经验而难度较大的特殊结构，如薄壳结构、大型网架结构、大体积混凝土施工、特殊的装饰要求等，这些部位的施工对投标单位是一个挑战。投标施工组织设计要针对这些特殊结构制订周密、完整的单项施工方案。

3. 关键部位的技术措施

投标单位要针对关键部位的施工提出相应的技术措施，保证工程质量。一般包括：国家规范要求、分项工程的工艺标准、验评标准、系统的操作规程、质量保证技术措施、新材料新工艺的技术认证等几方面。

4. 季节性施工措施

投标工程需要在冬期、雨季施工的，应分别制订冬期、雨季施工的季节性施工措施，向招标单位作出说明，其编制内容包括两部分内容：

（1）季节性施工准备工作，包括生产计划、施工材料供应计划、施工设备供应计划；

（2）季节性施工措施，包括技术措施、质量保证措施、安全生产措施。

5. 绿色节能措施

投标单位要针对主导施工过程的施工内容编制绿色节能措施，响应国家绿色节能号召。

3.2.2.5 质量保证体系及创优措施

质量是建筑工程的首要目标，投标单位应根据招标文件中要求的质量等级或高一级的质量等级，结合自身素质、施工验收规范、质量等级目标来制订质量保证措施，切忌低于招标文件中要求的质量等级。

1. 质量保证体系

投标单位要根据质量目标，设立质量管理组织机构，成立以项目经理为首，由专业经理、技术负责人、质量总监、技术质量部等相关职能部门及施工作业层组成的纵向到底、横向到边的质量管理机构。同时，投标单位要制定完善的质量管理制度，明确质量管理人员的职责和权力，保证工程质量达到规定的目标。

2. 质量保证措施

投标单位可从技术保证措施、原材料质量管理措施、检测试验管理措施、计量管理措施、资料管理措施、主要工序质量薄弱环节预防措施六方面进行质量管理。尤其要针对主要工序质量薄弱环节预防措施，编写施工测量的质量预防措施、土方回填质量预防措施、防水工程质量预防措施、混凝土施工缝的质量预控措施、梁柱接头的质量预防措施、混凝土超长构件的裂缝控制措施、高大模板质量预防措施、二次装修工程质量预防措施。

3. 创优措施

投标单位要运用先进科学的管理模式，建立质量创优保证体系，根据施工过程设置质量控制点，制订创优验收计划，加强创优过程的管理，借鉴长期积累的创优经验，针对常见质量通病、鲁班奖复查中暴露的质量顽疾制订针对性的防治措施，并根据实际情况，革新一些建筑细部做法。

3.2.2.6   安全文明保证措施

安全是衡量建筑工程项目管理的重要方面。一般来说，招标单位在招标文件中明确要求工程零事故发生。投标单位要认真分析工程现场和施工过程存在的潜在危险因素，制订安全管理重点。

1. 安全生产管理机构

投标单位要成立以项目经理为首，由专业经理、技术负责人、安全总监、安全环保部等相关职能部门及施工作业层组成的纵向到底、横向到边的安全生产管理机构，由企业总部主管部门提供垂直保障，并接受招标单位、监理以及政府安全监督部门的监督。

2. 制定安全生产管理制度及安全生产管理流程

投标单位应根据工程情况及施工过程，编制施工现场安全生产、文明施工管理制度，例如：门卫制度、安全检查制度、食堂卫生管理制度、安全教育培训制度、宿舍卫生制度、厕所卫生制度、浴室卫生制度、设备设施验收制度、班前安全活动制度、安全值班制度、特种作业人员管理制度、安全生产责任制、安全生产责任制考核制度、安全生产责任目标考核制度、事故报告制度、安全防护费用与准用证管理制度、安全技术交底制度等。

3. 安全管理控制措施

（1）制订安全教育与培训方案。

（2）完善安全技术交底制度。

（3）安全标志及标牌。按照建办［2005］89 号文及招标文件的要求，在施工现场易发伤亡事故处设置明显的、符合国家标准要求的安全警示标志牌或示警红灯；场内设立足够的安全宣传画、标语、指示牌、火警、匪警和急救电话提示牌等，提醒广大职工时刻注意预防安全事故，并在现场入口的显著位置悬挂"七牌一图"。

（4）安全技术措施。投标单位要从个人防护措施、临边防护、钢结构及交叉作业防护、栈道防护、脚手架栈道等几方面入手，消除潜在的危险因素。尤其是在基坑设置上下栈道，两侧用密目网封闭，底部设 18cm 高挡脚板。而对于脚手架栈道，为解决作业面上人及应急疏散问题，在四周外架上设置栈道作为应急通道，两侧用密目网封闭，底部设 18cm 高挡脚板，当发生突发事件时，作业面上的工作人员从应急通道下到做好楼梯的层面，再从楼梯脱险。

（5）安全用电措施。现场用电是投标工程现场管理的重要方面，是现场管理人员容易忽视的内容。投标单位要从始至终严格执行临时用电管理，整个施工现场临时用电线路及设备采用三级配电，漏电保护作两级保护。临时电缆埋地布置，穿越临时道路处加钢套管，四周填砂保护。手持照明灯使用 36V 以下安全电压，潮湿作业场所使用 24V 安全电压，导线接头处用绝缘胶带包好。配电箱内电器、规格参数与设备容量相匹配，按规定紧固在电器安装板上，严禁用其他金属丝代替熔丝。加强安全用电教育及培训，让参建员工熟练掌握触电急救技能，触电急救遵循切断电源、开放气道、恢复呼吸、恢复循环的步骤。

3.2.2.7 施工进度计划

施工进度计划是投标施工组织设计的核心内容之一，在投标施工组织设计中起着主导作用。施工进度计划合理与否，直接影响到工程质量、安全和工期，同时对各种资源的投入、成本控制产生重要影响。

投标单位首先要根据工期要求和自身的人力、物力、机械化程度，计算出在正常情况下的最佳工期，以便于和招标文件要求的工期进行比较、调整。进度计划编制时的控制工期要比招标书要求的工期略有提前，用以增强投标的竞争力，因此，必须从实际出发，根据控制工期、建设项目的规模和结构、资金提供情况，制订出一个优化的进度计划，不仅要明确土方、基础、主体等重要节点的完成日期，还要对复杂的施工过程，排出详细的进度计划，如在钢筋混凝土主体结构施工阶段，明确砌体的插入时机，内粉刷、门窗、楼地面工程的施工安排，或水、电、暖通等的配合与插入等；同时必须制订相应的保证工期的措施，使招标单位相信施工进度计划的可行性。

施工进度计划采用施工进度网络计划图和施工进度横道图分别表示，分二级进行编制：第一级为施工进度计划，第二级为区段及阶段施工进度计划。同时，投标单位将对进度计划的关键时间节点制订工期保证措施，从技术措施、经济措施、合同措施、组织措施四方面着手，尤其对组织措施，将细分为总承包管理组织措施、人力资源组织措施、施工机械组织措施、施工材料保障措施、外部环境保障措施、夜间施工组织措施等。

3.2.2.8 资源需求量计划

投标单位要根据招标文件中的工程量清单和施工进度计划，编制各项资源需要量计划，包括劳动力需用量计划，施工工具需要量计划，原材料需要量计划，成品、半成品需要量计划，施工机械、设备需要量计划，生产工艺设备需要量计划，大型临时设施需要量计划。

1. 劳动力需用量计划

按招标文件中的工程量清单，套用概（预）算定额或者有关资料，求出各工程项目主要工种的劳动力需要量，采用表3-2表示，并在施工进度计划网络中绘制出相应的劳动力资源曲线。

劳动力需要量计划表　　　　　　　　　　　　表3-2

序号	单项工程名称	总劳动量（工日）	专业工种（工日）	需要量计划（工日）											
				年　度						年　度					
				1	2	3	4	5	—	1	2	3	4	5	6	—

2. 施工工具需要量计划

主要指模板、脚手架用钢管、扣件、脚手板等辅助施工用工具需要量计划，采用表3-3形式表示。

施工工具需要量计划表   表 3-3

序号	单位（项）工程名称	模板		钢管		脚手板		……	
		需用量	进场日期	需用量	进场日期	需用量	进场日期	需用量	进场日期

3. 原材料需要量计划

主要指工程用水泥、钢筋、砂、石子、砖、石灰、防水材料等主要材料需要量计划，采用表 3-4 形式表示。

原材料需要量计划   表 3-4

序号	单位（项）工程名称	材料名称	规格	需要量		需要时间			备注
				单位	数量	×月	×月	×月	

4. 成品、半成品需要量计划

主要指混凝土预制构件、钢结构、门窗构件等成品、半成品需要量计划，采用表 3-5 形式表示。

成品、半成品需要量计划   表 3-5

序号	单位（项）工程名称	成品、半成品名称	规格	需要量		需要时间			备注
				单位	数量	×月	×月	×月	

5. 施工机械、设备需要量计划

主要指施工用大型机械设备、中小型施工工具等需要量计划，采用表 3-6 形式表示。

施工机械、设备需要量计划   表 3-6

序号	施工机具名称	型号	规格	电功率（kVA）	需要量（台）	使用单位（项）工程名称	使用时间

6. 生产工艺设备需要量计划

主要指生产工艺设备等，采用表 3-7 形式表示。

生产工艺设备需要量计划   表 3-7

序号	生产设备名称	型号	规格	电功率 (kVA)	需要量 (台)	使用单位（项）工程名称	进场时间

7. 大型临时设施需要量计划

主要指大型临时生产、生活用房，临时道路，临时用水、用电和供热供气等，采用表 3-8 形式表示。

大型临时设施需要量计划   表 3-8

序号	大型临时设施名称	型号	数量	单位	使用时间	备注

3.2.2.9 施工平面图规划

施工平面图是对投标工程的施工现场所作的平面规划和布置，保证现场交通和排水畅通，是现场文明有序施工的重要技术文件。投标单位应根据设计图纸、现场地形、周边环境分阶段（基础、主体、装饰）布置，涉及招标单位、环境、城市规划、市容等方面要协调解决，减少施工中不必要的麻烦，在满足施工需要的前提下，尽量减少施工用地，不占农田或少占农田；施工现场布置要紧凑合理；合理布置起重机械和各项施工设施；科学规划施工道路；尽量降低运输费用；科学确定施工区域和场地面积，尽量减少专业工种之间交叉作业；尽量利用永久性建筑物、构筑物或现有设施为施工服务，降低施工设施建造费用；合理布置临时生活设施和办公场所，满足防火、安全生产的要求；尽量采用装配式施工设施，提高其安装速度。各项施工设施布置都要满足有利生产、方便生活、安全防火和环境保护的要求。

3.2.2.10 环保节能措施

绿色施工是建筑施工的必然趋势，是政府大力倡导的方向，是招标单位对投标单位的根本要求。因此，投标单位要依据《中国环境保护法规全书》制订环境保护措施，争取达到噪声排放达标，符合《建筑施工场界噪声限值》规定；污水排放达标；办公区环境绿化，达到现场目测无扬尘；达到 ISO 14001 环保认证的要求；达到"零污染"要求的目标，营造环保、节能、绿色建筑。

1. 封闭管理

投标单位要对施工现场设置四周围挡，将施工现场和生活区相对分隔，实行施工现场和生活区的封闭式管理，在所有入口处均设置门岗，负责出入现场人员及车辆登记。条件许可的情况下，入口处可设置 IC 卡读卡器，不佩戴胸卡或不携带 IC 卡的人员一律不许进入施工现场。

2. 环境因素辨识

综合考虑影响范围、影响程度、发生频次、社区关注度和法规符合性等方面，投标单位要对投标工程的环境因素进行辨识，分别对施工噪声、粉尘、污水等重要环境因素进行控制。另外投标单位应严格加强材料管理，优先选用绿色建材；对于那些危害人体健康或给居住者、使用人带来不适感觉和味觉的材料，无论政府是否明令禁止，投标单位都将坚决抵制，保证不在任何临时和永久性工程中使用。

3. 环保监控

安全环保部将负责组织自行监测或邀请当地环保部门到场进行噪声、水质、扬尘监测，并根据监测结果，确定防控措施，确保现场污染排放始终控制在允许范围内。

4. 古树和文物保护

当施工现场存在古树和文物时，投标单位要采取有效保护措施，确保古树和文物的完好无恙。

3.2.2.11　对总承包管理的认识及对专业分包的配合、协调、管理与服务方案

投标单位要详细阐述总承包管理的范围、内容和模式，让评委和招标单位对要招入的单位将是如何进行管理的，有一个感性认识，对总承包管理有正确认识和正确思路。意识决定管理思路；思路决定管理方案；方案决定管理内容；内容决定管理质量；工作质量的好坏决定工程能否顺利进行，决定能否实现合同约定的目标。

1. 总承包管理

投标单位要依据招标文件对投标工程的总承包管理内容进行划分，明确总承包管理范围（见表3-9）。总承包管理的主要包括：工程承包范围划分的内容，有关实施工程时所必须的申报、检测、试验等工作，工程测量，工程及使用所需核准证件的办理以及招标单位交办的其他工作。

投标单位要明确总承包管理的双重责任，在施工合同中界定招标单位与总承包商的义务、责任、利益等事项。一方面，协助招标单位履行部分项目管理职能，如项目开工相关手续、扰民、境外大宗材料或设备的招标、签约、供货管理，招标单位指定分包商的签约与管理。另一方面，作为承包商完成自己施工建造的本职工作。

总承包管理涵盖的范围　　　　　　　　　　　　　　　　　　表3-9

序号	范围分类	涵 盖 内 容
1	时间范围	从开工、过程施工、完工交验直至保修期满
2	管理范围	包括自主承建的部分和各项专业分包工程及非自主承建的独立工程、指定供应材料设备等与总体目标实现相关的单位工程
3	协调工作范围	包括投标单位的各项工作、与直接参与投标工程建设的各单位（招标单位、设计、监理、分包商、供应商等）之间的工作以及间接与投标工程有关的单位工作（政府、市政、环保、社区等）

2. 专业分包管理

专业分包管理是工程项目管理的主体内容，是投标单位管理水平的具体体现。投标单位要在正确认识总承包管理的基础上，安排专业分包工程，布置专业分包工程交接工作，协调专业分包工程之间的矛盾和摩擦。

3.2.2.12 与设计单位、招标单位、监理单位、供应商及独立分包单位的配合、协调

投标单位要阐述项目部与各参与单位之间的配合、协调，排除障碍、解决矛盾，保证项目目标的顺利实现。通过组织协调、配合，疏通决策渠道、命令传达渠道以及信息沟通渠道，避免管理网络的梗阻或不畅，提高管理效率和组织运行效率。通过组织协调、配合，避免和化解工程施工各利益群体、组织各层次之间、个体之间的矛盾冲突，提高合作效率，增强凝聚力。通过组织协调，使各层次、各部门、各个执行者之间增进了解、互相支持，共同为项目目标努力工作，确保项目目标的顺利实现。组织协调、配合工作质量的好坏，直接关系到一个项目组织、一个企业的管理水平和整体素质。

1. 与设计单位之间的配合、协调

项目部应在设计交底、图纸会审、设计洽商、变更、地基处理、隐蔽工程验收和交工验收等环节中与设计单位密切配合，同时接受招标单位和监理工程师的监督。

项目部要注重与设计单位的沟通，对设计中存在的问题应主动与设计单位磋商，积极支持设计单位的工作，同时争取设计单位的支持。项目部在设计交底和图纸会审工作中应与设计单位进行深层次交流，准确把握设计，对设计与施工不吻合或设计中的隐含问题应及时予以澄清和落实。

2. 与招标单位之间的配合、协调

项目经理要理解总目标和招标单位的意图，反复阅读合同或项目任务文件。未能参加项目决策过程的项目经理，必须了解项目构思的基础、起因、出发点，了解目标设计和决策背景。首先，项目经理作出决策安排时要考虑到招标单位的期望、习惯和价值观念，说出他想要说的话，经常了解招标单位所面临的压力，以及招标单位对项目关注的焦点。其次，项目部要服从招标单位的领导，随时向招标单位报告情况。在招标单位作决策时，提供充分的信息，让他了解项目的全貌、项目实施状况、方案的利弊得失及对目标的影响。然后，项目部要加强计划性和预见性，让招标单位了解投标单位、了解他自己非程序干预的后果。招标单位和项目部双方理解得越深，双方期望越清楚，则争执越少。

在项目运行过程中，项目经理越早进入项目，项目实施越顺利。如果条件允许，最好能让他参与目标设计和决策过程，在项目整个过程中保持项目经理的稳定性和连续性。项目经理遇到招标单位所属的其他部门或合资者各方同时来指导项目的情况，项目经理要很好地倾听这些人的忠告，对他们作耐心的解释和说明。

总之，项目部与招标单位之间的关系协调贯穿于施工项目管理的全过程。协调的目的是搞好协作，协调的方法是执行合同，协调的重点是资金问题、质量问题和进度问题。项目部在施工准备阶段要求招标单位按规定的时间履行合同约定的责任，保证工程顺利开展。项目部在规定的时间内承担约定的责任，为开工之后连续施工创造条件。项目部及时向招标单位提供有关的生产计划、统计资料、工程事故报告等，招标单位按规定时间向项目部提供技术资料。

3. 与监理单位之间的配合、协调

项目部及时向监理单位提供有关生产计划、统计资料、工程事故报告等，按《建设工程监理规范》的规定和施工合同的要求，接受监理单位的监督和管理，搞好协作配合。

在合作过程中，项目部注意现场签证工作，遇到设计变更、材料改变或特殊工艺以及隐

蔽工程等要及时得到监理人员的认可，并形成书面材料，尽量减少与监理人员的摩擦。严格组织施工，避免在施工中出现敏感问题。一旦与监理意见不一致时，双方应以进一步合作为前提，在相互理解、相互配合的原则下进行协商，项目部要充分尊重监理工程师的最后决定。

4. 与供应商之间的配合、协调

项目部与供应商依据供应合同，充分利用价格招标机制、竞争机制和供求机制搞好协作配合。项目部在"项目管理实施规划"的指导下，认真做好材料需求计划，并认真调查市场，在确保材料质量和供应的前提下选择供应商。为了保证双方的顺利合作，项目部与供应商签订供应合同，并力争使得供应合同具体、明确。

为了减少资源采购风险，提高资源利用效率，供应合同应就供应数量、规格、质量、时间和配套服务等事项进行明确。项目部要有效利用价格机制和竞争机制与材料供应商建立可靠的供求关系，确保材料质量和使用服务。

5. 与独立分包单位之间的配合、协调

项目部对独立分包单位的工作进行监督和支持，加强与独立分包单位的沟通，及时了解独立分包单位的情况，发现问题及时处理，并以平等的合同双方的关系支持招标单位的活动，同时加强监管力度，避免问题的复杂化和扩大化，保持整个项目按照总计划整体向前推动。

3.2.2.13 成品保护工作计划

一般来说，投标工程建筑面积大、施工工期紧、交叉施工的工序多、安装工程系统齐全，这些特点给工程的成品保护增加了很大难度。为此，投标单位要通过健全组织机构、完善管理制度、制订各专业成品保护措施等一系列办法，确保成品保护工作的圆满完成。

1. 成立成品保护组织机构

投标单位要根据投标工程成立以总包单位项目经理为组长、项目副经理为副组长、各专业项目负责人为组员的成品保护领导小组，并成立由保安和专职成品保护人员组成的成品保护队，由总包配备一名专职负责人员任队长，各专业队伍成立相应的成品保护队。

2. 建立成品保护管理制度

投标单位可制定如表 3-10 所示的成品保护管理制度。

成品保护管理制度

表 3-10

序号	名称	措施内容
1	施工进度计划统筹安排与现场协调制度	1) 本制度将从进度计划编审到计划调整，以及计划完成的考核，特别是交叉作业时的协调等方面进行规范。 2) 深入了解工程施工工序并在需要时根据实际情况进行调整，事先制订好成品保护措施，避免或减少后续工序造成前一工序成品的损伤和污染。一旦发生成品的损伤或污染，要及时采取有效措施处理，保证施工进度和质量
2	工序交接检查制度	1) 本制度将使各分包单位的交叉作业或流水施工做到先交接后施工，使前后工序的质量和成品保护责任界定清楚，便于成品损害时的责任追究。 2) 分包单位在某区域完成任务后，须向总包单位书面提出作业面移交申请，批准后办理作业面移交手续
3	成品和设备保护措施的编制和审核制度	本制度规定总包单位和分包单位在不同施工阶段成品和设备保护措施的编制内容和相关要求

序号	名称	措施内容
4	成品和设备保护措施执行状况的过程记录制度	坚持"谁施工谁负责"的惯例,各分包单位或作业队应及时如实记录在相应施工时段的产品保护情况
5	成品和设备保护巡查制度	1)每天对各类成品进行检查,发现有异常情况立即进行处理,不能及时处理的及时报项目经理部,研究制订切实可行的弥补措施。 2)总包单位按事先策划的时间间隔,组织各分包单位在进行安全、文明施工等方面巡查的同时,也要把成品保护方面的情况同时一并纳入
6	成品损坏登记	成品造成损坏,成品保护责任单位应立即到总包单位进行登记。分包单位需提供责任人,总包单位确认后,由分包单位自行协商解决或由总包单位取证裁决,责任方须无条件接受。未提供责任人的,责任自负
7	成品和设备损害的追查、补偿、处罚制度	对任何成品或者设备损害事件,总包单位将予以调查处置,由失误造成的损害照价补偿,对故意破坏将加重处罚,甚至移交当地司法部门追究肇事者的责任
8	成品和设备保护举报与奖罚制度	项目现场将设置举报电话和举报箱。对于署名举报者能够及时真实举报的,一经查实将给予一定的经济奖励
9	垃圾清运与落手清制度	坚持这一制度,有利于产品的保护
10	进入楼层或房间施工、检查、视察的许可制度	防止无关人员进入成品保护区。凡需进入保护区域者,需经成品保护小组同意,否则不得放行。除了进入工地实行胸卡制度外,当施工形象进度达到一定程度时,各楼层和主要房间将对进入该区的人员实行进入准许制度,以杜绝人为的产品损害事件发生。
11	主要设备物资进场的验收或代管交接制度	总包单位将对招标单位或其他指定分包单位,以及自身采购的设备、物资实行进场验收和代管手续办理制度
12	成品保护的培训教育制度	总包单位将对全部进场的施工人员或视察人员进行相关培训教育工作,定期对管理和操作人员进行成品半成品保护教育,增强员工成品保护意识,自觉保护成品
13	其他制度	总包单位会在工程进行到后期时及时地委托有资质和能力的保安公司和物业管理公司协助总包单位进行产品保护、物资看护和设备试运行方面的管理工作

3. 工程竣工验收与交接

工程竣工验收是工程施工的最后一个阶段。经过竣工验收,投标工程将由投标单位交付给招标单位使用,并办理各项工程移交手续,这标志着工程施工的结束,同时由此进入工程的保修过程。竣工验收阶段有大量繁杂和琐碎的收尾工作和验收工作,因此,投标单位要成立竣工验收小组,对竣工验收细节内容逐一检查,顺利完成工程交接工作。

4. 工程维修

工程维修是工程施工的延续。投标单位应重视对工程的保修服务。从工程交付之日起,各工种保修工作随即展开。在保修期间,投标单位要依据保修合同,本着"对用户服务,向业主负责,让用户满意"的认真态度,以有效的制度、及时的措施做保证,以优质、迅速的维修服务维护用户的利益。工程回访或维修时,由单位工程服务部建立本工程回访维修记录,根据情况安排回访计划,确定回访日期。

3.2.2.14 风险管理方案

风险管理已成为工程项目管理的重要内容，投标单位要在投标施工组织设计中明确指出，并编制风险管理方案。根据现场环境及工程特点，结合以往承建类似大型项目积累的应急经验，针对可能出现的各种紧急情况，制订切实可行的应急处理措施和预案，从而达到抵抗风险、消除隐患、保障施工的目的。

1. 风险识别

建筑施工是一项作业环境复杂、事故隐患较多的工作，随时可能发生各种突发事件，其常见潜在风险因素见表 3-11。

建筑施工常见潜在风险因素一览表

表 3-11

序号	特殊、紧急情况
1	火灾、爆炸
2	中毒，流行性传染病
3	化学危险品泄露
4	坠落、物体打击、机械伤害、触电等
5	模板坍塌、建筑物坍塌、脚手架倒塌或坠落、大型设备倒塌等
6	施工现场存放危险品达到或超过《重大危险源辨识》（GB 18218—2000）规定的临界量时
7	地震、暴雨等
8	粉尘和噪声污染
9	扰民、民扰事件
10	现场工人突发、紧急事件

2. 风险应急组织

如有幸中标，投标单位将成立以项目经理为首的项目应急小组，并以此为主体健全应急组织机构，明确各成员职责。同时，为使应急人员掌握应急准备和响应的基本技能，由安全总监组织进行应急培训工作。进场后，针对各项可能发生的特殊、紧急情况，由项目经理组织、安全总监负责具体实施，组织进行消防、急救、自救及紧急避难的演练，以检验、完善应急措施，提高应急技能。针对已辨识出的可能发生的特殊、紧急情况，进行应急点的监控和检测，监控由专人负责，做好检查和记录并及时沟通、汇报。

3. 风险应急组织程序

施工阶段发生紧急事件，投标单位将按照应急组织程序组织施工：首先要组织抢险，关停相关设施，并通报有关部门；然后，启动备用设施，求助于政府，进行险情排除；险情排除后，方可恢复施工，关停备用设施，编写处理报告，并向有关部门备案。

4. 风险应急措施与预案

投标单位要针对上述提到的潜在风险因素，制订相关的风险应急预案，如消防应急预案、突然断电应急预案、突发公共卫生事件应急预案、其他紧急情况预案。

3.2.2.15 新技术使用计划

建设工程推广使用新技术、新工艺、新材料、新设备（简称四新）是加快施工进度、提高施工质量、保障安全生产、降低施工成本、提高经济效益的重要途径，是投标单位展示自己技术水平的重要途径。因此，在投标施工组织设计中，投标单位要详细地阐述投标工程的特点，明确投标工程施工中重点推广使用的"四新"技术，具体可列表格（见表3-12）。同时，投标单位可介绍自己的施工经验及技术水平，说明新技术的采用对工程进度、质量、成本的影响，赢得招标单位和评标专家的充分信任。

新技术使用计划 表3-12

序号	新技术名称	应用部位	应用时间	责任人
1	复合土钉墙支护技术	基坑围护		
2	深基坑工程监测和控制技术	基坑工程		
3	逆作法	基础工程		
4	自密实混凝土技术	混凝土工程		
5	直螺纹机械连接技术	钢筋工程		
6	早拆模板成套技术	模板工程		
7	爬升脚手架应用技术	脚手架工程		
8	钢结构安装施工仿真技术	钢结构工程		
9	管线布置综合平衡技术	网络工程		
10	火灾自动报警及联动系统	消防工程		
11	住宅（小区）智能化	网络工程		
12	节能型围护结构应用技术	围护结构		
13	新型墙体材料应用技术及施工技术	围护结构		
14	节能型建筑检测与评估技术	节能工程		
15	高聚物改性沥青防水卷材应用技术	屋面防水工程		
16	地下工程自动导向测量技术	地下工程		
17	大体积混凝土温度监测和控制技术	混凝土工程		
18	大跨度结构施工受力与变形监测和控制	钢结构工程		
19	建筑企业管理信息化技术	项目管理工程		
……	……	……		

3.2.3 建筑工程投标施工组织设计的编制图表

投标施工组织设计的图表与内容相协调，以直观简练的形式反映出投标施工组织设计对招标文件的响应。所有图表应清晰、严谨、合理、科学，能直观反映工程施工开展的情况、各种资源配置和使用情况、工程所使用的各种保证措施。因此，投标单位可将这些表格和图制作成模块，编制投标施工组织设计时可以随时拿来，经过简单的修改即可使用，这样将大大减轻编制工作量，将更多的精力投入到施工方案和施工部署的选择上，提高编制工效。一般投标施工组织设计应包括以下图表：

1. 工程概况一览表；
2. 工程建设概况一览表；
3. 建筑设计概况一览表；
4. 结构概况一览表；

5. 项目管理目标一览表；

6. 项目管理人员质量职责和权限一览表；

7. 单项工程管理目标一览表；

8. 施工区段任务划分与安排一览表；

9. 施工方案编制计划表；

10. 施工依据主要文件一览表；

11. 施工进度计划表；

12. 主要工程逐月完成数量表；

13. 主要施工准备工作计划一览表；

14. 施工设施计划一览表；

15. 测量装置配备计划一览表；

16. 技术文件配备计划一览表；

17. 设备安装概况一览表；

18. 技术组织措施一览表；

19. 原材料需要量计划一览表；

20. 成品、半成品需要量计划一览表；

21. 施工机械、设备需要量计划一览表；

22. 劳动力需要量计划表；

23. 特种作业人员配置计划一览表；

24. 大型临时设施需要量计划一览表；

25. 主要分部工程施工进度计划表；

26. 新技术应用计划一览表；

27. 单项（位）工程、构筑物施工组织设计编制计划表；

28. 安全措施费用计划表；

29. 重大危害因素控制目标分解一览表；

30. 实现重大危害因素控制目标的时间和进度一览表；

31. 环境管理目标一览表；

32. 实现环境管理目标的方法和时间表；

33. 风险管理责任表；

34. 降低成本计划表；

35. 施工总平面布置图；

36. 施工网络计划图；

37. 主要分项工程施工工艺框图；

38. 工程管理曲线图；

39. 项目组织结构体系图；

40. 资金、材料用量优化图；

41. 施工进度横道图；

42. 安全、质量保证体系图。

3.3 建筑工程投标施工组织设计编制方法

实行招投标制度以来，施工组织设计分投标和施工两个阶段来编制，投标施工组织设计是投标文件中一项不可缺少的重要组成部分，是投标单位展示技术水平和管理水平重要的媒介，是施工用施工组织设计的编制依据。正如前文所述，投标施工组织设计包括工程概况，编制依据，施工部署，施工方案，质量保证体系及创优措施，安全文明保证措施，施工进度计划，资源需求量计划，施工平面图规划，环保节能措施，对总承包管理的认识及对专业分包的配合、协调、管理与服务方案、与设计单位、招标单位、监理单位、供应商及独立分包单位的配合、协调，成品保护工作计划，风险管理方案，新技术使用计划等内容。在投标施工组织设计中，施工方案的选择、施工平面图的规划、施工进度计划的安排是招标单位和评标委员会最为关注的，是投标施工组织设计的三大核心内容，直接关系到投标施工组织设计编制的成败。

3.3.1 选择施工方案

选择合理的施工方案是投标施工组织设计的核心内容之一，包括施工方法和施工机械的选择、施工区段的划分、工程开展顺序和施工安排等内容。施工方案的合理与否直接关系到工程的进度、质量和成本。因此，投标单位必须予以充分重视。

3.3.1.1 划分施工过程

划分施工过程是进行施工方案编制的基础工作，施工过程的划分应根据工程特点、工程量大小、投入的机械设备、劳动力及工期等条件，并按照施工过程的连续性、协调性、均衡性、适应性进行组织划分，以便施工方案和进度计划的实施。施工过程的划分可与项目结构、工作分解结构相结合。施工过程包括直接在建筑物（构筑物）上施工的所有分部分项工程，一般不包括加工厂的构配件制作和运输工作。

施工过程的划分应与编制进度计划一并考虑。施工过程名称尽可能与企业手册上的项目名称一致，其排列宜按施工顺序列出。施工过程划分的详细程度主要取决于客观需要。编制控制性施工进度计划，施工过程可划分得粗一些，可只列出分部工程。如单层厂房的施工进度计划，可只列出土方工程、基础工程、预制工程、吊装工程……编制实施性施工进度计划时，应划分得细一些，特别是其中的主导工程和主要分部工程，应尽量详细而且不漏项，这样便于指导施工。如上述的单层厂房的实施性进度计划中，对每一分部工程还要列出若干细项，如预制工程可分为柱子预制、屋架预制，而各种构配件预制又分为支撑模板、绑扎钢筋、浇筑混凝土等。但对劳动量很少、不重要的小项目不必一一列出，通常将其归入相关的施工过程或合并为"其他"一项。

划分施工过程时，要密切结合施工方案。由于施工方案不同，施工过程名称、数量和内容亦会不同。如深基坑施工，当采用放坡开挖时，其施工过程包括井点降水和挖土两项；当采用板桩支护时，其施工过程包括井点降水、打板桩和挖土三项。

3.3.1.2   确定施工流向

施工流向是指施工活动在空间上的展开和进程。对单层建筑要定出分段施工在平面上的流向；对多层建筑除定出平面上的流向外，还要定出分层施工的流向。确定施工流向时，首先，满足建设使用上的需要，对生产性建筑要考虑生产工艺流程及投产的先后顺序；其次，适应施工组织的分区分段；最后，适应主导工程的合理施工顺序。

结构工程的施工流向相对固定，一般是先地下后地上，即完成基础工程，再进行主体结构施工。当工程地下层数多、施工复杂、工期较紧时，投标单位可考虑采用逆作法（或半逆作法施工），基础工程和主体结构同时展开，这就要求投标单位拥有先进的施工机械，具有较强的技术实力和管理水平。

装饰工程分为室外装饰和室内装饰，通常室外装饰工程的施工流向是自上而下，而室内装饰工程根据装饰内容，在不造成相互影响的前提下，可以自上而下，也可以自下而上进行组织。同时应组织好立体交叉施工，可以大大缩短工期。

安装工程的施工流向要满足生产工艺的要求及投产的先后顺序。投标单位要充分理解招标单位的要求，熟悉掌握生产工艺流程，在满足工艺要求的前提下，合理安排设备安装工程的施工流向。一般来说，给排水、通风空调、消防等安装工程交叉进行，存在比较多的工作交接面，需要投标单位协调好与专业分包单位的工作关系，在隐蔽工程覆盖前，确保预埋预留工作顺利完成。

3.3.1.3   施工顺序

施工顺序是指分部分项工程在时间上展开的先后顺序，分部分项工程的施工顺序应按照施工的客观规律组织，在保证质量和安全施工的前提下充分利用空间、争取时间，实现缩短工期的目的。施工顺序的确定一般应遵循"先地下后地上，先主体后围护，先结构后装饰"的原则，对特殊情况可视具体条件确定。

而对于设备安装和土建施工顺序来说，在民用建筑中多为"先土建后设备"；在工业厂房中，为了使工厂早日投产，应考虑土建和设备安装的搭接，并根据设备性质、安装方法来安排两者的施工顺序。设备安装的施工顺序有以下三种安排方式，第一种是封闭式，即在土建完成后进行设备安装，一般的机械工业厂房，当主体结构完成后即可进行设备安装，对精密工业厂房，则应在装饰工程完成后进行；第二种是敞开式，即先安装工艺设备再建造厂房，重型工业厂房（冶金、电力等）有时采用这种方法，便于大型设备的安装及提前投产；第三种是土建与安装设备同时进行，对装配式结构厂房土建施工和有设备基础的设备安装可这样安排。

按照土建工程的施工特点，可以按照地下工程、主体结构工程、装饰与屋面工程三个阶段为主线，分别组织安排各分项工程的施工顺序。

第一阶段，地下工程，即室内地坪（±0.000）以下的工程。若基础采用浅基础时，其施工顺序为：清除地下障碍物→软弱地基处理（需要时）→挖土→垫层→砌筑（或浇筑）基础→回填土。其中，基础常用砖基础和钢筋混凝土基础（条基或片筏基础），砖基础的砌筑中有时要穿插进行地梁的浇筑，砖基础的顶面还要浇筑防潮层；钢筋混凝土基础则包括支撑模板→绑扎钢筋→浇筑混凝土→养护→拆模；如果基础开挖深度较大、地下水位较高，则在挖土前尚应进行土壁支护及降水工作。若基础采用桩基础时，其施工顺序为：打桩（或灌注桩）→挖土→垫层→承台→回填土。承台的施工顺序与钢筋混凝土浅基础类似。

第二阶段，主体结构，其结构形式有混合结构、装配式钢筋混凝土结构、现浇钢筋混凝土结构（框架、剪力墙、筒体）等。

混合结构的主导工程是砌墙和安装楼板。混合结构标准层的施工顺序为：弹线→砌筑墙体→浇过梁和圈梁→板底找平→安装楼板。

装配式结构的主导过程是结构安装。单层厂房的柱和屋架一般在现场预制，预制构件达到设计要求的强度后可进行吊装。单层厂房结构安装可以采用分件吊装法和综合吊装法，但基本安装顺序都是相同的，即吊装柱→吊装基础梁、连系梁、吊车梁等→扶直屋架→吊装屋架、天窗架、屋面板。支撑系统穿插其中进行。

现浇框架、剪力墙、筒体等结构的主导工程均是现浇钢筋混凝土。标准层的施工顺序为：弹线→绑扎墙体钢筋→支墙体模板→浇筑墙体混凝土→拆除墙模→搭设楼面模板→绑扎楼面钢筋→浇筑楼面混凝土。其中，柱、墙的钢筋绑扎在支模之前完成，而楼面的钢筋绑扎则在支模之后进行。此外，施工中应考虑技术间歇。

第三阶段，装饰与屋面工程，一般包括抹灰、勾缝、饰面、喷浆、门窗安装、玻璃安装、油漆、屋面找平、屋面防水层等。

装饰工程，以一个楼层为例，其施工顺序一般为：天棚→墙面→地面，最后施工油漆、涂料和壁纸。又如内外装饰施工，两者相互干扰较小，在确保室外防水完成的前提下，可以先外后内，也可以先内后外，或者两者同时进行。

屋面采用卷材防水屋面时，其施工顺序为：铺设保温层（如需要）→铺设找平层→刷冷底子油→铺设卷材→撒绿豆砂。屋面工程在主体结构完成后开始，并应尽快完成，为顺利进行室内装饰工程创造条件。

各分项工程之间有着客观联系，但也不是一成不变的，在确定它们的施工顺序时，应满足施工工艺、施工方法和施工机械、施工组织、施工质量与安全等要求，并考虑当时当地的地理和气候条件。

3.3.1.4 确定关键技术路线

关键技术路线的确定是对工程环境、条件及各种技术选择的综合分析的结果。大型工程关键技术往往不止一个，这些关键技术是工程的主要矛盾，关键技术路线应用正确与否直接影响到工程的质量、安全、工期和成本。施工方案的制订应紧紧抓住施工过程中的各个关键技术路线的制订，例如深基坑的开挖及支护方案、高耸结构混凝土的输送机浇捣、高耸结构垂直运输、结构平面复杂的模板体系、大型复杂钢结构的吊装、高层建筑的测量、机电设备的安装和装修的交叉施工安排等。

以某电视塔的关键技术为例，该电视塔塔楼高454m，天线桅杆顶高610m，超高度带来施工高风险。钢外筒自下而上扭转45°，使结构呈三维倾斜，万余构件无一相同，施工变形控制难度大。钢结构底座与核心筒偏心9.3m，而顶部钢结构又与底座偏位9m，使结构在自重作用下发生侧移。结构细长，内外框筒连接较弱，核芯筒截面只有14m×17m，高度却达450余米。外框筒位于功能层外侧，施工时不能以楼层为操作面，大大增加了施工难度。投标单位根据这些工程特点，确定如下关键技术：钢结构施工技术、测量技术、施工仿真分析技术、预变形技术、实时监控技术、临时支撑技术、超高混凝土泵送技术、天线桅杆整体提升技术，以这些关键技术为主线安排施工流程，保证电视塔整个工程施工的顺利进行。

3.3.1.5 选择施工方法和施工机械

施工方法和施工机械的选择是紧密相关的，它们是在技术上解决分项工程的施工手段。施工方法和施工机械的选择在很大程度上受结构形式和建筑特点的制约。结构选型和施工方案是不可分割的，一些大型工程，往往在结构设计阶段就要考虑施工方法，并根据施工方法确定结构计算模型。

拟定施工方法时，应着重考虑影响整个工程施工的分部分项工程的施工方法，并对关键技术路线上的分部分项工程应予以重点考虑，而对于常规做法的分项工程则不必详细拟定。

例如，深基坑工程通常要拟定土方开挖方式、土壁支撑、降低地下水位和土方运输等。又如，高层建筑的混凝土工程应着重于模板的工具化、工业化和钢筋混凝土的泵送施工。此外，对于模板支撑、预应力钢筋张拉、施工缝预留、大体积混凝土等关键问题或特殊问题亦给予详细考虑。

在选择施工机械时，应首先选择主导工程的机械，然后根据建筑特点及材料、构件种类配备辅助机械，最后确定与施工机械相配套的专用工具设备。

垂直运输机械的选择是一项重要内容，它直接影响到工程的施工进度，一般根据标准层垂直运输量（如砖、砂浆、模板、钢筋、混凝土、预制件、门窗、水电材料、装饰材料、脚手架等）来编制垂直运输量表，然后据此选择垂直运输方式和机械数量，再确定水平运输方式和机械数量。

3.3.1.6 施工方案的评价

每一施工过程可以采用多种不同的施工方法和施工机械来完成。确定施工方案时，应当根据现有的或可能获得的机械的实际情况，首先拟定几个技术上可能的方案，然后从技术及经济上相互比较，从中选出最合理的方案，使技术上的可行性同经济上的合理性统一起来。

评价施工方案优劣的指标有：施工持续时间（工期）、成本、劳动消耗量、投资额等。应当指出，在计算这些指标时，不应采用施工图预算中的有关数据，而应按施工预算或方案可能达到的数据计算。事实上，正是各种施工方案与施工图预算之间的差异，才反应出不同方案的优劣。在进行评价时，同一方案的各项指标一般不可能都达到最优，不同方案之间不仅有差异，且可能有矛盾，这时应根据当时当地的具体情况和预期的主要目标来确定方案的取舍。

3.3.2 规划施工平面图

有的建筑工地井然有序，有的建筑工地杂乱无章，这与施工平面图规划的合理与否有直接的关系。因此，投标单位要根据"绿色施工，节能施工，环保施工"的要求，合理规划施工平面图，做到起重机械利用最大化、材料堆放有序化、运输道路畅通化、水电管网合理化。

施工平面图通常采用 1:200 ~ 1:500 的比例绘制，主要包括起重机械位置图、临时生活办公用房布置图、仓库布置图、临时道路布置图、临时用水布置图、排水系统设计、临时用电布置图。

3.3.2.1 起重机械位置图

起重机械的位置直接影响到仓库、材料堆放、砂浆和混凝土搅拌站的位置及道路和水电线路的布置，因此要首先考虑。

布置固定式垂直运输设备（塔架、龙门架、井架、门架、桅杆等），主要根据机械性能、建筑物的平面形状和大小、施工段划分的情况、材料来向和已有运输道路情况而定。其目的是充分发挥其中机械的能力并使地面和楼面上的水平运距最小。井架、门架的位置以布置在有门、窗口处为宜，以避免砌墙留槎和减少井架拆除后的修补工作。

轨道式起重机的布置方式主要取决于建筑物的平面形状、尺寸和四周的施工场地条件。要使起重机的起重幅度能够将材料和构件直接运至任何施工地点，尽量避免出现"死角"。轨道布置方式通常是沿建筑物的一侧或内外侧布置，必要时还需增加转弯设备，尽量使轨道长度最短。同时，要做好轨道路基四周的排水工作。无轨自行起重机的开行路线主要取决于建筑物的平面布置、构件重量、安装高度和吊装方法等。

3.3.2.2 临时生活办公用房布置图

临时建筑应尽量利用施工现场及其附近原有的或拟建的永久性建筑物，不足部分再行修建。首先，初步估计使用人数；然后，估算使用面积。建筑工地人员具体包括：直接参加施工的基本工人，辅助生产工人，行政及技术管理人员。各类人员数的计算如下：

（1）直接参加施工的基本工人

$$年（季）度平均在册基本工人 = \frac{年（季）度总工日 \times（1 + 缺勤率）}{年（季）度有效工作日} \qquad (3-1)$$

$$\begin{aligned} 年（季）度高峰在册基本人工 = {} & 年（季）度平均在册基本工人 \\ & \times 年（季）度施工不均衡系数 \end{aligned} \qquad (3-2)$$

（2）辅助生产工人

$$年（季）度高峰在册辅助工人 = 年（季）度平均在册基本工人 \times 辅助工人系数 \qquad (3-3)$$

$$年（季）度高峰在册辅助工人 = 年（季）度高峰在册基本工人 \times 辅助工人系数 \qquad (3-4)$$

（3）行政及技术管理人员

$$管理人数 =（年度平均在册基本工人 + 年度平均在册辅助工人）\times 管理人员系数 \qquad (3-5)$$

临时房屋面积的计算公式如下：

$$A = N \times P \qquad (3-6)$$

式中 A——建筑面积（m^2）；

N——人数；

P——建筑面积定额。

3.3.2.3 仓库布置图

仓库按材料保管方式分为以下三种：第一，库房（密封式）。用于存放易受大气侵蚀变质的建筑材料、贵重材料以及细巧容易损坏或散失的材料。第二，库棚。用于存放防止雨雪阳光直接侵蚀的材料。第三，露天仓库。用于堆放不因自然气候影响而损坏的材料。首先，计算建筑材料储备量；然后，估算仓库面积。

储备量：
$$P = T_{\mathrm{H}} \times \frac{Q \times K}{T_1} \tag{3-7}$$

式中 P——某种材料的储备量（t 或 m^3）；

T_{H}——材料储备天数（d）；

Q——某种材料年度或季度需要量计（t 或 m^3），可根据材料需用量求得；

K——某种材料需要量不均匀系数；

T_1——有关施工项目的施工总工作日（d）。

仓库面积：
$$A = \frac{P}{q \times K} \tag{3-8}$$

式中 A——某种材料所需的仓库总面积（m^2）。

q——分库存放材料的储料定额（t/m^2）。

K——仓库面积利用系数。装有货架的密闭仓库，取 0.35 ~ 0.4；储存桶装、袋装和其他包装的密闭仓库，取 0.4 ~ 0.6；木材露天仓库，取 0.4 ~ 0.5；散装材料露天仓库，取 0.6 ~ 0.7；储存水泥和其他胶结材料用的圆仓式仓库，取 0.8 ~ 0.85。

3.3.2.4 临时道路布置图

现场主要道路应尽可能利用永久性道路，或先建永久性道路的路基，在土建工程结束之前再铺设路面。现场道路布置时，要注意保证行驶畅通，使运输工具有回转的可能性。因此，运输路线最好围绕建筑物布置成一条环形道路。道路宽度一般不小于 3.5m。

3.3.2.5 临时用水布置图

建筑工地临时供水的设计，包括确定用水量、水源选择、设计临时给水系统三部分。

（1）确定用水量

施工用水量：$$Q_1 = q_1 \times N_1 \times K_1 \frac{K_2}{8 \times 3600} \tag{3-9}$$

式中 Q_1——施工用水量（L/s）；

q_1——最大用水日完成的施工工程量、附属生产企业产量或机械台数；

N_1——各项工种的施工（生产）用水定额；

K_1——未预见的施工用水系数，取 1.05 ~ 1.15；

K_2——施工用水不均衡系数（现场用水取 1.50，附属生产企业取 1.25，施工机械运输机具取 2.00，动力设备取 1.10）。

$$生活用水量：Q_2 = Q'_2 + Q''_2 \tag{3-10}$$

$$施工现场生活用水量：Q'_2 = \frac{P' \times N' \times K'}{8 \times 3600} \tag{3-11}$$

式中　Q'_2——施工现场生活用水量（L/s）；

　　　P'——施工现场高峰人数；

　　　N'——施工现场生活用水定额，通常采用 10L/（人·班）；

　　　K'——工现场生活用水不均衡系数，取 2.7。

$$生活区生活用水量：\qquad Q''_2 = \frac{P'' \times N'' \times K''}{24 \times 3600} \tag{3-12}$$

式中　Q''_2——生活区生活用水量（L/s）；

　　　P''——生活区居民人数；

　　　N''——生活区生活用水定额，通常采用 40L/（人·班）；

　　　K''——生活区用水不均衡系数，取为 2.0。

消防用水量 Q_3：建筑工地消防用水量应根据工地大小和各种房屋、构筑物的结构性质、层数和防火等级等因素确定，生活区消防用水量则根据居民人数确定。建筑工程总用水量并不是生产、生活和消防三者用水量的简单相加，应分别按下列情况进行组合，取其较大值。

$$当 Q_3 \leqslant Q_1 + Q_2 时，Q = Q_1 + Q_2 且 Q = Q_3 + \frac{1}{2}（Q_1 + Q_2） \tag{3-13}$$

$$当 Q_3 \geqslant Q_1 + Q_2 时，Q = Q_1 + Q_2 且 Q \geqslant Q_3 + \frac{1}{2}（Q_1 + Q_2） \tag{3-14}$$

当工地面积小于 $5hm^2$，且 $Q_3 \leqslant Q_1 + Q_2$ 时，$Q = Q_3$　　　　　　　(3-15)

最后计算出的总用水量，尚应增加 10%，以考虑管网漏水损失。

（2）水源选择

根据招标文件的要求，综合考虑招标单位和市政管网的情况，选择水源。

（3）设计临时给水系统

$$配水管管径 \qquad D = \sqrt{\frac{4 \times Q}{\pi \times V \times 1000}} \tag{3-16}$$

式中　D——配水管直径（m）；

　　　Q——耗水量（L/s）；

　　　V——管网中水流速度（m/s）。

已知流量 Q 后，亦可采用查表法求出管径。根据管径尺寸和压力大小选择管材，一般干管为钢管或铸铁管，支管为钢管。

3.3.2.6　临时排水设计

施工现场一般采用明沟排水，截面为 200mm×300mm，直线段每隔 20m 设置一个沉砂井，卫生间排水采用分流制，粪水排至临时化粪池，采用塑料管暗埋或暗沟，再排至市政污水管网。

3.3.2.7 临时用电布置图

建筑工地临时供电业务一般包括：用电量计算、电源的选择、变压器的确定和配电线路的布置。

（1）用电量计算

建筑工地上临时供电，包括施工用电及照明用电两方面。

1）施工用电：$P_C = K_1 \times \sum P_1 + \sum P_2$ （3-17）

式中　P_C——施工用电量（kW）。

　　　K_1——设备同时使用系数。当电动机在 10 台以下时，$K_1 = 0.75$；$10 \sim 30$ 台时，$K_1 = 0.7$；30 台以上时，$K_1 = 0.6$。

　　　P_1——各种机械设备的用电量（kW），以整个施工阶段内的最大负荷为准，乘以机械设备电动机的功率而得。

　　　P_2——直接用于施工的用电量（kW），如电热混凝土等，其用电量等于该工程的工程量乘以相应的用电功率。

2）照明用电：$P_0 = 1.10 \times (K_2 \times \sum P_3 + K_3 \sum P_4)$ （3-18）

式中　P_0——照明用电量（kW）；

　　　1.10——用电不均匀系数；

　　　K_2——室内照明设备同时使用系数，一般用 0.8；

　　　K_3——室外照明设备同时使用系数，一般用 1.0；

　　　P_3——室内照明用电量（kW）；

　　　P_4——室外照明用电量（kW）。

（2）电源的选择

建筑工地用电的电源按其来源分为三种：共用施工现场附近的变压器；利用附近电力网，设临时变电所和变压器；设置临时供电装置。

（3）变压器的确定

$$变压器的功率：W = \frac{K \times \sum P}{\cos\phi}$$ （3-19）

式中　W——变压器的容量（kVA）。

　　　K——功率损失系数，计算变电所容量时，$K = 1.05$；计算临时发电站时，$K = 1.10$。

　　　$\sum P$——变电器服务范围内的总用电量（kW）。

　　　$\cos\phi$——功率因数，一般可取 0.75。

（4）配电线路的布置

工地上的配电线路，$3 \sim 10kV$ 的高压线路可采用环状布置，380/220V 的低压线路采用枝状布置。为架设方便及以后电线重复使用，可采用架空线路。在跨越主要道路时改用电缆。架空线路杆间距为 $25 \sim 40m$，电线离路面或建筑物的高度不应小于 6m，离铁路轨顶的高度不应小于 7.5m。埋设于沟中的低压临时电缆应做好标记，保证施工安全。

3.3.3 编制施工进度计划

编制施工进度计划是以施工方案为基础，根据规定工期和技术物资的供应条件，遵循各施工过程合理的工艺顺序，统筹安排各项施工活动。它的任务是为各施工过程指明一个确定的施工日期（即进出场的时间计划），并以此为依据确定施工作业所必须的劳动力和技术物资的供应计划。包括确定施工过程、核算工程量、确定劳动量和机械台班数、编制施工进度计划等。

3.3.3.1 确定施工过程

这部分内容与选择施工方案一并考虑。

3.3.3.2 核算工程量

投标单位根据设计图纸和工程量计算规则，逐一复核招标文件提供的工程量清单。

3.3.3.3 确定劳动量和机械台班数

根据施工过程的工程量、施工方法和施工定额，并参考投标单位的实际情况，确定计划采用的定额（时间定额和产量定额），以此计算劳动量和机械台班数。

$$p = \frac{Q}{S} \tag{3-20}$$

$$p = Q \times H \tag{3-21}$$

式中　p——某施工过程所需的劳动量（或机械台班数）；

　　　Q——该施工过程的工程量；

　　　S——计划采用的人工产量定额（或机械产量定额）；

　　　H——计划采用的人工时间定额（或机械时间定额）。

使用定额，有时会遇到施工进度计划中所列施工过程的工作内容与定额中所列项目不一致的情况，这时应予以补充。通常有下列两种情况：

（1）施工进度计划中的施工过程所含内容为若干分项工程的综合。此时，可将定额作适当扩大，求出平均产量定额，使其适应施工进度计划中所列的施工过程。平均产量定额可按下式计算：

$$\bar{S} = \frac{\sum_1^n Q_i}{\dfrac{Q_1}{S_1} + \dfrac{Q_2}{S_2} + \cdots + \dfrac{Q_n}{S_n}} \tag{3-22}$$

式中　Q_1，Q_2，$\cdots$，Q_n——同一施工过程中各分项工程的工程量；

　　　S_1，S_2，$\cdots$，S_n——同一施工过程中各分项工程的产量定额（或机械产量定额）；

　　　$\bar{S}$——施工过程中的平均产量定额（或平均机械产量定额）。

（2）有些新技术或特殊的施工方法，其定额尚未列入定额手册中。此时，可将类似项目的定额进行换算，或根据试验资料确定，或采用三时估计法。三时估计法求平均产量定额可按下式计算：

$$\overline{S} = \frac{1}{6} (a + 4m + b) \tag{3-23}$$

式中 a——最乐观估计的产量定额；

　　　　b——最保守估计的产量定额；

　　　　m——最可能估计的产量定额。

3.3.3.4   确定各施工过程的作业天数

计算各施工过程的持续时间的方法一般有以下两种：

（1）根据配备在某施工过程上的施工工人数量及机械数量来确定作业时间

根据施工过程计划投入的工人数量及机械台数，可按下式计算该施工过程的持续时间：

$$T = \frac{p}{nb} \tag{3-24}$$

式中 T——完成某施工过程的持续时间（工日）；

　　　　p——该施工过程所需的劳动量（工日），或机械台班数（台班）；

　　　　n——每工作班安排在该施工过程上的机械台数或劳动人数；

　　　　b——每天工作班数。

（2）根据工期要求倒排进度，即由 T、p、b，求 n

此时，将式（3-24）变换成 $n = \dfrac{p}{Tb}$ $\qquad\qquad$ (3-25)

由式（3-25）即可求得 n 值。确定施工持续时间，应考虑施工人员和机械所需的工作面。人员和机械的增加可以缩短工期，但它有一个限度，超过了这个限度，工作面不充分，生产效率必然会下降。

3.3.3.5   编制施工进度计划

编制施工进度计划的一般方法是首先找出并安排控制工期的主导施工过程，并使其他施工过程尽可能地与其平行施工或作最大限度地搭接施工。

在主导施工过程中，先安排其中主导的分项工程，而其余的分项工程则与它配合、穿插、搭接或平行施工。

在编排时，主导施工过程中的各分项工程，各主导施工过程之间的组织，可以应用流水施工方法和网络计划技术进行设计，最后形成初步的施工进度计划。

无论采用流水作业法还是采用网络计划技术，对初步安排的施工进度计划均应进行检查、调整和优化。检查的主要内容有：是否满足工期要求，资源（劳动力、材料、机械）的均衡性，工作队的连续性，施工顺序、平行搭接和技术或组织间歇时间是否合理。根据检查结果，如有不足之处应予以调整，必要时应采取技术措施和组织措施，使有矛盾或不合理、不完善的工序持续时间延长或缩短，以满足施工工期和施工的连续性和均衡性。

此外，在施工进度计划执行过程中，往往会因人力、物力及客观条件的变化而打破原订计划，或超前，或推迟。因此，在施工过程中，也应经常检查和调整施工进度计划。近年来，计算机已广泛应用于施工进度计划的编制、优化和调整。它具有很多优越性，尤其是在优化和快速调整方面更能发挥其计算迅速的优点。

3.3.3.6 编制资源需求计划

施工进度计划确定后，可据此编制各主要工种劳动力需求量计划及施工机械、模具、主要建筑材料、构件、加工品等的需求计划，以利于及时组织劳动力和技术物资的供应，保证施工进度计划的顺利执行。

（1）主要劳动力需求量计划

将各种施工过程所需要的主要工种劳动力，根据施工进度计划的安排进行叠加，就可编制出主要工种劳动力需求量计划。

（2）施工机械需求量计划

根据施工方案和施工进度计划确定施工机械的类型、数量、进出场时间。一般是把施工进度计划中每一个施工过程每天所需的机械类型、数量和施工日期进行汇总，以得出施工机械、模具需求量计划。

（3）主要材料及构配件需求量计划

材料需求量计划主要为组织备料，确定仓库、堆场面积，组织运输之用。其编制方法是将施工进度计划中各施工过程的工程量，按材料名称、规格、使用时间并考虑到各种材料消耗进行计算汇总，即为每天（或每旬、每月）所需的材料数量。

若某分部分项工程由多种材料组成。例如混凝土工程，在计算其材料需求量时，应按混凝土配合比，将混凝土工程量换算成水泥、砂石、外加剂等材料的数量。

建筑结构构件、配件和其他加工品的需求量计划，也可按编制主要材料需求量计划的方法进行编制。它是同加工厂签订供应协议或合同、确定堆场面积、组织运输工作的依据。

（4）施工进度计划的评价

评价施工进度计划的质量，通常采用以下指标：

第一，工期指标。进度计划应具有先进性和可行性，应满足工期要求和进度控制关键节点时间要求。

第二，资源消耗的均衡性指标。对各施工过程来说，每日资源（劳动力、材料、机具）消耗力求不发生多大的变化，即资源消耗力求均衡。

为了反映资源消耗的均衡情况，应制出资源消耗动态表。表 3-13 反映的是施工进度计划与劳动力需求之间的关系。

从表 3-13 可知，施工过程中出现短时间的低谷，是有可能的，可以将少数施工人员的工作进行适当的调整，消除窝工或停工情况。如果在此动态基础上进一步优化，则劳动力的耗用将趋于均衡。

某项资源消耗的均衡性指标可以采用资源不均衡系数（K）加以评价。

$$K = \frac{N_{max}}{N} \tag{3-26}$$

式中　N_{max}——某资源日最大消耗量；

N——某资源日均消耗量。

××工程施工进度计划与劳动力需求表   表3-13

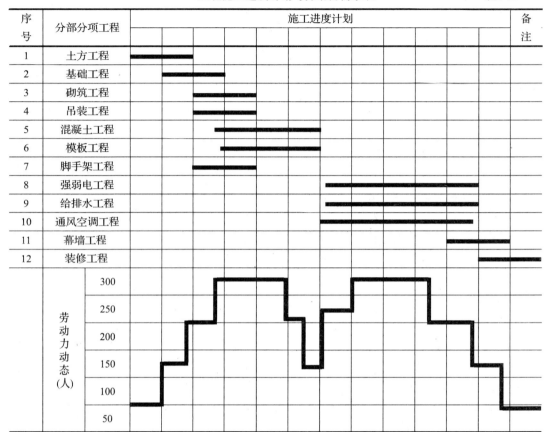

最理想的情况是资源不均衡系数 K 接近于 1。在组织流水施工的情况下，不均衡系数可以大大降低并趋近于 1。

第三，主要施工机械的利用程度。所谓主要施工机械通常是指混凝土搅拌机、砂浆机、起重机、挖土机等机械设备，机械设备的利用程度可用机械利用率以 γ_m 表示，由下式来确定。

$$\gamma_m = \frac{m_1}{m_2} \times 100\% \qquad (3-27)$$

式中 m_1——机械设备的作业台日（或台时）；

m_2——机械设备的制度台日（或台时），由 $m_2 = nd$ 求得；

n——机械设备台数；

d——制度时间，即日历天数减去节假天数。

建筑施工是一个复杂多变的生产过程，各种施工机械、材料、构配件等随着工程的进展而逐渐进场，又随着工程的进展而逐渐变动、消耗。因此，在整个施工过程中，它们在工地上的实际布置情况随时在改变。为了使投标施工组织设计编制得及时、适用，必须抓住重点，突出"组织"二字，对施工中的人力、物力和方法，时间与空间，需要与可能，局部与整体，阶段与全过程，前方和后方等给予周密的安排。投标单位在编制投标施工组织设计时，要从三方面着手：

从突出"组织"的角度出发，施工方案的选择解决施工中的组织指导思想的技术方法问题。在投标施工组织设计编制中，要努力在"安排"和"选择"上做到优化。

从突出"组织"的角度出发，施工进度计划解决主要施工内容的顺序和时间。巨大的经济效益寓于时间和顺序的组织之中，绝不能稍有忽视。

从突出"组织"的角度出发，施工平面图解决空间利用和施工"投资"问题。它的技术性、经济性都很强，还涉及许多政策和法规问题，如占地、环保、安全、消防、用电、交通等。

总之，三个重点突出了投标施工组织设计中的技术、时间和空间三大要素，这三者是密切相关的，设计的顺序也不能颠倒。抓住这三个重点，其他方面的设计内容也就好办了，否则其他内容无法设计，即使设计出来也解决不了根本性问题。

3.4　建筑工程投标施工组织设计编制注意事项

建筑工程投标施工组织设计的编制工作是一个"粗中有细"的工作，需要从大局上把握，在细微处见实力。这要求投标单位从招标文件、内容组织结构到投标答辩各个环节做好编制工作。由于投标施工组织设计解决招标文件中的技术问题，即确定施工方法、工艺流程、劳动组织、临时设施、工期安排、进度要求，而投标报价解决招标文件中的经济问题，即对上述内容进行造价计算。因此，为在日趋激烈的投标竞争中赢得中标机会，投标单位越来越重视两者之间的协调配合，研究两者之间的关系。

3.4.1　建筑工程投标施工组织设计的编制注意点

编制高质量的投标施工组织设计的关键是根据工程实际情况，做到既把握住重点项目，又兼顾全面无遗漏。投标施工组织设计是投标单位对工程施工所作的总体部署和对工程质量、安全、工期等所作的全面承诺，是招标单位评标的主要依据之一，在某种情况下，细节决定成败，稍微的疏忽都会使招标单位产生疑问而影响工程中标。投标施工组织设计的编制应注意以下几个方面：

3.4.1.1　认真研究领会招标文件，严格满足招标文件要求

根据《中华人民共和国招标投标法》和地方政府主管部门的相关法规，投标施工组织设计编制人应"吃透"招标文件的内容，一定要满足招标文件的实质性内容，应根据评标的要求逐一给予满意的答复，以避免被视为废标。

投标施工组织设计并非用于指导操作，因而不宜对各项内容均进行细致全面的描述，应根据建设工程具体情况，对各章节内容进行有针对性的编写，对重点、难点内容进行详细深入的说明，力争做到繁简得当、重点突出、核心部分深入、篇幅合理、图文并茂、内容符合国家法律法规和强制性技术标准的规定。因此，投标施工组织设计编制好坏的最终衡量标准就是能否在评标时取得最高得分，而给出的投标施工组织设计总得分就是所要求的各分项所得分数之和，缺一项，本条就不得分，因此招标文件中对投标施工组织设计明

确要求的内容，每一条都不得遗漏。招标文件中没有明确要求但应该包括的内容，编制投标施工组织设计时也要增补进去，这样做既能使投标施工组织设计更具完整性，又可能避免因招标文件不完善造成投标单位丢分的现象发生。同时，投标施工组织设计的内容顺序、编制序号也应与招标文件所列序号一致，这样可以使评标委员会在评分时能对照招标文件要求对号入座，不会遗漏，也能避免投标单位在紧张投标时出现丢项错误。因此，在投标施工组织设计中，投标单位应充分了解和熟悉当地招投标部门制定的技术标评分细则等详细资料。

在投标评审中，投标单位应根据招标文件规定的评审规则，按照要求编制不同种类的投标施工组织设计。招标单位对投标施工组织设计可能采用定性或定量的评审原则。对于定性评审，如对投标施工组织设计仅做符合性评价时，评审结果为合格或不合格，编写投标施工组织设计时可简略一些；对于定量评审，如对投标施工组织设计采用详细评分方法评审时，评审结果用分数表示，编制可略详细；如当招标单位对工程项目有特殊要求时，投标施工组织设计应对特殊要求进行重点阐述。明确了投标评审原则，投标单位也就相应地确定了编写投标施工组织设计的要求，按要求进行编写，可力争取得最佳的实施效果。

3.4.1.2　认真阅读设计图纸和设计说明

设计图纸是工程具体内容的反映。阅读设计图纸时，应把发现的问题及时记录下来，整理成文，尤其是不明白、不清楚的地方，或对重大技术方案、工程造价有影响的地方，需要招标单位进一步澄清，有关问题在标前答疑会之前先提交给招标单位，或在答疑会中提出。

3.4.1.3　重视踏勘现场和招标答疑，多提合理化建议

踏勘现场和招标答疑是投标单位与招标单位在投标前进行面对面交流和沟通的机会，对此，不仅报价人员要特别重视，以免报价漏项、错误、违背招标单位的意图或与实际情况不符，而且投标施工组织设计编制人员更应认真对待。通过踏勘现场，实地了解工程所处地理位置、施工临时设施的布置以及水文、气象、地质、交通、施工用水、用电条件等，可以进一步对工程施工中可能存在的潜在问题做到心中有数。凡是涉及施工方案安排的主要道路、供电路径、取弃土位置、材料供应来源地、主体工程施工现场、项目部驻地等重大情况，一定要仔细察看；凡是涉及工程特点描述、自然条件描述的现场地形、地貌，一定要察看；派出察看工地的人员一定要精明强干，掌握现场踏勘的第一手资料，具有综合的投标施工组织设计编写能力，这样才能保证编写的投标施工组织设计符合现场实际。现场踏勘一般要采取拍照或录像的方式，带回现场资料供编制小组研究参考。

招标文件中不一定会有"合理化建议"的条款，但一般来说，招标单位都认为合理化的建议是必要的，投标单位应该设法满足招标单位这种隐含的需求。合理化建议可以是对过紧工期的调整建议或设计方案的局部修改，也可以是某项专利或新技术的采用或备选施工方案的提出。真诚的、有效的合理化建议，会给招标单位和评委这样一种感觉，投标单位对这项工程是十分重视的，是做过一番细心研究的，这无形中拉近了与招标单位、评委的距离，增加了中标机会。

3.4.1.4 内容简洁，重点突出，着力反映投标单位的综合实力

投标施工组织设计是投标单位对拟建工程项目所做的总体部署和对工程质量、安全、工期等方面向招标单位所做的承诺，也是招标单位了解投标单位管理水平、施工技术水平、机械设备装备能力等各方面的一个窗口，因此，投标单位在编制投标施工组织设计前，一要吃透工程设计特点，二要吃透工程现场情况，三要吃透招标单位对工程建设的重点所在。投标施工组织设计要在重点方面做文章，以增强招标单位以及评委们的兴趣和好感。施工招标中，评标时间往往较短，评委根据分工，对投标施工组织设计分别进行评阅，由于投标施工组织设计内容很多，评委们很难对每份投标施工组织设计都阅读得十分仔细，但对投标施工组织设计中的重点部分和特色内容，则往往特别留意，而正是投标施工组织设计中反映企业组织管理特色的，反映工程重点、难点的内容，将对评委的评议能起决定性的作用。

如某中外合资工业项目进行公开施工招标，由三家实力相当的投标单位参与投标竞争。此工程招标单位关心的重点是工期，在三家单位投标文件中提供的施工工期都是11个月，其中两家在投标施工组织设计中对工程的特点分析不够明确，具体措施也比较简单，对确保11个月的施工工期只采用了通用化的语言描述，如"采用平行流水、立体交叉施工方法，确保工程11个月完成……"。而另一家在投标施工组织设计中对如何确保11个月的施工工期说明得比较详细，认真分析了工程特点，明确了影响工程进度的关键所在，有针对性地提出了相应的技术措施，并根据工程的特点，分别编制了两份工程进度表，一份是中方人员熟悉的用横道图形式表达的工程进度，一份是外方人员熟悉的用网络图形式表达的工程进度表，明确了工程关键性控制线路，从而大大增强了确保11个月施工工期的可靠性和可信程度，结果在评标中获得中外招标单位和评委的一致好评而中标。

3.4.1.5 适度介绍项目经理部和相关人员情况

投标施工组织设计，应适度介绍项目经理部和相关人员情况，以增加招标单位和评委对投标单位的了解程度和信任感。

（1）介绍本项目经理部近几年所承建工程项目的简况，可将有关工程情况列成表格，使人一目了然。特别是与本次投标工程相同类型的工程项目情况，更有参考价值和说服力。一个好工程，有很强的榜样作用，无形中增强了企业的竞争力。

（2）介绍项目经理的简历。项目经理是项目施工的总负责人，项目经理的资历、阅历和素质状况，对工程施工成败起着关键性的作用。可简要介绍该项目经理组织承担过的工程项目，并说明其工期、质量等情况，增强招标单位和评委对项目经理的信任度。

（3）介绍施工人员的简况。施工人员是具体负责施工技术方面的人员，他对施工进度、工程质量、新技术、新材料、新设备的应用等，起着重要作用，也是工程施工成败的关键因素之一。

在介绍项目部和相关人员情况时，首先要防止夸大拔高，应实事求是地介绍。必要时可附上介绍资料，如质量等级评定表、工程竣工验收评定表等，以给人真实感。其次要防止张冠李戴，有的投标单位得标心切，不惜弄虚作假，特别是将别的项目部施工的工程项目列为自己的业绩。一旦被揭穿，就贻害无穷，不但本次投标不可能中标，而且会殃及今

后。另外，还要避免对项目部经理、主要施工负责人员和技术人员随意更换。正如上面所述，施工单位的投标文件，不管是造价、工期、质量等级等定量指标，还是投标施工组织设计中确定的有关施工方案、施工设备以及所提供的项目经理部相关人员等，都是向招标单位所作的一种承诺，一旦中标，双方都受此约束。如果实际施工时随意进行更换，严格来讲是一种欺诈行为，招标单位有权拒绝，并要求按投标文件承诺的项目部和相关人员负责施工。

3.4.1.6 多采用先进的施工技术和施工设备，使投标施工组织设计力求可行性和先进性

在建筑市场中，招标单位是买方，影响招标单位决策的因素，有项目报价、工期指标，还有投标单位的实力和信誉，投标单位的实力则是经济实力和技术管理能力的综合反映。具有特种专利技术、较强技术开发能力的投标单位，会优先得到明智招标单位的青睐。因此，投标单位一般会通过投标施工组织设计向招标单位展示自己的综合实力、技术特长及开发能力，有进取心的投标单位甚至不满足于已掌握的技术水平，他们会借助招标单位的帮助，承接那些有一定风险的复杂项目，以不断提高自身的技术与管理水平。如上所述，在施工招投标中，一些定量指标给人的印象往往是感性的，而理智的、富有经验的招标单位和评委们总是根据投标施工组织设计来推敲、论证其定量指标的可靠性和合理性，然后作出决策。先进施工技术和先进施工设备的应用，不仅显示了投标单位的技术水平、管理水平和经济实力，而且也大大增加了投标文件中承诺的定量指标的可信度，从而有效地提高竞争力，增加中标机会。

如某市一污水合流工程，其关键性标段为大直径地下管道，采用公开施工招标，标底价为1900万元。有四家投标单位参加投标竞争，报价分别为1800万元、1956万元、2030万元和2270万元。最低价和最高价相差470万元，为标底价的24.7%。四家投标单位所报施工方案都采用顶管施工工艺。经过评标委员会认真评议，最后中标的竟是最高报价的2270万元的一家，分析原因，主要是这家单位采用了国外最先进的气压法曲线顶管施工技术和施工设备。这种顶管技术和顶管设备，与当时国内常用的顶管技术和顶管设备相比，有两大优点：一是顶管距离长，能有效地减少中途开挖的施工井。其他三家用一般顶管工艺技术，全程要开挖八个施工井，而采用国外先进的顶管技术和顶管设备后，全程仅设四个施工井就行了，不但节约一笔相当可观的费用，而且能减少相应的拆迁、破路、影响交通等麻烦。二是能曲线顶进，上下、左右都能曲线顶进，沿途碰到各种交叉管线和障碍物时，能绕道前进，大大减少中途交叉施工产生的麻烦，也节约了大量的工程外费用，同时，又加快了工程进度。因此，尽管这家单位的报价比标底价高出370万元，但综合评价其整体效益，不但工程总造价明显低于其他三家，而且工期的可靠性也大，因此得到了评委们的一致好评，一举中标。

又如，"引黄济青"工程某项目施工招标中，也显示了先进的施工技术和先进的施工设备在夺标方面具有的巨大竞争力。该招标项目是一座设在地下深13m、长15m、宽22m、壁厚80cm的钢筋混凝土结构加压泵房，它被称为整个"引黄济青"工程成败的关键性项目。工期要求很急，从4月1日开工，到6月30日汛期到来之前，一定要施工出地面。参加投标单位大多是实力雄厚的部、省属大型施工单位，他们凭借大型塔吊、挖掘机械和混凝土输送泵等机械优势，摆开了夺标的架势，但对6月30日前保证出地面的态

度不很坚决。江南某市建筑工程公司，虽然单位名气不大，但凭借多年的滑模施工经验和技术设备，报名参加了竞争，提出用滑模施工增压泵房的施工方法，并有把握确保 6月 30 日前施工出地面的工期要求。经过招标单位和评标委员会的认真评议、答辩和实地考察，最终确定由该公司中标。该公司凭借先进的施工技术和施工设备，战胜了竞争力很强的大公司而中标。开工后因招标单位原因，开工日期比原定计划推迟了 10 天，他们通过精心的组织和熟练的滑模技术，结果于 6 月 27 日凌晨 4 时提前滑出地面，实现了招标单位的工期要求，保证了整个"引黄济青"工程的全面胜利，也大大提高了该公司的社会信誉。

3.4.1.7 要注意积累，建立投标施工组织设计资源平台，提高编制效率

随着计算机技术的发展，利用计算机技术编制投标施工组织设计已渐成主流。目前国内外工程管理类软件大部分可用于投标方案的编制，可适应各种不同结构类型的工程，软件内容大部分以各种不同的施工工艺、不同的质量、安全等技术措施为单位，形成内置的施工组织设计模块或素材库，用户可根据工程具体情况，查询、浏览、编辑，以此编制的方案针对性强，既能突出重点，也不会遗漏内容。投标软件中许多投标方案的固定表式只要输入相应数据，便能迅速生成所需的图表。有些软件对数据库内的资料可以进行增加、修改或删除，这样就能更好地适应形势的发展，及时将成功的施工新技术、新工艺和新措施输入计算机，运用到实际工程投标中去。

因此，投标单位要借助现代计算机网络手段，建立投标施工组织设计资源库，并建立共享平台，积累资料，收集新技术、新工艺、新材料、新设备、新方法的研究成果，不断充实完善投标施工组织设计资料库。在编制投标施工组织设计时，使用投标施工组织设计平台，可大大地减少编制工作量，把更多的精力放在技术标和商务标方面，提高中标的机会。

3.4.1.8 投标施工组织设计切忌"三化"

所谓的"三化"就是内容简单化、措施公式化、进度计划理想化，这种投标施工组织设计实际上只起到摆设和陪衬作用，实用价值不大，在施工投标竞争中，只会削弱了自己的竞争力。

（1）切忌内容简单化。作为投标施工组织设计，有它的规范内容和要求，而在施工招投标阶段的投标施工组织设计，如上所述，是施工投标文件的一个重要组成部分，它与报价、工期、质量等级等定量指标是相辅相成、互为补充的，就其内容来讲，应有一定的标准和深度要求。

反对内容简单化、不分主次、洋洋洒洒、面面俱到，而应做到重点突出。对重要分项工程、重要部位的施工方案要做多方分析、比较，择优选择，施工质量的保证措施要具体、可行，以增强评委和招标单位的信任感。

如某基础桩基（灌注桩）工程施工招标中，投标单位针对地下施工难以观察的特点，为保证工程质量，提出两条具体措施，一是建立各道操作程序责任制，每根桩都有详细记录，每道工序完成后，都有人检查、验收、签字；二是列出质量问题对策表，即一旦发现问题，如何处理，明确具体措施，保证工程质量。这两条措施有明确的针对性，有别于其

他投标单位的泛泛而谈，在评标得分中取得高分，有利于中标。

施工投标文件中，只重视定量指标，片面认为只要报价低、工期短、质量等级高，就能中标。要注意防范对投标施工组织设计的编制简单、马虎，结果在评委评议中名落孙山，失去中标机会。

（2）切忌措施公式化。即所提技术措施应具有针对性，而不是一般的通用措施。有的单位摘抄了国家验收规范和操作规程等内容要求，编制了一套通用技术措施，如质量保证措施、安全保证措施、工程进度保证措施等，一旦有工程投标时，就信手拈来拼凑使用，这实在是一种很不理想的做法。因为通用，就不得不写得很有原则，给人一种似讲非讲、不痛不痒的感觉。如工程进度保证措施，就经常采用如下语言："施工中采用平行流水、立体交叉的施工工法，加快施工进度……"，平行流水作业，是两段流水？还是三段流水？是小流水？还是大流水？就一概省略了。再如，对所有基坑支护工作，不分大小、深浅、土质情况，不写具体方法，都写确保安全施工等措施，给人一种明显的拼凑材料的感觉。

对这种施工措施通用化的投标施工组织设计，招标单位和评委既感到头痛，也感到反感。这种公式化的投标施工组织设计，说明投标单位对所投的工程项目认识不够、研究不够和重视不够，一定程度上降低和削弱了投标单位的竞争力，在评委的评议中很难获得好评。

（3）切忌进度计划理想化。施工进度计划应该是施工技术方案和施工技术措施具体化的体现，也是两者相结合的产物，有很密切的内在联系。而理想化的施工进度计划，脱离了上述原则，具有较浓的主观臆断的色彩，因而只能是一种形式，不能起到指导施工的作用。

3.4.1.9　注重投标施工组织设计的文字表述、排版要求，防止发生低级错误

投标施工组织设计文稿的字体、字号、行距、章节安排、插图、表格、排版、装订一定要满足招标文件和相关规定的要求，避免出现废标。投标施工织设计的表述要行文流畅、图文并茂、语句得体、重点突出、装订工整规范、术语及专业词汇得当，注意与投标书其他部分内容协调一致，避免差异或矛盾。相对于文字，图表在某种程度上有助于对内容的理解，因而投标施工组织设计可采用大量图表进行辅助说明，尽可能利用表格、框图、网络图、平面图等说明和介绍，组成图文并茂、简洁明快的投标施工组织设计，使招标单位和评标专家在短时间内了解、掌握大量的信息。

所谓的低级错误，即常识告诉人们不该发生的这种错误。如某工程施工周期是 4~11 月份，而投标施工组织设计中，却用了一定的篇幅详细说明冬期施工的技术措施，这显然是文不对题。有的工程在冬期施工，而在投标施工组织设计中却列出很多夏季防暑降温的技术措施。有的设计内容没有花岗岩、大理石地面，而投标施工组织设计中却列出很多花岗岩、大理石地面的技术要求。投标施工组织设计有这样那样的明显不符招标工程的错误结论，严格讲应该属于废标，至少也是对招标文件的不响应，应该扣分，也是很难中标的。

3.4.1.10 精心组织投标答辩，从细节表现投标单位的管理水平

投标答辩虽不属于投标施工组织设计的正式内容，可看作是投标施工组织设计的延伸，其内容主要围绕投标施工组织设计展开，在评标定标中起着重要作用。因此，投标文件中所确定的项目经理部及相关人员应确保能到现场组织和管理投标工程项目的施工。施工投标的答辩，亦应书面记录，与投标文件具有同等法律效力。在施工招标中，当几个投标单位的标书比较接近、评委和招标单位一时难以取舍时，往往用投标答辩的形式来好中择优。因此，投标单位在完成投标标书后，尚应做好答辩的充分准备。

投标答辩一般在以下几个方面进行：

（1）对信誉好、施工方案合理、工期适中的投标单位，往往通过询价答辩决定取舍。同时，对投标单位的报价，评委和招标单位常常会提出这样的问题，如"请问你们的报价利润率、管理费率偏高，是如何取的？有什么依据？"或者"请问你们的报价为什么比市场价低得多？"对这种提问，投标单位不应简单的回答"能降价"或"不能降价"，或者下降多少，而应在回答"能降价"和"不能降价"之后，提出有说服力的施工措施依据，或用投标施工组织设计中的相应措施作佐证，或是调整投标施工组织设计中的某一部分内容来实现报价的升或降，以示并非主观臆断所决定。

对于报价偏低的答辩，应讲清不是随意定的价，而是在价格组成中某一部分由于施工技术措施得当或是新技术的应用实现的，消除招标单位和评委的疑虑。

（2）当数家投标单位在报价上较为接近、难分上下时，往往在施工工期或施工技术方案上进行答辩后决定取舍。

对施工工期的答辩，如同对报价的答辩一样，不能简单地回答"能缩短"或者"不能缩短"，而应用投标施工组织设计中相应的技术措施作论述依据，以提高其说服力和可信度。

对施工技术方案的答辩，重点针对所采用的技术措施，特别是新技术、新结构、新工艺、新材料的应用方面，应将关键部分阐述清楚。如某工程设计单位采用了某项新技术，施工招标时，对两家投标单位就该新技术的施工工艺进行答辩。一家投标单位答辩后，评委的意见是"概念模糊"，估计没有做过；而另一家投标单位答辩后，评委作了这样的评论：我们提的问题有一定的深度，而他们答的深度比我们还要深，说明这家投标单位对该新技术是做过的、熟练的，从而为中标奠定了基础。

招标单位和评委通过答辩，能较好地掌握投标单位的虚实情况。有的投标单位在答辩中给人很实在的感觉。回答技术问题时，突出重点，抓住要害，而是不泛泛而谈；回答造价问题时，有根有据，算账很细，有的费用还据理力争，给人一种精明的感觉。他们充分考虑到中标后履约的重要性。只有严肃对待承诺的人，才会认真履约。有的投标单位在答辩中显得一副很谦虚、好说话的样子，优惠条件一大堆，豪言壮语脱口而出，而技术问题答不到点子上，经济问题拍脑袋，没有深思熟虑，理智的评委和招标单位应该选择前者，而不应是后者。

3.4.2   投标施工组织设计与投标报价的关系

在工程投标中，报价是受竞争激烈程度的制约而浮动的，它是投标单位根据自己的实际情况，结合工程特点，并反映企业的管理水平和技术优势而提出的。报价质量的衡量尺度是既能中标，又能盈利。而要形成较为适度的报价，首先要有一个科学、合理、先进和切实可行的投标施工组织设计作基础。投标施工组织设计与投标报价是工程投标的两个重要部分，两者互相依赖，密不可分。

投标施工组织设计与投标报价密切相关。投标报价的高低除了与预算有关外，还在很大程度上取决于施工方案的先进与否，不同的施工方案所反映的价格是不一样的。只有根据合理的施工方案和施工技术才能确定合理的工程单价，投标报价才合理。而投标报价的合理确定同样影响着施工方案的优化，要作出一个合理的施工方案，施工技术人员还必须借助于工程概预算知识，如在施工布置、设计合理的情况下，对不同施工方案进行比选，除方案本身的优劣外，方案造价计算准确与否将直接影响施工方案的确定。

首先，投标施工组织设计是投标报价的必要条件，投标施工组织设计是否合理直接影响投标报价的高低。施工方案是其中的关键，直接影响到投标报价及投标的成败，投标单位要根据现场考察情况，初定几套方案进行测算、比较，以确定合理、经济的方案。例如：施工方案采用塔吊还是卷扬机，是采用竹脚手架还是钢管脚手架，是采用钢模还是木模，按现行的建筑工程预算定额所计算出来的投标报价都不一样；又如建筑工程的基槽（坑）开挖是使用机械还是人工开挖，不同的施工方法不仅计算出的投标报价不同，而且还会得出不同的施工工期；此外，对工程是使用碎石还是砾石也将对工程报价产生影响；在设备安装特别是大型设备安装方面，不同的组装和吊装方案，使用的机械和所发生的措施费用都不一样，这些费用包括大型施工机械的安拆费、场外运输费、轨道基础费用等。同时，设备的调试方案，也会影响投标报价的计算，如锅炉安装中的清洗方案，使用纳铵盐、氢氟酸、盐酸等不同的清洗方式，会得到不一样的投标报价计算结果。由此可见，施工方案不仅影响投标报价，更影响企业施工成本和竞争力。因此，为了得出具有竞争力的报价，投标单位应在保证工程符合施工规范、达到质量标准和满足工期的前提下提出多种施工方案，从技术和经济上进行对比分析，从中选定最合理利用人力、物力资源并且造价最低的方案。

其次，投标报价也影响投标施工组织设计。当前建筑市场的竞争很大程度上是价格的竞争，虽然招标文件中一般明确申明"本标不一定授给最低报价者"，但招投标法也有明文规定可以"经评审最低投标价"作为中标条件，同时业主单位也在千方百计节约投资，降低成本，提高投资效益。因此，投标单位要提高自己竞争力，必须对多种施工方案进行经济比较，通过经济比较促使投标施工组织设计人员优化施工方案。

此外，投标报价中的单价确定跟投标施工组织设计也是密切相关的。对于同一单项工程，如果采用不同的施工方法，在定额中就会有不同的人、材、机消耗与之对应，从而得出相应的项目单价。以土方工程为例，根据投标施工组织设计，选定土方开挖方法及运距，选用土方开挖机械设备的类型、容量及相配套的运输机械吨位，这些都确定后，即可套用相应的定额子目，从而算出土方开挖单价，在土方工程定额中，不同容量挖掘机配备不同吨位的自卸汽车运输，单价是不相同的，这就需要工程预算的相关计算，并分析投标施工组织设计提供相关数据确定哪种方案比较经济合理，再结合施工企业机械设备装备情况，以提高机械的效率为目的，选定最优的土方开挖施工方案。以下通过案例说明。

某施工公司承包了某工程的土方工程，坑深 4.0m，土方工程量 9800m³，平均运距 8km，合同工期 10d。施工机械液压挖掘机 WY50 现有 4 台、WY75 现有 2 台、WY100 现有 1 台，10 台 5t 自卸汽车、20 台 8t 自卸汽车、10 台 15t 自卸汽车，施工机械主要参数见表 3-14 和表 3-15。

挖掘机主要参数　　　　　　　　　　　　表 3-14

型　　号	WY50	WY75	WY100
斗容量（m³）	0.50	0.75	1.00
台班产量（m³）	401	549	692
台班单价（元/台班）	880	1060	1420

自卸汽车主要参数　　　　　　　　　　　表 3-15

载重能力（t）	5	8	15
运距 8km 时台班产量（m³）	28	45	68
台班单价（元/台班）	318	458	726

我们假设两种情形来看如何组合施工机械进行施工才能最经济：

情形一：若挖土机和自卸汽车按表中型号只能各取一种，但没有数量限制，如何最经济？相应的每立方米的土方的挖运直接费为多少？

情形二：若该工程只允许白天施工，且每天安排的挖掘机和自卸汽车的型号、数量不变，需安排机台何种型号的机械施工？相应的每立方米的土方的挖运直接费为多少？

下面我们来分析情形一，见表 3-16。

情形一分析结果　　　　　　　　　　　表 3-16

型　　号		台班挖运土直接费 （元/m³）=单价/产量	优所选机械	最经济的直接费（元/m³） =挖土直接费+运土直接费
挖掘机	WY50	2.19	WY75 1.93	12.11
	WY75	1.93		
	WY100	2.05		
自卸汽车	5（t）	11.36	8（t） 10.18	
	8（t）	10.18		
	15（t）	10.68		

我们再对情形二分析：

每天需要 WY75 挖土机的数量为：$9800/（549 \times 10）= 1.97$（台）。

这时我们应该每天安排 2 台 WY75 挖掘机。

按照情形一的分析，为使挖掘机不出现因等待自卸汽车而降效，每天需要的自卸汽车的台数为：$549/45 = 12.2$（台），则每天应安排 $2 \times 12.2 = 24.4$（台）。

这时应该考虑每天安排 25 台自卸汽车。由于该公司目前仅有 20 台 8t 的自卸汽车，故超出部分（25 - 20）台只能选其他型号的自卸汽车。

由于已选定每天安排 2 台 WY75 挖掘机，则挖完该工程的天数为：

$$9800/（549 \times 2）= 8.93（d）\approx 9（d）$$

因此该公司 20 台 8t 自卸汽车每天不能运完成的土方量为：

$$9800/9 - 45 \times 20 = 189（m^3）$$

为使每天运完以上土方量，可以选择如表 3-17 所示的四种 15t 和 5t 自卸汽车的组合。

自卸汽车选择对比表   表 3-17

组　　合	运土量（m^3）	相应的费用（元）	备注
第一种组合：3 台 15t 自卸汽车	$68 \times 3 = 204$	$726 \times 3 = 2178$	$>189m^3$
第二种组合：2 台 15t 和 2 台 5t 自卸汽车	$(68 + 28) \times 2 = 192$	$(726 + 318) \times 2 = 2088$	$>189m^3$
第三种组合：1 台 15t 和 5 台 5t 自卸汽车	$68 + 28 \times 5 = 208$	$726 + 318 \times 5 = 2316$	$>189m^3$
第四种组合：7 台 5t 自卸汽车	$28 \times 7 = 196$	$318 \times 7 = 2226$	$>189m^3$
最优组合（相应的费用最小）	第二种组合：2 台 15t 和 2 台 5t 自卸汽车		

在上述四种组合中，第二种组合费用最低，故应另外再安排 2 台 15t 自卸汽车和 2 台 5t 自卸汽车。即为完成该工程的土方施工，每天需要安排 2 台 WY75 挖掘机、20 台 8t 的自卸汽车、15t 自卸汽车和 5t 自卸汽车各 2 台。

因此情形二每立方米土方相应的挖运直接费为：

$$（1060 \times 2 + 458 \times 20 + 726 \times 2 + 318 \times 2）\times 9/9800 = 12.28（元）$$

本案例中挖掘机的选择比较简单，只有一种可能，而由于企业资源条件限制，自卸汽车的选择则较为复杂，在充分利用最经济的 8t 自卸汽车之后，还要选择次经济的 15t 自卸汽车，必要时，还可能选择最不经济的 5t 自卸汽车。针对机械组合选择的经济性分析中需要注意以下几点：

第一，挖掘机与自卸汽车的配比若有小数，不能取整，应按照实际计算数值继续进行其他相关运算。

第二，计算出的机械套数若有小数，不能采用四舍五入的方式取整，而应取其整数部分的数值加 1。

第三，不能按总的土方工程量分别独立地计算挖掘机和自卸汽车的需要量。例如，仅就运土而言，每天安排 20 台 8t 自卸汽车和 3 台 5t 自卸汽车亦可满足案例要求，且按有关参数计算比上述的结果稍经济。但是，这样的安排机械组合使得挖掘机的挖土能力与自卸汽车的运土能力不匹配，由此可能产生两种情况：一是挖掘机充分发挥其挖土能力，9 天完成后退场。由于自卸汽车需 10 天才能运完所有的土方，这意味着每天现场都有多余的土方不能出运，从而必将影响运土效率，导致 10 天运不完所有土方。二是挖掘机按运土进度适当放慢挖掘速度，10 天挖完所有土方，则 2 台 WY75 挖掘机均要增加一个台班，挖土费增加，亦不经济。如果考虑到提前一天挖完土可能带来的收益，显然 10 天挖完土更不经济。

因此，由于每种型号的施工机械都有其使用的范围，需要根据工程的具体情况通过技术经济比较来选择，另外，企业的施工机械设备数量总是有限的，理论计算的最经济组合不一定能实现，只能在现有的资源条件下选择相对最经济组合。施工方案的选择和优化很大程度上制约着工程的成本和投标前的预算价格，投标单位只有结合自身实际资源编制好的投标施工组织，才能加强投标企业的报价的竞争力，提高中标率。

综上所述，投标单位做好投标施工组织设计与投标报价的协调应着重考虑以下几个方面：

（1）由具有丰富经验的人主持投标施工组织设计与投标报价之间的协调工作，充分认识它们之间不可分割的密切联系，杜绝重报价轻方案的思想。

（2）明确分工，加强协作，共同参加调查，共同研究投标施工组织设计与报价的有关问题，不断积累资料，更新数据，以提高工作效率，增强竞争能力。

（3）做好投标过程中的交底、协调工作。在投标过程中，投标单位的方案编制人员与报价人员的协调至为重要。一般情况下，在投标施工组织设计的编制阶段，方案编制人员与报价人员至少应进行两次协调。

第一次协调：主要是讨论招标文件内容，使所有投标参与人员充分理解招标文件中报价和方案密切相关的条款，相互交底，报价人员向方案编制人员提出有关报价的内容提交需求。

第二次协调：主要是方案编制人员给报价人员交底，除了回复报价人员第一次协调会上提出的内容需求外，方案编制人员还应把方案中与报价有关的其他事项交待清楚。一般情况下，方案编制人员至少应提供给报价人员的内容包括：拟采取的施工方法、拟使用的技术措施、平面布置、施工进度、工程质量、安全文明施工、环境保护等。当考虑拟采取的施工方法时，对于混凝土结构工程来说，施工方法中应明确模板及支撑体系、水平及垂直运输设备、拟投入的钢筋和木工机械、安全围护用脚手架的形式、装饰用脚手架的形式等；当考虑技术措施时，应明确拟投入设备的基础形式，采用的技术措施中实际消耗的材料设备；当考虑平面布置时，应明确生活区的建筑面积，办公区的建筑面积，生产用房的建筑面积，使用场地的硬化面积，临时道路的面积，后勤用房面积，现场封闭围挡做法，临时用电所需的配电箱数量、电缆数量，临时用水所需的管阀等数量，现场排水所需的管沟，排污所需的化粪池、沉淀池，洗车所需的设备及排水沟槽等；当考虑施工进度时，应明确由于工期紧所采取措施的投入量。比如，投标单位对投标工程的复杂性估计不足，或者碰到不可预见的因素导致施工进度延期，这种情况，最好的办法是增加人工、材料和机械的投入量，安排多班制，减少施工停歇时间。同时，投标单位可调整施工工序，抓紧时间，完成关键工序的工作，赶上施工进度。这样，投标单位要对施工工期和增加的措施投入量进行比较，可使用价值工程，分析工期增加的情况下费用增加多少，或在增加措施投入量的情况下，可提高工期多少天，或节约多少工程成本。当考虑工程质量时，应明确由于质量要求高所采取措施的投入量。投标单位要通过价值工程，将一定的质量标准转化为工程成本。在不影响工程质量的前提下，采取低的质量标准，工程成本可减少多少。当然，投标单位想获得鲁班奖或者其他荣誉时，会考虑采取高的质量标准，增加各种投入量，尤其是现场的环境管理，这样会显著地提高工程成本。当考虑安全文明施工时，应明确由于安全文明要求高所采取措施的投入量。投标单位要制定什么样的安全文明施工标准，采取什么样的安全文明施工措施，将直接影响到施工成本和投标报价，间接影响到投标单位的中标机会。当考虑环境保护时，应明确由于环境保护要求高所采取措施的投入量。投标单位要针对现场特点，提出有针对性的环境保护方案，既节约施工成本，又保护原有环境。

因此，投标单位要获得中标机会，就必须密切协调投标施工组织设计、报价两者之间的关系，相互配合，追求经济效益和社会效益的最大化。

4 投标施工组织设计的编制决策和策略

4.1 投标决策的含义与方法

4.1.1 投标决策的含义

投标相对招标而言，是当事人一方（投标方）表示愿意承包的单方法律行为，多用于承包建筑工程或购买大宗商品。本书主要讨论的是建筑工程施工的投标，投标的内容包括施工组织设计的编制、投标报价的确定，评标指标包括工期、质量、价格等方面。

投标人通过投标取得项目，是市场经济条件下的必然产物。但是并不能每标必投，需要进行分析，取己之长，克己之短。因为投标人要想在投标中获胜，既能中标，又能盈利，就需要研究投标决策问题。

投标决策，是承包商选择和确定投标项目和制定投标行动方案的过程。主要包括三个方面的内容：一是针对项目招标，是投标或是不投标；二是倘若去投标，是投什么性质的标；三是投标中如何采用以长补短、以优胜劣的策略和技巧。投标决策的正确与否，关系到能否中标和中标后的效益，关系到施工企业的信誉、发展前景和职工的切身经济利益，甚至关系到国家的信誉和经济发展问题。因此，企业的决策班子必须充分认识到投标决策的重要意义。

4.1.2 投标决策的内容

投标决策是承包商经营决策的组成部分，指导着投标全过程。影响投标决策的因素十分复杂，投标决策的时间又很有限，投标决策正确与否直接涉及承包商的经济效益，因此必须及时、迅速、果断作出投标策略。投标决策的主要内容如下：

4.1.2.1 投标与否

承包商要决定是否参加某项工程投标，首先要考虑当前的经营状况和长远的经营目标，其次要明确参加投标的目的，然后分析影响中标可能性的各项因素。

建筑市场是买方市场，投标报价的竞争异常激烈，承包商选择投标与否的余地非常小，都或多或少地存在着经营状况不饱满的情况。一般情况下，只要接到业主的投标邀请，承包商都会积极的参加投标。这主要是基于4种考虑：

（1）参加投标的项目多，中标的机会也就多；

（2）经常参加投标，在公众面前出现的机会也多，从而起到了广告宣传作用；

（3）通过参加投标，可积累经验、掌握市场行情、收集信息、了解竞争对手的惯用策略；

（4）承包商拒绝业主的投标邀请，有可能破坏其信誉度，从而失去以后收到投标邀请的机会。

理论分析认为，有实力的承包商应该从投标邀请中，选择那些中标率高、风险小的项目投标，即争取"投一个，中一个，顺利履约一个"。这是一种比较理想的投标策略，不过在目前激烈的市场竞争中很难实现。

4.1.2.2 判断投标资源的投入量

如前所述，承包商收到业主邀请后，一般不采取拒绝投标的态度。有时承包商同时收到多份投标邀请，而标书编制技术力量、投标资源有限，若不分轻重缓急地把投标资源平均分布，则每一个项目中标的概率都很低。这时，承包商应针对各个项目的特点进行分析，合理分配投标资源。

投标资源投入量（Q）和中标概率（P）之间存在如图4-1所示的函数关系，从图4-1中的曲线可看出，上升趋势开始缓慢的转折点 A 所对应的 q 应为最优的投标资源投入量。

不同的项目需要的资源投入量不同，同样的资源在不同的时期、不同的项目中的价值也不同，例如，同一投标人员在框架结构工程的投标中经验丰富，表现价值最高，但在钢结构工程的投标中价值可能就较低，这是由每个人的业务专长和投标经验等因素所决定的。承包商需积累大量的经验资料，并通过归纳总结和动态分析，才能判断不同工程的最小最优投标资源投入量。通过对不同工程的最小最优投标资源量的判断，还可以取舍投标项目。如图4-2所示的项目，尽管投入大量的资源，但中标概率仍极低，应该及时放弃，以避免投标资源的浪费。

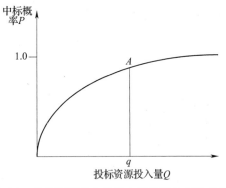

图 4-1 投标资源投入量和中标概率的函数关系

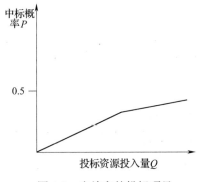

图 4-2 应放弃的投标项目

4.1.2.3 投标报价水平确定

投标时，根据承包商的经营状况和经营目标，既要考虑承包商自身的优势和劣势，也要考虑竞争的激烈程度，还要分析投标项目的整体特点，按照工程的类别、施工条件等确定报价水平。

（1）生存型报价

投标报价以克服生存危机为目标，为争取中标可以不考虑各种利益。社会政治经济环境的变化和承包商自身经营管理的不善，都可能造成承包商的生存危机。这种危机首先表现为，由于经济原因，投标项目减少，所有的承包商都将面临生存危机；其次，政府调整基建投资方向，使某些承包商擅长的工程项目减少，这种危机常常是危及到营业范围单一的专业工程承包商；再次，由于承包商经营管理不善，面临投标邀请越来越少的危机。这时承包商应以生存为重，采取不盈利甚至赔本也要夺标的态度，只要能暂时维持生存、渡过难关，就有东山再起的希望。

（2）竞争型报价

投标报价以竞争为手段，以开拓市场、低盈利为目标，在精确计算的基础上，充分估计各竞争对手的报价目标，以有竞争力的报价达到中标的目的。承包商处于以下几种情况时，应确定竞争型报价水平：经营状况不景气、近期接收到投标邀请较少、竞争对手有威胁性、试图打入新的地区、开拓新的工程施工类型、投标项目风险小、施工工艺简单、工程量大、社会效益好的项目和附近有本企业其他正在施工的项目等。

（3）盈利型报价

投标报价充分发挥自身优势，以实现最佳盈利为目标，对效益较小的项目热情不高，对盈利大的项目充满自信。如果承包商在该地区已经打开局面、施工能力饱满、信誉度高、竞争对手少、具有技术优势并对业主有较强的名牌效应，投标目标主要是扩大影响；或者施工条件差、难度高、资金支付条件不好、工期质量要求苛刻等，应确定盈利型报价水平。

4.1.3 影响投标决策的因素

4.1.3.1 影响投标决策的主观因素

知己知彼，百战不殆，工程投标决策研究就是知己知彼的研究。这个"彼"就是影响投标决策的客观因素，"己"就是影响投标决策的主观因素。

投标或是弃标，首先取决于投标单位的实力，实力表现在如下方面：

1. 技术方面的实力

（1）有精通本行业的造价师、建筑师、工程师、会计师和管理专家组成的组织机构；

（2）有工程项目设计、施工专业特长，能解决技术难度大和各类工程施工中的技术难题的能力；

（3）有国内外与招标项目同类型工程的施工经验；

（4）有一定技术实力的合作伙伴，如实力强的分包商、合营伙伴和代理人。

2. 经济方面的实力

（1）具有垫付资金的能力。国际上有的业主要求"带资承包工程"、"实物支付工程"，根本没有预付款。所谓"带资承包工程"，是指工程由承包商筹资兴建，从建设中期或建成后某一时期开始，业主分批偿还承包商的投资及利息，但有时这种利率低于银行贷款利率。承包这种工程时，承包商需投入大部分工程项目建设投资，而不止是一般承包所需的少量流动资金。所谓"实物支付工程"，是指有的发包方用该国滞销产品、矿产品折价支付工程款，承包商推销上述物资谋求利润将存在一定难度。因此，遇上这种项目须要慎重对待。

（2）具有一定的固定资产和机具设备及其投入所需的资金。大型施工机械的投入，不可能一次摊销，因此，新增施工机械将会占用一定资金；另外，为完成项目必须要有一批周转材料，如模板、脚手架等，这也是占用资金的组成部分。

（3）具有一定的周转资金用来支付施工用款。因为对已完成的工程量需要监理工程师确认后并经过一定手续、一定的时间后才能将工程款拨入。所以，在施工中承包商需要一定量的流动资金支付外购材料、构配件、支付人员工资、设备租赁费用等等。

（4）具有支付各种担保的能力。承包国内工程需要担保，承包国际工程更需要担保，不仅担保的形式多种多样，而且费用也较高，诸如投标保函（或担保）、履约保函（或担保）、预付款保函（或担保）、缺陷责任保函（或担保）等等。

（5）具有支付各种税收和保险的能力。尤其在国际工程中，税种繁多，税率也高，诸如关税、进口调节税、营业税及附加、印花税、所得税、建筑税、排污税以及临时进入机械押金等等。

（6）具有承担不可抗力带来的风险的能力。即使是属于业主的风险，承包商也会有损失；如果不属于业主的风险，则承包商损失更大，要有财力承担不可抗力带来的风险，要能通过保险、分包等途径将较大风险转移出去。

除此之外，承担国际工程尚需外汇，要有国际金融知识，避免汇率风险；承包国际工程往往需要重金聘请有丰富经验或有较高地位的代理人，需要承包商具有这方面的支付能力。

3. 管理方面的实力

建筑承包市场属于买方市场，承包工程的合同价格由作为买方的发包方起支配作用。承包商为打开承包工程的局面，常以低报价甚至低利润取胜。为此，承包商必须在成本控制上下功夫，向管理要效益。如缩短工期、强化考核、进行定额管理、辅以奖罚办法、减少管理人员、工人一专多能、节约材料、采用先进的施工方法不断提高技术水平，特别是要有"重质量"、"重合同"的意识，并有相应的切实可行的措施。管理方面的实力表现为：

（1）组织机构健全、管理职能清晰的企业管理机构；

（2）明晰的职工工作量考核制度；

（3）严格材料管理制度，限额领料，做好材料用量台账的同步统计工作；

（4）合理安排机械进退场时间，做到科学合理的使用，保证良好的使用状态和利用效率；

（5）现场管理人员精简精编、职能明确。

4. 信誉方面的实力

承包商一定要有良好的信誉，这是投标中标的一条重要标准。要建立良好的信誉，就必须遵守法律和行政法规，或按国际惯例办事，同时，认真履约，保证工程的施工安全、工期和质量，这也体现了承包商各方面的雄厚实力。承包人的信誉具体体现在如下这些方面：

（1）有无给予回扣和假借劳务费、信息费、顾问费、服务费、赞助费、外出考察等各种名义行贿，违反职业道德和市场规则的行为；

（2）有无拖欠工程款和农民工工资的遗留问题；

（3）以前有无转包、违法分包、挂靠等违法违规行为；

（4）投标人在每次工程投标活动中的表现是否按法律要求合理竞争，有无违法竞标行为；

（5）投标人的合同条款约定的责任完成情况、履约表现、诚信状况，对分包单位的合同价款支付情况；

（6）工程项目施工管理情况，有无影响公众利益问题、不文明施工问题、质量安全问题。

近日，国家发展改革委、工业和信息化部、监察部、财政部、住房和城乡建设部、交通运输部、铁道部、水利部、商务部、国务院法制办十部门联合印发《招标投标违法行为记录公告暂行办法》，建立招标投标违法行为记录公告制度。该制度将于2009年1月1日起施行。《暂行办法》第七条规定对招标投标违法行为所作出的以下行政处理决定应给予公告：

（1）警告；

（2）罚款；

（3）没收违法所得；

（4）暂停或者取消招标代理资格；

（5）取消在一定时期内参加依法必须进行招标的项目的投标资格；

（6）取消担任评标委员会成员的资格；

（7）暂停项目执行或追回已拨付资金；

（8）暂停安排国家建设资金；

（9）暂停建设项目的审查批准；

（10）行政主管部门依法作出的其他行政处理决定。

今后，"一地受罚，处处受制"的招投标失信惩戒机制将正式形成。该办法的出台将加快招投标市场信誉体系的建设，要求承包商对自身的信誉度更加重视，这也将减少施工过程中的纠纷发生的可能性。

4.1.3.2 影响投标决策的客观因素

1. 业主和监理工程师的情况

业主的合法地位、支付能力、履约能力，业主委托的监理工程师处理问题的公正性、合理性等，也是投标决策的影响因素。

2. 竞争对手和竞争形势

是否投标，应注意竞争对手的实力、优势及投标环境的优劣情况。另外，竞争对手的在建工程情况也十分重要。如果对手的在建工程即将完工，可能急于获得新承包项目，投标报价不会很高；如果对手在建工程规模大、时间长，如仍参加投标，则标价可能很高。从总的竞争形势来看，大型工程承包公司技术水平高，善于管理大型复杂工程，其适应性强，可以跨地区承包各种类型工程；中小型公司在当地有自己熟悉的材料、劳力供应渠道，管理人员相对比较少，有自己惯用的特殊施工方法等优势，因此，中小型工程由中小型工程公司或当地工程公司承包的可能性大。

3. 法律、法规

对于国内工程承包，自然适用本国的法律和法规。由于我国的法律、法规具有统一或基本统一的特点，所以国内法律、法规环境基本相同，需要注意的是工程所在地的地方政府规定和条文。如果是承包国际工程，则有一个法律适用问题。法律适用的原则有 5 条：

（1）强制适用工程所在地法的原则；

（2）意思自治原则；

（3）最密切联系原则；

（4）适用国际惯例原则；

（5）国际法竞争力优于国内法竞争力的原则。

4．风险因素

在国内承包工程，其风险相对要小一些，对国际承包工程则风险要大得多。客观存在的风险有社会风险、经济风险、自然灾害风险、工程技术风险和经营风险等等。

社会风险是指工程所在地的政治、民俗习惯、历史等社会背景对工程建设带来的风险。所以在决策中必须考虑社会风险可能带来的进度、成本、债务损失及工程能否顺利实施等方面的影响。

经济风险主要指工程建设所在地的经济形势和经济实力的变化以及市场需求波动的不确定性造成的工程承包建设中的风险。在投标决策中必须考虑经济风险中物价上涨、通货膨胀、利率变化、汇率变化可能带来的资金短缺等问题。

自然灾害风险是指由于自然灾害因素的不确定性给工程建设带来的风险。在投标决策中需要考虑到自然灾害风险可能给工程带来的不可抗力事件。

工程技术风险是指投标项目的各类技术问题，以及由此引发的风险因素。在投标决策中需要考虑由于先进技术的使用，可能导致施工机械成本增加。

经营风险是指国际工程在招投标和工程建设管理过程中因经营管理所引发的风险。在投标决策过程中需要考虑确定合适的报价以免在以后因为报价过高而成为负担。

投标与否，要考虑的因素很多，需要投标人广泛、深入地调查研究，系统地积累资料，并作出全面的分析，才能作出正确的投标决策。

决定投标与否，需要分析各项主客观因素，更重要的是要考虑投标的效益性。投标人应对承包工程的成本、利润进行预测和分析，以供投标决策之用，投标中影响报价的因素也是要重点分析的内容。

4.1.3.3 投标决策中调整报价的因素

1．投标决策中的降价因素

（1）对于大批量工程或有后续工程、分期建设的工程，可适当减计大型临时设施费用；

（2）对于施工图设计详细无误、不可预见因素小的工程，可减计不可预见包干费；

（3）对工期要求不紧、无需赶工的工程，可减计夜间施工增加费；

（4）采用先进技术、先进施工工艺或廉价材料等，也可列入降价范围。

2．投标决策中的加价因素

（1）合同签订后的设计变更，可另行结算；

（2）签订合同后的材料价差变更，可另行结算或列入报价；

（3）材料代用增加的费用，可另行结算或列入报价；

（4）大量压缩工期增加的赶工措施费用，可增加报价；

（5）把握不准，为防止意外费用发生，可在允许范围内增加报价；

（6）无预付款的工程，可考虑增加流动资金贷款利息，列入报价；

（7）要求垫支资金或材料的，可增加有关费用。

一般来说，承包合同签订后增加的费用，应另行计算，不列入报价。上述降价、加价因素，应视其招标办法和合同条款而定，不宜随便套用。

4.1.4　投标决策的方法

为了有选择地进行投标，确定更好的投标策略，承包商在投标前应该先对自己企业的客观条件进行分析，列出若干项需要考虑判断的指标，如工期、质量、安全、造价等等，在每次投标前都围绕这些指标进行分析，客观地作出决策，同时也要积累资料，有利今后的决策。目前常用的决策方法有决策树法、价值工程法等，说明如下：

4.1.4.1　运用决策树法进行投标决策

1. 决策树法的原理

决策树是模仿树木生长过程，从出发点开始不断分枝表示所分析问题的各种发展可能性，并以各分枝的期望值中的最大者作为选择的依据。决策树的画法如图4-3所示。

（1）决策树包含了决策点，通常用方格或方块表示，在该点表示决策者必须作出某种选择；机会点，用圆圈表示，通常表示有机会存在。先画一个方框作为出发点，叫做决策点。

（2）从决策点向右引出若干条支线（树枝线），每条支线代表一个方案，叫做方案枝。

（3）在每个方案枝的末端画一个圆圈，叫做状态点。

（4）估计每个方案发生的概率，并把它注明在该种方案的分支上，称为概率枝。

（5）估计每个方案发生后产生的损益值，收益用正值表示，损失用负值表示。

（6）计算每个方案的期望价值，期望值＝损益值×该方案的概率。

（7）如果问题只需要一级决策，在概率枝末端画△表示终点，并写上各个自然状态的损益值。

（8）如果是多级决策，则用决策点□代替终点△重复上述步骤继续画出决策树，如图4-3所示。

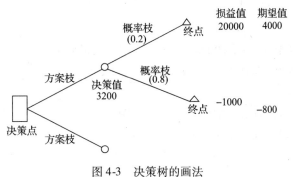

图 4-3　决策树的画法

（9）计算决策期望值，决策期望值＝由此决策而发生的所有方案期望价值之和。

（10）根据决策期望值作出决策。

2. 决策树法的案例分析

某承包商由于施工能力及资源限制，只能在甲、乙两个工程项目中任选一项进行投标，或者两项均不投标。在选择甲、乙工程投标时，又可以分高价报价和低价报价两种策略。因此，在进行整个决策时，就有 5 种方案可供选择，即甲高、甲低、乙高、乙低、不投标共 5 种方案。假定报价超过估价成本的 20% 列为高标，在 20% 以下的报价列为低标。根据历史资料统计分析得知，当投高标时，中标概率是 0.3，失标概率是 0.7；而当投低标时，中标概率及失标概率各为 0.5。若每种报价不论高低，实施结果都产生好、中、差三种不同结果，这三种不同结果的概率及损益值如表 4-1 所示。当投标不中时，甲、乙两工程要分别损失 0.8 万元和 0.5 万元的费用，主要包括购买标书、计算报价、差旅、现场踏勘等费用。

不同投标方案概率和损益值   表 4-1

方案	结果	概率	甲项工程			乙项工程		
			实际效果	概率	损益值（万元）	实际效果	概率	损益值（万元）
报价（高）估计成本的120%以上	中标	0.3	好 中 差	0.3 0.6 0.1	800 400 －15	好 中 差	0.3 0.5 0.2	600 300 －10
	失标	0.7			－0.8			－0.6
报价（低）估计成本的120%以下	中标	0.5	好 中 差	0.2 0.6 0.2	500 200 －20	好 中 差	0.3 0.6 0.1	400 100 －12
	失标	0.5			－0.8			－0.6
不报价		1.0			0			0

分析：根据表 4-1 画出投标项目选择决策树，如图 4-4 所示。

根据决策树，计算各机会点的期望损益值。计算方法从右向左逐一进行，$E(I)$ 表示机会点的期望利润值，其计算如下：

甲高方案期望值：

$$E(I)_7 = 0.3 \times 800 + 0.6 \times 400 + 0.1 \times (-15) = 478.5$$

$$E(I)_2 = 0.3 \times 478.5 + 0.7 \times (-0.8) = 143$$

甲低方案期望值：

$$E(I)_8 = 0.2 \times 500 + 0.6 \times 200 + 0.2 \times (-20) = 216$$

$$E(I)_3 = 0.5 \times 216 + 0.5 \times (-0.8) = 107.6$$

乙高方案期望值：

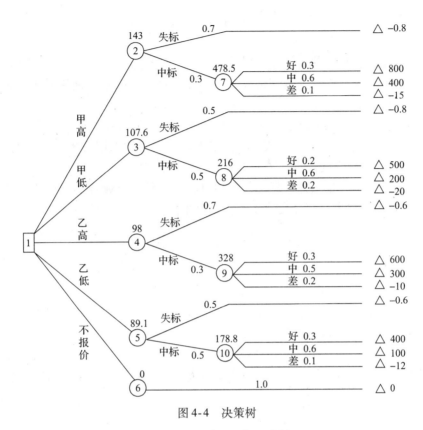

图 4-4 决策树

$E(I)_9 = 0.3 \times 600 + 0.5 \times 300 + 0.2 \times (-10) = 328$

$E(I)_4 = 0.3 \times 328 + 0.7 \times (-0.6) = 98$

乙_低方案期望值：

$E(I)_{10} = 0.3 \times 400 + 0.6 \times 100 + 0.1 \times (-12) = 178.8$

$E(I)_5 = 0.5 \times 178.8 + 0.5 \times (-0.6) = 89.1$

根据上述计算，5 个方案最后各机会点的期望值，以 $E(I)_2$ 点为最大值，即 $E(I)_2 = 143$，而 $E(I)_3$、$E(I)_4$、$E(I)_5$、$E(I)_6$ 均小于 $E(I)_2$ 值，故选择甲项目，且以高报价进行投标竞争为决策最优方案。

决策树法作为一种成熟的定量分析方法，在国内外多方案决策中得到广泛应用。在制定施工投标策略中运用决策树法，不仅考虑了竞争对手的外部因素，而且从本身的经营管理情况和对施工中各种因素的估计出发，考虑了实现预期利润的可能性。使投标选择有理有据，增加了决策的科学性，而且决策树法简单可行，易于操作，实用性强。对于投标决策的目标，在选优时选最大期望值，符合投标效益最大化的基本原则。

4.1.4.2 运用价值工程法选择投标方案

1. 价值工程法的原理

（1）价值工程法的定义

价值工程法以方案的功能分析为研究方法，通过技术与经济相结合的方式，评价并优化、改进方案，从而达到提高方案价值的目的。

（2）价值工程法的内容

1）开展价值工程活动的目的，是用最低的费用支出，提高产品、工程或作业的价值，即用最低的寿命周期成本，实现其产品、工程或作业的必要功能，使用户和企业都得到最大的经济效益；

2）开展价值工程活动的核心是功能分析，即对功能和费用之间的关系进行定性的与定量的分析，从而确定产品、工程或作业的必要功能，择优选用实现其功能的可靠方法，为降低费用支出寻求科学的依据；

3）推行价值工程，是一种依靠集体智慧进行有组织、有领导的系统的活动，要把各方面的专业人才组织起来，充分发挥他们的聪明才智。

（3）提高价值的方法

1）功能提高，成本降低。这是提高价值的最理想方法。

2）功能不变，成本降低。

3）成本不变，功能提高。

4）成本略提高，功能大幅度提高。

5）功能略下降，带来成本的大下降。

必须要指出的是，价值分析并不是单纯追求降低成本，也不是片面追求提高功能，而是力求正确处理好成本与功能的对立统一关系，提高它们之间的比值，研究产品和成本的最佳配置。

（4）价值工程法的工作程序

价值工程在设计阶段工程造价控制中应用的程序是：

1）对象选择。在设计阶段应用价值工程控制造价，应以对控制造价影响较大的项目作为价值工程的研究对象。因此，可以应用 ABC 分析法，将设计方案的成本分解并分成 A、B、C 三类，A 类成本比重大，品种数量少作为实施价值工程的重点。

2）功能分析。分析研究对象具有哪些功能，各项功能之间的关系如何。

3）功能评价。评价各项功能，确定功能评价系数，并计算实现各项功能的实现成本是多少，从而计算各项功能的价值系数。价值系数小于 1 的，应该在功能水平不变的条件下降低成本，或在成本不变的条件，提高功能水平；价值系数大于 1 的，如果是重要的功能，应该提高成本，保证重要功能的实现。如果该项功能不重要，可以不做改变。

4）分配目标成本。根据限额设计的要求，确定研究对象的目标成本，并以功能评价系数为基础，将目标成本分摊到各项功能上，与各项功能的现实成本进行对比，确定成本改进期望值，成本改进期望值大的，应首先重点改进。

5）方案创新及评价。根据价值分析结果及目标成本分配结果的要求，提出各种方案，并用加权评分法选出最优方案，使设计方案更加合理。

2. 价值工程法的案例分析

某承包商决定参与一高层建筑的投标。由于该工程地处市中心，基础工程施工对邻近建筑物影响很大，因此必须慎重选择基础围护工程的施工方案。投标决策要求运用价值工程法对技术部门所提出的三个施工方案进行分析比较，从中选出最优方案投标。

根据工程技术人员提出的4项技术指标及其相对重要性的描述，运用0~4评分法得出各指标的相对重要性如表4-2所示。

各技术指标得分表（0~4打分法）　　　　　表4-2

指　　标	F1	F2	F3	F4
技术可靠性 F1	×	1	3	3
围护效果 F2	3	×	3	4
施工便利性 F3	1	1	×	2
工期 F4	1	0	2	×

根据表4-2可计算出各指标的得分和功能重要性系数，如表4-3所示。

各指标的得分和功能重要性系数　　　　　表4-3

指标	F1	F2	F3	F4	得分	功能重要性系数
技术可靠性 F1	×	1	3	3	7	7/24 = 0.292
围护效果 F2	3	×	3	4	10	10/24 = 0.417
施工便利性 F3	1	1	×	2	4	4/24 = 0.167
工期 F4	1	0	2	×	3	3/24 = 0.125
合计					24	1.000

经技术人员和专家评定，A、B、C三方案的各指标得分见表4-4所示。

各方案指标得分表　　　　　表4-4

	F1	F2	F3	F4
A	10	9	8	7
B	7	10	9	8
C	8	7	10	9

经计算A、B、C三方案的成本分别为617万元、554万元和529万元。

根据表4-3和表4-4，计算各方案的功能得分、功能指数、成本指数和价值指数列入表4-5。

方案价值指数计算表　　　　　表4-5

方案	功能得分 F = 指标得分 × 功能重要系数	功能指数 $FI = F/\sum F$	成本指数 CI = 各方案成本/$\sum$ 成本	价值指数 $VI = FI/CI$	备注
A	8.884	0.346	0.363	0.953	
B	8.717	0.340	0.326	1.043	
C	8.050	0.314	0.311	1.010	
$\sum$	25.651				

表 4-5 表明，方案 B 的价值指数最高，所以投标决策应选择 B 方案。

4.2 投标决策的两阶段分析

4.2.1 投标决策阶段的划分

投标决策可以分为两阶段进行，即投标决策的前期阶段和投标决策的后期阶段。

投标决策的前期阶段必须在购买投标人资格预审资料前后完成。决策的主要依据是招标公告，以及公司对招标工程、业主情况的调研和了解的程度。如果是国际工程，还包括对工程所在国和工程所在地的调研和了解程度。前期阶段必须对投标与否作出论证，通常情况下，下列招标项目应放弃投标：

1. 本施工企业主营和兼营能力之外的项目；
2. 工程规模、技术要求超过本施工企业资质等级的项目；
3. 本施工企业生产任务饱满，而招标工程的盈利水平较低或风险较大的项目；
4. 本施工企业技术管理能力、信誉、施工水平明显不如竞争对手的项目。

如果决定投标，即进入投标决策的后期，它是指从申报资格预审至投标报价（封送投标书）前完成的决策研究阶段。主要研究倘若去投标，是投什么性质的标，以及在投标中采取什么策略的问题。按性质分，投标有风险标和保险标；按效益分，投标有盈利标和保本标。

风险标，明知工程承包难度大、风险大，且技术、设备、资金上都有未解决的问题，但由于队伍窝工，或因为工程盈利丰厚，或为了开拓新技术领域而决定参加投标，同时设法解决存在的问题。投标后，如问题解决得好，可取得较好的经济效益，可锻炼出一支好的施工队伍，使企业更上一层楼；解决得不好，企业的信誉就会受到损害，严重者可能导致企业亏损以至破产。因此，投风险标必须审慎考虑。

保险标，对可以预见的情况从技术、设备、资金等重大问题都有了解决的对策之后再投标。企业经济实力较弱，经不起失误的打击，则往往投保险标。当前，我国施工企业多数都愿意投保险标，特别是国际工程承包市场上一般应投保险标。

保本标，当企业无后继工程，或已经出现部分窝工，必须争取中标，但招标的工程项目本企业又无优势可言，竞争对手又多，此时，就应投保本标，至多投薄利标。

4.2.2 投标前期决策

投标前期决策主要是研究投标与否以及在多个备选项目中择优的问题。投标前期决策的正确性对投标人的中标机会、中标后利润的实现和损失的减少都有较大影响。

要决定投标与否，需要考虑如承包商自身的实力、竞争对手的情况、业主的情况等客观和主观因素。由于承包商一般对自身实力等主观因素比较了解，但是对于影响投标决策的客观因素只有通过深入、广泛的调查后才能了解，对其调查结果的准确程度并没有百分之百的把握，存在着一定的风险，所以在投标前期决策过程中，风险就成了一个重要的分析因素。

由于承包商投标的目的并不只是取得项目的建设权，而是要获得一定的利润，所以承包商并不一定对于风险大的项目就放弃投标，对于风险小的项目就一定投标，还要考虑另一个重要因素——利润。由此可见，在投标前期决策过程中，投标人只有对招标项目的风险和利润综合分析后，再结合自身的特点和经营状况，依据一定的原则才能作出正确的投标决策。

4.2.2.1 投标前期决策程序

承包商平时应注意从多种渠道搜集有关工程项目的信息，并且对这些信息去伪存真、去粗取精、综合整理，特别是要注意搜集拟建项目的进展情况。承包商应依据择优原则对工程项目进行层层筛选，首先对前面提到的五种应该弃标的情况之一的项目采取放弃投标决策；然后承包商对筛选出的项目进行专门的风险调查，其调查的主要内容包括：项目技术经济特点调查、工程所在国的国家风险调查、工程项目筹资渠道调查、业主情况调查、工程所在地的自然条件和施工环境条件调查、竞争对手调查等等。最后，根据调查所取得的信息资料，对项目作出利润预测和风险评价，作出正确的前期决策，选择适宜的项目进行投标。投标前期决策程序如图4-5所示。

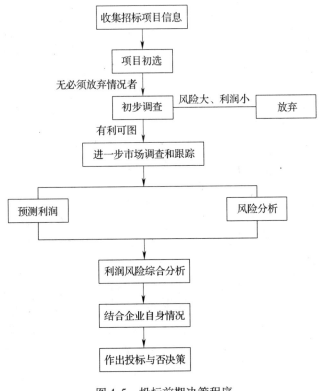

图 4-5 投标前期决策程序

4.2.2.2 投标项目风险分析

为了对投标项目的风险进行全面的分析，有必要对投标过程中存在的各种风险因素进行科学的分类，使投标人更好地对各种风险进行预测，按风险来源对投标过程中的风险因素进行分类，主要包括自然风险、经济风险、政治风险、技术风险、公共关系风险、决策与管理风险等，如图4-6～图4-12所示。

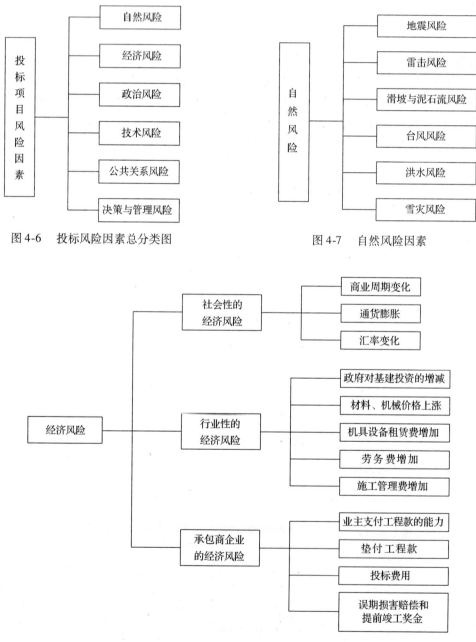

图 4-6 投标风险因素总分类图

图 4-7 自然风险因素

图 4-8 经济风险因素

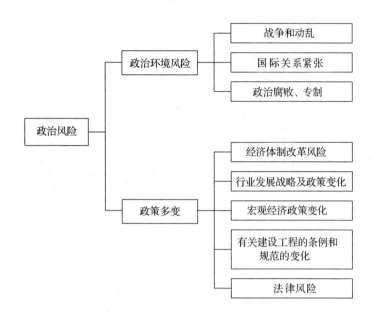

图4-9　政治风险因素

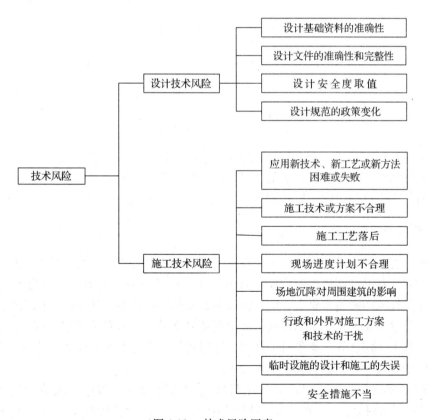

图4-10　技术风险因素

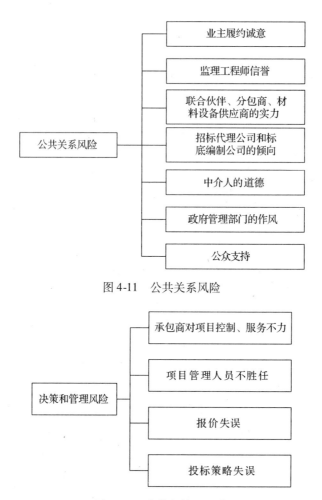

图 4-11　公共关系风险

图 4-12　决策与管理风险

　　从以上分析可以看出，在投标决策过程中需要考虑的风险因素有很多，需要根据工程所在地的实际情况实际分析，得出最有可能的一种或几种风险因素，尽量在报价、成本控制、技术力量方面规避风险，以达到盈利的目标。

4. 2. 2. 3　投标项目利润预测

　　投标项目的盈利水平也是投标人在投标前期作出投标与否决策的一个重要因素，通过利润预测明确项目的利润情况有助于投标人作出正确的决策。如果一个项目的利润较高，那么它对于投标人的吸引力就大一些，但是利润低的项目并不意味着对投标人就没有吸引力，例如：当投标企业无后继工程或已经出现部分窝工时，就必须争取中标，而如果本企业对投标项目无任何优势，竞争对手又多，这时就只能投保本标；或者是为了打开本企业在某一地区的市场时，投标利润率也不会太高。

　　在利润预测前，投标人已经对本项目所遇到的风险进行估计，风险大的项目预期利润实现的可能性就小，风险小的项目预期利润实现的可能性就大。另外利润的实现与企业的各方面实力，如施工企业的技术水平、管理水平等等是相关联的。如果施工企业的技术人员、管理人员综合素质比较高，那么他们对风险的防范、规避能力就比较高，这样才能有力的保证预期利润的实现；如果施工企业的技术人员、管理人员综合素质比较低，那么他们对风险的防范、规避能力就比较低，这样就无法保证预期利润的实现，这样即使确定的利润率比较高，但实际的盈利却可能很低，甚至亏损。

所以在利润预测时，不但要考虑将来投标时的目标利润率，而且也要考虑本企业的实力以及风险等方面的因素。

4.2.2.4 投标项目选择

作为一个承包商，其项目成功的第一步，就是面对众多的招标项目，分析判断是否应该参与某项工程的投标，在选择投标项目时除了考虑投标项目的风险与利润之外，还应对招标项目的客观条件及自身的主观条件进行综合分析，最后确定投标与否。

1. 资格审查的判断

承包商参加工程投标竞争，首先要对自己能否通过招标人的投标资格审查进行判断。承包商的自我判断和招标人对承包商资格审查的内容与条件基本相同，包括财务状况、施工经验、以往成就、人员能力、施工装备等。并根据重要程度，分别给出不同的评分值，所有评分值满分之总和应等于 100 分。同时，规定出一个最低可接受或可以投标的标准，一般规定五个条件中没有"0"分项目，而总分在 70 分以上就可以认为具有投标资格，上述办法招标人或单位可以使用，承包商也可以使用，承包商应根据自身的上述条件，经过分析分别给出相应的分数，如果总分超过接受分数，一般认为能获得投标资格。这些估计量虽然有较大的主观性，但是也还有一定的准确性。有时，即使对审查条件事前并不完全知道，但考虑跟一般估计的内容不会有很大的出入，也可以用此方法进行资格审查。表 4-6 给出了一个资格审查企业自我评审的案例。

资格审查判断实例表

表 4-6

审查内容	权重比例	估计本企业分数
1. 财务状况	(15)	
资金筹措、偿还能力	10	8
财务经营状况指标	5	3
2. 施工经验	(25)	
一般施工经验	15	15
特种施工经验	10	5
3. 以往成就	(10)	
投标中标数	5	5
验收合格数	5	5
4. 人员能力	(15)	
工程管理人员资历	10	5
从事类似工程经验	5	3

续表

审 查 内 容	权 重 比 例	估计本企业分数
5. 施工装备	(35)	
装备性能功率	15	10
机械装备数量	20	15
总计	100	74

示例总计得分数值为 74 分，最低可以接受评分标准值为 70 分，据此，承包商认为自我审查的判断是可以通过招标人的投标资格审查，可以参加该项目的投标竞争。

2. 投标机会的筛选

投标机会筛选，即承包商是否参加某项工程投标，或者决定选择哪几个项目参加投标进行决策。由于投标竞争激烈、工程承包风险大，尤其是在国外承包工程，承包商必须对工程项目有选择地参加投标竞争。承包商只有对工程项目所涉及的众多因素进行分析、比较后才能作出最后的判断。

（1）一次投标机会的评价

承包商对一次投标机会的选择，即是否参加某项工程的投标进行评价，通过制定投标机会的评价标准进行判断。这些标准包括：

1）项目需要劳动者的技术水平和技术能力；

2）承包商现有的机械设备能力；

3）完成此项目后，对带来新的投标机会和提高信誉的影响；

4）该项目需要的设计工作量；

5）竞争激烈程度；

6）对该项目的熟悉程度；

7）交工条件；

8）以往对此类工程的经验。

对上述内容，应用定量方法进行评价。首先，按照上述八项标准对承包商的重要性，分别确定相应的权数，权重数累积为 100 分；其次，根据八项标准对投标项目进行评价，确定相对分值，分为高、中、低三等级，分别按 10、5、0 分打分；然后，把每项标准权重数与等级分相乘，求出每项标准的得分；最后，累加得到八项标准得分之和，就是这个投标机会的总得分数。将总得分数与过去其他投标项目情况进行比较，或者与承包商事先确定的最低可接受的总得分值比较。大于最低总得分值的可参加投标，小于最低分值则不参加投标。表4-7 给出了一次投标机会的评价实例。

一次投标机会评价表   表4-7

投标前分析因素	权重	评 分 等 级			总评分
		上 （10）	中 （5）	下 （0）	
劳动者技术水平与技能	20	10			200
机械设备能力	20	10			200
对以后投标机会的影响	10		0		0

续表

投标前分析因素	权重	评 分 等 级			总评分
		上 (10)	中 (5)	下 (0)	
设计工作量能否承担	5	10			50
竞争激烈程度	10		5		50
对项目的熟悉程度	15		5		75
交工条件	10		5.		50
以往类似工程的经验	10	10			100
总得分值	100				725
承包商事先决定最低可以接受的分值					650

由表 4-7 可以得知，该项目一次投标机会评价总得分 725 分，高于承包商事先决定最低可接受的分数 650，决策应认为该项目可以投标。而表 4-7 中承包商的分析表明：劳动者技能和现有机械可以满足这个任务的要求，设计工作量小，由于以往有此类工程的施工经验，并可能使成本有所下降。尽管承包商完成这项工程任务后不会带来其他投标机会，但是，承包商对竞争对手有一定了解，对工程项目也比较熟悉，工期也有一定的把握，且总分也超过最低限分数值，评价结论分析也是承包商应该参加这项工程投标。

（2）投标的有利因素和积极程度评价

承包商投标的有利因素和积极程度，取决于承包商的经营目标和经营状况。凡是工程项目符合企业经营目标，承包商积极程度高，就会千方百计地设法战胜困难和竞争对手，使投标获胜；反之，承包商则会决定不参加投标，或不积极参与竞争。承包商参加投标的积极程度和有利因素，按承包商的经营目标和水平分为以下几种情况：

1）获得较大利润因素：凡是投资大、利润高的工程项目，对想获得较高利润的承包商都有很大的积极性。

2）打开局面、占领市场因素：承包商想在某地开拓市场、打开局面，并为以后连续获得更多项目奠定基础，为此，承包商为了战胜竞争对手，就会采取压低报价、先亏后盈的策略。

3）解决任务不足，设备、劳力闲置因素：由于施工任务不足，出现设备、劳力闲置问题，承包商为了维持当前收支平衡，不一定去追求高额利润，应以不产生亏损为目标，可采取低利或保本报价。

4）工程施工难度、技术水平及要求达到的质量标准水平：承包商企业的技术水平、装备能力及工程质量状况等，都是衡量承包商在竞争中处于优势或处于劣势的重要内容。如果承包商技术与装备水平高，能够达到工程质量标准的要求，承包商的积极性就高，反之，积极性就低。

5）投标竞争对手的数量及水平：参加投标的竞争对手数量越多，竞争越激烈中标的可能性就越低，因此参加投标竞争对手的多少与水平高低，也直接影响承包商投标的积极性。

对上述各项因素也可用定量方法进行分析。首先，根据上述各项内容的重要程度，规定出一个相应的"权重"数；然后，再根据承包商自身的具体情况，对各项内容给出估计值，分上、中、下三级，即分别按 10、5、0 打分；接着，将每一项的权重与所得分相乘，其乘积为该项目的总评分；最后，将各项内容所得总评分相加即可得到投标积极性评分总值。评分总值的大小表示了企业投标的积极程度，承包商可规定一个决定投标积极性评分总值的最低限，如超过了该值，承包商才参加投标，否则不去参加投标。表 4-8 给出了一个承包商参加投标积极性的评估实例。

参加投标积极性评估表

表 4-8

投标的目标及水平	权重	评分等级			总评分
		上（10）	中（5）	下（0）	
1. 获得最大利润	20	10			200
2. 打开局面、占领市场	20		5		100
3. 提高企业设备的利用率	10		5		50
4. 解决企业劳力闲置	10		5		50
5. 技术要求水平及工程困难程度大小	10	10			100
6. 类似工程的施工经验水平	15	10			150
7. 竞争激烈程度及对竞争对手了解情况	5		5		25
8. 其他：如风险大小，设计资料的可靠性及完备程度等	10	10			100
总评分值	100				775
参加投标最低总评分值					700

由表 4-8 内容得知，示例投标积极性总评分值为 775 分，大于参加投标最低限总分的 700 分，可以认为承包商是愿意参加投标的。从表 4-8 中还可以看出，承包商的目的是为了获得较大利润，打开一定工程局面，发挥设备与劳动力的潜力；承包商的技术水平、施工经验和装备都相当好，工程无大风险；设计资料齐全，对竞争对手有一定了解，在投标竞争中处于有利地位。因此，承包商投标积极性较高，决策应该参加该项目的投标。

对上述各项目的"权重"数是可以变化的，承包商可以根据经营目标及竞争有利因素的变化改变"权重"数值，以更好地体现承包商完成目标的积极程度。

4.2.3 投标后期决策

4.2.3.1 投标后期决策程序

在完成了投标前期决策之后，如果决定投标，就进入了投标后期决策，投标后期决策是指从申报资格预审到投标报价（封送标书）前完成的决策研究阶段。主要是研究倘若去投标，是投什么性质的标，以及在投标中采取什么样策略的问题。主要涉及施工方案选择、工期分析、投标报价、投标策略研究等工作。投标后期决策程序如图 4-13 所示。

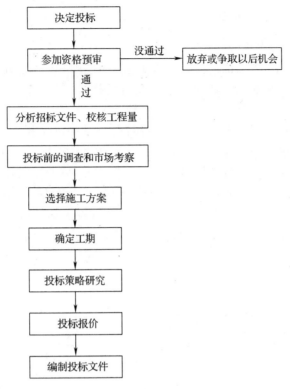

图 4-13　投标后期决策程序

从图 4-13 中可以看出，资格预审是承包商投标过程中的第一关，在投标前期决策阶段承包商就应该对自己的实力采用打分法给予正确的估计。如果超过了最低可以接受的分数，大致上就可以通过业主的资格预审；如果没有达到最低分数线，就说明自己在某方面有不足之处，如技术水平、资金、经验年限等，假如不是自己公司可以解决的，则应考虑寻找适宜的伙伴，组成联合体来参加资格预审。在通过资格预审购买到招标书后，应该仔细地研究招标文件，特别是招标文件中的工程范围、合同专用条款、设计图纸与说明，然后拟定出调研提纲，确定重点要解决的问题，为现场考察作好准备。在进行现场考察时必须做到认真、仔细、全面，因为现场调查考察结果将作为编制施工规划、投标报价等工作的依据，现场考察主要应从下面五个方面展开：

1. 工程的性质以及与其他工程的关系；
2. 投标人拟投标的工程与其他承包商或分包商的关系；
3. 工地地貌、地质、气候、交通、电力、水源等情况，有无障碍物等；
4. 工地附近有无住宿条件、料场开采条件、其他加工条件、设备维修条件等；
5. 工地附近治安情况。

在投标过程中，必须编制全面的施工规划，它一般包括施工方案和施工方法，施工进度计划，施工机械、材料、设备和劳动力计划，以及临时生产、生活设施安排。制定施工规划的依据是设计图纸，执行的规范，经复核的工程数量，招标文件要求的开工、竣工时间以及对市场材料、机械设备、劳力价格的调查。编制的原则是在保证工期和工程质量的前提下，如何使成本最低、利润最大。最后根据上述工作的成果，进行投标报价。

4.2.3.2 施工方案选择与工期优化

1. 投标项目施工方案选择

投标施工方案和施工方法的选择对投标施工组织设计的编制起着决定性的作用，同时在很大程度上影响着投标报价的高低。我国现行的招标评标办法综合评分法中要求评标时，不但对报价进行评价打分，而且还要对投标人的施工能力、施工组织管理水平、质量保证、投标人的业绩和信誉等因素进行评价打分，其中施工组织管理水平的分值占到10%~20%左右，这就要求投标人在投标时要合理地选用施工方案和施工方法，从而提高投标报价和施工组织管理方面的评标得分值。

每个施工过程均可以采用各种不同的方法进行施工，而每一种施工方法都有自己的缺点和优点，投标决策的任务在于从若干可行的施工方法中，选择适用于本工程的最先进、最合理、最经济的方法。施工方法的确定取决于工程特点、工期要求、施工条件等因素，所以各种不同类型工程的施工方法有很大差异。对于同一工程内容，施工作业方法也有多种可供选择，并且不同方法对工期、成本、质量都有一定的影响。

2. 工期分析优化

在进行工程施工招标时，一般业主已经确定了工期，投标人在投标时所确定的工期不能超过业主所确定的工期，而且业主也希望承包商在质量保证的前提下能尽早完工交付使用，大部分项目设置了提前竣工奖金，所以确定合理的工期也成了投标人进行投标决策的一项重要内容。

在确定了施工方案之后，就可以按照施工顺序的排列以及各个施工过程的工程量和计划投入的资源来计算每一施工过程所需的时间，并绘制网络计划图。然后应用关键路线法即可求得完成此项工程所需工期。此时可能出现两种情况：一是工期超出了业主所规定的工期，需要应用时间－费用原则来缩短工期，以达到业主规定的工期；二是计算工期在业主所规定的范围之内，需要根据网络图计算资源消耗量曲线，调整使其尽量均衡。

（1）工程项目的时间－费用关系

工程项目的费用由直接费用和间接费用组成。直接费用由材料、人工和机械使用费三者组成，随施工方法的不同而变化；间接费用包括施工组织和经营管理等方面的全部费用。在承包工程时，工程项目的总费用还包括拖延工期的罚款或提前竣工的奖励。

工程项目的工期与直接费用关系如图 4-14 所示，图中 C 点表示正常施工条件下的直接费用最低值点，是计划人员在无其他限制条件下安排进度的最优点。与 C 点对应的工期 T_0，一般即为合同规定的工期。曲线上 D 点对应方案工期长，且直接费用高，应尽量避免出现。

图 4-14 中，曲线上 A 点对应"全面应急（加快）"方案，即当要求缩短工期时，将一切可能缩短工期的工序，无论其为关键工序还是非关键工序，均全面加快，工期虽然最短，但费用很高，不采用网络计划方法，往往出现这种情况。曲线上 B 点对应方案为采用网络计划时间－费用调整法所求得的工期与直接费用，此时只要把非加快不可的工序加快施工，相当于"直接费用最低的加快方案"。

另外，如图 4-15 所示，工程的间接费用一般随工期延长而线性增加，在图中是一条向右上方的斜线。由于工程项目的总费用是直接费用和间接费用之和，故将直接费用和间接费用二曲线叠加，就可以求得总费用曲线。此曲线上有一总费用最低的点 N，它就是总费用最低的方案，所对应的工期就是总费用最低的最优工期。

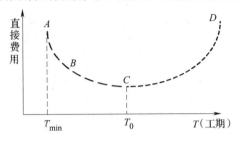

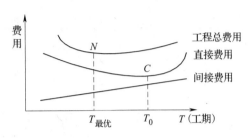

图 4-14 工程项目工期与直接费用的关系   图 4-15 费用-成本关系图

（2）工期优化

当网络计划的计算工期大于招标文件或业主规定的工期要求时，需要改变计划的施工方案和组织方式，但是在许多情况下，仍然不能达到要求，那么唯一的途径就是增加劳动力和机械设备，缩短工作的持续时间。缩短哪一项工作才能缩短工期呢？工期优化方法要求计划编制者有目的地去压缩关键工作的持续时间。解决此类问题的方法有"顺序法"、"加权平均法"、"选择法"等，其中前两种方法没有考虑压缩的关键工作需要的资源是否有保证及相应的费用增加幅度，因此我们通常采用选择法。

应用"选择法"进行工期优化，按下列因素选择应缩短持续时间的关键工作：

1）缩短持续时间对质量影响不大的工作；

2）有充足工作面的工作；

3）有充足库存材料和机械的工作；

4）缩短时间而增加的劳动力数量和数量最少的工作；

5）缩短持续时间所需增加的费用最少、费用变化率最小的工作。

应用"选择法"进行工期优化，应首先计算初始网络计划的时间参数，找出关键路线和工期；然后，按要求工期确定应缩短的工期时间 $\triangle T$：$\triangle T = $ 计算工期 T_C − 要求工期 T_P；最后，对按上述几个原则确定缩短的关键工作，每次同时缩短各关键线路上的一项关键工作，当所考虑的上述因素相同时，尽量缩短中间工作，而后缩短最前工作，最后缩短最后工作，确保缩短后的工期计划能实现招标文件的要求。以下是用"选择法"进行工期优化的案例。

根据工作之间的逻辑关系，某工程施工组织网络计划如图 4-16 所示，该工程有两个施工组织方案，相应的各工作所需的持续时间和费用如表 4-9 所示。在施工合同中约定：合同工期为 271d，工期延误 1d 罚 0.5 万元，提前 1d 奖 0.5 万元。

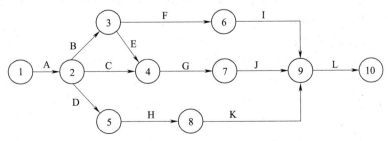

图 4-16 某工程施工组织网络计划

基础资料表   表 4-9

工作	施工组织方案 I		施工组织方案 II	
	持续时间（d）	费用（万元）	持续时间（d）	费用（万元）
A	30	13	28	16
B	46	20	42	22
C	28	10	28	10
D	40	19	39	19.5
E	50	23	48	23.5
F	38	13	38	13
G	59	25	55	28
H	43	18	43	18
I	50	24	48	25
J	39	12.5	39	12.5
K	35	15	33	16
L	50	20	49	21

根据要求，首先应找出两种施工组织方案的关键线路。本案例考核的是施工组织方案的比选原则和方法以及在费用最低的前提下对施工进度计划优化，压缩关键线路上工作持续的时间。另外需要采用混合方案组织施工有以下两种可能性：一是关键工作采用方案 II（工期较短），非关键工作采用方案 I（费用较低）组织施工；二是在方案 I 的基础上，按一定的优先顺序压缩关键线路。通过比较以上两种混合组织施工方案的综合费用，取其中费用较低者付诸实施。

由于本工程非关键线路的时差天数很多，非关键工作持续时间少量延长或关键工作持续时间少量压缩不改变网络计划的关键线路，因此，本例出于简化计算的考虑，在解题过程中不考虑工作持续时间变化对网络计划关键线路的影响。

但是，在实际组织施工时，要注意原非关键工作延长后可能成为关键工作，甚至可能使计划工期（未必是合同工期）延长；而关键工作压缩后可能使原非关键工作成为关键工作，从而改变关键线路或形成多条关键线路。需要说明的是，按惯例，施工进度计划应提交给监理工程师审查，不满足合同工期要求的施工进度计划是不会被批准的。

因此，从理论上讲，当原施工进度计划不满足合同工期要求时，即使压缩费用大于工期奖，也必须压缩。另外还要注意，两种方案关键线路可能不同，在分析时要注意加以区分。以下是分析该案例的步骤。

第一步：寻找两个施工组织方案的关键线路。

根据对图 4-17 施工网络计划的分析可知，该网络计划共有四条线路，即：

线路 1：1 - 2 - 3 - 6 - 9 - 10

线路 2：1 - 2 - 3 - 4 - 7 - 9 - 10

线路 3：1 - 2 - 4 - 7 - 9 - 10

线路 4：1 - 2 - 5 - 8 - 9 - 10

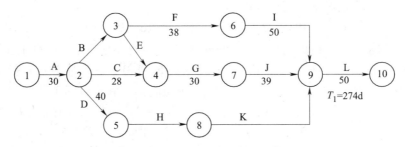

图 4-17   方案Ⅰ施工网络计划

对方案Ⅰ组织施工，将表 4-12 中各工作持续时间标在网络图上，如图 4-17 所示。

图 4-17 中四条线路的长度分别为：

$t_1 = 30 + 46 + 38 + 50 + 50 = 214$（d）

$t_2 = 30 + 46 + 50 + 59 + 39 + 50 = 274$（d）

$t_3 = 30 + 28 + 59 + 39 + 50 = 206$（d）

$t_4 = 30 + 40 + 43 + 35 + 50 = 198$（d）

所以，关键线路为 $1 - 2 - 3 - 4 - 7 - 9 - 10$，计算工期 $T_1 = 274$d。将表 4-12 中各工作的费用相加，得到方案Ⅰ的总费用为 212.5 万元，则其综合费用 $C_1 = 212.5 + (274 - 271) \times 0.5 = 214$（万元）。

同理对于方案Ⅱ，将表 4-12 中各工作的持续时间标在网络图上，如图 4-18 所示。

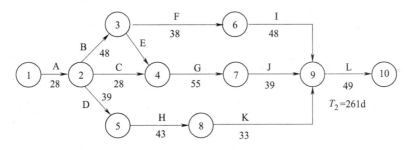

图 4-18   方案Ⅱ施工网络计划

图 4-18 中四条线路的长度分别为：

$t_1 = 28 + 42 + 38 + 48 + 49 = 205$（d）

$t_2 = 28 + 42 + 48 + 55 + 39 + 49 = 261$（d）

$t_3 = 28 + 28 + 55 + 39 + 49 = 199$（d）

$t_4 = 28 + 39 + 43 + 33 + 49 = 192$（d）

所以，关键线路为 $1 - 2 - 3 - 4 - 7 - 9 - 10$，计算工期 $T_2 = 261$d。将表 4-12 中各工作的费用相加，得到方案Ⅱ的总费用为 224.5 万元，则其综合费用 $C_2 = 224.5 + (261 - 271) \times 0.5 = 219.5$（万元）。

第二步：压缩关键线路的长度。

关键工作采用方案Ⅱ，非关键工作采用方案Ⅰ，即关键工作 A、B、E、G、J、L 执行方案Ⅱ的工作时间，保证工期为 261d；非关键工作执行方案Ⅰ的工作时间，而其中费用较低的非关键工作有：$t_D = 40$d，$C_D = 19$ 万元；$t_I = 50$d，$t_I = 24$ 万元；$t_K = 35$d，$C_K = 15$ 万元。则按此方案混合组织施工的综合费用为：

$$C' = 219.5 - (19.5 - 19) - (25 - 24) - (16 - 15) = 217 （万元）$$

在方案Ⅰ的基础上，按压缩费用从少到多的顺序压缩关键线路。关键工作 A、B、E、G、L 每压缩 1d 的费用分别为 1.5、0.5、0.25、0.75、1.0 万元。先对压缩费用小于工期奖的工作压缩，即把工作 E 压缩 2d，但工作 E 压缩后仍不满足合同工期要求，故仍需进一步压缩。再把工作 B 压缩 4d，则工期为 268d（274 - 2 - 4），相应的综合费用为：

$$C'' = 212.5 + 0.25 \times 2 + 0.5 \times 4 + (268 - 271) \times 0.5 = 213.5 （万元）$$

因此，应在方案Ⅰ的基础上压缩关键线路来组织施工，相应的工期为 268d，相应的综合费用为 213.5 万元。

从以上分析可以看出，选择法其实就是通过选择应当压缩的关键线路，通过增加一定的费用压缩工期，从而达到招标文件要求的工期。

4.3　投标施工组织设计的编制策略

4.3.1　施工组织设计编制策略

编制投标施工组织设计，一靠企业的技术实力，二靠针对性的编标策略。灵活运用一些策略，往往能达到"以小博大"、"事半功倍"的效果。投标施工组织设计的主要编制策略有以下几种：

4.3.1.1　"有的放矢"策略

不同体系、不同类型的工程其投标施工组织设计编制上的侧重点应有所不同，投标人应该有的放矢，编制反映工程实施重点的投标施工组织设计。

1. 对于高层建筑，重点突出垂直运输机械设备的选择和布置，既要覆盖拟建建筑范围、主要运输道路，又要减少数量和功率，实现经济合理目标。

2. 对小区群体建筑，着重解决施工总平面图的布置，实现栋号间平行流水与工种间的立体交义搭接顺序的衔接关系，控制总工期，合理安排主要的大宗材料、设备的进场时间，临时设施周转使用计划等。

3. 对商业楼，突出底部商业层的提前交付使用，使建设单位在施工期就提前受益，考虑分区域交付，强调确保正常营业与安全施工的措施。

4. 对特种结构及构筑物，着重突出以往类似工程的施工经验，优选成熟的施工技术与先进工艺。

5. 提出修改设计方案，着重解决对设计不合理且可改变设计之处，以及构件、材料的替换作用。一方面按原设计制定施工组织设计，提出报价，另附上修改设计的比较方案并作相应的报价，连同投标书同时密封送达招标单位。

4.3.1.2　"知己知彼"策略

"知己知彼"策略就是在熟读招标文件，分析工程的特点、重点、难点的基础上，充分收集、研究竞争对手的资料，充分利用现场考察和标前会议等一切机会，收集情报，为我所用。

1. 熟读招标文件，分析工程的特点、重点及难点

研究招标文件，是投标过程的重要环节之一。招标文件是工程招标和投标过程中最具指导作用的文件，是招标人和投标人共同遵循的文件，也是工程承包合同的重要组成部分。招标文件的"投标须知"会提出该工程的各种投标要求，如对图纸和技术标书的要求与说明、所用技术规范与标准、承包时间等。招标文件体现了招标人对其招标工程所重点要求的内容，体现了招标人对招标工程的理解和认识，体现出招标人理解的工程重点、难点和关注的问题，工程技术标书的编制是围绕招标文件展开的，招标文件中体现的招标人的意图是承包人投标与报价的依据。

在工程招标与国际接轨以后，招标文件的编制日趋完善，招标文件对投标书投标施工组织设计的要求不仅包括编制范围，还包括具体要求、具体内容。甚至很多招标文件提供出了"投标施工组织设计评分表"，其评分点包括了若干项目，并有相应的项目评分分值。因此投标施工组织设计的编制就是要在评分表的顺序的基础上，添加部分投标企业自身的技术优势、先进的施工方法，如专利技术等以及合理化建议。

2. 收集、研究竞争对手的资料

投标施工组织设计的编制涉及各投标人的技术能力、设备能力和社会资源整合能力，同类工程的施工经验等多方面的内容。"知彼知己，百战不殆"，因此，在日常的工作中收集和了解竞争对手的实力、工艺水平、劳务队伍的素质和施工能力对于成功竞标是至关重要的。这是一项经常性的、持续性的工作，通过收集整理，建立相应的档案资料，并随时更新，以利投标时的快速反应和决策。

3. 认真参加现场考察和标前会议

施工现场考察是投标者必须经过的投标程序，按照国际惯例，投标者提出的技术方案和报价一般被认为是在现场考察的基础上编制的。技术方案开标后，投标者就无权因为现场考察不周、情况了解不细或其他因素而提出修改投标、调整报价或提出补偿等要求。现场考察既是投标者的权利，也是投标者的责任。因此，投标者在标书编制以前必须认真地进行施工现场考察，全面地、仔细地调查了解工地及其周围的政治、经济、地理等情况，同时充分观察竞争对手在踏勘现场时的关注点，分析其可能的方案策略，为己所用。

现场考察结束后，招标方一般会安排标前会议，针对招标文件中出现的差异和不清楚的地方，回答投标人提出的问题，投标人应积极参加此会议，利用这个机会获得必要的信息。参加标前会议提出问题时应注意以下方面：

（1）对合同和技术文件中不清楚的问题，应提请说明，但不宜表示或提出改变合同和修改设计的要求；

（2）提出问题时应注意防止其他投标人从中了解到本公司的投标机密；

（3）不宜在会上表现出过高的积极性，以迷惑竞争对手。

4.3.1.3 "经济至上"策略

"经济至上"策略，简而言之，就是要认真研究招标项目特点，技术、经济相结合地编制投标施工组织设计。

投标施工组织设计的编制是在充分理解工程设计意图的基础上，结合招标文件的相关

要求编制的。自 2003 年下半年，工程量清单计价规范在全国范围内全面推行以来，原本工程投标过程中技术、经济相脱离的现象，在工程投标过程中被逐步扭转，尤其是工程量清单综合单价计价实施以来的经验表明，只要在工程投标阶段做到技术、经济的全面结合，在工程中标项目的施工过程中，会避免许多不必要的麻烦和业主索赔事件的发生。

投标施工组织设计中的技术方案与技术措施费要紧密结合。工程量清单计价规范执行以来，商务标的报价内容包括工程量清单项目、措施项目以及其他措施项目三部分，不同的招标文件有不同的技术措施费的要求，投标施工组织设计的编制应反映这些要求，重点考虑模板的配备、大型施工机械和设备的配备、人员的配备、临时设施的配备、文明施工措施、安全保护措施等内容。同时，在编制投标文件的过程中，技术组与报价组专业人员应相互沟通，交流各类技术措施采取的可能性，针对工程的关键环节，进行集中讨论、集体攻关，既要在技术工艺上有所创新，同时也要在报价上尽量降低，在技术保证先进可行的前提下，做到经济合理，通过不同阶段的讨论，最终确定投标技术经济方案。

4.3.1.4　"技术为先"策略

"技术为先"策略就是要表现出企业的技术优势，重点突出，确保方案先进、技术可行。在具体的编制过程中，应注意以下几个方面：

1. 投标施工组织设计应当精炼、针对性强，在编制表述过程中要善于发现工程特点，抓住工程难点、重点，并作重点分析和论述；对于常规的施工工艺和施工方法，一带而过即可，避免出现投标施工方案大而全的弊病，做到重点突出；针对工程特点，提出合理化建议和意见，充分理解设计意图，合理使用建设部推广的新技术、新材料；发挥信息化管理优势，利用模拟仿真技术对工程施工过程实时模拟，形象表现工程施工进度，体现企业技术管理水平的优势。

2. 每一施工企业都有自身的施工专长，虽然目前工程施工技术也在进步，但是大多是基于原有工程施工工艺上的改进与创新。每一次投标都在为一次技术专业的改革与更新举行讨论会，施工企业通过不断的学习、实践来加强技术力量。因此，投标施工组织设计编制应依据企业自身的施工经验，对工程设计进行认真的讨论，发挥企业内部专家优势，在投标阶段对工程设计内容提出合理化建议，或是根据工程设计特点提出替代方案，都会在评标过程中提高招标人的认可程度，获得评标专家的好评，从而达到中标的目的。

3. 要注意方案先进性与可行性的结合。投标施工组织设计大纲的编制依据是招标文件，施工方案和重要的技术措施编制要结合企业的技术先进程度进行，在保证方案先进性的同时，应保证投标人自身具有先进方案的执行能力，方案能够通过自身力量实现，以确保中标后工程顺利实施。

4.3.1.5　"曲径通幽"策略

"曲径通幽"策略就是合理使用各种辅助手段，配合投标人中标。确保投标人参与工程竞标时，应该重点在先进合理的技术方案和具有竞争性的投标价格上下功夫，以争取中标，但也不能忽视以下一些辅助手段的配合作用：

1. 缩短工期，为工程尽早投产创造条件；

2. 延长保修年限，体现价值服务理念；

3. 提出合理化建议，为业主着想；

4. 联合投标，争取多方资源；

5. 重视印刷装帧质量，使工程业主和评标专家能从投标书的外观和内容上感觉到投标人工作认真、作风严谨的态度，博取印象分；

6. 安排专人送递标书，灵活掌握时间，避免意外风险。

4.3.2　投标策略分析

投标策略，是指承包商在投标竞争中的指导思想与系统工作部署及其参加投标竞争的方式和手段。投标策略作为投标取胜的方式、手段和艺术，贯穿投标竞争的始终，所包括的内容十分丰富。在投标与否的决策、投标项目选择的决策、投标积极性的决策、投标报价、投标取胜等方面，都包含着投标策略。投标策略与投标决策是两个相联系的不同范畴，投标策略贯穿在投标决策之中；投标决策包含着投标策略的选择确定。

1. 常用的报价策略

影响投标的因素很多，往往难以每项都进行定量的测算，必要时需要进行定性分析。报价的最终目的有两个，一是提高中标的可能性，二是中标后企业能获得利润。为了达到这两个目的，企业必须在投标中认真分析招标信息，掌握建设单位和竞争对手的情况，采用各种估价技巧，报出合理的价格。对标价高低的定性分析，也称为报价技巧。常用的报价策略主要有：

（1）根据招标项目的不同特点采用不同报价

投标报价时，既要考虑自身的优势和劣势，也要分析招标项目的特点。按照工程项目的不同特点、类别、施工条件等来选择报价策略。

1）遇到如下情况报价可高一些：施工条件差的工程；专业要求高的技术密集型工程，而投标人在这方面又有专长，声望也较高；总价低的工程，以及自己不愿做、又不方便不投标的工程；特殊的工程，如港口码头、地下开挖工程等；工期要求急的工程；投标对手少的工程；支付条件不理想的工程。

2）遇到如下情况报价可低一些：施工条件好的工程；工作简单、工程量大而其他投标人都可以做的工程；投标人目前急于打入某一市场、某一地区，或在该地区面临工程结束，机械设备等无处转移时；招标人在附近有工程，而本项目又可利用该工程的设备、劳务，或有条件短期内突击完成的工程；投标对手多、竞争激烈的工程；非急需工程；支付条件好的工程。

（2）不平衡报价法

这一方法是指一个工程项目总报价基本确定后，通过调整内部各个项目的报价，以期既不提高总报价、不影响中标，又能在结束时得到更理想的经济效益。一般可以考虑在以下几个方面采用不平衡报价法：

1）能够早日结帐收款的项目（如临时设施费、基础工程、土方工程、桩基等）可适当提高单价。

2）预计今后工程量会增加的项目，单价可适当提高，这样在最终结算时可多盈利；将工程量可能减少的项目单价降低，工程结算时损失不大。

上述两种情况要统筹考虑，即对于工程量有错误的早期工程，如果实际工程量可能小于工程量表中的数量，则不能盲目抬高单价，要具体分析后再定。

3）设计图纸不明确、估计修改后工程量要增加的，可以提高单价；而工程内容说明不清楚的，则可适当降低一些单价，待澄清后可再要求提价。

4）暂定项目，又叫任意项目或选择项目，对这类项目要具体分析。因为这类项目要在开工后再由招标人研究决定是否实施，以及由哪家投标人实施。如果工程不分标，不会另由一家投标施工，则其中肯定要做的单价可高些，不一定做的则应低些。如果工程分标，该暂定项目也可能由其他投标人施工时，则不宜报高价，以免抬高总报价。

采用不平衡报价一定要建立在对工程量表中工程量仔细核对分析的基础上，特别是对报低单价的项目，如工程量执行时增多将造成投标人的重大损失；不平衡报价过多和过于明显，可能会引起招标人的反对，甚至导致废标。

（3）零星用工单价的报价

如果是单纯报零星用工单价，而且不计入总价中，可以报高些，以便在招标人额外用工或使用施工机械时可多盈利。但如果零星用工单价要计入总报价时，则需具体分析是否报高价，以免抬高总报价。总之，要分析招标人在开工后可能使用的零星用工数量，再来确定报价方针。

（4）可供选择的项目的报价

有些工程项目的分项工程，招标人可能要求按某一方案报价，而后再提供几种可供选择方案的比较报价。投标时，应对不同规格情况下的价格都进行调查，对于将来有可能被选择使用的规格应适当提高其报价；对于技术难度大或其他原因导致的难以实现的规格，可将价格有意抬高得更多一些，以阻扰招标人选用。但是，所谓"可供选择项目"并非由投标人任意选择，而是招标人才有权进行选择。因此，虽然适当提高了可供选择项目的报价，并不意味着肯定可以取得较好的利润，只是提供了一种可能性，一旦招标人今后选用，投标人即可得到额外加价的利益。

（5）暂定工程量的报价

暂定工程量有三种：

1）招标人规定了暂定工程量的分项内容和暂定总价款，并规定所有投标人都必须在总报价中加入这笔固定金额，但由于分项工程量不很准确，允许将来按投标人所报单价和实际完成的工程量付款。这种情况下，由于暂定总价款是固定的，对各投标人的总报价水平竞争力没有任何影响，因此，投标时应当对暂定工程量的单价适当提高。

2）招标人列出了暂定工程量的项目的数量，但并没有限制这些工程量的估价款，要求投标人列出单价，也应按暂定项目的数量计算总价，当将来结算付款时可按实际完成的工程量和所报单价支付。这种情况下，投标人必须慎重考虑。如果单价定得高了，同其他工程量计价一样，将会增大总报价，影响投标报价的竞争力；如果单价定得低了，将来这类工程量增大，将会影响收益。一般来说，这类工程量可以采用正常价格。如果投标人估计今后实际工程量肯定会增大，则可适当提高单价，使将来可增加额外收益。

3）只有暂定工程的一笔固定总金额，将来这笔金额做什么用，由招标人确定。这种情况对投标竞争没有实际意义，按招标文件要求将规定的暂列款列入总报价即可。

（6）多方案报价法

对于一些招标文件，如果发现工程范围不很明确，条款不清楚或很不公正，或技术规范要求过于苛刻时，则要在充分估计投标风险的基础上，按多方案报价法处理。即按原招标文件报一个价，然后再提出，如某某条款作某些变动，报价可降低多少，由此可报出一个较低的价。这样可以降低总价，吸引招标人。

（7）增加建议方案

有时招标文件中规定，可以提出一个建议方案，即可以修改原设计方案，提出投标者的方案。投标人这时应抓住机会，组织一批有经验的设计和施工工程师，对原招标文件的设计和施工方案仔细研究，提出更为合理的方案以吸引业主，促使自己的方案中标。这种新建议方案可以降低总造价或是缩短工期，或使工程运用更为合理。但要注意对原招标方案一定也要报价。建议方案不要写得太具体，要保留方案的技术关键，防止招标人将此方案交给其他投标人。同时要强调的是，建议方案一定要比较成熟，有很好的可操作性。

（8）分包商报价的采用

总承包商通常应在投标前先取得分包商的报价，并增加总承包商摊入的一定的管理费，而后作为自己投标总价的一个组成部分一并列入报价单中。应当注意，分包商在投标前可能同意接受总承包商压低其报价的要求，但等到总承包商得标后，他们常以种种理由提高分包价格，这将使总承包商处于十分被动的地位。解决的办法是，总承包商在投标前找2~3家分包商分别报价，而后选择其中一家信誉较好、实力较强而报价合理的分包商签订协议，同意该分包商作为本分包工程的唯一合作者，并将分包商的姓名列到投标文件中，但要求该分包商相应地提交投标保函。如果该分包商认为总承包商确实有可能得标，也许愿意接受这一条件。这种把分包商的利益同投标人捆在一起的做法，不但可以防止分包商事后反悔和涨价，还可能迫使分包时报出较合理的价格，以便共同争取得标。

（9）无利润报价

缺乏竞争优势的承包商，在不得已的情况下，只好在报价时根本不考虑利润而去夺标。这种办法一般是出于以下条件时采用：

1）有可能在得标后，将大部分工程分包给索价较低的一些分包商。

2）对于分期建设的项目，先以低价获得首期工程，而后赢得机会创造第二期工程中的竞争优势，并在以后的实施中盈利。

3）较长时期内，投标人没有在建的工程项目，如果再不得标，就难以维持生存。因此，虽然本工程无利可图，但只要能有一定的管理费维持公司的日常运转，就可设法渡过暂时的困难，以图将来东山再起。

（10）竞争定价法

竞争定价法是以竞争者定价为标杆，认为价格"由市场决定"，比直接竞争者的价格低一点、高一点或者保持一致。竞争性定价紧紧地盯住竞争对手的定价，衡量彼此产品差异因素之后进行调整，实际上把对手价格当作市场接受度的曲折反映。

2. 报价技巧的运用实例

在投标报价过程中，报价技巧的运用需借助数学计算，才能得到最优报价。以下主要介绍不平衡报价法和竞争定价法案例分析。

（1）不平衡报价法的案例分析

某投标单位参与某高层商用办公楼土建工程的投标（安装工程由业主另行招标）。为了既不影响中标，又能在中标后取得较好的收益，决定采用不平衡报价法对原估价做适当调整。现假设桩基围护工程、主体结构工程、装饰工程的工期分别为 4 个月、12 个月、8 个月，贷款月利率为 1%，并假设各分部工程每月完成的工作量相同且能按月度及时收到工程款，不考虑工程款结算所需要的时间。报价调整前后工程价款如表 4-10 所示，现值系数如表 4-11 所示。

报价调整前后对比表   表 4-10

	桩基维护工程	主体结构工程	装饰工程	总价
调整前（投标估价）	1480 万元	6600 万元	7200 万元	15280 万元
调整后（正式报价）	1600 万元	7200 万元	6480 万元	15280 万元

现值系数表   表 4-11

n	4	8	12	16
$(p/A,\ 1\%,\ n)$	3.9092	7.6517	11.2551	14.7179
$(p/F,\ 1\%,\ n)$	0.9610	0.9235	0.8874	0.8528

以下将采用不平衡报价法的基本原理对该案例进行分析。

1）单价调整前的工程款现值

桩基围护工程每月工程款 $A_1 = 1480/4 = 370$（万元）；

主体结构工程每月工程款 $A_2 = 6600/12 = 550$（万元）；

装饰工程每月工程款 $A_3 = 7200/8 = 900$（万元）。

则单价调整前的工程款现值：

$PV_0 = A_1(P/A,\ 1\%,\ 4) + A_2(P/A,\ 1\%,\ 12)(P/F,\ 1\%,\ 4) + A_3(P/A,\ 1\%,\ 8)(P/F,\ 1\%,\ 16)$

$= 370 \times 3.9020 + 550 \times 11.2551 \times 0.9610 + 900 \times 7.6517 \times 0.8528$

$= 1443.74 + 5948.88 + 5872.83$

$= 13265.45$（万元）

2）单价调整后的工程款现值

桩基围护工程每月工程 $A'_1 = 1600/4 = 400$（万元）；

主体结构工程每月工程款 $A'_2 = 7200/12 = 600$（万元）；

装饰工程每月工程款 $A'_3 = 6480/8 = 810$（万元）。

则单价调整前的工程款现值：

$PV' = A_1'(P/A,\ 1\%,\ 4) + A_2'(P/A,\ 1\%,\ 12)(P/F,\ 1\%,\ 4) + A_3'(P/A,\ 1\%,\ 8)(P/F,\ 1\%,\ 16)$

$= 400 \times 3.9020 + 600 \times 11.2551 \times 0.9610 + 810 \times 7.6517 \times 0.8528$

$= 1560.80 + 6489.69 + 5285.55$

$= 13336.04$（万元）

两者的差额 $PV' - PV_0 = 13336.04 - 13265.45 = 70.59$（万元）

因此，采用不平衡报价法后，该投标单位所得工程款的现值价比原值价增加 70.59 万元或者说提前 16 个月收回 720 万元。

不平衡报价法是投标中最常用的报价方法之一，也是国际上普遍认同的报价技巧，运用得当，承包商可获得超出想象的工程收入。不平衡报价法不仅具有很强的技术性，同时还有赖于编标人员的实践经验及临场决策，应该灵活掌握，注意分寸，善于加价与削价。在不平衡报价法的应用过程中，只有充分掌握招标人的心理，吸取以往的经验教训，有针对性地防范处理，才能取得最终的胜利。

（2）竞争定价法的案例分析

根据竞争对手和本企业历史上标价的情况，确定出最有利的报价以战胜对手。

例如某企业准备在一项工程上投标，根据掌握的资料，对手在该类工程上的投标价和本企业的估价存在一定的比值关系，各种比值出现的频数如表 4-12 所示。

报价比值频数概率统计表（概率 = 频数/总数） 表 4-12

P/A	0.8	0.9	1.0	1.1	1.2	1.3	1.4	1.5	合计
频数	1	2	7	12	21	18	7	2	70
概率	0.01	0.03	0.10	0.17	0.30	0.26	0.10	0.03	1.00

注：P 表示竞争对手在同类工程上的造价；A 表示本企业对同类工程的估价（部分工程可能未投标，只是一种估价）。

根据表 4-12 中报价比值的概率可以推算出企业本次各种报价方案低于对手标价的概率。例如：设报价方案为 G，如果 $G/A = 1.5 = P/A$，说明和对手 $P/A = 1.5$ 的报价相等，此时的概率为 0.03。要想低于对手报价，G/A 值就应比 P/A 值小，比如 $G/A = 1.45$，说明报价比对手 $P/A = 1.5$ 时的标价低，但出现的概率只有 0.03。因此，企业本次各种报价方案低于对手报价的概率，只需将大于 G/A 值的 P/A 值的概率相加即可。例如，本次报价 $G/A = 1.35$，说明报价一定低于对手 $P/A = 1.4$、$P/A = 1.5$ 时的标价，而这两种比值的概率之和为 0.13，所以采用 $G/A = 1.35$ 的报价比对手标价低的概率为 0.13。其他各方案的报价低于对手标价的概率见表 4-13 所示。

企业报价方案低于对手标价的概率 表 4-13

报价方案（G/A）	0.75	0.85	0.95	1.05	1.15	1.25	1.35	1.45	1.55
低于对手标价的概率	1.00	0.99	0.96	0.86	0.69	0.39	0.13	0.03	0.00

显然，G/A 值越低，说明报价越容易低于对手标价而中标，但所获利润也越少；G/A 值越高，利润虽然大，但中标概率小。因此需要求出一个最佳的报价方案。基本方法是：先估算出各报价方案的直接费，再乘以相应概率得到的预期利润，最后比较期望利润选择报价方案。

例如，设实际成本为 A。如果报价方案为 $0.75A$，说明 $G/A = 0.75$，概率为 1.00，报价为成本的 75%，则有：

直接利润 $= 0.75A - A = -0.25A$

预期利润 $= -0.25A \times 1.00 = -0.25A$

各方案的中标概率和预期利润详见表 4-14。

报价方案的中标概率和预期利润

表 4-14

报 价 方 案	中 标 概 率	预 期 利 润
0.75A	1.00	$1.00 \times (0.75 - 1) \, A = -0.25A$
0.85A	0.99	$0.99 \times (0.85 - 1) \, A = -0.149A$
0.95A	0.96	$0.96 \times (0.95 - 1) \, A = -0.048A$
1.05A	0.86	$0.86 \times (1.05 - 1) \, A = 0.043A$
1.15A	0.69	$0.69 \times (1.15 - 1) \, A = 0.104A$
1.25A	0.39	$0.39 \times (1.25 - 1) \, A = 0.098A$
1.35A	0.13	$0.13 \times (1.35 - 1) \, A = 0.046A$
1.45A	0.03	$0.03 \times (1.45 - 1) \, A = 0.014A$
1.55A	0.00	$0.00 \times (1.55 - 1) \, A = 0$

从表 4-14 中计算的预期利润可以看出，用 1.15A 的报价方案为最佳，可以得到最大的预期利润 0.104A。

竞争定价法只适用于单一竞争对手。若有若干竞争对手，则需广泛收集这些竞争对手在同类工程中的投标价格，经综合分析后，取其平均标价进行计算，得出投标报价。

4.4 标前标后施工组织设计的结合

4.4.1 标前标后施工组织设计的关系

工程建设由于其产品的固定性、多样性和庞大性，以及相应施工活动的流动性、单件性及露天性特点，使其管理方式呈开放性和多样性的特点，每个项目管理的主体、客体和内容都不可能完全相同。世上也没有以不变应万变和放之四海而皆准的现成"宝典"来指导具体工程建设，因而工程建设施工管理存在水平参差不齐、质量通病多、质量不稳定等现象。

工程建设实施前编制施工组织设计或施工方案，已成为土木建筑业约定俗成的惯例，行业主管部门亦有相应法规规定和要求，这就从制度上保证了工程施工及技术准备的规范进行。随着我国基本建设管理体制的重大转变，工程建设招标投标制、项目法人责任制广泛实行，施工组织设计又演变成为投标文件的基本要素，也是争取项目业主信任、配合公司市场经营、摘取中标"桂冠"的重要砝码，历史又赋予了它新的使命和活力。

但在具体工程实践中，不难发现施工组织设计编写工作中存在不考虑施工人员需求、不结合工程具体情况、不考虑成本核算，闭门造车地编制"通用"或"指南"型施工组织设计的现象，以致造成施工组织设计编制工作流于形式、形成教条，不但起不到真正指导施工的作用，甚至可能阻碍施工技术的创新和进步及企业管理水平的提高。

投标前和中标后施工组织设计编制，其编制依据及条件、编制目的和内容、使用对象均有较大差别，因而两者在形式、内容上存在相应的区别。承包商和项目经理，应该而且只有对投标前后施工组织设计的内容、特点、作用有全面而深刻的认识和理解，才能在工程投标竞争的战略部署、工程实施的战术安排等前后方两个战场上均立于不败之地。分析比较标前标后施工组织设计应该是顺序关系、制约关系和一定的替代关系。

4.4.1.1 顺序关系

在工程建设招投标市场中，承包商通过投标竞争才能承接到工程项目。建筑市场法则决定了投标前施工组织设计编制的必要性；承包商中标后，应根据投标施工组织设计及后续补充条件编制相应的实施性施工组织设计。两者在时间上是确定的顺序关系。

4.4.1.2 制约关系

投标施工组织设计对中标后实施性施工组织设计有制约作用。投标施工组织设计编制的目的是为了取信于业主，它作为投标文件的基本组成部分，也是合同文件的组成部分，在投标有效期内及中标后，都具有相应的法律效力。中标后，承包商应在投标施工组织设计的综合部署及指导原则下，结合具体工程实际进行深化和处理，前者对后者有制约作用，后者一般是对前者进行细化和补充。如对投标施工组织设计做原则性修改，必须得到业主代表和公司主管部门的同意并认可。

4.4.1.3 替代关系

投标前和中标后施工组织设计，两者内容有部分互通性，因此在某些条件下，两者具有替代可能性，即投标施工组织设计部分可替代中标后施工组织设计的共性内容。当工程项目属一般规模、常规施工技术及通用条件时，投标施工组织设计的内容已具有必要的详细程度，可直接指导工程实施；方案已基本确定，没有第二方案或替代方案时，则中标后可以此替代并作为实施性施工组织设计，而不必另行编制。当然，这也必须得到业主的认可。

4.4.2 标前标后施工组织设计的共同点

标前标后的施工组织设计都对工程实施起到了相应的指导作用，他们有很多的共同点。

4.4.2.1 针对项目相同

投标前和中标后施工组织设计编制所针对的工程项目是同一个。虽然投标前施工组织设计针对的项目，是拟实施或将来实施的，具有不确定性，但从投标目的和施工管理及技术的可行性角度考虑，文件编制时都应将其视为"实施性"工程项目，认真规划，精心编制。

4.4.2.2 基本内容相同

不论投标前或中标后施工组织设计均应包括以下几项内容：（1）编制依据及说明；（2）工程概况；（3）施工准备及各项资源需要量计划；（4）施工部署及施工协调配合管理；（5）施工方案及主要分项施工技术措施；（6）施工进度计划及保证措施；（7）质量管理体系及质量保证措施；（8）施工平面布置图；（9）施工现场安全生产方案；（10）施

工现场文明施工措施；（11）降低成本的技术经济措施；（12）季节性施工技术措施；（13）工程施工组织设计技术经济指标等。其核心内容为施工部署及施工方案、施工进度计划和施工平面布置图，它们分别代表了施工组织的技术措施、时间排列、空间布置，三者的有机结合，才使工程建设得以生机蓬勃、有条不紊的进行，标前标后施工组织设计均是围绕这三个重点进行准备而展开的。

4.4.2.3　编制原则及方法相同

"重点突出，兼顾全面，确保质量，安全适用，技术先进，经济合理"是编制施工组织设计的共同原则。编制方法还应注意下列几点要求：

（1）遵守政府部门规定及业主合同要求；

（2）依据工程建设规律及程序，合理安排施工顺序；

（3）实事求是，结合实际；

（4）应用系统工程、网格计划、流水作业、目标管理、信息技术等现代化管理方法，统筹安排施工作业；

（5）按照动态设计思想，树立"计划是相对的，变化是绝对的"辩证观念，随着工程实施的展开以及主观和客观认识的深入，科学、动态地调整、补充、完善前述方案，使之真正能控制和指导工程施工。

4.4.2.4　最终目标的统一

无论是投标前或中标后施工组织设计编制的目的，都是对施工过程预先进行规划设计，以期对施工过程真正起到控制和指导作用，使项目顺利实施；都是为了并应该做到技术先进可行、经济合理可行、施工组织有序而均衡、工程质量得到控制、安全生产和文明施工得到保障；最终实现在计划工期目标内，确保质量，安全、文明地完成工程建设任务。因此，虽然投标施工组织设计的直接目的是获得业主信任，但实际操作中仍然要通过对工程实施进行全面系统、科学合理、严密认真的组织和计划来实现。

4.4.3　标前标后施工组织设计的不同点

投标前施工组织设计是指合同签订之前的施工组织设计，中标后施工组织设计是指签订合同之后的施工组织设计，而且标后施工组织设计又可分为三种：施工组织设计总设计、单位工程施工组织设计、分部工程施工组织设计。

投标前施工组织设计的主要目的是争取"准业主"的信任，它是在编制依据不完整及不确定、编制时间紧迫的情况下，一次性地对投标项目进行综合性、全面性、规划性的战略部署。而中标后施工组织设计的主要目的是在如何组织、实施方面作出具体战术安排或作业指导，它以实施依据及条件的确定性及方案实施具体可操作性为主要特点。两者不同的特点主要表现在以下几个方面：

4.4.3.1　编制依据和条件不同

中标后施工组织设计是用来直接指导具体施工的，所以是在施工条件全部或大部分落实肯定的条件下编制的，编制前已完成了任务的委托、设计交底和现场踏勘等工作，施工力量的配置、各类机械设备的选型和进场等状况也已基本确定；经过设计交底、图纸会审、与业主充分沟通，进行市场环境和实施条件调查，施工条件基本落实；项目管理组织网络形成；编制依据及施工条件具有相应的确定性、稳定性和完整性。

而投标前施工组织设计编制时，条件未详、待定条件还很多，从这一点来说，用于投标的这份技术文件只是意想中的施工组织方案，因为它不具备进行严格、周密、肯定的施工设计条件，甚至若干结论也是不肯定的。

4.4.3.2 编制目的不同

投标前施工组织设计的主要目标，就是为了中标和经济效益，通过编制施工组织设计让业主了解企业的机械装备、资金力量、施工部署、施工方案、施工组织等，并通过合理的报价，向业主展示自己的综合实力；而中标后施工组织设计，就是为了使到手的工程，在施工过程中，通过提高施工效率、合理地安排和使用人力物力，获得更好的经济效益。其主要特点是针对性、实施性、操作性。所以标前标后设计最大的不同之处在于标后设计是具体的、可操作的，而标前设计是粗略的、不具备可操作性的。

4.4.3.3 内容及特点不同

1. 内容不同的具体表现

（1）内容详略不同

投标前施工组织设计的插图、表格、版面设计、装订质量水平等应该优于中标后施工组织设计，这无疑是有益的。中标后施工组织设计除上述内容外，一般还应包括一些技术管理、施工管理、成本管理、技术培训等方面的内容。

投标前施工组织设计的内容陈述应详略得当，基本的内容均应概述，特殊内容才需详述。如：施工方法一章的内容，只需对其中有针对性的拟采用的一些特殊新工艺、新施工法进行评述即可，个别地方的详述是为了使评标者知道投标人对此方法是可行的，也是必要的。要切忌面面俱到，长篇大论。中标后施工组织设计则需面面俱到，对所决定采取的施工方法、工艺，尽管属于常规，也有必要评述，甚至需绘出直接用于指导生产的施工图等。

出于保密的目的，投标前施工组织设计涉及的一些施工新技术、新工艺只需点到为止，达到知其然不知其所以然的程度即可。而中标后施工组织设计则相反，因属于对内使用，是直接用于指导施工，又属新知识，需让操作者明了，就必须详述。

（2）完整性要求不同

因投标文件中的施工组织设计编制好坏的最终衡量标准就是看在评标时能否取得最高评分，因此其内容结构与顺序的编排也应吻合招标文件的要求。招标文件中对施工组织设计明确要求的内容，每一条都不得遗漏，因给出的施工组织设计总分就是所要求的各条的分配分数之和，丢一条，本条得分就等于零。招标文件中没有明确要求但应该包括的内容，编制施工组织设计时要增补进去，这样做既能使施工组织设计更具完整性，又可避免因招标文件不完善造成投标人丢分的现象发生。同时，施工组织设计的内容顺序、编制序号也最好与招标文件表示的序号一致，这样做的目的主要是为了使评标者在评分时能对照招标文件要求对号入座，不致发生疏忽错误，也能避免投标人在紧张做标时因可能出现的丢缺项错误而失分。对于中标后施工组织设计，则无上述限制，也不会引起上述后果。

（3）内容侧重点不同

投标前施工组织设计内容的编制就是在研究原始资料，特别是业主的招标文件，并在熟悉施工图纸的基础上，根据拟投标工程的特点和要求，现有的和可能创造的施工条件，从实际出发，制定施工目标即质量、进度、成本目标来决定各种生产要素的结合方式，选择合理的施工方案，在选择的施工方案下进行三大目标的分析。这里目标分析和施工方案选择是施工组织设计的核心，他们是交互的、相互制约的。应根据积累的施工技术资源，同时借鉴国内外先进施工技术，运用现代科学管理方法并结合工程项目的特殊性，从技术及经济上互相比较，从中选出最合理的方案来编制施工组织设计，使技术上的可行性同经济上的合理性统一起来；实行施工组织设计的模块化编制，更多地运用现代化信息技术，以便进行积累、分组、交流及重复应用，通过各个技术模块的优化组合，减少无效劳动。投标前施工组织设计应扩大深度和范围，对设计图纸的合理性和经济性作出评估，向业主提出本企业自己的科学合理和更有美感的设计建议，尽量从业主那里抓到更多的主动权，实现设计和施工技术的一体化，这也是投标的一个艺术。此外注重扩大技术储备、加快技术转化，使新的技术成果在施工组织设计中得到应用。

实现施工组织设计跟投标报价一体化，以一个科学合理的施工组织设计影响甚至决定投标报价，以施工组织设计中的三大目标之一成本来指引报价，以技术经济分析来剖析报价。在表达形式上，它应该做到简明扼要、突出目标、结合实际，以满足招标文件的需要，同时要具有竞争性，体现企业的实力和信誉。

中标后施工组织设计，通常把重点放在施工组织设计的合理性与技术的可行性上，而投标前施工组织设计除此之外还要涉及施工单位资质条件，协调多方经济关系以及提供必要的技术证据和信誉、资质证书等内容。

2. 编制特点不同

（1）中标前施工组织设计的内容有很大的扩充性

投标前施工组织设计包含中标后施工组织设计所需的基本范围，目的是定位在"准业主"的信任，而不是仅阐述如何设计和组织施工，内容较广泛，凡能够证明投标单位的荣誉及资质证书、主要业绩、专业知识产权、质量和安全认证证明，均为投标前施工组织设计不可缺少的保证资料，获得 ISO 9000 质量体系认证的承包商，还应将投标前施工组织设计编成可指导编制质量计划的文件。

（2）投标前施工组织设计编制依据的不确定性

投标前施工组织设计编制依据是招标文件、各种法规、法律标准等，这些是可知的，但还有包括业主的特殊要求（明确或隐含的）及工程条件，由于时间紧，使招标图纸无法准确计量、施工条件未完全落实、无具体的水文地质资料等，对于这些不确定的依据，投标人要凭集体的智慧和勇气来决策，作出风险选择。

（3）投标前施工组织设计编制时间的紧迫性

虽然招标法规定，招标文件自下发日起至提交投标文件截止日，时间不少于 20d，但大多数业主是不会给够时间的，有的甚至只有四五天时间。因此编制时要抓住主要矛盾，对项目的实施提出战略性部署及纲领性意见，满足业主对招标文件的规定要求。就是说编制工作是一次性的，没有时间对招标文件进行反复修改和优化。

以上特点是投标前施工组织设计所独有的，而标后设计编制内容是特定的，编制依据也是确定的，时间也是充足的，并可以反复修改和优化。

4.4.3.4 编制人员和编制方式不同

1. 编制人员不同

由于投标前施工组织设计适应经营需要，追求中标和承包后的经济效益，因此带有控制性、战略性，应由企业经营管理层人员进行编制，也可由总经济师或总工程师，负责组织各相关科室协调进行编制。中标后施工组织设计应由项目经理组织项目经理部的各部门进行编制，技术部门（人员）负责施工方案的编制，生产计划部门和工程部门分别负责施工组织措施及资源计划相关内容的编制，项目经理负责协调，使各部门相互创造条件，提供支持，指标的计算和分析亦由各相关部门分别进行。

2. 编制方式不同

投标前施工组织设计是为了编制投标书，所以首先熟悉招标文件，明确招标单位的要求，针对招标文件要求进行编制，从而作出有竞争力的投标决策，使投标前施工组织设计与投标书一致，按时递标。编制顺序是：学习招标文件——进行调查研究及现场勘探——编制施工方案和选用施工机械——编制施工进度计划，确定开、竣工日期，分批分期开竣工日期及总工期——绘制施工平面图——确定标价及钢材、木材、水泥等主要材料用量——设计主要技术组织措施——提出合同谈判方案，包括谈判组织、谈判目标、谈判准备等。而中标后施工组织设计是拿到施工中标书后，内容从施工准备一直到工程验收，编制得非常细，是指导性的文件，其编制程序是：工程概况——施工管理组织——施工部署——施工方案——施工进度计划——各类资源计划——施工技术组织措施——施工平面图设计——指标计算与分析。

4.4.3.5 编制时间不同

投标前施工组织设计必须在投标截止日期前完成编制工作，编制时间较为紧迫，无法做相关市场环境的详细调查和充分的前期准备，但是必须把所涉及的内容尽可能地做全面，越是时间紧迫，越是要细心做好，这样在投标时才有竞争力。

中标后施工组织设计是在中标之后编制的，对于大型或复杂项目，应分阶段或分部位编制施工组织设计。编制工作应在所针对的项目实施前完成。编制时间较为充裕，可做详细工程条件调查及充分施工准备。

4.4.3.6 审核人员和审核的内容不同

（1）中标后施工组织设计由施工单位内部技术质量等部门主管人员进行审核或落实，审核重点在于审核施工单位组织管理架构的合理性、施工准备、施工部署、质量、进度保证措施、安全、文明生产措施、技术经济指标分析等方面。

（2）投标前施工组织设计的审核对象为建设单位和招标评标工作有关人员。不同的人员，必然从不同的角度来审读。招标人审核的目的是：

1）投标方是否意识到并充分理解了建设单位对拟建工程所关注的各类问题（工期、

质量、经济指标、功能使用要求等）；

2）投标人是否具有招标者预期实现的质量、进度及经济指标等目标的能力；

3）招标方透过投标书的各类技术经济内容（包括投标施工组织设计）判断投标人的可置信程度；

4）如果某投标人中标，那么招标人将重点在哪些方面、哪些施工环节上进行监督管理。

面对以上的审核对象，投标前施工组织设计必须表现出相应的针对性。

综合以上分析，可以用表 4-15 来表述两种施工组织设计的不同之处。

标前标后施工组织设计的不同点   表 4-15

内容	投标前施工组织设计	中标后施工组织设计
编制依据和条件	施工准备及施工条件未完全落实，投标图纸可能不详细，地下情况不明确，招标工期不确定，承包商自身组织及资源未明确，业主要求未完全了解（无法或未及时与业主充分沟通）	经过设计交底、图纸会审，与业主充分沟通，进行市场环境和实施条件调查，施工条件基本落实；项目管理组织网络形成；编制依据及施工条件具有相应的确定性、稳定性和完整性
编制目的	为了获得招标"准业主"的信任；指导合同谈判，提出要约和进行承诺；对工程进行总体规划或战略性部署	进行施工准备，对工程作出战术安排和详细计划，指导或组织工程的具体实施及操作
内容及特点	除了如何组织施工的基本内容，还应包括：证实承包商的资质、资历证书，拟采用"四新"技术，对项目的合理化建议，业主的施工配合及准备工作，备选或替代方案，项目主要管理人员资历及业绩介绍等。 战略性、规划性、控制性是其主要特点	承包商已经取得了业主的基本信任，在投标前施工组织设计的规划指导下，根据工程客观实际条件，编制实施性、操作性施工组织设计，它可以引用或参考其他管理文件，而不必包罗万象。 针对性、实施性、操作性是其主要特点
编制人员和程序	由承包商工程技术部门组织、相关经营人员配合，一次性、全面性地对工程项目进行施工组织的规划性和指导性设计	由项目经理组织项目内部的管理人员、技术人员，因时、因地、因人对工程项目（可分阶段、分部位）制定可操作的实施性施工组织设计
编制时间	必须在投标截止日期前完成编制工作；编制时间较为紧迫，无法做相关市场环境的详细调查和充分的前期准备	对于大型或复杂项目，应分阶段或分部位编制施工组织设计；编制工作应在所针对的项目实施前完成；编制时间较为充裕，可做详细工程条件调查及充分施工准备
审核内容和人员不同	投标项目业主的主管人员和相关专家，他们一般不会成为工程实施的直接监督管理者	中标后施工组织设计一般报业主的现场代表和监理人员审核认可，他们是工程实施的直接监督管理者

5 技术标和商务标的编制

5.1 建筑工程评标方法分析

评标是遵循相关招标投标法规和要求，对投标文件进行的审查、评审和比较，是审查确定中标单位的必经程序和保护招标成功的重要环节。评标是工程招投标程序中的一项关键工作，也是工程合同管理的开始，其目的是为招标单位选择一家报价合理、响应性好、施工方案可行、投资风险最小的合格投标单位。

5.1.1 评标委员会的组建

评标工作由招标单位组织的评标委员会或评标小组秘密进行，评标委员会成员名单一般应于开标前确定，在中标结果确定前保密。评标委员会具有一定的权威性，一般由业主按照招标投标法和其他相关规定组建。

评标委员会由招标单位或其委托的招标代理机构熟悉相关业务的代表，加上邀请的有关的技术、经济、合同等方面的专家组成。为了保证评标的科学性和公正性，属于业主方面的成员一般不应超过总数的1/3，且不得邀请与投标者有直接经济业务关系单位的成员参加。评标委员会负责单位由招标单位的法定代表单位或其指定的代表担任，招标投标管理机构派成员参加评标会议，对评标活动进行监督。

组成评标委员会的评标专家是具体项目评标工作过程能否体现公平、公正、科学合理的关键之一，为此，国家计委、经贸委、建设部、交通部、信息产业部和水利部依据《招标投标法》于2001年7月5日发出第12号令《评标委员会和评标方法暂行规定》，国家计委又在2003年2月22日发出第29号令《评标专家和评标专家库管理暂行办法》，对评标工作、评标委员会及评标委员会成员行为进行规范，对评标委员会的组建提出了明确的要求：

1. 评标委员会依法组建，负责评标活动，向招标单位推荐中标候选单位或根据招标单位的授权，直接确定中标单位。

2. 评标委员会由招标单位或其委托的招标代理机构熟悉相关业务的代表，以及有关技术、经济等方面的专家组成，成员总数为5人以上单数，其中，技术、经济类专家不少于成员总数的2/3。评标专家可分为工程经济专家和工程技术专家两大类。评标委员会中经济专家比例的确定，应根据项目特点及评标办法，一般经济专家为3人（含3人）以上，并独立完成对商务标的评审。

(1) 当采用"经评审的最低投标价法"时，评标委员会应以经济专家为主组成；

(2) 当采用"综合评估法"时，根据工程的技术要求，确定技术专家的比例，一般要求经济专家不少于专家人数的1/2；

（3）对技术比较复杂的大型工程，评标专家人数较多的时候，评标委员会可由经济评审组和技术评审组分别组成，经济评审组一般由5人（含5人）以上单数组成。

评标委员会可设负责单位，其产生由评标委员会推举或由招标单位确定。评标委员会负责单位与其他评标委员会成员享有同等的权利。

3. 评标委员会的专家成员应当从省级以上人民政府有关部门提供的专家名册或招标代理机构的专家名单中确定，其方式可以采用随机抽取或直接确定。技术特别复杂、专业性要求特别高的或国家有特殊要求的项目，采取随机抽取方式确定的专家难以胜任时，可以由招标单位直接确定。

4. 评标委员会成员的回避。对有下列情形之一的，不得担任评标委员会成员，并且评标委员会成员有下列情形之一的，应主动提出回避：

（1）与投标单位或投标主要负责单位有近亲属关系；

（2）是项目主管部门或者行政监督部门的人员；

（3）与投标单位有经济利益关系，可能影响对投标公正的评审；

（4）曾因在招标、评标以及其他与招标投标有关活动中，从事违法行为而受过行政处罚或刑事处罚。

评标委员会作为项目评标的临时机构，在评标工作开始前成立，评标工作结束后解散，在评标过程中，以其行为对项目评标的客观性、公平性、公正性负责。

5.1.2　评标方法分析

评标的标准和方法在招标准备阶段制定并随招标文件一起发出。评标标准是否客观、公正、科学、规范，直接关系到工程招标投标的预期目标能否顺利实现。评标方法不仅影响到具体项目的评标结果和投资效益，而且影响到建筑工程市场的正常秩序。因此，在招标过程中选择适合的评标方法意义重大，是招投标工作能否成功的关键。

5.1.2.1　评标方法的原则要求

1. 评标委员会应根据招标文件规定的评标标准和方法，对投标文件进行系统的评审和比较，招标文件中没有规定的标准和方法，不得作为评标的依据；

2. 招标文件中规定的评标标准和方法应当合理，不得含有倾向或排斥潜在投标单位的内容，不得妨碍或限制投标单位之间的竞争。

5.1.2.2　评标方法分类

评标方法包括经评审的最低投标价法、综合评估法或法律行政法规允许的其他评标方法。

1. 经评审的最低投标价法

经评审的最低投标价法要求中标单位能满足招标文件的实质性要求，并且经评审的投标报价最低，但低于成本的除外。经评审的最低投标报价法一般适用于具有通用技术、性能标准或者招标单位对其技术、性能没有特殊要求的招标项目。采用经评审的最低投标价法时，在实质性响应招标文件的投标文件中，经评审为最低报价的投标单位，应为中标单位或应当推荐为第一中标候选单位。

（1）评审步骤

经评审的最低价法评审步骤一般包括资格预审、技术标评审和商务标评审三方面。

1）资格预审

主要是了解投标申请人的企业素质、财务状况、技术力量以及有无类似工程的施工经验等。经评审的最低价法针对的工程一般是采用通用技术、无较大技术难点的工程项目，有时在资格预审时就对投标单位的技术实力进行评审，忽略后面评标时的技术标的评审。

2）技术标评审

应用经评审的最低投标价法进行评审，主要针对投标单位的营业执照、经营范围、企业资质登记证书、施工经历、财务实力、资金状况、工期及质量承诺目标、施工组织设计的先进合理性以及企业拥有的工程技术人员、管理人员和施工机械设备等是否符合规定要求，合理甄别，筛选出技术实力强大的投标单位，然后进行投标报价比较评审。

3）商务标评审

评审内容包括：评标价计算，总体报价水平分析，个别成本分析和个别最低成本是否低于成本认定等。通过对投标报价的分析比选，确定经评审投标报价最低的单位，最终选择综合实力强、报价低的投标人为中标候选人。

（2）技术标的评审内容

技术标的评审一般从主要施工方案的可行性，主要施工技术措施是否能满足工程要求，施工进度、工序衔接是否满足工程要求，施工质量、安全、文明施工保证措施能否实现等方面展开。技术标的评审由评标委员会成员负责，主要评审内容如下：

1）对招标文件的响应性。招标文件中明确提出的工程质量、进度、安全文明施工等目标是招标单位对工程实施的最基本要求，如投标文件中有与招标文件要求不一致的，对招标文件不响应的，或违背了招投标相关法律法规规定内容的，技术标评审为不合格。

2）施工方案的可行性。评审投标施工方案是否是针对招标工程设计的实施性方案，是否切实可行，是否科学合理，经济效益怎样等问题。

3）主要施工技术措施是否能满足工程要求。对采用特殊施工工艺或有特殊要求的工程项目应将这条作为重点，评审投标施工组织设计，确定投标单位是否具备相应能力。

4）施工进度、工序衔接是否满足工程要求。施工进度安排、竣工日期应满足招标文件的要求。对工期要求比较紧的项目，着重评审投标单位的施工安排和资源投入情况。

5）施工质量、安全、文明施工保证措施。评审各项措施的针对性和可操作性，分析投标单位对项目的重视程度。

6）现场人员、施工设备配置能否满足工程施工要求。评审劳动力安排、大型机械配备、施工设施的投入是否经济合理，跟商务报价是否匹配，以利于商务标评审中是否低于成本报价的界定。

7）施工总平面图布置是否合理，能否满足施工要求。对位于闹市中心区域、重点区域、交通干道、施工作业面狭小的施工项目应将此条作为主要内容。

8）总包管理经验和能力及对分包的管理措施。对工期长、分包工程多的工程应将此条作为重点。

对于具有通用技术、性能标准或者招标单位对其技术、性能没有特殊要求的项目采用经评审的最低投标价法时，投标文件中的技术部分仅仅是对招标文件的技术条款和其他要求作出实质性响应和承诺，对投标文件的技术部分评审只做"合格"和"不合格"处理，而一般也仅在投标文件的技术部分不实质性响应招标文件时才作出"不合格"的评审。

评标委员会根据招标文件确定的评标办法对各投标文件进行评审，对其中技术标确定为不合格的投标人将被淘汰，不再进行商务标的评审。

（3）商务标的评审内容

对技术标评审合格的投标单位，按经评审的最低投标报价为中标单位的原则进行商务标评审。商务标的评审由招标工作小组配合评标委员会进行，最后由评标委员会进行决策，具体工作内容如下：

1）评标价计算

评标价计算应由招标工作小组根据招标文件中规定的有关工期、质量等因素对评标价格进行调整的方案，对所有投标人投标报价以及投标文件中的商务部分作必要的价格计算，以求得各投标人的评标价。评标价综合了授标给不同投标人对招标人的经济与财务影响的各相关因素。

评标价的构成与投标价的构成内容基本相似，主要由分部分项工程报价、措施项目报价和其他项目报价等组成，同时还综合考虑有竞争性的记日工和机械台班报价以及货币化的工期、质量、售后服务（保修）、支付条件等诸多因素。在实际运用中应根据招标项目的不同特点和目标要求选择其中的部分或全部评价指标。计算评标价仅供评标用，不作为中标签约的合同价，但中标人的各项承诺应作为合同的一部分。

2）成本分析

招标工作小组计算出评标价后，依据招标文件对报价成本进行分析，特别是对最低评标价是否低于企业个别成本作出界定，并编制分析报告，提交评标委员会评标参考。

成本分析分总体成本分析和个别成本分析两方面。总体成本分析是对各投标人所报的主要综合单价、合价、总价汇总列表，对各投标人自报的各项报价指标进行对比分析，确定总体投标报价水平，鉴别有无异常情况。个别成本分析是对检查各投标单位报价中有无明显违背招标文件规定、低于成本报价的情况，特别是对招标工程量清单暂定价或指定价项目，如报价中的综合单价低于暂定价或指定价，或者低于暂定价或指定价加上税金的，可以界定为低于成本报价。也有招标文件规定，对钢材、商品混凝土等大宗主要材料低于当地造价信息发布价格一定幅度，而又未能提供确保较低价格能够采购的依据的，也可以界定为低于成本报价。经招标工作小组成本分析界定为低于成本报价的，提交评标委员会确认后被淘汰，不能作为中标候选人。

经成本分析后，对合格的评标价进行排序，为评标委员会最终商务标评审提供依据。具体实施有三种方式：一是依据计算评标价由低到高进行排序，去掉低于成本的报价，找到最低的合理价格，对超过该计算评标价的其余标书不再进行评审，该投标人即为中标人；二是依据计算评标价由低到高进行排序，去掉低于成本的报价，取2～3家较低的合理价格，推荐给评标委员会和招标人最终评审；三是对所有通过资格预审且技术标合格的投标人的计算评标价进行分析，去掉低于成本的报价，将余下的计算评标价由低到高进行排序，推荐给评标委员会和招标人最终评审。

3）商务标问题澄清、修正

在商务标评审过程中，对投标文件中含义不明确、对同类问题标书不一致或者有明显文字和计算错误的投标文件，可以要求投标人以书面形式作出必要的澄清、说明和补正，或以会议形式作澄清和答复，这里的补正不得超出投标文件的范围或者改变投标文件的实质性内容。也可按照商务标修正原则进行修正：

① 基础、沟（槽）等土方挖、填、运的报价，必须与施工组织设计相符，并提供报价分析表和实际土方量。报价经澄清未考虑实际土方量的，应按实际土方量调整其报价，然后修正评标的综合单价。

② 主要分部分项工程的综合单价报价低于"平均报价"且明显低于市场合理低价，经评标委员会认定后，按照该项的有效标中最高报价予以修正。

③ 暂定（指定）单价的材料（设备）项目的综合单价报价，扣除税金后等于或接近于暂定（指定）单价的，由投标人作补充综合单价分析并说明理由。如无充分理由，按照此项有效投标人中最高报价予以修正。

④ 综合单价报"0"或"负"的报价，投标人无充分理由说明的，按照该项有效标中最高报价予以修正。

上述修正值的总和，大于等于该投标人的分部分项工程量清单报价扣除暂定（指定）材料（设备）单价的总金额后的报价的5%~10%（具体数值由招标人确定，并在招标文件中载明）作废标处理。

计入评标总价的修正值，不等于中标价。一旦中标，修正值按最不利于该投标人的原则处理。

4）商务标的最终评审

评标委员会根据招标工作小组编制的商务标分析报告，并对最低投标价是否低于成本作出最终认定。当投标人报价明显低于其他投标人报价或者在设有标底时低于标底合理幅度时，应当要求投标人参加合理最低成本价的答辩，作出书面说明，并提供相应证明材料，由评标委员会确定该投标人的报价是否低于成本。对确定为合理最低投标价的投标单位按招标文件规定的评标办法确定中标单位。

（4）中标人的确定

经评审的最低投标价中标人的最后确定，由评标委员会成员通过讨论分析，采用无记名投票表决方式确定。根据成本分析所采用的不同方式，可相应按照以下三种方式确定中标人，一是根据业主授权，经表决得出经评审的合理最低投标报价的投标人即为中标人；二是去掉低于成本报价后的最低评标价和次低评标价为中标候选人，由评标委员会或招标人确定中标人；三是去掉低于成本的报价后，将余下的投标人按计算评标价由低到高的顺序排列，由评标委员会结合技术标的考核情况进行讨论分析评审，推选两家为中标候选人，并递交评标报告，由招标人最终确定中标人。

（5）评标报告的编写

评标报告中应说明招标过程、开标情况及评标情况，对各投标单位的技术标和商务标评审情况进行汇总，说明废标的原因以及推荐中标候选单位的理由。一般应包含以下内容：

1）回标分析一览表；

2）分部分项工程量报价对比表；

3）工程量清单报价偏差调整表；

4）经评审的评标价一览表（需附分析计算书）；

5）经评审的最低价评标价确定表（需作个别成本分析）；

6）补充履约保函计算表；

7）澄清、说明、补正事项纪要；

8）经评审的最低投标价投标人排名和推荐中标人名单及排序；

9）其他说明，如签订合同之前还需处理的事宜等等。

（6）经评审的最低投标价法的特点和应用

近年来，经评审的最低投标法深受业内单位关注，越来越多的建筑工程项目评标采用此种评标办法。经评审的最低投标价法的推广和应用显示了其较大的优越性，主要表现在：

1）操作简单、目标明了，可节省评标时间、提高招标工作的效率；

2）该评标办法对招标、投标的导向性比较强，有利于促进投标单位提高项目管理水平、加强管理、降低成本、增加效益；

3）经评审的最低评标价法对工程造价的控制作用积极有效；

4）在招标过程中不设置标底，充分体现了公开原则和透明度原则，有利于减少"暗箱操作"现象，最大限度地遏制招标过程中的不正当行为；

5）摒弃了烦琐的评标程序，可节省评标时间、提高招标工作效率；

6）最大限度地消除了评标过程中的单位和人为影响。

同时，在实际操作中也反映出在具体实施过程中的一些需要改进的地方：评标过程难以量化，评标没有一个明确的标准，容易"唯价格论"。一方面，若招标文件对标书技术参数表述不准确或评标专家对技术细节的考察出现偏差，极易出现投标单位以最低价中标的现象，很多投标单位就利用这一点，先以低价中标，再通过降低标准、偷工减料、更换材料等手段将工程风险转嫁给业主，使最低价中标成为空谈；另一方面，要正确审核并选择出不低于成本价的合理最低价的投标方，其前提是评标专家对工程中的各项成本有较深的了解，然而种种原因使评标专家很难有充分根据评估投标报价是否低于工程成本价，因此，当报价中没有明显偏差时，评标专家会将最低投标报价的投标单位推荐为中标单位，这种做法实质上根本没有贯彻真正意义上的经评审的最低评标价法。另外还存在着适用范围相对狭窄，工程成本价或最低合理价难以确定，存在投标单位以低于成本价抢标的现象。而且由于工程投标报价仅是招标工程的一个静态价格，工程质量、技术方案、售后服务水平等都将对工程全寿命期的动态价格和工程效益产生影响，因此将投标价格作为唯一评价因素有较大的局限性，不适用于工程量难度较大、技术复杂的工程项目。

2. 综合评估法

综合评估法要求中标单位能够最大限度地满足招标文件中规定的各项评价标准，不宜采用经评审的最低投标价法的招标项目，一般采用综合评估法进行评审。综合评估法的基本原理是：招标单位在全面了解各个投标单位标书内容的基础上，对工程造价，施工组织设计（或施工方案），项目经理的资历和业绩，质量目标，工期安排，信誉，业绩和先进性技术、新材料、新工艺、新设备的应用等因素进行综合评价，并逐一对各指标打分，再乘以权重后累加，确定最高得分者为中标单位，也就是说能最大限度满足招标文件规定的各项评价标准的投标单位，应当推荐为中标人。

当采用综合评估法时，由于工程项目特点不同、工程所在地环境不同、招标单位要求不同，评标方法也相应灵活多样。衡量投标文件是否最大限度地满足招标文件的各项评价标准，可以采取折算为货币、逐项打分等多种方法，需要量化的因素及其权重应当在招标文件中明确规定。

综合评估法评标一般分为两种方式：一是开标后对商务标和技术标同时展开评审；二是先评审技术标后评审商务标的两阶段评标方法，此种评标方法一般适用于有一定施工难度的项目。综合评估法的技术标可采用暗标，即要求投标文件的技术标部分不能有投标单位的任何名称、记号和暗示，开标后即对技术标作保密处理，由评标委员会成员对技术标评审后，再当众开商务标对商务标进行评审，同时公布技术标的评审结果。

（1）技术标的评审内容和方法

技术部分的评标办法一定要与招标工程的特点相适应，一般分为两部分：一部分为技术规范标准部分，投标文件写得好，也仅仅是投标单位作出的承诺，它要靠施工中的日常管理和各方面的监督才能做好，因此这部分的评分分值不宜太高。另一部分是根据工程特点和招标单位要求指定的有针对性的施工方案和措施，这部分的评标办法应先提出相应的要求，并将各投标单位的内容进行技术经济比较，这部分的评分分值应相对较高。一般情况下，技术标的评审主要是施工组织设计的评审，评审内容主要包括以下几个方面：

1）主要分部分项工程施工方案的评审

① 施工准备

施工准备评审一般包括施工现场的三通一平（包括土方的竖直方向）、水准和标高的引测、施工用水和用电量的计算、施工总平面布置图的相关问题、施工流向和流水作业的组织等。

② 地下部分施工

主要评审内容有制桩和打桩、围护、挖土、降水、钢筋、混凝土、砌筑、模板等工程。

③ 主体结构部分施工

主要评审内容有钢筋、模板、混凝土、砌筑、垂直运输、结构吊装、脚手架工程。

④ 装饰部分施工

主要评审内容包括非承重墙隔断、顶棚、室内装修、室外装修、楼地面、防水、门窗等工程。

⑤ 安装部分施工

一般评审内容有水、电、通风以及其他设备安装工程。

⑥ 室外总体部分施工

一般评审内容有道路、雨、污水管、围墙、绿化等工程。

⑦ 对分包工程的管理

主要评审对专业分包和建设方指定分包的工程，如何进行总承包的协调、服务和管理。

2）施工平面图布置

施工平面图评审应包括施工总平面布置图、打桩施工平面布置图、土方施工平面布置图、基础施工平面布置图、主体结构施工平面布置图、装饰施工平面图等，有时有立面图的评审。

3) 保证安全文明的施工技术措施

评审内容除了遵守《施工现场安全保证体系》等一系列安全规范规程的一般要求外，还包括是否有针对项目施工的特点、适合用于本工程的保证安全生产及文明施工的特别技术措施。

4) 保证质量的技术措施

评审重点内容是有无根据项目施工特点、针对各个分部分项施工中容易发生的质量问题及可能发生的质量通病，预先提出预防的技术措施。

5) 季节性施工等其他措施

评审重点内容在于有无根据施工进度计划及当地的气象情况，对有可能在冬期、雨季、台风季节施工的项目提出相应的施工技术措施，也可以根据要求采用其他方面的措施。

6) 施工总进度计划及单位工程施工进度计划

评审内容包括单位工程进度计划是否与工程总进度计划相符，各单位工程形象进度与总形象进度是否均应满足招标文件的要求。

7) 各种需要计划表

评审内容包括根据施工总进度计划及单位工程进度制订的钢筋、水泥、商品混凝土、劳动力、大型施工机械设备等需求计划表、进场计划安排等。

根据招标项目的特点和招标人的要求，在评标时要对有针对性的施工方案、技术措施和各类计划进行评审，同时要对投标单位有关的管理体系认证、工程质量获得的有关奖项、近三年类似工程业绩及项目经理和技术负责人的简历等企业资信业绩进行打分。表5-1是仅供参考的信誉和技术标部分一般的评分标准表，具体工程要具体分析应用。

技术标评分标准表   表 5-1

	项目	标准分	评分标准				
			优	良	中	可	差
信誉评分（25分）	企业信誉	5	5~4.5	4.5~4	4~3	3~2	2分以下
	现场机构及项目部主要管理人员类似工程业绩	10	10~9	9~8	8~6.5	6.5~5	5分以下
	项目经理业绩	10	10~9	9~8	8~6.5	6.5~5	5分以下
技术标评分（75分）	施工总体部署及现场总平面布置	10	10~9	9~8	8~6.5	6.5~5	5分以下
	施工难点、要点及质量保证措施	10	10~9	9~8	8~6.5	6.5~5	5分以下
	机械设备、周转材料和劳动力投入	10	10~9	9~8	8~6.5	6.5~5	5分以下
	安全文明施工措施	10	10~9	9~8	8~6.5	6.5~5	5分以下
	工期保证措施	5	5~4.5	4.5~4	4~3	3~2	2分以下
	工期	30	满足工期要求的得10分，每提前一天加1分，加分最高不得超过20分				

（2）商务标的评审办法

采用综合评估法评标时，在满足招投标基本原则的基础上有多种多样的评标办法可由招标单位选择制订，下面介绍三种常用的商务标的评标办法。

1）综合评估法——比例法

此办法用于技术较难、性能标准较高或者招标单位对工程技术性能有特殊要求的施工招标项目。以经评审的最低投标报价为基准进行比较，高于经评审的最低投标报价按比例扣减商务标得分。计算公式如下：

$$商务标得分 = C \times \left[1 - \frac{经评审的投标报价 - 经评审的最低报价}{经评审的最低报价} \right] \tag{5-1}$$

式中，C 为商务标权数分值，一般可为 50～80 分。

$$总得分 = 商务标得分 + 技术标得分 \tag{5-2}$$

如考虑扣分系数，将上述商务标评分公式稍做改动，又能得出新的商务标的评标方法：

$$商务标得分 = C \times \left[1 - B \times \frac{经评审的投标报价 - 经评审的最低报价}{经评审的最低报价} \right] \tag{5-3}$$

式中，B 为扣分系数，可以是 1～10 之间。

从式中可以看出，可以根据工程项目的特点和招标要求调整商务标和技术标的比重系数 C，也可以通过扩大系数 B 的数值，增强工程报价的经济合理性。如将 C 调整为 50，B 调整为 4，即各评标价每高于最低评标价 1%，将会被扣除 2 分。

2）综合评估法——合理基准加（减）分法

这种商务标评标办法将甄别后各投标报价进行算术平均作为基准价的基准分，各投标单位经评审的评标报价与基准价进行比较加减分后得出商务标评分，此方法适用于投标单位较多（7 名以上）的工程投标。计算步骤如下：

① 甄别异常报价

对经评审后的投标报价进行一次性甄别，出现下列异常情况的商务标书只给常数分 K，不再进行基准价的加减评分。

a. 最高评标价高于次高评标价 $n\%$ 者（含 $n\%$）：

$$n\%（高） = \left[\frac{最高评标价 - 次高评标价}{次高评标价} \right] \times 100\% \tag{5-4}$$

b. 最低评标价低于次高评标价 $m\%$ 者（含 $m\%$）：

$$m\%（低） = \left[\frac{次低评标价 - 最低评标价}{次低评标价} \right] \times 100\% \tag{5-5}$$

式中，m、n 分别根据项目的特征，在评标办法中事先确定。m、n 一般为 5～20；常数分 K 是指商务标书出现 a 或 b 情况时得到的分数，是一个事先规定好的常数，30%×C ≤K≤70%×C（C 为商务标权数总得分值）。

② 计算合理基准价

在甄别后，去掉一个最高评分、一个最低评分，然后用算术平均法求出基准价。

③ 计算得分

得出基准价后确定基准分和加减分，然后根据以下规定，求出各投标单位的商务标得分（商务标得分值保留一位小数，最小计分单位为 0.1 分）：

 a. 基准分由评标办法约定，一般房屋建筑（50% ~ 80%）× C，应大于 K 值；

 b. 总报价每高出基准价_____% ，基准分减_____分，最少减至 K 分；

 c. 总报价每低于基准价_____% ，基准分加_____分，最多加至 C 分。

$$总得分 = 商务标得分 + 技术标得分 \tag{5-2}$$

一般，每高出（低于）基准价 1% ，减（加）分应 ≥1 分。

3）综合评估法——技术基准加（减）分法

此办法是以技术优势为主要因素确定基准分，然后进行加减分的一种评标办法。在工程规模大、施工技术难度高且施工方案的优劣对工程造价影响较大时使用，主要适用于施工技术难度大且施工方案的竞争性极强或设计施工总承包招标工程。

① 确定基准价

 a. 对各投标单位经评审后的投标价即评标价 B_i 计算算术平均值，得出 A_1；

 b. 将在 65% A_1 ~ 115% A_1 区间范围内的评标价计算算术平均值，得出 A_2；

 c. 取 70% A_2 ~ 100% A_2 区间范围内的评标价计算算术平均值，得出 A_3；

 d. 取技术标得分第一名的评标价为 A_4；

 e. 取技术标得分第二名的评标价为 A_5。

$$基准价为：A_0 = 80\% \times A_3 + 12\% A_4 + 8\% A_5 \tag{5-6}$$

对上述百分比幅度和权数的设定，可根据不同情况做调整，并在评标办法中约定。

② 基准价的简化确定方法

按技术标的排列名次，分别列出经评审后的投标报价 B_i，然后设定相对应的权数 a_i，一般 $a_i > a_j$，$i < j$，$\sum a_i = 100\%$，具体权重应在评标办法中事先约定，最后计算基准价：

$$A_0 = \sum B_i \times a_i \tag{5-7}$$

③ 计算商务标得分

$$当 B_i > A_0 时，Q_i = C - \frac{B_i - A_0}{A_0} \times 100 \times a \tag{5-8}$$

$$当 B_i < A_0 时，Q_i = C - \frac{B_i - A_0}{A_0} \times 100 \times b \tag{5-9}$$

式中 C ——商务标权数分值；

     Q_i——对应 B_i 的商务标得分值；

     a——高于基准价 A_0 的扣分系数，由评标办法约定；

     b——低于基准价 A_0 的扣分系数，由评标办法约定。

各投标单位的商务标得分最高为 C 分，最低为 0 分。

$$总得分 = 商务标得分 + 技术标得分 \tag{5-2}$$

3. 法律、行政法规允许的其他评标方法

在法律、行政法规允许的范围内，招标人也可以采用其他评标方法。如建设部在 1996 年发布的《建设工程施工招标文件范本》中规定，可以采用评议法。评议法不量化评价指标，通过对投标人的能力、业绩、财务状况、信誉、投标价格、工期、质量、施工方案（或施工组织设计）等内容进行定性分析和比较，经过评议后，选择投标人在各指标中都比较优良者为中标单位，也可以用表决的方式确定中标人。当然，评议法是一种比较特殊的评标方法，只有在特殊情况下才能采用。另外还有世界银行、亚洲开发银行贷款项目，可采用世行、亚行规定的评标办法。

5.1.3　评标的步骤

投标文件的评审一般可以按照符合性评审、技术性评审和商务性评审依次进行。

5.1.3.1　符合性评审

投标文件的符合性评审包括：投标单位是否按照招标文件的要求递交投标文件，对招标文件有无重大或实质性的修改，投标保证金是否已经提交，投标文件是否按照招标文件所提供的格式填写，投标文件签署是否符合要求，授权书、营业执照是否符合规定。如是联合体投标，其联合协议是否符合招标文件的要求，有无外汇需求表、报价人民币数量明细表和外汇数量明细表，已标价的工程量清单以及其他招标公司和招标单位认为投标单位应当在投标文件中说明的其他事项是否齐全、规范。

通过对投标文件的符合性评审，就可选出符合招标文件要求、法律程序完善的投标文件，对于不同的招标工程项目，其合格性审查的内容虽有不同，但以上各项审查都是必须的。

对基本符合招标文件要求的投标文件，在符合性评审时要通过标价的统计和计算进行算术性校核，检查是否有统计或计算错误，若错误在允许范围内，由评标小组予以改正，并通知投标单位，由其签字确认。

在符合性评审时还要进行商务法律评审，所谓商务法律评审也就是对投标文件进行响应性检查，投标单位在响应原招标文件要求的基础上进行多方案报价时，要充分审查和评价其建议方案中对原招标文件中各方的权利、义务条款修改，方案的可行性，以及可能产生的价值效益与风险。

5.1.3.2　技术性评审

经符合性评审合格的投标文件，评标委员会应当根据招标文件确定的评标标准和方法，对技术标中的施工方案、进度计划、施工项目管理机制作出进一步评审和比较。技术性评审就是对投标施工方案所进行的具体、深入的分析评价，包括施工方法和技术措施是否可靠、合理、科学和先进，能否保证施工的顺利进行，确保施工质量；是否充分考虑了气候、水文、地质等各种因素的影响，并对施工中可能遇到的问题作了充分的估计，并设计了妥善的预处理方案；施工进度计划是否科学、可行；材料、设备、劳动力的供应是否有保障；施工场地平面图设计是否科学、合理等。而项目组织管理评审主要是检查组织机构模式是否合适，所配备管理人员的能力和数量是否满足施工需要；是否建立了满足项目管理需要的质量、工期、安全、投资等保证体系。

实际上技术标评审是在熟悉招标文件、施工图纸及有关技术资料，了解施工现场的基础上进行的。评审分析时要对每一个投标文件的技术部分逐一进行认真阅览，找出其中的重大偏差和细微偏差，提出由投标单位作出澄清、说明和补正内容的清单。对于技术、性能标准有较高的要求或者有特殊要求的的项目，对投标文件技术部分评分时，应按照评标办法制定分析比较表，根据招标项目和招标单位的要求，把对以后施工起指导性作用的施工方案、技术措施和各类计划进行重点的优缺点比较分析，记录在比较表内，作为评标打分和写评标报告的依据。

5.1.3.3   商务性评审

经技术性评审合格的投标文件，评标委员会应当根据招标文件的评标标准和方法，对投标文件的商务标作出评审，确定中标候选人或中标人。商务性评审时首先要对投标文件的工程量进行复核，复核工程量是否漏项、添项，再对报价进行分析审核，除了要看其总报价的高低，还要分析其报价的合理性，和标底进行详细的分析对比，对差异较大之处找出原因，分析评定是否合理。允许投标者采用不平衡法报价，但不允许严重的不平衡报价，以免报价失去其合理性，而给业主带来较大风险。当投标者提出付款方面的建议和优惠条件时，要充分估计其风险性。商务性评审主要评审内容如下：

（1）投标报价数据计算的准确性

1）报价的范围和内容是否有遗漏或修改；

2）报价中的每一单项价格计算是否正确。

（2）报价构成的合理性

1）通过分析投标报价中有关前期费用、管理费用、主体工程和各专业工程项目价格，判断投标报价是否合理；

2）对没有具体的工程量清单，只填单价的零星工程机械台班费和人工费进行合理性分析；

3）分析投标文件中各阶段的资金需求计划是否与施工进度计划相一致；

4）进行技术标与商务标相符性分析，分析技术标中使用的施工措施、材料、工艺等所产生的费用是否与商务标中各项相应费用一致。

（3）对建议方案的商务评审

1）分析投标文件中提出的财务或付款方面的建议；

2）估计接受这些建议的利弊及可能导致的风险。

（4）在评审过程中，评标委员会若发现投标单位的报价明显低于招标单位的标底或其他投标单位报价，使得其投标报价可能低于其个别成本的，应当要求该投标单位作出书面说明，并提出相关证明材料，投标单位不能作出合理说明或则提供相关证明材料的，由评标委员会认定该投标单位以低于成本报价竞争，作废标处理。

在工程投标中，商务标在评标时所占权重为50%以上，提高商务标得分是整个投标过程的核心，商务标得分高低直接影响到投标单位能否中标，因此，要注意提高建筑工程投标文件中商务标部分得分，增加中标几率。

5.1.4   评标应注意的问题

1. 资质等级要求

（1）应根据项目的技术要求，确定投标人的资质等级，不得随意提高资质等级排斥潜在投标人。

（2）施工总承包招标，投标人的资质应当是总承包资质，不得同时要求投标人具备多种总承包资质和专业承包资质。如项目确有需要的，可要求投标人组成联合体或者要求投标人在投标时明确拟分包的专业工程及相应的专业分包单位情况。

2. 资格审查

对于技术特别复杂或者具有特殊专业要求确需采用资格预审确定投标人的，应采用合格制的审查方式，即招标人应当对不合格的潜在投标人提出充分的理由，不得以"打分法"等办法对投标人的数量进行限制。

3. 评标依据

评标的根据是招标文件，评标必须符合招标文件的要求，尤其是评标的标准、准则、因素应基于招标文件的规定，不得采用招标文件规定以外的标准、准则、因素进行评标。

4. 评标货币

当工程招标采用国际招标时，如果总报价要求以一种货币来表示，则应首先按招标文件《投标单位须知》中规定的投标用货币的汇率，折算成作为评标基础的同一种货币，然后再进行比较。

在投标人以多种货币报价时，一般都要换算成招标人规定的同一货币进行评标。这样情况下主要涉及两个问题：一是采用什么时间的汇率；二是对外汇金额占总报价比例的限制。对于多种货币的之间的换算汇率。对于多种货币之间的换算汇率，世界银行贷款项目和 FIDIC 合同条件都规定，除非在合同条件的专用条件中另有说明，应采用投标文件递交截止日期前 28 天当天由工程施工所在国中央银行决定的通行汇率；而我国《评标委员会和评标方法》规定："以多种货币报价的，应当按照中国银行在开标日公布的汇率中间价换算成人民币。"

5. 评标的价格基础

我国规定的评标价格基础：从中国境内提供的货物，为中国工厂出厂价；从中国境外提供的货物，为成本加运输费以及运输保险费，即目的港到岸价。

6. 评标问题的澄清

评标过程中，评标委员会在认为有必要时，可以单独约请投标单位举行澄清问题会，要求他对某些问题作出解释，或进一步提供补充性说明材料。澄清问题会纯粹是评标过程中的一种技术性安排，不允许对投标文件做实质性改动，评标委员会也不能透露任何评审情况。澄清内容也要整理成书面材料，作为投标文件的组成部分。

5.1.5 案例分析

某建筑工程施工招标采用公开招标方式，有 A、B、C、D、E、F 6 家承包商参加投标，经资格预审确认该 6 家承包商均满足业主要求。该工程采用两阶段评标，评标委员会由 7 名委员组成，评标的具体步骤如下：

1. 第一阶段：评技术标

技术标共计 40 分：其中施工方案 15 分，总工期 8 分，工程质量 6 分，项目管理班子 6 分，企业信誉 5 分。

技术标各项内容的得分，为各评委评分去掉一个最高分和一个最低分后的算术平均数。技术标合计得分不满 28 分者，不再评其商务标。

表 5-2 为各评委对 6 家承包商施工方案评分的汇总表，表 5-3 为各承包商总工期、工程质量、项目管理班子、企业信誉得分汇总表。

施工方案评分汇总表

表 5-2

投标单位 \ 评委	一	二	三	四	五	六	七
A	13.0	11.5	12.0	11.0	11.0	12.5	12.5
B	14.5	13.5	14.5	13.0	13.5	14.5	14.5
C	12.0	10.0	11.5	11.0	10.5	11.5	11.5
D	14.0	13.5	13.5	13.0	13.5	14.0	14.5
E	12.5	11.5	12.0	11.0	11.5	12.5	12.5
F	10.5	10.5	10.5	10.0	9.5	11.0	10.5

总工期、工程质量、项目管理班子、企业信誉得分汇总表

表 5-3

投标单位	总工期	工程质量	项目管理班子	企业信誉
A	6.5	5.5	4.5	4.5
B	6.0	5.0	5.0	4.5
C	5.0	4.5	3.5	3.0
D	7.0	5.5	5.0	4.5
E	7.5	5.0	4.0	4.0
F	8.0	4.5	4.0	3.5

2. 第二阶段：评商务标

商务标共计 60 分。以标底的 50% 与承包商报价算术平均价的 50% 之和为基准数，但最高（或最低）报价高于（或低于）次高（或次低）报价的 15% 者，在计算承包商报价算术平均数时不予考虑，且商务标得分为 15 分。

以基准价为满分（60 分），报价比基准价每下降 1%，扣 1 分，最多扣 10 分；报价比基准价每增加 1%，扣 2 分，扣分不保底。表 5-4 为标底和承包商的报价汇总表。

标底和各承包商报价汇总表

表 5-4

投标单位	A	B	C	D	E	F	标底
报价	13656	11108	14303	13098	13241	14125	13790

3. 计算结果（保留两位小数）

为了便于说明问题，我们以两种情形来分析。

情形一：按综合得分最高者中标的原则确定中标单位。

第一步：计算各投标单位施工方案的得分，见表 5-5。

施工方案得分计算表　　　　　　　　　　　表 5-5

投标单位＼评委	一	二	三	四	五	六	七	平均得分
A	13.0	11.5	12.0	11.0	11.0	12.5	12.5	11.9
B	14.5	13.5	14.5	13.0	13.5	14.5	14.5	14.1
C	12.0	10.0	11.5	11.0	10.5	11.5	11.5	11.2
D	14.0	13.5	13.5	13.0	13.5	14.0	14.5	13.7
E	12.5	11.5	12.0	11.0	11.5	12.5	12.5	12.0
F	10.5	10.5	10.5	10.5	9.5	11.0	10.5	10.5

第二步：计算各投标单位技术标得分，见表 5-6。

技术标得分计算表　　　　　　　　　　　表 5-6

投标单位	施工方案	总工期	工程质量	项目班子	企业信誉	合计
A	11.9	6.5	5.5	4.5	4.5	32.9
B	14.1	6.0	5.0	5.0	4.5	34.6
C	11.2	5.0	4.5	3.5	3.0	27.2
D	13.7	7.0	5.5	5.0	4.5	35.7
E	12.0	7.5	5.0	4.0	4.0	32.5
F	10.5	8.0	4.5	4.0	3.5	30.5

从表 5-6 我们可以看出承包商 C 的技术标得分仅为 27.2，小于 28 分的最低限，按规定，不再评审承包商 C 商务标，就是说承包商 C 的投标文件作废标处理。

第三步：计算各承包商的商务标得分，见表 5-7。

商务标得分计算表　　　　　　　　　　　表 5-7

投标单位	标价（万元）	报价与基准价的比例（%）	扣分	得分
A	13656	$(13656/13660) \times 100 = 99.97$	$(100 - 99.97) \times 1 = 0.03$	59.97
B	11108			15.00
D	13098	$(13098/13660) \times 100 = 95.89$	$(100 - 95.89) \times 1 = 4.11$	55.89
E	13241	$(13241/13660) \times 100 = 96.93$	$(100 - 96.93) \times 1 = 3.07$	56.93
F	14125	$(14125/13660) \times 100 = 103.40$	$(103.40 - 100) \times 2 = 6.80$	53.20

表 5-7 中 B 单位报价：$(13098 - 11108)/13098 = 15.19\% > 15\%$，按规定只能得基准分 15 分，而且承包商 B 的报价 11108 万元在计算基准价时应不予考虑。

F 单位的报价：$(14125 - 13656)/13656 = 3.43\% < 15\%$，在合理范围内。

计算基准价 $= 13790 \times 50\% + (13656 + 13098 + 13241 + 14125)/4 \times 50\% = 13660$（万元）。

第四步：计算各承包商的综合得分，见表 5-8。

综合得分计算表   表 5-8

投标单位	技术投标分	商务标得分	综合得分
A	32.9	59.97	92.87
B	34.6	15.00	49.60
D	35.7	55.89	91.59
E	32.5	56.93	89.43
F	30.5	53.20	83.70

经评标计算承包商 A 的综合得分最高，故选承包商 A 为中标单位。

情形二：若该工程未编制标底，以各承包商报价的算术平均数作为基准价，其余评标规定不变，按原定标原则确定中标单位。

第一步：计算基准价 = (13656 + 13098 + 13241 + 14125)/4 = 13530（万元）。

计算中由于情形一中的情况，计算基准价时不考虑承包商 B 的报价。

第二步：计算各承包商的商务标得分，见表 5-9。

商务标得分计算表   表 5-9

投标单位	报价（万元）	报价与基准价的比例（%）	扣　分	得分
A	13656	(13656/13530)×100 = 100.93	(100.93 − 100)×2 = 1.86	58.14
B	11108			15.00
D	13098	(13098/13530)×100 = 96.81	(100 − 96.81)×1 = 3.19	56.81
E	13241	(13241/13530)×100 = 97.86	(100 − 97.86)×1 = 2.14	57.86
F	14125	(14125/13530)×100 = 104.40	(104.40 − 100)×2 = 8.80	51.20

第二步：计算各承包商的综合得分，见表 5-10。

综合得分计算表   表 5-10

投标单位	技术标得分	商务标得分	综合得分
A	32.9	58.14	91.04
B	34.6	15.00	49.60
D	35.7	56.81	92.51
E	32.5	57.86	90.36
F	30.5	51.20	81.70

经评标计算，承包商 D 的综合得分最高，故选择承包商 D 为中标单位。

从以上分析可以看到，针对两阶段评标法所需注意的问题和报价合理性的要求，虽然评标大多采用定量方法，但实际操作相当程度上仍受主观因素的影响，这在评定技术标时显得尤为突出，因此需要在评标时尽可能减少这种影响，就像本案例中将评委对技术标的评分去除最高分和最低分后再取算术平均数，其目的就在于此。案例中商务标的评分似乎较为客观，实际上受评标具体规定的影响仍然很大。通过情形一和情形二的比较，说明了评标的具体规定不同，商务标的评分结果可能不同，甚至可能改变评标的最终结果。

因此，认真研究评标方法，进行模拟性的报价得分分析，对加强投标单位报价的有利性、提高评标得分是很有益处的。

5.2 技术标的编制

技术标，是投标单位投标报价的前提条件，也是评标委员评标时要考虑的重要因素之一。技术标应由投标单位的技术负责人员主持编制，主要考虑施工方法、主要施工机具的配置、各工种劳动力的安排、现场施工单位间的协调、施工进度及分批竣工的安排、安全措施等。施工方案的制订应能在技术和工期两方面对招标单位有吸引力，又能有效降低施工成本。评标一般先进行技术标评审，然后进行商务标评定，因此对投标单位来说，在投标过程中，如何做好技术标，顺利地通过评标委员会的第一阶段评审，是能否中标的关键一步。

5.2.1 技术标的组成

技术标主要包括以下几个方面的内容：

（1）指导思想和实施目标

1）指导思想；

2）实施目标；

3）招标、设计和投标单位概况；

4）工程环境情况；

5）工程特点及项目实施条件分析；

6）工程具体要求；

7）安全管理目标；

8）文明施工目标；

9）科技进步目标；

10）施工保修目标；

11）其他内容。

（2）编制依据及原则

1）编制依据；

2）编制原则。

（3）工程概况

1）建筑概况；

2）结构概况；

3）工程施工条件；

4）工程施工特点；

5）工程施工重点；

6）工期要求、质量要求及安全要求。

（4）施工准备工作的内容

1）技术准备；

2）物资准备；

3）劳动组织准备；

4）施工现场准备；

5）施工场外准备。

（5）施工方案

1）主要项目的施工方案；

2）关键部位的技术措施；

3）主要分部分项工程的施工方法；

4）基础工程；

5）钢筋工程；

6）模板工程；

7）混凝土工程；

8）砌体工程；

9）抹灰工程；

10）内墙及顶棚的装饰；

11）外墙面装饰工程；

12）楼地面工程；

13）屋面工程；

14）门窗工程；

15）季节性施工措施。

（6）施工部署

1）指导思想；

2）施工组织；

3）施工管理目标；

4）组织机构；

5）施工区段划分及组织；

6）总体施工流程；

7）施工准备工作计划。

（7）主要施工机械及设备的供应计划

1）主要施工机械设备计划；

2）施工仪器及通信设备计划；

3）主要周转材料需用计划；

4）主要材料需用计划；

5）劳动力需求计划。

（8）确保工程质量的技术组织措施和施工成本计划

1）质量计划及施工质量保证措施；

2）施工成本计划；

3）创优措施。

（9）确保工期和安全文明施工方法的组织措施

1）安全生产管理机构；

2）安全生产管理制度及安全生产管理流程；

3）施工总进度计划和工期保证措施；

4）确保安全的组织和技术措施。

（10）工期网络图

（11）施工总平面布置

1）平面布置原则；

2）平面布置依据；

3）平面布置管理；

4）临时设施布置；

5）施工用水、用电计算。

（12）项目管理机构配备情况

1）项目管理机构配备情况表；

2）项目经理简历表；

3）项目技术负责人简历表；

4）项目管理机构配备情况辅助说明资料。

（13）拟分包项目情况表

（14）对总承包管理的认识及对专业分包的配合、协调、管理与服务方案

（15）与设计单位、招标单位、监理单位、供应商及独立分包单位的配合、协调

（16）成品保护工作计划

（17）风险管理方案

（18）新技术使用计划

（19）资信材料

资信材料一般包括：企业概况，企业资质等级，营业执照，项目经理业绩和主要工程管理人员和技术人员的资质和业绩，近年来所完成工程的情况，企业所取得的各种荣誉和证书（包括企业信誉等级、安全认证证书、工程优良证书、示范工程证书、安全文明工地证书、企业 ISO 9002 资格认证证书）等。

5.2.2 技术标编制的常用图表

投标施工组织设计编制的具体要求是：应用图文并茂的形式说明各分部分项工程的施工方法，拟投入的主要施工机械设备情况、劳动力计划等；针对招标工程特点和招标文件要求提出切实可行的文明施工、安全、质量、进度、技术组织措施；针对关键工序、复杂重点环节提出相应的技术措施，如冬期、雨季施工技术措施，减少噪声扰民、降低环境污染技术措施，地下管线及其他地上地下设施的保护加固措施等。

5.2.2.1 投标施工组织设计编制常用图表及格式

1. 拟投入的主要施工机械设备表（表 5-11）

拟投入的主要施工机械设备表　　　　　　　　　　　表 5-11

_____工程

序号	机械或设备名称	型号规格	数量	国别产地	制造年份	额定功率（kW）	生产能力	施工部位	备注

2. 劳动力计划表（表 5-12）

劳动力计划表　　　　　　　　　　　　　　表 5-12

_____工程　　　　　　　　　　　　单位：人

工种	工程施工阶段投入劳动力情况					
	基础阶段	土建机构阶段	屋面工程阶段	安装阶段	装修阶段	……
钢筋工						
混凝土工						
瓦工						
装修工						
安装工						
……						

注：1. 投标单位应按所列格式提交包括分包单位在内的估计劳动力计划表。

　　2. 本计划表是以每班 8 小时工作制为基础编制。

3. 计划开、竣工日期和施工进度网络图

（1）投标单位应提交施工进度网络图或施工进度表，说明按招标文件要求的工期进行施工的各个关键日期；中标的投标单位还应该按合同条件有关条款的要求提交详细的施工进度计划。

（2）施工进度计划表可采用网络图（或横道图）表示，说明计划开工日期和各分项工程各阶段的完工日期以及分包单位进出场日期。

（3）施工进度计划表应与施工组织设计相适应。

4. 施工总平面图

（1）确定起重机的位置；

（2）布置材料和构件的堆场；

（3）布置运输道路；

（4）布置各种临时设施；

（5）布置临时水电管网；

（6）布置安全消防设施。

5. 临时用地一览表（表 5-13）

临时用地一览表 表 5-13

_____工程

用　　途	面积（m²）	位　　置	需用时间
临时仓库			
砂料堆场			
钢筋加工场			
……			
合计			

注：1. 投标单位应逐项填写本表，指出全部临时设施用地面积以及详细用途。

2. 若本表不够，可另加附页。

5.2.2.2　项目管理机构配备情况说明用表

1. 项目管理机构配备情况表（表5-14）

项目管理机构配备情况表 表 5-14

_____工程

职务	姓名	职称	执业或职业资格证明					已承担在建工程情况	
			证书名称	级别	证号	专业	原服务单位	项目数	主要项目名称

一旦我单位中标，将实行项目经理负责制，我方保证配备上述项目管理机构。上述填报内容真实，若不真实，愿按有关规定接受处理。项目管理班子机构设置、职责分工等情况另附资料说明。

2. 项目经理简历表（表5-15）

项目经理简历表 表 5-15

_____工程

姓名		性别		年龄	
职务		职称		学历	
参加工作时间				担任项目经理年限	
项目经理资格证书编号					

在建和已完工程项目情况

建 设 项 目 名 称	建设规模	开、竣工日期	在建或已完	工程质量

3. 项目技术负责人员简历表（表5-16）

项目技术负责人员简历表　　　　　　　　　　表 5-16

_____工程

姓名		性别		年龄	
职务		职称		学历	
参加工作时间				担任技术负责人员年限	
资格证书编号					
在建和已完工程项目情况					
建设项目名称		建设规模	开、竣工日期	在建或已完	工程质量

4. 项目管理机构配备情况辅助说明资料

（1）辅助说明资料主要包括管理机构的机构设置、职责分工、有关复印证明资料以及投标单位认为有必要提供的资料，辅助说明资料格式不做统一规定，由投标单位自行设计。

（2）项目管理班子配备情况辅助说明资料另附，与投标文件一起装订。

5. 2. 2. 3　投标工程拟分包项目情况用表（表5-17）

投标工程拟分包项目情况用表　　　　　　　　表 5-17

_____工程

分包单位名称			地址		
法定代表单位		营业执照号码		资质等级证书号码	
拟分包的工程项目	主要内容		预计造价（万元）		已经做过的类似工程

注：1. 所有证明均须备原件备查。

2. 各投标单位的技术标按表中内容顺序统一格式编写，如果投标单位技术标某一评分内容缺项，评分小组可给0分或认定废标。

3. 技术标编制要求内容简扼要，重点突出，针对性强。

5. 2. 3　技术标评审流程

技术标的评审，即对投标人的施工组织设计或施工方案进行评审。主要内容包括：施工方案和方法，进度计划，采用新技术、新工艺对提高质量、缩短工期、降低造价等的可行性，质量保证体系与措施，现场平面布置和安全文明施工措施的合理性、科学性，主要机具、设备和劳动力的配置，项目经理和主要技术、管理人员的配备等。具体工程可根据其特点设置评审内容。投标人采用具有自主知识产权的新工艺、新技术及施工方法和措施，也应进行评审，评审的方法由评标委员会确定。一般技术标的评审包括投标技术文件的阅读、技术标文件的优缺点评述、技术标文件的打分、推荐技术标中标候选人和对中标候选人的技术文件提出改进建议等几个步骤。

5.2.3.1 投标技术文件的阅读

符合性评审结束后，评标专家要对合格的技术标文件进行阅读，重点阅读其中的施工组织设计，特别是施工方案、施工工期、施工工艺等关系工程安全、质量和工期的主要施工技术措施和关键技术的表述，断定其针对性及可行性。

5.2.3.2 技术标文件的优缺点评述

技术标文件阅读后，评标专家要对各投标单位关于项目施工平面布置图、方案的可行性、进度的可靠性、质量保证体系、安全文明施工管理体系和保证措施、项目的主要人员情况、施工机械设备及劳动力配置情况等进行对比分析，指出多份技术标文件的特点及优缺点，分析承包商提出的对招标文件的技术建议和建议方案，作出尽量详细的评述，以便给技术标打分。

（1）项目方案的可行性

项目方案的可行性是技术标评审时重点评审的内容，根据招标工程招标范围，可包括设计方案的可行性、采购方案的可行性、施工方案的可行性和试车方案的可行性。

（2）项目进度的可靠性

项目进度的可靠性包括设计进度、采购进度、施工进度和试车进度的可靠性。设计进度可靠性，可通过分析设计进度安排的合理性、设计装备情况、各设计专业之间的衔接和设计阶段投入技术人员的数量及其水平进行衡量；采购进度可靠性，可通过分析采购程序和采购进度安排的合理性、采购各阶段投入的人员数量来进行衡量；施工进度可靠性，可通过分析施工进度安排的合理性、施工机械和装备水平、施工各阶段投入的劳动力数量和管理人员数量和水平来衡量；试车进度可靠性，可通过分析试车进度安排的合理性、试车阶段投入技术人员的数量和水平来衡量。

（3）质量保证体系

评审质量保证体系，首先是要分析承包商是否拥有一整套专门保证项目质量，并符合《建设工程质量管理条例》等法律法规、规范标准和 ISO 9001、GB/T 19001 认证体系的质量保证体系，然后再对承包商所提供的质量保证体系的可操作性进行评估。

（4）分包商的技术能力和施工经验

招标文件一般要求承包商列出其拟选定的专业工程分包商、设计分包商、施工分包商等。因此，评审分包商的技术能力和施工经验，可以分析这些分包商的专项方案和措施，甚至调查主要分包商过去的业绩和信誉。

5.2.3.3 技术标文件的打分

技术标书的评审往往采用多技术专家打分的办法，以达到对各投标单位技术标量化比较的目的。技术标评分分值权重可占百分制的 30～40 分，应该在招标文件中明确规定。

具体而言，一般预先确定评分项目，如质量控制措施、进度安排、文明施工、平面布置等方面，并明确打分值范围。主要打分评审项目有：

（1）总体施工方案与本工程特点、难点及对策的结合情况。

（2）施工进度计划是否有确保工程按时完成的各项措施，总工期计划是否切实可行。

（3）保证安全、文明生产的技术措施是否得力，且符合实际，是否有齐全的保证体系。

（4）保证质量的技术措施是否得力，且符合实际，是否有齐全的质量保证体系。

（5）投入施工机械设备及劳动力配置情况是否具体到位，符合实际，是否能满足工程实际需要。

（6）施工总平面图布置是否科学合理，各施工设施、临时用房和施工作业面布局是否得当，施工道路是否通畅，起重机的位置、材料和构件的堆场、各种临时设施、临时水电管网、安全消防设施是否协调到位。

如果上述各项中有缺项，则评定该项为零分，且技术标中不得出现与本工程项目无关的内容。否则，经评委讨论后，可视情节轻重在得分中扣除相应分值，具体扣分分值，按招标文件规定或由评标委员会确定。

（7）施工工期评审

施工工期评审设置基本分，投标单位自报总工期满足建设单位要求工期的，得基本分；在此基础上有提前的，按招标文件规定计算加分；有承诺实际施工不满足投标工期处罚措施者，再得奖励分。

（8）工程质量评审

如果工程质量评审分值也设置基本，自报质量等级"一次性验收合格"者得基本分；自报质量等级"一次验收合格"且有具体处罚措施者，得加分；有自报质量等级有获奖要求的，得奖励分。

（9）综合保险评审

针对外来从业人员用工人和综合保险费报价，能满足招标文件要求者得基本分，否则不得分。

专家评委根据上述评审内容分析评定后，独立打分，要求在评标标准规定范围内打分，超出打分范围的无效，并给出各投标单位汇总得分，如表5-18所示。

×××工程技术标评分表　　　　　　　　　　　　　表 5-18

投标人	甲	乙	丙	丁	……
施工方案（9~12分）	10	11	10	9	
质量控制措施（5~10分）	8	9	7	6	
进度安排（4~8分）	5	6	4	7	
文明施工（3~5分）	4	4	3	5	
平面布置（1~3分）	3	2	2	2	
……					
汇总分	45	47	44	42	
名次	2	1	3	4	

专家签名　　　　　　　　　　　　　日期

在各专家打分的基础上，汇总所有技术专家的评分，去掉其中的最高分和最低分后，以评分值的算术平均分作为有效评分值，得出各投标单位的最终技术标得分，技术得分最高者为第一名，依次类推。

5.2.3.4 推荐技术标中标候选人

通过技术标评审，应选择那些提出可行的、可靠的技术方案和项目执行计划的合格承包商。根据技术标评审的最终有效得分，推选前几名为中标候选人，一般为 5~6 名，并明确排名，以便招标单位最终确定中标人。

5.2.3.5 提出改进建议

对于评审出来的技术标中标候选人，对其技术标文件中的失分点，或方案措施中的不足之处，由评标专家们根据工程特点和规范规程提出针对性的建议，以便招标单位能有效控制后续施工，更好地保证工程安全、质量和工期，确保项目的顺利实施。

5.2.4 技术标的编制技巧

分析技术标文件的评审过程，应该看到投标文件中技术标书的编制应按照招标文件中有关技术评审的内容逐一编写，编写的内容要有针对性、科学合理、切实可行、简明扼要、重点突出、条理清楚，要对招标文件作出实质性响应。在技术标文件的编写过程中，应注重以下各方面的技巧应用。

5.2.4.1 重视投标施工组织设计的编制

投标施工组织设计是施工准备和施工全过程的技术管理文件，是评审专家技术评审中的主要评审内容。投标之前，必须对施工的各项活动作出全面的部署，把设计和施工，技术和经济，前方和后方，企业的全局活动以及施工中各单位、各阶段、各项目之间的关系等，更好地协调起来，使施工建立在科学合理的基础上，从而做到人尽其力，物尽其用，优质、低耗、高速度地取得最好的经济效益和社会效益。针对技术标评审内容，在编制投标施工组织设计时要重点考虑施工方案、施工进度计划、工程质量保证体系和措施、现场安全生产管理体系和措施、现场平面布置等方面，为做好控制成本、降低工程报价提供依据。

（1）制订科学先进、经济合理的施工方案

技术标是起牵头作用的，其施工方案的优劣直接决定着投标单位能否中标，因此编制具有先进性、合理性、竞争性的技术标书是一项非常重要、复杂、细致的工作，公司应选派有丰富施工经验的工程技术人员进行技术标书的编写工作，争取在较短的时间内拿出一份使业主满意的技术标文件。施工方案的制订主要包括施工方法的确定、施工机具的选择、施工顺序的安排和流水施工的组织四项内容。施工方案的不同，工期就会不同，所需机具也不同，因而发生的费用也会不同，它直接关系着工程成本，正确选择施工方案是降低报价的关键所在，施工方案也是评委和招标单位比较关注的问题之一，在技术标评审中占有相当大的权重。

制订施工方案要以招标单位要求的工期为依据，结合项目的规模、性质、复杂程度、现场条件、装备情况、人员素质等因素综合考虑。施工方案的设计，应该同时具有先进性和可行性，如果只先进不可行，不能在施工中发挥有效的指导作用，那就不是最佳施工方案，在评审中也会失去优势，不能发挥作用的施工方案还可能作为废标处理。

1）对高层建筑重点突出垂直运输设备的选用，并着重考虑发挥主导机械的效率，所选机械型号尽可能少，使各种辅助机械或运输工具与主导机械的生产能力协调一致，达到整体效率最佳。方案中，优选设备和成熟技术，通过先进技术措施和保证体系，保证计划工期以及质量等目标的实现。

2）对场地狭小或交通繁忙地段的建筑以及深基础工程，着重考虑有利于交通运输道路布置沟通，保证临近旧建筑物的稳定与安全；深基础开挖、地基加固等方面，优选先进工艺或可行支护方案，如地下连续墙、逆作法、旋喷桩等；在降水方面采用井点降水或避开丰水期。总之，应周全考虑一般容易被忽视的安全防护措施。

3）对小区建筑群，着重解决施工总平面的布置，完善栋号间平行流水与工种间立体交叉的搭接顺序与衔接关系，控制总工期，充分考虑安排好主要大宗材料及大型设备的进场时间、临时设施计划等。

4）对商业建筑，突出底部商业层的提前交付使用，使业主在施工期提前受益，考虑分段交付使用的节点，落实确保正常营业与安全施工的各项措施。

5）对特种结构及构筑物，着重突出以往类似工程的施工经历，优选成熟技术与先进工艺，如采用滑模、大模板体系、泵送混凝土、无粘结预应力技术等，从而体现技术优势。

6）对设备安装工程，重点突出设备运输方法、进场时间与其他作业群体的配合，以及试运行方案等。

7）对工艺安装系统应力求做好与各专业预留预埋的配合，以及从预制、运输、安装到系统调试的方法和措施。

事实上，施工方案是否经济合理，与方案的一次性投入、工期、运行成本、租金或维修费用、工程数量等因素密切相关。施工组织设计中施工机具的选择，也会给工程报价带来明显的经济效益，施工机具选择不当，不仅会对工程质量、工期带来影响，而且会使工程施工开展阶段成本加大。比如钢筋连接机械的选择，应根据钢筋的工程量、钢筋的直径大小、品种类型等方面进行选择，选择不同的连接方式，必将选择不同的钢筋机械，将产生不同的工程成本，往往同一单位工程的不同施工部位、不同的钢筋规格会采取不同的钢筋连接方案，几种不同的钢筋连接形式在同一工程中同时应用，这样才能经济合理。另外，施工组织设计中，施工机械的数量、规格、型号也会给工程进度、工程质量、工程成本造成影响。如根据工程进度要求和工程量，需要选择三台搅拌机械，而施工组织设计中仅选用了一台，将会给工程进度造成影响，造成人员窝工等现象，一方面对投标施工方案的可行性带来影响，另一方面影响到工程的施工进度和成本。

在施工实践中，对于投资较大的施工设备、周转材料选用方案比选，还存在购买、租赁等方面的决策，不仅要考虑拟建工程的经济效益，还要综合公司实际发展状况和资金实力，进行经济比较分析来确定方案。如对全钢清水大模板的投资、施工塔吊的投资、整体提升脚手架的投资等，对于单个工程来讲，投资购买是不划算的，但如果购买的设备用于后续的多个工程中，其摊销成本将会大大下降，投资的经济效益会显著提高，同时也能大幅度提高投标单位技术装备能力。

总之，选择科学、合理的施工方案不仅是保证工程质量的前提，也是降低工程报价和施工成本的关键，确定施工方案，应从大处着眼、细处着手，对于重大施工方案应进行充分细致研究讨论，尤其对工程成本影响较大的方案，更应进行技术经济分析，力求做到科学、可行、经济、合理，使投标技术文件的可行性和商务报价的合理性实现紧密结合。

(2) 合理安排施工进度计划

施工进度计划是投标施工组织设计中重要组成部分，评委和招标单位非常看重施工进度计划安排的合理性，在评标中，不满足工期要求的施工进度计划甚至有一票否决的可能。因此必须合理安排施工进度计划，做好施工准备工作，科学安排劳动力需求计划、主要材料进场计划、周转材料需求计划、机械设备需求计划，调整施工流水节奏，组织均衡施工。施工进度计划的安排注意粗略得当，节奏合理，为不可预见因素留有一定的余地，既能控制工程进度，也能有效降低成本，在技术标评审中得到评委和招标单位的充分认可。

(3) 加强质量保证体系和措施

工程质量应该是建设工程仅次于安全的第二大焦点，评委在评审时对工程质量保证体系和保证措施是比较关注的，而工程质量与工程报价也休戚相关，质量要求越高，报价就会越高，但是不能为了降低报价，对工程质量不能保证，这样势必会增加返工的可能，加大返工成本。投标施工组织设计中应采取有效的质量控制措施，从人、机、料、法、环五个方面对施工质量加强控制，采取有效的检验手段来保证施工质量，重点要对原材料、半成品、外购件的质量保证进行说明，要附有质量控制体系图，进行工程施工质量的主动控制，减少返工和浪费，预防质量通病，合理降低工程报价，也让招标单位和评委对工程施工质量放心，增加评标印象分。

(4) 提高施工现场安全生产管理水平

现场安全生产管理的目的，在于保护施工现场的人身安全和设备安全，减少和避免不必要的损失，提高技术标水平，降低投标报价。要达到这个目的，就必须强调按规定的标准去管理，不允许有任何细小的疏忽，因为如不遵守现场安全操作规程，不仅会损坏施工机具设备，而且容易发生工伤事故，甚至死亡事故，影响正常施工，有时还会造成停工。在编制投标施工组织设计文件时必须从现场安全管理着手，编制施工现场安全管理规划，制订安全管理措施，切实做好预防工作，把可能发生的安全事故减少到最低限度。既有利于现场安全管理的控制实施，也能增加招标单位和评委的信任度。

(5) 合理布置施工现场平面图

施工平面布置图是投标单位综合管理能力和全局意识的具体体现，是招标单位和评委认识投标单位生产管理能力的重要依据，好的施工平面布置，可以保证施工进度、施工安全和工程质量，并减低施工成本；合理的施工现场平面图布置可以减少施工现场的二次搬运量，或缩短施工运距，降低工程报价。在技术标评审时，施工平面布置都单独打分，对技术标总评分极为重要。布置施工现场平面图时要根据工程特点和场地条件，配合施工安排等因素进行全面考虑，同时还要在施工组织设计中制订施工平面布置的管理措施，强化现场平面布置的管理，落实平面布置的各项内容的定位管理，堵塞可能发生的漏洞，避免不必要的损失。

总之，施工组织设计是工程项目管理策划内容的具体反映，是施工企业多年来施工经验的总结和发展，是施工技术水平的延续和提高，是施工企业综合管理水平的体现；施工组织设计不仅是指导施工的技术性文件，也是确定工程造价的重要经济性文件。通过技术经济比较，能动地影响施工组织设计方案，从而达到技术先进可行、经济合理的最佳效果。在工程投标文件编制时，每项工程措施、施工方案的制订和审批过程中都要充分做好经济比较，最大限度地发挥施工组织设计在工程投标中的作用，为投标单位中标做好充分的技术准备。

5.2.4.2 完善技术标各项内容的细节

（1）资信业绩

应按招标文件要求的内容提供完整的资信业绩报告，如要提供原件的，应提供原件，以免造成不必要的扣分。

（2）明确承诺

认真分析招标文件、设计图纸等有关的资料后，结合本企业实力，向业主作出正式承诺，明确工程承包的工期、质量、施工技术、经济、组织、安全等几方面的目标和相应的投入、保证措施等，与标书中的要求逐条响应，稳妥承诺，郑重承诺。

（3）制订一份清晰的目录

目录要规范，编有相应的页码，方便评审人员翻阅。实际上目录是技术标的结构和顺序，反映了编制者的思路，好的目录能让阅读者一目了然。目录要求各种大小标题明确、清楚、错落有致、上下关联，小标题尽可能详细些，能看出方案考虑了哪些因素，便于查阅；标题后面均需要附上页码，便于评审专家详细阅读。评审专家不可能逐页细看或逐个细读标书，往往是先整体"粗"看一下，再重点"细"看，就是说，首先会翻阅目录以此来考查方案考虑了哪些因素、内容是否齐全、重点是否明确、逻辑如何等，建立对技术标的初步印象，这种印象往往具有先入为主的效果，直接影响后面的评审工作，作用绝不可小视。如果投标单位在这个问题上重视不够，只有章节没有页码，给评审人员的翻阅带来麻烦，往往会造成印象失分。

（4）规范签字盖章

编制技术标要注意，一定要按招标文件的要求在相关的表格上规定的地方由规定的人员和单位签字盖章，签字盖章要规范、清晰，如果投标单位法人或法人代表潦草从事，必会造成严重的后果，轻者失分，重者废标。

（5）章节顺序编排和表格格式

有的招标文件要求投标单位按照一定的章节顺序进行编写，这样的情况下一定要按规定章节顺序进行编写，否则可能会造成废标。有的招标文件提供了相应的表格格式，投标单位应认真按照规定的格式进行填写，防止造成废标。

（6）详略得当

评标时评审专家对技术标文件逐项发表个人看法，根据各部分内容，如安全、技术、措施的先进性和可行性进行打分，汇总后供定标参考。因此，如何不让评委找到技术标中明显缺点或漏洞，应要注意两个方面：一是具体的措施计划要合理、实用；二是要考虑到施工中各方面的因素，编制时要粗细结合，详略得当。所谓"粗"是指方案侧重于施工规划和部署，对设备投入、工期、计划、技术等描述都是控制性的，可以粗写，省略一般的操作细节，有些非重点的部分可以略写，甚至可以只列标题，内容以"略"字代替；所谓"细"，一方面是指方案涉及到的施工中的方方面面，如安全、消防、资金控制、各方配合措施等，不能遗漏；另一方面是指对工程的投入、组织以及关键技术部位的处理，要详细、可靠、操作性强，这样做既能突出重点，主次明确，又能有效地吸引评审人员的注意力，提高得分。

（7）施工防汛

首先要确定防汛组织机构以及人员分工情况，然后根据工程的实际情况落实安全防汛物资、设备和措施。在工程施工进度的安排上要结合工程防汛特点采取有针对性的安排，明确在什么时间要完成什么样的工程量，更有效地防汛和减少损失。

（8）力争图文并茂，提高编排和打印质量

高质量、高水平编排和打印效果，如同技术标的完美包装，要用心去编排，力争图文并茂，注意提高图表的清晰度和绘制的质量，避免漏洞、矛盾。平面布置图可采用不同的颜色和不同粗细的线条来表示各种建筑物、线路、材料、设备，并配注说明各种图例，对平面布置进行必要的文字说明；好的图表代替许多文字说明，如施工平面布置图、网络图、施工示意图、组织机构表、劳动力和机具计划需用表等。技术标是投标单位综合实力的体现，是反映投标单位精神面貌的窗口，故应在文字润色、打印、校对等方面多做工作，将投标文件包装精美，增加技术标的印象分。

（9）留有适当变更的余地

技术标不同于实施阶段施工组织设计，技术标具有宏观控制作用，不可能面面俱到，在项目实施过程中，会随各种因素的变化不可避免地出现一些局部变更，因此在编制技术标文件时，应尽可能多地将未来预计可能出现的情况考虑进去，留出一定调整空间，为今后安排变更留下空间。投标技术文件是在有限的工程资料基础上编制的，仅仅是理论上理想的推演，所定的安排也是一种预见性假设或建议，有待日后印证、完善和加强，所以要注意在技术标书中进行适当的文字处理，为今后的施工组织调整奠定基础，如编制说明可以写明以下几条：明确施工技术文件编制依据为收到的设计图、招标文件等，若日后还有什么要求，则本投标文件并未加以考虑；对于工程不详的地方，应说明因资料不全，所定施工措施或方法仅是一种假设或建议，待以后根据实际情况再做详细修正等。总之，投标单位在投标阶段对今后施工中的诸多可变因素不应放弃自己合理的权利，尽可能将承诺缩小到一定程度。

（10）防止出现不相符的内容

投标技术文件要有相应的检查审批体系，明确相关人员的职责，注意根据工程的特点阐述技术文件的编制方面和内容，抓住关键，突出重点。实际上每个工程的很多施工技术措施都大同小异，但不完全一致，有些编写人员为了方便，从其他投标文件上直接抄录，没有注意去除与该工程不相符合的词句，技术标中出现与招标文件不相符的内容，被扣分，甚至导致废标。

随着建筑市场进一步的规范、透明和公平，大方面的竞争已经不能完全显示投标单位的综合实力，市场竞争越来越表现为一些细节的竞争，因此技术标书的编写要注意技术措施的细节安排，避免出现因一个细微的偏差而影响整个标书的现象。作为投标单位，在编制投标文件讲究投标技巧的同时，必须全面提升企业的综合实力，提高企业业绩与企业素养，完善各项细节，在积累经验的基础上，提高自己，以取得工程投标的更大成功。

5.3　商务标的编制

商务标，主要是工程投标单位根据招标文件和设计图纸编制的预算，它是投标单位的投标报价，也是评标委员会评标时考虑的关键部分。商务标应由投标单位的造价负责人员主持编制，主要考虑：报价依据、投标须知、合同文件的有关条款；分部分项工程工料价格计算表中所列的工料单价和合价、分项工程所涉及的全部项目的价格，是否按照企业定额的人工、材料、机械消耗量标准及市场价格计算；确定的直接费、间接费、利润、税金和有关文件规定的调价、材料差价、设备价格、施工技术措施费以及采用固定价格合同的工程风险金等是否按现行的计算方法计取；注意工程量清单报价表中的每一单项均应填写单价和合价，对没有填写单价和合价的项目费用，视为已包括在工程量清单的其他单价和合价之中；按招标文件规定的报价币种和商务标等等。投标单位应将投标报价需要说明的事项，用书面形式与投标报价表一并密封报送，商务标的报价是决定能否中标的非常重要的因素，要注意按评标办法进行合理计算。目前工程投标中常采用合理的低价报价，既有利于节约成本，也有利于节约资源，提高管理水平，加快工程进度，创造经济和社会效益。

5.3.1　商务标的组成

采用综合单价形式的商务标主要包括以下内容：
（1）投标报价说明；
（2）投标报价汇总；
（3）单项工程费汇总；
（4）单位工程费汇总；
（5）主要材料清单报价；
（6）设备清单报价；
（7）工程量清单报价；
（8）措施项目报价；
（9）其他项目报价；
（10）工程量清单项目符合单价计算分析；
（11）投标报价需要的其他资料。
采用工料单价形式的商务标主要包括以下内容：

（1）投标报价说明；

（2）投标报价汇总；

（3）单项工程费汇总；

（4）单位工程费汇总；

（5）主要材料清单报价；

（6）设备清单报价；

（7）分部分项工程工料价格计算分析；

（8）分部分项工程费用计算分析；

（9）投标报价需要的其他资料。

5.3.2　商务标编制的常用图表

目前，工程量清单招标已全面推行，商务标报价大多采用工程量清单综合单价报价的形式，对应商务标报价的图表都采用统一格式。

（1）封面（表5-19）

封面　　　　　　　　　　　　　　　　　　表 5-19

＿＿＿＿＿＿工程   **工程量清单报价表** **投标单位（人）：**＿＿＿＿＿＿＿＿＿＿（单位签字盖章） **法定代表人：**＿＿＿＿＿＿＿＿＿＿（签字盖章） **造价工程师** **及注册证号：**＿＿＿＿＿＿＿＿＿＿（签字盖执业专用章） 编制日期：＿＿＿＿年＿＿＿＿月＿＿＿＿日

（2）编制说明（表5-20）

编制说明　　　　　　　　　　　　　　　　　　表 5-20

工程名称：　　　　　　　　　　　　　　　　　　　第　页　共　页

（3）工程特点 （4）编制依据 （5）编制原则 （6）定额选用 （7）计价原则 （8）报价币种

（3）投标总价（表5-21）

投标总价   **表 5-21**

投 标 总 价
1）**建设单位：** _____
2）**工程名称：** _____
3）**投标总价：**（小写）_____
（大写）_____
4）**投标人：**（单位盖章）_____
5）**法定代表人：**（签字盖章）_____
编制日期：　　年　　月　　日

（4）工程项目总价表（表5-22）

工程项目总价表   **表 5-22**

工程名称_____
第　页　共　页

序　号	单项工程名称	金额（元）
	合　计	

（5）单项工程费汇总表（表5-23）

单项工程费汇总表   **表 5-23**

工程名称：_____

序　号	表　号	工程项目名称	合计（单位）	备　注
一		土建分部工程量清单项目		
1				
2				
3				
……				
二		安装分部工程量清单项目		
1				
2				
3				
……				

续表

序　号	表　号	工程项目名称	合计（单位）	备　注
三		措施费用		
四		其他费用		
五		设备费用		
六		总计		

投标总报价＿＿＿＿（币种、金额、单位）＿＿＿＿

投标单位：（盖章）

法定代表单位或委托代理单位：（签字或盖章）

（6）单位工程费汇总表（表5-24）

单位工程费汇总表　　　　　　　　　表5-24

工程名称：＿＿＿＿＿＿＿　　　　　　　　　第　页　共　页

序　号	单位工程名称	金额（元）
1	分部分项工程量清单计价合计	
2	措施费项目清单计价合计	
3	其他项目清单计价合计	
4	规费	
5	税金	
	合　计	

（7）分部分项工程量清单计价表（表5-25）

分部分项工程量清单计价表　　　　　表5-25

工程名称：＿＿＿＿＿＿＿　　　　　　　　　第　页　共　页

序号	项目编码	项目名称	计量单位	工程数量	金额（元）	
					综合单价	合计
		本 页 小 计				
		合　　计				

（8）措施项目清单计价表（表5-26）

措施项目清单计价表   表 5-26

工程名称：_____   第　页　共　页

序　号	项目名称	金额（元）
1	环境保护	
2	文明施工	
3	安全施工	
4	临时设施	
5	夜间施工	
6	二次搬运	
7	大型机械设备进出场及安拆	
8	混凝土、钢筋混凝土模板及支架	
9	脚手架	
10	已完工程及设备保护	
11	施工排水、降水	
12	垂直运输机械	
13	……	
合　计		

（9）其他项目清单计价表（表 5-27）

其他项目清单计价表   表 5-27

工程名称：_____   第　页　共　页

序　号	项目名称	金额（元）
1. 招标人部分	预留金 材料购置费 ……	
小　计		
2. 投标人部分	总承包服务费 零星工作费 ……	
小　计		
合　计		

（10）零星工作项目计价表（表 5-28）

零星工作项目计价表　　　　　　　　　　　表 5-28

工程名称：＿＿＿＿＿＿＿　　　　　　　　　　　　　　第　页　共　页

序号	名称	计量单位	数量	金额（元）	
				综合单价	合价
1	人工				
	小　计				
2	材料				
	小　计				
3	机械				
	小　计				
	合　计				

（11）分部分项工程量清单综合单价分析表（表5-29）

分部分项工程量清单综合单价分析表　　　　　　　　表 5-29

工程名称：＿＿＿＿＿＿＿　　　　　　　　　　　　　　第　页　共　页

序号	项目编码	项目名称	工程内容	综合单价组成						综合单价
				人工费	材料费	机械使用费	管理费	利润	风险费用	

（12）措施项目费分析表（表5-30）

措施项目费分析表　　　　　　　　　　　表 5-30

工程名称：＿＿＿＿＿＿＿　　　　　　　　　　　　　　第　页　共　页

序号	措施项目名称	单位	数量	综合单价组成						
				人工费	材料费	机械费	管理费	利润	风险费用	小计
	合　计									

（13）主要材料（设备）暂定单价清单表（表5-31）

主要材料（设备）暂定单价清单表　　　　　　　表 5-31

工程名称：＿＿＿＿＿＿＿　　　　　　　　　　　　　　第　页　共　页

序号	清单号	对应项目编号	名称	规格、型号	单位	数量	拟发包（采购）方式	发包（采购）人	单价（元）	合价（元）
一、分部工程名称										
1.	……									

续表

序号	清单号	对应项目编号	名称	规格、型号	单位	数量	拟发包（采购）方式	发包（采购）人	单价（元）	合价（元）
2.		……								
小　计										
二、分部工程名称										
1.		……								
2.		……								
小　计										
		……								
合　计										

（14）暂定金额项目清单表（表5-32）

暂定金额项目清单表　　　　　　　　　　表 5-32

工程名称：＿＿＿＿＿＿＿　　　　　　　　　　　　第　页　共　页

序号	清单号	项目名称	拟发包（采购）方式	发包（采购）人	金　额（元）
	……				
合　计					

（15）"未经竞争费用"汇总表（表5-33）

"未经竞争费用"汇总表　　　　　　　　表 5-33

工程名称：＿＿＿＿＿＿＿　　　　　　　　　　　　第　页　共　页

序　号	名　称	金　额（元）
1	主要材料（设备）暂定单价项目	
2	主要材料（设备）指定单价项目	
合　计		
3	暂定金额项目	
4	指定金额项目	
合　计		
总　计		

5.3.3　工程量清单商务标报价编制

工程量清单投标报价应采用综合单价计价。综合单价是指完成工程量清单中一个规定计量单位项目所需的人工费、材料费、机械使用费、管理费和利润，并考虑风险因素。投标人的投标报价，应依据招标文件中的工程量清单和有关要求，结合施工现场实际情况、自行制订的施工方案或施工组织设计，依据企业定额和市场价格信息，或参照建设行政主管部门发布的社会平均消耗量定额进行编制，并自主报价。

5.3.3.1 工程量清单报价的构成

按照《建设工程工程量清单计价规范》（GB 50500—2003），工程量清单计价模式下的工程费用包括分部分项工程费、措施项目费、其他项目费、规费及税金。

（1）分部分项工程费

分部分项工程费是指完成分部分项工程量清单下所列工作内容所需的费用。包括人工费、材料费、施工机械使用费、管理费、利润和风险费，其中管理费包括管理人员工资、办公费、差旅交通费、固定资产使用费、工具用具使用费、保险费、财务费及其他费用。

（2）措施项目费

措施项目费是指措施项目工程量清单下所列工作内容所需的费用。包括临时设施费、短期工期措施费、脚手架搭拆费、垂直运输及超高增加费、大型机械安拆及场外运输费、安全文明施工费及其他费。由人工费、材料费、施工机械使用费、管理费、利润和风险费构成。

（3）其他项目费

其他项目费包括预留金、材料购置费、总承包服务费、零星工作项目费和其他费。

（4）规费

规费是指按政府有关部门规定必须交纳的费用，包括工程排污费、工程定额测定费、劳动保险统筹基金、职工待业保险费、职工医疗保险费和其他费用。

（5）税金

税金是指按国家税法规定应计入建筑安装工程造价内的营业税、城市维护建设税和教育费附加。

5.3.3.2 工程量清单投标报价的计算步骤

（1）按照企业定额或政府消耗量定额标准及市场价格确定人工费、材料费、机械使用费，并以此为基础结合企业管理水平和竞争情况确定管理费和利润，由此可计算出分部分项工程的综合单价。

（2）根据现场因素及工程量清单规定计算措施项目费。措施项目费可以实物工程量计算或以分部分项工程费为基数按费率计算，或按分包法计算。

（3）其他项目费中的零星工作项目费，按工程量清单规定的人工、材料、机械台班的市场价为依据取综合单价确定；其他项目费中的总承包服务费按招标人发标的范围、内容及对总包管理的深度要求确定；其他项目费中的招标人部分按招标文件中的规定直接列入。

（4）规费按政府的有关规定执行。

（5）税金按国家或地方税法的规定执行。

（6）汇总分部分项工程费、措施项目费、其他项目费、规费、税金等得到初步的投标报价。

（7）根据招标工程情况分析、判断，作出投标决策，调整投标报价。

5.3.3.3　工程量清单报价中人工费的确定

人工费计算首先根据招标人提供的清单工程量，结合本企业的人工效率和企业定额，计算出投标工程消耗的工日数；其次根据现阶段企业的经济、人力、资源状况和工程所在地的实际生活水平以及工程特点，计算工日单价；然后根据劳动力来源及人员比例，计算综合工日单价；最后计算人工费。其计算公式为：

$$人工费 = \sum（人工工日消耗量 \times 综合工日单价）\tag{5-10}$$

（1）人工工日消耗量的计算

投标工程人工工日消耗量的计算，应根据招标阶段和招标方式来确定，目前工程量清单投标报价的人工消耗量主要根据分析法计算，公式如下：

$$DC = R \cdot K \tag{5-11}$$

式中　DC——人工工日数。

R——用现行的预算定额计算出的人工工日数。

K——人工工日折算系数，可以对建筑工程和安装工程分别确定不同的 K 值，也可以对安装工程按不同的专业，分别计算多个 K 值：

$$K = V_q / V_0 \tag{5-12}$$

V_q——完成某项工程投标企业应消耗的工日数；

V_0——完成同项工程现行预算定额消耗的工日数。

（2）综合工日单价的计算

1）根据总施工工日数，即人工工日总数，及工期计算平均总施工人数

$$平均总施工人数 = \frac{总工日数}{工程投标施工工期(d)} \tag{5-13}$$

2）确定各专业施工人员的数量及比重

$$某专业平均施工人数 = \frac{某专业消耗的工日数}{工程投标施工工期(d)} \tag{5-14}$$

如前所述，总工日和各专业消耗的工日数是通过"企业定额"或公式 $DC = R \cdot K$ 计算出来的，总施工人数和各专业施工人数计算出来后，各专业施工人数所占比例即可得出。

3）确定各专业工种构成比例

$$某专业工种构成比例 = \frac{某专业平均施工人数}{平均总施工人数} \tag{5-15}$$

4）确定综合工日单价

$$某专业综合工日单价 = \sum（某专业工种人工工日单价 \times 该专业工种构成比例）\tag{5-16}$$

$$综合工日单价 = \sum（某专业综合工日单价 \times 权数）\tag{5-17}$$

上式中的权数是根据各专业工日消耗量占总工日数的比重取定的。例如，土建专业工日消耗量占总工日数的比重是20%，则其权数即为20%；电气专业工日消耗量占总工日数的比重是8%，则其权数即为8%。

如果投标单位使用各专业综合工日单价投标，则不需计算综合工日单价。

5）按企业定额和市场价格计算人工费

人工费的另一种计算方法是：将市场中作为计价的人工工日单价，乘以依据"企业定额"计算出的工日消耗量计算人工费。其计算公式为：

$$人工费 = \sum(市场人工工日单价 \times 人工工日消耗量) \qquad (5-18)$$

这样的计价模式能准确地计算出本企业承揽拟建工程所需发生的人工费，对企业增强竞争力、提高企业管理水平及增收创利具有十分重要的意义。这种报价模式与利用预算定额报价相比，缺点是工作量相对较大、程序复杂且企业应拥有自己的企业定额及各类信息数据库。

5.3.3.4 工程量清单报价中材料费的确定

建筑安装工程直接费中的材料费是指施工过程中耗用的构成工程实体的各类原材料、构配件、成品及半成品等主要材料的费用，即有利于工程实体形成的各类消耗性材料的费用。

材料费的计算公式：

$$材料费 = \sum(某类材料消耗量 \times 该类材料单价) \qquad (5-19)$$

为了在投标中取得优势地位，计算材料费时应把握以下几点：

（1）合理确定材料的消耗量：可根据现行预算定额以及企业定额等确定主要材料消耗量、消耗材料消耗量、低值易耗品消耗量。

（2）材料单价的确定

材料单价的计算公式为：

$$材料单价 = 材料原价 + 包装费 + 采购保管费用 + 运输费用 + 检验试验费用$$
$$+ 其他费用 + 风险金 \qquad (5-20)$$

1）材料原价

材料原价即材料市场价格，其取得一般有两种途径：一是市场调查（询价），二是查询市场材料价格信息。对于大批量或高价格的材料一般采用市场调查的方法取得价格；而少量的、低价值的材料以及消耗性材料等，一般可采用当地的市场价格信息中的价格。

2）材料的供货方式和供货渠道

供货方式有业主供货和承包商供货两种方式。对于业主供货的材料，招标书中列有业主供货材料单价表，投标人在利用招标人提供的材料价格报价时，应考虑现场交货的材料运费，还应考虑材料的保管费。供货渠道一般有当地供货、指定厂家供货、异地供货和国外供货等。不同的供货渠道对材料价格的影响是不同的，主要反映在采购保管费、运输费、其他费用以及风险等方面。

3）包装费

包装费是指出厂时的一次包装费用，应根据材料采用的包装方式计价。

4）采购保管费用

采购保管费用是指在材料采购、供应及保管过程中所需要的各项费用。采购的方式、批次、数量以及材料保管的方式及天数不同，其费用也不相同，采购保管费包括：采购费、仓储费、工地保管费、仓储损耗。

5）运输费用

运输费用包括材料自采购地至施工现场全过程、全路途发生的装卸、运输费用的总和，其中包括材料在运输装卸过程中不可避免的运输损耗费。

6）检验试验费用

检验试验费用是指对建筑材料、构配件等进行检验试验所发生的费用。包括自设实验室进行试验所耗用的材料和化学药品等费用。不包括新结构、新材料的试验费和建设单位对具有出厂合格证明的材料进行的检验和对构件做破坏性试验及其他特殊要求检验的费用。

7）其他费用

其他费用主要是指国外采购材料时发生的保险费、关税、港口手续费、财务费用等。

8）风险金

风险金主要是指材料价格的向上浮动。由于工程所用材料不可能在工程开工初期一次全部采购完毕，随着时间的推移，材料价格可能向上浮动，所以，在确定材料单价时，应考虑材料价格的变动给承包商造成的材料费风险。

5.3.3.5　工程量清单报价中施工机械使用费的确定

施工机械使用费是指使用施工机械作业所发生的机械使用费以及机械安拆费和进出场费。施工机械使用费的计算公式为：

$$施工机械使用费 = \sum（施工机械台班消耗量 \times 机械台班综合单价） \qquad (5-21)$$

在计算施工机械使用费时，一定要把握以下几点：

（1）合理确定施工机械的种类和消耗量。根据预算定额或企业定额结合招标工程量清单计算确定。

（2）确定自有施工机械台班综合单价：机械台班综合单价包括：折旧费，大修理费，经常修理费，安拆费及场外运输费，机上人工费，燃料动力费，养路费、车船使用税、保险费及年检费等七项费用。

（3）确定租赁机械台班费。

（4）优化平衡、确定机械台班综合单价。通过综合分析，确定各类施工机械的来源与比例，计算机械台班综合单价：

$$机械台班综合单价 = \sum（不同来源的同类机械台班单价 \times 权数） \qquad (5-22)$$

式中，权数根据不同渠道来源的机械占同类施工机械总量的比重计算取定。

（5）确定大型机械设备使用费、进出场费及安拆费。在工程量清单计价模式下，大型机械设备的使用费作为机械台班使用费，按相应分项工程项目分摊计入直接工程费的施工机械使用费中；大型机械设备进出场费及安拆费作为措施费用计入措施费用项目中，要求投标单位计算后分别列入投标报价。

5.3.3.6　工程量清单报价中管理费的确定

（1）管理费的组成

施工管理费的内容很多，每个企业都应根据本公司的习惯、有关财务等制度的要求及费用的性质对本公司的管理费进行全面、系统的划分，确定公司管理费与现场管理费的项目组成。

1）公司管理费中各项费用及所占比例见表5-34。

公司管理费中各项费用及所占比例表 表5-34

项目名称	百分比（%）	项目名称	百分比（%）
企业管理人员的工资	15～20	职工教育经费	3～4
企业办公费	10～15	财务费	10～15
差旅交通费	10～12	保险费	2～3
固定资产使用费	5～6	税金	25～30
工具用具使用费	4～5	技术转让费、技术开发费、业务、招待费、排污费、绿化费、广告费、公证费、法律师顾问费、审计费、咨询费等其他费用	3～5
工会经费	2～3		

2）现场管理费中各项费用及所占比例见表5-35。

现场管理费中各项费用的所占比例表 表5-35

项目名称	百分比（%）	项目名称	百分比（%）
现场管理人员工资	15～20	保险费	2～4
生产工人辅助工资	10～12	工程保修费	5～6
现场交通费	4～6	工程审计费	10～15
差旅交通费	5～6	招待费	15～20
固定资产使用费	3～4	绿化费、广告费、审计费、咨询费等其他费用	3～5
工具、用具使用费	2～3		

（2）公司管理费的测算

影响公司管理费的主要因素有预期营业额、市场条件、利率的变化、办公设施的需求、人员数量与职工工资等，有时还要考虑通货膨胀等因素。公司管理费可参照公司当年的企业管理费预算确定，也可参照公司的财务记录，根据过去几年的公司管理费支出情况，借助某些预测工具，对本年度管理费支出额作出预测。经常采用的预测方法有图解法与经验估计法。

1）图解法

图解法是先把每年的经费和每年的营业额在一个坐标中绘成曲线，然后通过目测，绘出一条最佳平均趋势线（如图5-1所示），最佳平均趋势线与纵坐标的交点表示固定费用，该线的斜率则表示可变费用。利用这些数据，结合预期营业额，就可以预测出公司管理费。

2）经验估计法

由企业经理、会计、成本管理员、估价人员组成小组，根据历年公司管理费费率和目前的经营管理现状，直接估计下年度公司管理费费率。在完成当年公司管理费总额的预测后，便可以指导计算公司管理费费率：

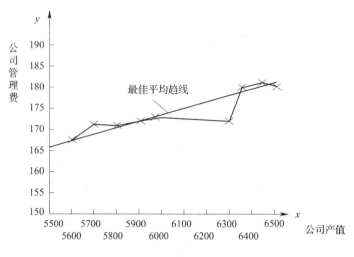

图 5-1　最佳平均趋势线

$$公司管理费费率 = \frac{当年公司管理预埋预}{当年公司直接费总额（人工费 + 材料费 + 机械使用费 + 措施费）} \times 100\%$$

(5-23)

需要注意的是，在分析上一年度的数据时应找出不正常的开支并进行适当的调整，以排除历年数据的异常化；在预测下一年度管理费时，其增加额和减少额都必须把通货膨胀和预期营业额的增减估计进去。

（3）现场管理费的测算

现场管理费的测算有以下几种方法：

1）根据上年或过去几年同类工程现场管理费统计值预测。

$$现场管理费费率 = \frac{\Sigma 上年同类工程现场管理费支出额}{\Sigma 上年同类工程直接费用总值} \times 100\% \qquad (5-24)$$

$$现场管理费 = 现场管理费费率 \times 拟建工程直接费 \qquad (5-25)$$

2）根据已完类似工程资料确定现场管理费。

$$现场管理费费率 = \frac{已完成类似工程现场管理费}{类似工程直接费 \times (1 + 通货膨胀率)} \times 100\% \qquad (5-26)$$

$$现场管理费 = 现场管理费费率 \times 拟建工程直接费 \qquad (5-27)$$

3）根据工程施工规划直接估算现场管理费。

$$施工管理费率 = \frac{当前工程各项现场管理费支出额估算值合计}{当前工程直接费总值} \times 100\% \qquad (5-28)$$

5.3.3.7　工程量清单报价中利润和风险费的确定

根据预计支付给股东们自有资金的股息、再投资需要的资金（留存资金）、应付的贷款利息、预计的公司税等因素，可以确定出最低利润额对营业额的比率。再根据资本对营业额的比率，可以计算出最低利润额对营业额的比率，即可确定投标利润率 P。

$$P = 贷款利息 + 留存利润 + 按扣除利息后的利润应缴纳的公司税 + 股东的利息$$

(5-29)

工程承包的风险可分为两类：可定量的风险和不可定量的风险。对于可定量的风险，承包人可以进行一系列的计算，以得出在施工过程中出现这类问题时可能发生的费用以及避免发生这类问题所需要的各项费用，以此为基础在报价中加上一笔适当的补偿费用。对于不可定量的风险，承包人可有几种选择：一种选择是把这项作业分包出去，从而也就把风险分包了出去；另一种选择是可以进行适当的保险，并把保险费包括到报价中去。承包人还可以对投标加以限制或者物色那些合同条件麻烦较少的工程项目，甚至可以退出风险较大的项目以回避风险。

现已研究出以事件发生概率为基础的评估风险的数学方法，不过，很少有商务标报价决策人员采用这种方法来评估风险。由于编制标书的时间和可用数据均有限，一般也不可能进行这样的计算。通常的做法是按照商定下来的一个直接成本的百分数，计算出总金额，作为风险补偿费用；然后，把这笔补偿费用增加到利润中去或作为一项单独费用计算，这样，风险就有了风险保证金。如果发生意外事件，就可以动用这笔风险保证金，而利润可以不受损失；如果施工中不发生任何问题，就可以获得较多的利润。

5.3.3.8　工程量清单报价中措施项目清单综合单价的确定

措施项目清单是由招标人提供的。投标人在编制措施项目报价表时，可根据施工组织设计采取的具体措施，在招标人提供的措施项目清单基础上，增加措施项目。对于清单中列出而实际未采用的措施则不应填写报价。

（1）措施项目内容

表5-36给出了常用措施项目的具体含义。

措施项目内容一览表　　　　　　　　　　　　　表5-36

序号	项目名称	含　义
		通用项目
1	环境保护	指施工现场为达到环保部门要求需要的各项费用
2	文明施工	指施工现场文明施工所需要的各项费用
3	安全施工	指施工现场安全施工所需要的各项费用
4	临时设施	指施工企业为进行建筑工程施工所必须搭设的生活和生产用的临时建筑物、构筑物和其他临时设施等费用
5	夜间施工	指因夜间施工所发生的夜班补助费、夜间施工降效、夜间施工照明设备摊销及照明用电等费用
6	二次搬运	指因施工场地狭小等特殊情况而发生的二次搬运费用
7	大型机械设备进出场及安拆费	指机械整体或分体自停放场地运至施工现场或由一个施工地点运至另一个施工地点，所发生的机械进出场运输及转移费用及机械在施工现场进行安装、拆卸所需的人工费、材料费、机械费、试运转费和安装所需的辅助设施的费用
8	混凝土、钢筋混凝土模板及支架	指混凝土施工过程中需要的各种钢模板、木模板、支架等的支、拆、运输费用及模板、支架的摊销（或租赁）费用
9	脚手架	施工需要的各种脚手架搭、拆、运输费及脚手架的摊销（或租赁）费用

续表

序号	项 目 名 称	含 义
10	已完工程及设备保护	指竣工验收前，对已完工程及设备进行保护需要的费用
11	施工排水、降水	指为确保工程在正常条件下施工，采取各种排水、降水措施所发生的各种费用
建筑工程		
12	垂直运输机械	指工程施工需要的垂直运输机械作业费和建筑物高度超过 20m 时，人工、机械降效等所增加的费用
装饰工程		
13	垂直运输机械	指工程施工需要的垂直运输机械作业费和建筑物高度超过 20m 时，人工、机械降效等所增加的费用
14	室内空气污染测试	指测试室内空气质量所需要的测试费用，与测试项目多少有关
安装工程、市政工程、园林绿化工程等		
15	略	

（2）措施项目的增减列项原则

在招标工程量清单的基础上，措施项目的增减应按下列要求进行：

1）根据投标人编制的拟建工程的施工组织设计确定环境保护、文明施工、安全施工、材料的二次搬运等项目；

2）根据施工技术方案，确定夜间施工、大型机具进出场及安拆、混凝土模板与支架、脚手架、施工排水降水、垂直运输机械、组装平台、大型机具使用等项目；

3）根据相关的施工规范与工程验收规范，确定在施工技术方案中没有表述的，但是为了实现施工规范与工程验收规范要求而必须发生的技术措施项目；

4）招标文件提出的某些必须通过一定的技术措施才能实现的要求，按措施内容列项；

5）设计文件中一些不足以写进技术方案，但是要通过一定的技术措施才能实现的要求，按措施要求列项。

（3）措施项目的计价方法

措施项目清单中所列的措施项目均以"项"提出，在计价时，首先应详细分析措施项目所包含的全部工程内容，然后确定其综合单价。措施项目不同，其综合单价组成内容可能有差异，综合单价的组成包括完成该措施项目的人工费、材料费、机械费、管理费、利润及一定的风险。计算措施项目综合单价的方法有以下几种：

1）定额法计价：这种方法与分部分项综合单价的计算方法一样，主要用于一些与工程实体有紧密联系的项目，如模板、脚手架、垂直运输等。

2）实物量法计价：这种方法是最基本，也是最能反映投标人个别成本的计价方法，是按投标人现在的水平，预测将要发生的每一项费用的合计数，并考虑一定的浮动因素及其他社会环境影响因素，确定措施项目的最终报价，如安全、文明措施费等。

3）公式参数法计价：这种方法将措施项目计价以费用定额的形式体现，即按一定的基数乘系数的方法或自定义公式进行计算。这种方法简单、明了，但最大的难点是公式的科学性、准确性难以把握，尤其是系数的测算是一个长期、复杂的问题。系数的高低直接反映投标人的施工水平。这种方法主要适用于施工过程中必须发生，但在投标时很难具体分项预测，又无法单独列出项目内容的措施项目，如夜间施工、二次搬运费等。

4）分包法计价：即在分包报价的基础上增加投标人的管理费及风险进行计价的方法，这种方法适合可以分包的独立项目。

在应用上述办法确定措施项目投标报价时要注意：首先，工程量清单计价规范规定，在确定措施项目综合单价时，规范规定的综合单价组成仅供参考，也就是措施项目内的人工费、材料费、机械费、管理费、利润等不一定全部发生，不要求每个措施项目内人工费、材料费、机械费、管理费、利润都必须有；其次，在报价时，有时招标人要求分析措施项目明细，这时用公式参数法计价、分包法计价都是先知道总数，再靠人为用系数或比例的办法分摊人工费、材料费、机械费、管理费及利润；再次，招标文件提出的措施项目清单是根据一般情况确定的，没有考虑不同投标人的"个性"，因此投标人在报价时，可以根据本企业的实际情况，调整措施项目内容并报价。

5.3.3.9　工程量清单报价中其他项目清单费用的确定

其他项目清单费用是指招标人部分的预留金、材料购置费以及投标人部分的总承包服务费、零星工程项目费等报价金额的总和。

（1）招标人部分

1）预留金是指主要考虑可能发生的工程量变化和费用增加而预留的金额。预留金计算应根据设计文件、业主意图和拟建工程实际情况计算，并考虑设计图纸的深度、设计质量的高低、拟建工程的成熟程度及工程风险的性质等因素适当调整金额。对于设计深度深、设计质量高、已经成熟的工程设计，一般预留工程总造价的 3%～5%。在初步设计阶段，工程设计不成熟的，最少要预留工程总造价的 10%～15%。预留金的支付与否、支付额度以及用途，都必须通过工程师的批准。

2）材料购置费是指业主出于特殊目的或要求，对工程消耗的某类或某几类材料，在招标文件中规定，由招标采购的拟建工程材料费。

另外还有其他招标人部分可增加的新列项。例如，指定分包工程费，由于某分项工程或单位工程专业性较强，必须由专业队伍施工，即可增加这项费用，费用金额应通过向专业队伍询价（或招标）取得。

（2）投标人部分

1）总承包服务费包括配合协调招标人进行工程分包和材料采购所需的费用，此处的工程分包是指国家允许分包的工程，但不包括投标人自行分包的费用。投标人由于分包而发生的管理费，应包括在相应清单项目的报价内。零星工作项目表应详细列出人工、材料、机械名称和消耗量。人工按工种列项，材料和机械应按规格、型号列项。

2）零星工作项目中的工、料、机计量，要根据工程的复杂程度、工程设计质量的优劣以及工程项目设计的成熟程度等因素确定。一般工程以人工数量为基础，按人工消耗总量的 1% 取值。材料消耗主要是辅助材料消耗，按不同专业工人消耗材料类别列项，按工人日消耗量计入。机械列项和计量，除了考虑人工因素外，还要考虑各单位工程机械消耗的种类，可按机械消耗总量的 1% 取值。

3）主要材料的报价按《工程量清单计价规范》的要求对招标人工程量清单内要求的材料价格进行填报，但所填报的价格报价必须与分部分项综合单价报价时的主要材料价格相一致。

5.3.3.10　工程量清单报价中规费的确定

规费是指政府和有关部门规定必须缴纳的费用。规费可用计算基数乘以规费费率计算得到。计算基数可以是直接费、人工费和机械费的合计数或者人工费，具体计算时，一般按国家及有关部门规定的计算公式和费率标准进行计算。按照建设部、财政部印发的《建筑安装工程费用项目组成》（建标［2003］206号），规费包括以下内容：

（1）工程定额测定费。是指按规定支付工程造价（定额）管理部门的定额测定费。

（2）社会保障费。主要包括以下内容：

1）养老保险费，是指企业按规定标准为职工缴纳的基本养老保险费；

2）失业保险费，是指企业按照国家规定标准为职工缴纳的失业保险费；

3）医疗保险费，是指企业按照规定标准为职工缴纳的基本医疗保险费。

（3）住房公积金。是指企业按规定标准为职工缴纳的住房公积金。

（4）危险作业意外伤害保险。是指按照《建筑法》规定，企业为从事危险作业的建筑安装施工人员支付意外伤害保险费。

采用综合单价法编制商务标报价时，规费不包含在清单项目的综合单价内，而是以单位工程为单位，按下式计入工程造价：

$$规费 = （分部分项工程量清单 + 措施项目清单 + 其他项目清单计价）× 规费费率$$

$$(5-30)$$

5.3.3.11　工程量清单报价中税金的确定

建筑安装工程税金是指国家税法规定的应计入建筑安装工程造价内的营业税、城市维护建设税及教育费附加。它是国家为实现其职能向纳税人按规定税率征收的货币金额。计算税金时，按纳税地点选择税率，税金用下式计算：

$$税金 = 不含税工程造价 × 税率（\%） \qquad (5-31)$$

采用综合单价法编制工程报价时，税金不包含在清单项目的综合单价内，而是以单位工程为单位计算，即：

$$单位工程税金 = （分部分项工程量清单 + 措施项目清单 + 其他项目清单计价合计 + 规费）× 税率（\%） \qquad (5-32)$$

5.3.4　商务标编制技巧

商务标是投标文件最重要的组成部分，工程合同价款的确定、合同价款的调整方式、结算方式、工程量清单综合单价的合理性分析等都以商务标为基础，商务标编制的质量决定了承包单位投标的效果，直接影响着项目实施阶段的经济效益。高质量的商务标的编制，可以保证施工经营活动有一个好的开始，商务标编制的关键在于总的报价策略，在确定商务标报价时有很多的技巧，在编制商务标时，应重点考虑下面几方面内容：

（1）针对经评审的最低投标价法的报价技巧主要体现在两方面：一是施工企业从技术革新、内部潜力挖掘或采用新技术、新材料降低成本等方面入手，最大限度地降低报价争取中标；二是投标时可采用不平衡报价，创造索赔机会并争取最大限度的索赔金额，切忌盲目压价，低于成本，或造成废标，或影响中标后的经营效果。

（2）综合评估法中，有一种方法是业主编制标底，以标底为基础，对投标单位商务报价按百分制计算的评标方法，这种方法首先由业主或招标代理人根据经批准的初步设计概算，综合考虑投资、工期、质量三者间的关系，自主确定招标项目的标底价格，然后确定在标底 $-m\%$ 和标底 $+n\%$ 间为有效报价，并对有效区间 $-m\% \sim +n\%$ 的不同区段分别赋分，最后评定获得最高分者中标。针对这种评标办法的报价技巧就是要求投标报价人员具备广博的技术、经营、预算知识和丰富的报价经验，掌握大量的技术经济资料和相关的报价编制方法，并能揣摩业主标底编制人员的心理，站在业主的角度去编制预算和报价，尽可能地让投标报价和业主标底相吻合，从而使报价决策建立在可靠的基础上，使最终报价在最佳赋分范围，争取中标。

（3）综合评估法中的另一种方法是业主不编制标底，对投标报价的商务标报价去掉个别承包商根据自身竞争需要确定的不合适的投标报价，取合格投标者的报价的平均值为评标标底，按百分制计算的评标方法。这种方法同样规定在标底 $-m\% \sim +n\%$ 的报价为有效报价，评审时对有效区间 $-m\% \sim +n\%$ 的不同区段分别赋分，最后评定获得最高分者中标。对于这种评标办法的报价技巧，一是要掌握当前市场行情和平均生产力水平，让自己的报价尽可能接近当前平均生产力水平；二是由于施工工艺和专业性特点，竞争对手往往局限在一定范围或彼此已较为熟悉，研究竞争对手以往的报价和恰当地预测竞争对手在本项目可能采用的报价水平是编制商务标报价前应做的基本工作，也是报价取胜的关键所在。

（4）综合评估法中还有一种方法是综合前面两种方法的因素确定标底，即取业主编制标底的一定比例加上投标单位有效投标报价算术平均值的一定比例作为标底，对投标单位的商务标报价按百分制计算的方法。这种评标方法的报价技巧在于分析测算，可借助数学模型确定最优报价 C_W。

$$C_W = D \times X\% = (A \times K_1 + B \times K_2) \times X\% \qquad (5-33)$$

式中　D——评标的复合标底。

　　K_1——业主编制的标底占复合标底的权重系数，一般为 $0.4 \sim 0.7$。

　　K_2——投标商有效平均报价占复合标底的权重系数，一般为 $0.6 \sim 0.3$。

　　A——业主标底。

　　B——投标商有效报价的算术平均数，按下式计算：

$$B = \sum B_i / n \qquad (5-34)$$

　　B_i——第 i 个有效投标报价（$i = 1, 2, \cdots, n$）。

最优报价 C_W 的确定原则是，不仅要保证报价 C 在业主标底 A 的 $-m\% \sim +n\%$ 间，还要保证 C 最接近最优报价 $C_W = D \times X\%$。设定投标单位的报价预算水平与业主相当，令计算预算价 $U = A$。根据以上分析首先用极限原理定性地确定最优报价范围，然后再根据概率分析和心理分析建立数学模型定量地估算出最优报价 C_W。

1）极限分析：设业主标底 A（已知）=计算预算价 U。

首先第一轮有效范围为：

上限：$A \times (1 + n\%)$

下限：$A \times (1 - m\%)$

如果各投标商均报出高价 $A \times (1 + n\%)$，则 $B = (1 + n\%) \times A$（超过此价的将被淘汰）；如果各投标商均报出低价 $A \times (1 - m\%)$，则 $B = (1 - m\%) \times A$（低于此价的也被淘汰）。这时最优报价 C_W 应为：

上限最高值：$[A \times K_1 + (1 + n\%) \times A \times K_2] \times X\%$

下限最低值：$[A \times K_1 + (1 - m\%) \times A \times K_2] \times X\%$

2）心理分析：上述假定每位理性投标商应该都会想到，如果大家都将报价定在上述范围，即：

$$B_{上限} = [A \times K_1 + (1 + n\%) \times A \times K_2] \times X\% \qquad (5-35)$$

$$B_{下限} = [A \times K_1 + (1 - m\%) \times A \times K_2] \times X\% \qquad (5-36)$$

那么可以推出最优报价 C_W 的理论公式：

$$C_{W上限} = \{A \times K_1 + [A \times K_1 + (1 + n\%) \times A \times K_2] \times X\% \times K_2\} \times X\% \qquad (5-37)$$

$$C_{W下限} = \{A \times K_1 + [A \times K_1 + (1 - m\%) \times A \times K_2] \times X\% \times K_2\} \times X\% \qquad (5-38)$$

$$C_W = (C_{W上限} + C_{W下限}) / 2 \qquad (5-39)$$

即最优报价在上、下限区间内，围绕 C_W 变动。

3）概率分析：由于业主标底 A 是未知的，且各投标商对工程情况熟悉程度、材料价格调查的准确性、施工方法、预算水平等不同，必然引起投标商预算 U 各不相同，最终仍会有个别投标商报价出围，入围的投标商报价也会围绕 C_W 波动。另外，虽然技术上可以分析最优报价的范围，但投标商往往会结合自己的盈利水平，这样又会引起理论推测的最优报价 C_W 波动。根据对多次投标数据的统计计算，投标商的不同报价出现的几率以最优报价 C_W 为中心呈正态曲线分布，平均降价幅度在 91%±2% 左右，因此经过大量验算校核，可以总结出最优报价的经验公式：

$$C_W = [A \times K_1 + (91\% \pm 2\%) \times A \times K_2] \times X\% \qquad (5-40)$$

（5）还有评标办法规定，先由评标小组对投标书进行评价，推荐 2～3 名候选中标单位后，再由领导小组或专家小组审查，最终确定一个中标单位。对这种评标办法，要求投标企业的商务标要跟技术标结合，注意报价的合理性与技术措施的可行性，结合实际综合确定投标报价的技巧。

通过以上分析，我们可以看到，针对不同的评标方法，应采用不同的报价技巧，结合投标经验，艺术性地运用商务标编制技巧就可以从报价上占据优势，从而提高中标率。当然所有技巧的运用都不能增加总的报价，但却可能创造更大的利润空间。另外，报价优势仅是中标的一个重要部分，实际操作中还需要从施工组织设计、工期、质量、企业信誉、企业业绩、企业人员、财务、设备状况、公关等诸多因素着手，多方面研究、总结、提高，不仅要做好宏观全局分析，而且要做好微观项目计算，才能最大程度地提高中标率。作为一名优秀的称职商务标编制人员要乐于动脑，把握市场变化规律，洞悉招标文件和设计图纸，编制出高质量商务标，提高招标单位和评标委员会成员的信任度，为企业的生产经营打下坚实的基础。

5.4　商务标与技术标的结合编制

承包商投标，必须对招标文件中提出的要求给予积极的响应，做到技术标和商务标的统一，技术标和商务标的编制人员要密切配合、集中办公、互通信息、保持一致，避免各自为政、自相矛盾，编制的投标文件要能满足要求、具体可行，对于招标单位提出的特殊要求，也要积极配合。

5.4.1 投标施工组织设计与工程成本的关系

投标施工组织设计的基本内容中，无论是大型方案的选择，还是各项技术措施的执行，无一不与投入成本有着千丝万缕的联系。投标单位为了最大限度地降低成本，就必须在投标施工组织设计的编制上，紧紧围绕控制成本这个中心，精益求精，实现技术与经济的完美结合。

5.4.1.1 施工方案与工程成本的关系

施工方案包括的内容很多，其中先进的施工技术、科学的施工组织和管理与成本关系最为密切。施工方案的制订包括施工方法的确定，施工机具、设备的选择，施工组织、施工顺序的安排，现场的平面布置，各种技术组织措施的落实等。每项内容的制订都能产生多个施工方案，但最优方案只有一个，按最优方案施工可以降低成本、加快进度、保证质量和安全，实现工程项目投入最小产出最大，提高经济效益。施工方案的优劣直接影响工程项目的成本和工程项目的利润，具体表现在：

第一，合理的施工方法可以反映施工技术水平，加快施工进度，减少管理成本；

第二，合理的机械选择可充分发挥机械的效率，降低机械使用费成本；

第三，合理的劳动组织可有效提高工作人员的工作效率，降低人工费成本；

第四，合理的施工顺序和立体交叉作业组织，能充分利用工作面、空间和时间，在不增加资源的前提下，大大缩短工期，直接节省人工费、机械使用费，降低施工成本。

因此，施工方案制定一定要合理科学，一般来讲，施工方案的制订应遵循以下原则：

（1）从实际出发，切实可行

制订的施工方案在资源、技术等方面的需求，应与已有条件或在一定时间内能争取到的条件吻合，否则施工方案不能实现，因此，必须在切实可行的范围内追求先进和快速，背离这个原则，应用先进的技术、加快施工速度都是空谈。施工方案从实际出发才是关键，切实可行是制订施工方案的首要原则。

（2）满足合同工期要求

在制订施工方案时，要从施工组织上统筹安排，均衡开展；在技术上尽可能采用先进的施工技术、施工工艺、新材料、新设备；在管理上采用科学的现代化管理方法，进行动态管理和控制，保证竣工时间符合合同工期要求，争取提前完成。

（3）确保工程质量和施工安全

工程建设质量是百年大计，保证施工安全是社会的要求。因此，在制订施工方案时应充分考虑工程的施工质量和施工安全，制订保证招标工程质量和施工安全的具体措施，并使方案完全符合技术规范、操作规范和安全规程的要求。

（4）尽量降低施工的成本，使方案更加经济合理

从施工成本的人工、材料、机具、设备、周转性材料等直接费和间接费中找出节约的

途径，控制直接消耗，减少非生产人员，充分利用内部资源，把施工费用降低到最低限度。

以上几点是统一的，不可分割的。现代施工技术的进步、施工组织的科学化使每个工程都存在多种可能的实施方案，为此，我们就应该运用以上几点原则进行衡量，进行多方面的分析比较，选择最佳方案。

施工方案与工程项目成本相互依赖、相互制约。工程项目的成本能为施工方案的制订创造条件，施工方案的优选又能节约工程项目的成本，两方面相互联系、相互促进、互相创造条件。实际操作时，必须使两者更好地协调起来，才能实现工程项目的经济效益和社会效益的最大化。

5.4.1.2   施工进度与工程成本的关系

任何工程施工都想加快进度，缩短工期，早日竣工投产，尽早发挥投资效益，但在限定的投标报价范围内，做到按期完工或提前完工都是一项复杂的工作。必须从技术、管理和经济等方面综合考虑，采取有效措施，统一协作，才能达到既缩短工期，又降低工程成本费用的目的。否则，盲目缩短工期，加快施工进度，只会增加更多的人力、物力和财力的支出，增加工程项目造价，抬高工程项目成本。

合理安排施工进度与工程成本的原则是：在保证工期的前提下尽量降低施工成本，在项目目标成本控制下尽量加快施工进度。二者是相互联系、相互制约的统一体，不能简单地孤立对待。工期和成本的关系可用图 5-2 工期－成本曲线来反映。

从图 5-2 可看出，加快施工进度、缩短工期需要投入更多的人力、物资和机械设备等，导致工程项目直接成本的增加；工期延长需要更多的管理费用和办公费用等，导致工程项目间接成本的增加。因此，合理工期的确定必须考虑直接成本和间接成本的总支出，以总成本最低为最优工期，在图 5-2 中以在 A 点附近最为合适。在实际工作中，我们应该做到以下几点：

（1）技术标编制时，必须结合项目的具体情况和资源供给的可能性，采取先进合理的施工技术、施工工艺，采取各种技术组织措施，优化配置施工生产的诸要素，达到既缩短工期，又不提高成本的目的。

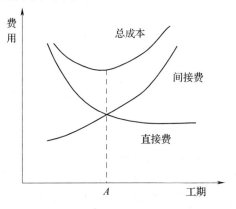

图 5-2   工期－成本曲线

（2）项目实施过程中，要及时准确地进行经济核算，充分利用现代管理技术对施工过程进行动控制，采取各种动态措施，调动工作人员的劳动积极性和主动性，做到人尽其才、物尽其用，保证工期目标的实现。

（3）有些工程项目业主要求早日竣工投产、尽早发挥投资效益，或者因为领导的要求、项目的特殊需要，要赶工期，提前竣工，需通过增加施工成本加快施工进度，这样的情况招标单位一般会在招标文件中设置赶工期措施，有投标单位报价。若招标文件没有设置，投标报价要进行合理增加，并作出具体说明。

（4）对于施工进度，在不增加资源（劳动力、机械等）的条件下越快越好，否则满足工期要求即可。对于必须通过增加资源加快施工进度的情况，要进行经济性比较，计算由于工期缩短所增加的成本，以免片面追加投入，加快进度，造成工程成本的增加。

5.4.1.3 施工质量与工程成本的关系

（1）项目质量成本的概念和内容

项目质量成本是 20 世纪末出现的一种保证和提高产品质量的方法概念，也是全面质量管理的经济基础。过去人们认为，质量在成本方面无法计量，质量成本难以计算，把质量成本仅仅理解为质量不好而造成的浪费，或者令人满意的质量带来资源的有效使用，从而实现了较低的成本。随着质量管理科学的发展，现在可以通过定量分析方法分析质量，使质量成本为企业投标决策及项目管理决策服务，因此质量成本也是编制技术标和商务标要考虑的内容之一。

质量成本是指项目为保证和提高产品质量而支出的一切费用，以及未达到质量指标而发生的一切损失费用之和。质量成本包括两个方面：控制成本和故障成本。质量成本的组成见图 5-3。

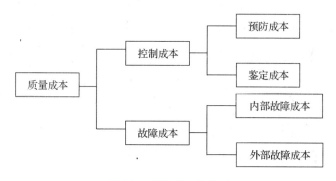

图 5-3 质量成本的构成

1）控制成本

控制成本包括预防成本、鉴定成本两个部分。预防成本是为了防止质量缺陷和偏差的出现，保证产品质量而耗费的一切费用，通常包括质量规划费、工序控制费、新产品鉴定费、质量培训费、质量信息设备费、其他预防成本。鉴定成本是指一次校验合格的情况下，为检验产品、工程质量而发生的一切费用，通常包括采用材料的试验和检验费，工序监测和其他计量服务费用，评价产品或零配件、施工用的构配件质量所支出的试验检验费用，质量评审活动费及其他鉴定成本，如约请外单位鉴定人员的酬金、破坏性试验所耗用的材料费用等。

2）故障成本

故障成本由内部故障成本和外部故障成本两部分组成。内部故障成本是项目在施工生产过程中，由于产品质量的缺陷而造成的损失，以及为处理质量缺陷而发生的费用总和，通常包括废品损失、返修损失、停工损失、材料采购的损失费。外部的故障损失是指在用户使用过程中，发现工程质量缺陷，但应由施工单位负责的一切费用总和，一般包括保修费及可能的罚款等。

（2）质量成本与项目成本的关系

控制成本属于质量保证费用，和质量水平成正比，即工程质量越高，控制成本就越大；故障成本属于损失性费用，和质量水平成反比，即工程质量越高，故障成本就越低。质量与成本之间的关系可用图 5-4 表示。

对工程进行质量控制，并不是要求质量越高越好，质量越高必然会导致成本费用的增加；如在偏僻的农村开发区建造厂房，若采用全钢大模板施工，质量确实能得到较好的保证，但成本会比心里预期成本加大了数倍，性价比非常低；反之，质量过低，也将会导致成本费用的增加，因工程质量差的项目回访保修费用往往相当庞大。

分析质量与成本的关系，要求投标人员理性思考，不要为了中标，而不考虑质量成本，不切实际地随意给业主作出新型施工方法的选择、大型机械设备的投入、高级别质量的保证等方面的承诺，在项目实施中会给企业造成很大的损失。

5.4.1.4　施工安全与成本的关系

安全施工是项目管理的重要目标之一，也是技术标必须全面考虑的内容之一，施工安全直接影响工程项目的成本。若出现重大安全事故，不但给国家、集体和个人都带来重大的损失，也影响工人的施工情绪，导致劳动生产率下降，影响施工进度和施工质量，从而会加大施工费用的支出，造成工程成本的增加。工程项目成本与安全施工的关系可用图 5-5 来表示。

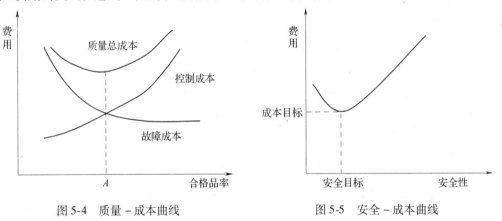

图 5-4　质量－成本曲线　　　　　图 5-5　安全－成本曲线

从图 5-5 可以看出，在一定的区间内，安全控制越好，项目安全性越高，处理安全事故支出的费用就越少，施工所受的干扰也就越小，费用总支出相应减少；然而，当安全控制超越某个临界目标后，由于安全的投入过大，增加的安全投入远远大于为减少的事故所支出的费用，在一定程度上增加了总成本。实际上这反映出安全投入"度"的问题，即施工安全制约着成本，成本依赖着施工安全，二者是辩证统一的关系。针对某个具体的项目，必须紧紧围绕安全目标这个临界点，保证有针对性地适当投入，既不能少，给安全留下过多隐患；也不能过多，以免造成工程总成本的增加。当然，临界点的选取没有精确的定量计算方法，而以定性分析为主，这就要求我们在实际施工中要不断积累经验、总结规律，争取安全投入的最合理化。

随着国家、企业、施工人员对安全工作的日趋重视，施工现场的安全投入将越来越大，投标单位不仅要在方案的编制上充分考虑安全防范措施，还要在投标报价时高度关注安全费用。

5.4.2 降低项目成本的途径和措施

随着国家建筑市场结构的调整和完善，建筑市场竞争愈演愈烈，建筑行业进入了微利时代，因此，要想在建筑市场中生存下去，关键在于如何把成本降低到最满意的程度。一般可以从以下几个方面考虑：

（1）加强合同预算管理，增创工程预算收入

1）深入研究招标文件、合同内容，正确编制施工图预算。在编制施工图预算的时候，要充分考虑可能发生的成本费用，包括合同规定的属于包干性质的各项措施费用，并将其全部列入施工图预算，然后通过工程款结算向建设单位取得补偿。凡是合同规定允许的，要做到该收的点滴不漏，以保证项目的预算收入，但有一个界限，不能将项目管理不善造成的损失列入预算范畴，也不允许违反政策向建设单位高估预算或乱收费。

2）把合同规定的"开口"项目作为增加预算收入的重要方面。一般来说，按照工程设计图纸、资料编制的预算，必须受合同文件的制约，很少有灵活伸缩的余地；而"开口"项目的取费则有比较大的潜力，是项目创收的关键部分。

3）根据工程变更资料，及时办理工程价款增减的核算。由于设计、施工和建设单位使用要求等因素，工程变更是项目施工过程中经常发生的事情，必然带来工程内容的增减和施工工序的改变，影响成本费用的支出。因此，承包单位应对工程变更对投标施工方法、机械设备使用、材料供应、劳动力调配和工期目标等的影响程度，以及为实施变更内容所需要的各种资源进行合理计算，及时办理增减工作量签证手续，并通过工程款结算从建设单位取得补偿。

（2）落实技术组织措施

采取技术措施要求在施工阶段充分发挥技术人员的主观能动性，对标书中的主要技术方案作必要的技术经济论证，采用新材料、新技术、新工艺节约能耗，提高机械化操作水平等，以寻求较为经济可靠的方案，从而降低工程成本，提高项目效益。

（3）落实成本管理的责权利关系

首先要明确项目经理部的机构设置与人员配备，明确项目经理部与企业之间职权关系的划分。项目经理部是作业管理班子，是企业法人指定项目经理做他的代表人管理项目的工作班子，项目建成后即行解体，所以他不是一经济实体，应对公司整体利益负责任，应协调好项目经理部与公司之间的责权利的关系。同时要明确成本控制者及任务，从而使成本控制有人负责，避免成本大了、费用超了、项目亏了，责任却不明的问题。

（4）组织均衡施工，加快施工进度

按时间计算的项目管理成本费用，随着施工进度加快、施工周期缩短，都会有明显的节约，但为了加快施工进度，必然会增加一定的直接成本投入。在签订合同时，应根据建设单位的赶工要求，将相关费用列入预算中，如果事先并未明确，而由建设单位在施工中临时提出的加快进度的要求，要让建设单位签证，费用按实结算。由于加快施工进度，资源的使用相对集中，往往会出现作业面太小，工作效率难以提高，以及物资供应脱节，造成施工间隙等现象，因此，在加快施工进度的同时，必须根据实际情况，组织均衡施工，切实做到快而不乱，以免发生不必要的损失。

（5）控制人工成本

人工费占全部工程费用的比例较大，一般在 10% ~20% 。严格控制人工费，一是要从用工数量控制，有针对性地减少或缩短某些工序的工日消耗量，从而达降低工日消耗、控制工程成本的目的；二是要多招用熟练的技术工，从日工作量上达到降低人工单价的目的；三是要执行本单位制定的奖罚制度，激励生产人员的积极性，提高劳动效率；四是要尽量减少管理人员，实行一人多岗，从提高管理及生产工效方面来控制成本。

（6）降低材料成本

材料成本在整个项目成本中的比重最大，一般可达 70% 左右，在其他成本项目出现超支时，可以靠材料成本的节约来调节，同时，材料成本的节约，也是降低项目成本的关键。一般来讲，可以从以下几个方面进行：

1）节约采购成本——选择运输少、质量好、价格低的供应单位；

2）认真计量验收——如遇数量不足、质量差的情况，要进行索赔；

3）严格执行材料消耗定额——通过限额领料落实；

4）正确核算材料——坚持余料回收；

5）改进施工技术——推广新技术、新工艺、新材料，节约材料用量；

6）利用工业废渣——扩大材料代用；

7）减少资金占用——根据施工需要合理储备；

8）加强现场管理——合理堆放，减少搬运，减少仓储和损耗。

（7）提高机械利用率，控制机械使用成本

机械使用费占项目成本的比重不大，一般在 5% 左右，但机械使用费是按机械购买时的历史成本计算的，折旧率偏低，实际支出超过收入的亏损现象相当普遍。对项目管理来说，应联系实际，合理组织机械施工、提高机械利用率，节约机械使用费。主要应做好以下三方面工作：

1）结合施工方案的制订，从机械性能、操作运行和台班成本等因素综合考虑，选择最合适项目施工特点的施工机械，要求做到既实用又经济；

2）做好工序、工种机械施工的组织工作，最大限度地发挥机械效能；

3）做好平时的机械维修保养工作，使机械始终保持完好状态，随时都能正常运转。严禁在机械维修时将零部件拆东补西，人为地损坏机械。

（8）用好用活激励机制，调动职工增产节约的积极性

用好用活激励机制，应从项目管理的实际情况出发，一般的做法是：

1）对关键工序施工的关键班组要实行重奖。这对激励职工的生产积极性，促进项目建设的高速、优质、低耗有明显的效果。

2）对材料操作损耗特别大的，可由生产班组直接承包。

3）实行钢模零件和脚手螺丝有偿回收，减少浪费。

4）实行班组落手清承包，把建筑垃圾控制在最低限度，保证文明施工现场建设。

5.4.3 商务标与技术标结合策划和研究

（1）研究招标文件

招标文件是投标单位进行投标的主要依据，投标单位要认真仔细研究招标文件，踏勘施工现场，充分了解招标文件的内容和要求，以便有针对性地安排投标工作。目前的投标文件中都包含技术标部分和商务标部分，评标时，一般先进行技术标部分的评审，合格后再进行商务标部分的评审，因此技术标部分的编制非常重要，同时商务标部分要与技术标部分相互配合，保持一致，否者就会前功尽弃。

（2）研究工程概况和工程的施工条件

施工企业获得招标信息后，首先要对工程有关的信息资料进行收集，对投标和中标后履行合同有影响的各种客观因素、招标单位和监理工程师的资信以及工程项目的具体情况等进行深入细致的了解和分析，决定投标事宜；其次要对投标工程概况和工程施工条件进行研究，编制出具有针对性、高质量的施工方案，为商务标的编制提供服务。

（3）研究招标单位对该项目的施工要求

符合招标单位对工程项目的要求，是技术标取得招标单位和专家认可的最主要条件。一般情况下，招标单位的要求应该得到无条件的满足，在编制投标文件时要在技术标和商务标中对招标单位要求作出有针对性的安排和说明，以保证业主的要求得到完全实现。

（4）选择有利的投标标段

在选择投标项目时要结合投标单位自身情况，考虑项目的可行性和可能性；充分考虑建设项目的可靠性；根据利润的测算，有选择地进行投标，注意避开实力较强的竞争对手，根据技术标的优势确定商务标的报价水平。

投标施工组织设计与投标报价是投标文件编制时最重要的两个方面，两者相互影响，密切相关。投标施工组织设计是微观性的投资控制工作，能控制一个具体工程项目的实施过程，但投标施工组织设计中的资源投入、工期的确定、施工方案和方法的选择、让利措施都要以工程报价所提供的数据为依托；反过来，投标施工组织设计的编制又影响着工程报价，当施工组织设计采取非常规的施工方法或措施时，就可能导致工程报价的减少或增加。在编制投标文件时，要特别注意工程项目的特点、招标单位的要求、评审办法中的重点评审事项，作出具体的实质性响应，并有侧重地编制技术标部分和商务标部分。编制技术标部分时要有针对性的施工方案、技术措施和各类需求计划，特别是对影响施工进度和工程成本的施工组织和施工方案更应具体、详细、科学、合理，以便能在技术标的评审中占据主动；针对工程的关键部位，要大胆采用新技术，开发新成果，进行集中讨论，共同攻关，既要在技术工艺上有所创新，也要在报价上适当控制，增加中标的概率。编制商务标部分时，要选用合适自己的报价策略，结合自身实力和各方面资源，利用科学合理的施工组织管理，尽可能地降低报价。还有，针对招标单位特别关注的经济让利措施，根据自身能力，可在投标文件附上"工程节约措施及让利优惠"的内容，明确通过投标施工组织设计中的技术革新、内部潜力的挖掘、开源节流、合理加快施工速度等措施节省的费用。通过明确、具体、可行的让利和降低成本措施，以及相应的数字计算，使业主知道让利承诺不是盲目的，是可靠的，让利承诺不会影响工程的安全、质量和工期，从而增加让利的可信程度和招标单位对工程施工顺利进行的信心，确保项目顺利中标。

6　投标施工组织设计编制展望

　　我国加入 WTO 后，建筑市场正逐步与国际惯例接轨，逐步走向规范化。工程招投标已成为建筑市场日常交易的主要活动。建筑施工企业为了获得市场、取得效益，就必须参加到工程项目投标的激烈竞争中去，只有在竞争中充分展示企业的综合实力、管理水平、诚信程度，才能够战胜对手，取得招标单位的信任而得以中标。

　　施工组织设计作为指导施工全过程中技术、经济和组织等活动的综合性文件，是施工技术与施工项目管理有机结合的产物。施工组织设计编制的特点，是以单个工程为对象进行编制的，施工企业之间分别独立地进行。施工组织设计的内容必须符合国家有关法律、法规、标准及地方规范的要求，必须适应工程项目业主、设计、监理的特殊需要。施工组织设计中切实可行的、经济合理的施工方案，不但可以保证工程的顺利完成，而且还可以有效地降低成本，达到技术效益与经济效益双赢的目的，因此它的编制是保证工程得以顺利完成并取得良好效益的依据。

　　纵观目前的建筑市场，在施工组织设计编制方面还存在诸多问题。随着科学技术的发展和施工水平的不断提高，施工企业管理体制的进一步完善，原有的传统施工组织设计编制方法已不能适应现在的要求。建筑施工企业为了适应日益激烈的市场竞争，适应建筑市场和新型施工管理体制的需要，要具备建造现代化建筑物的技术力量和手段，就必须对现在的施工组织设计的编制方法进行改进。

6.1　对投标施工组织设计的新认识

　　（1）编制观念的发展创新——分析投标施工组织设计与生产要素市场的关系

　　从计划经济向市场经济的发展及在市场经济的不断完善中，编制投标施工组织设计，最初企业只能根据本企业自有的施工队伍、机械和料具、资金能力和管理水平进行。现在的劳动力市场、机械制造和租赁市场、物资市场、金融市场，甚至技术市场已有很大的发展，企业可以在本企业某项资源不足的情况下，在"市场"里求得解决。今后建筑市场会更加发育成熟，包括聘用职业化建造师、工程技术和管理顾问，购买技术专利、租赁大型设备都将或已经成为可能。

　　（2）编制体系的发展创新——分析投标施工组织设计与施工企业发展目标间的关系

　　我国把施工企业的资质区分为施工总承包、专业承包和劳务分包 3 个序列。现实的情况是不少大型施工总承包企业缺少设计力量，进行工程总承包投标时，施工单位和设计单位要联合投标。大型施工总承包企业通常下设若干"子公司"，而"子公司"中不少都具有专业承包的能力，施工总承包企业可进行施工总承包工程项目投标，也可进行专业承包工程项目投标。现有企业的资质状况和施工招标方式的相应变化，要求投标施工组织设计在客观上适应这一变化。这就形成了投标施工组织设计的体系：工程总承包投标、施工总承包投标、专业承包投标和劳务分包施工组织设计计划。国内多数工程项目都采用施工总承包招标。

总之，投标人要掌握工程总承包、施工总承包、专业承包、劳务分包的不同特点，有针对性地编制施工组织设计。

（3）编制内容和方法的发展创新——分析投标施工组织设计与"国际惯例"间的关系

1）国际工程施工招标通常规定在报价时附"施工规划"。施工规划的内容包括施工方案、施工进度计划、施工机械设备、劳动力计划及临时设施规划。施工规划的内容和深度都不如国内的投标施工组织。评审施工规划也称技术审评，基本都采取"合格"通过、"不合格"不通过的办法。

2）投标施工组织设计演化成施工规划后，工程量清单报价要依据施工规划，中标后实施性施工组织设计的编制也要依据施工规划。为满足以上要求，投标人在内部应有一份施工规划编制说明，有详细和大量的调查资料，有计算和分析，供报价决策和中标后参考。如果用实物法编制报价，这类问题就能同时得到解决。

（4）新技术新方法开发应用上的发展创新——分析投标施工组织设计与新技术新方法不断发展的关系

1）我国建筑业是竞争非常激烈的行业，其特点是在短期内可以获取利润。各企业为捕捉这个短期的市场利益展开了持续、激烈的竞争。

2）市场经济的发展、企业间的竞争直接推动新技术、新方法的应用。投标施工组织设计必然以最快的速度反映企业科技的发展和管理的进步。

3）要想占领建筑市场，投标人必须储备和引进人才，加大科研投入，瞄准建筑市场发展方向和国家重点工程项目，超前研发相关工程技术和方法，做好技术储备。

6.2　投标施工组织设计的创新

目前，工程的发包和承包实行工程招标投标制和合同管理制，工程的管理实行业主负责制、项目经理负责制和工程建设监理制等。随着新制度的施行，项目管理的模式发生了变化，而工程施工环境和技术环境的变化，也使施工组织设计的地位和作用发生了一定的变化。因此投标施工组织设计的创新是施工企业必须面对和重视的问题。

（1）内容创新

投标施工组织设计是按技术需要编制的，其主要内容仅限于工程概况、施工方案、施工进度计划、施工平面布置图、保证施工质量及安全的技术和组织措施等。在市场经济体制下，投标施工组织设计作为工程承包合同的一部分，其内容不仅要考虑技术上的需要，更要考虑履行合同的需要，应编成一份集技术、经济、管理、合同于一体的项目管理规划性文件、合同履行的指导性文件、工程结算和索赔的依据性文件，因此，投标施工组织设计的内容应增加，应向项目管理规划方向发展。

关于项目管理规划的内容，《建设工程项目管理规范》（GB/T 50326-2006，以下简称《规范》）作出了详细的规定。《规范》规定，当以投标施工组织设计代替项目管理规划时，投标施工组织设计应满足项目管理规划的要求。按《规范》的要求编制和管理项目管理规划，有利于提高工程施工项目的管理水平，有利于与国际惯例接轨。投标施工组织设计内容的创新应体现在下列四个方面：一是业主应提供的条件。投标施工组织设计作为工程承包合同的组成部分，规定的义务应是承发包双方的。工程承包合同文件虽有通用条件和专用条件规定业主应尽的义务，但在投标施工组织设计中应列出业主应提供的施工图、施工场地、水电供应、材料设备、报批手续等施工条件，并列表说明提供施工条件的时间、地点、数量和质量。这样，则更具体、更明了、更易于操作，更重要的是有利于日后的索赔。二是工程分包。工程分包分为承包商分包和业主分包，承包商分包应在业主允许的条件下在投标书中作出声明，而且承包商要对分包工程承担所有责任，因此，投标施工组织设计中应包括承包商分包工程的施工组织设计。对业主分包工程在招标文件中也应声明，在承包商的施工组织设计中不需做该分包工程的施工组织设计，但宜列出业主分包工程的进出场时间、交工验收时间、分包商的施工场地和工作面分配、工程交接的方式和程序等，以利于承包商为日后索赔留下可靠的依据，也利于业主对其分包商的监控。三是质量管理体系。合理而有效的质量管理体系有利于保证工程质量。四是项目管理组织。项目管理组织是工程项目施工的直接组织者和管理者，在投标施工组织设计中列出该内容可以证明投标人在履行合同上有组织方面的保证，有利于取得工程承包权，有利于项目管理组织的内部管理，也有利于监理工程师（业主代表）了解承包商的运作方式，方便双方的协调。因此，投标施工组织设计宜增加这些内容。

（2）应用技术和手段创新

网络计划技术可以通过时间参数计算对计划进行工期、费用和资源的优化，可以根据计划的执行情况和条件的变化对计划进行动态的调整控制，使计划目标得以实现。网络计划技术的应用要实现以下三个转变：一是由静态的网络图向动态的网络计划转变。静态的网络图随着实际施工进度与计划进度发生偏差及施工环境的改变，很快就会失去使用价值，必须根据实际进度定期或不定期对网络计划进行检查和调整，以便对施工进度进行控制，实现工期目标。二是由单纯的施工进度计划向施工进度计划、资源计划和成本计划等综合性计划转变。单纯的施工进度计划只能保证工期的实现，而不能实现资源的合理利用，在资源使用不均衡不合理的条件下，施工工期难以保证。二是由满足型计划向效益型计划转变。

计算机和计算机网络在投标施工组织设计中的应用主要有以下三个方面：一是应用计算机编制投标施工组织设计。应用计算机，可以通过经验、信息、资源库等加快编制速度，提高编制质量，有利于及时修改。二是利用计算机进行施工进度计划的优化、检查、调整和控制。三是利用计算机网络及时获取、处理和利用各种有用信息。资源信息的内容来自于项目部内外，当日完成的工程量、企业内部现有和已占用的资源信息是项目内部的信息。有关法规、政策、市场行情等是项目外部的信息，这些信息都可通过计算机网络进行传输。

投标施工组织设计不但是施工企业投标的重要文件，而且是项目管理的总体规划。虽然它产生于计划经济时代，但是它应该顺应时代的潮流，一改过去教条冗长的模式，真正做到与时俱进。因此，投标施工组织设计的创新，不仅具有理论意义，更具有实践意义。

6.3 建设工程投标施工组织设计编制过程中的信息管理

科学技术的发展，使人类进入了一个崭新的信息时代。在中国有些施工企业也开始建立企业内部局域网、数据库等以实现企业内的信息共享。信息共享已成为高效工作系统必不可少的部分。信息化管理已融入到各行各业，可以利用信息化管理技术来系统提高编制投标施工组织设计的能力和水平，增加企业的竞争力，提高中标率。

1. 信息管理的基本理论

信息管理是指在整个管理过程中，人们收集、加工和输入、输出信息的总称。信息管理的过程包括信息收集、信息传输、信息加工和信息储存。信息管理要求及时、准确。

2. 在投标施工组织设计编制过程中加强信息化管理技术的应用

目前投标施工组织设计编制存在很多缺陷，如编制方案照本宣科、重复劳动，技术方案通俗化、不具备工程施工特点；投标施工组织设计形式上按招标文件的要求进行编制，内容上欠缺深度，不能使评委眼前一亮；施工组织设计编制与工程经济价值脱钩，不能作为一个系统工程综合化考虑等。由于编制时间短，投标施工组织设计编制后缺乏有效的审核管理，往往只根据经验进行审核，审核人的主观意识影响大。

编制投标施工组织设计缺乏系统的信息沟通渠道，信息不能有效传递，特别是多年积累的施工资源、一些新技术不能有效运用，特别在编制过程中的应用。这一方面是由于某些编制人员责任心不强，另一方面是由于没有合适的传播途径或者方法。现在许多建筑企业投标施工组织设计编制人员都是临时从项目中调拨出来的，他们可能在对外部信息了解的程度上缺乏深度。少数管理先进的建筑企业可能有专门的编制人员，但由于与现场脱节，对现场实际的施工方法了解不足。编制的投标施工组织设计是为了提高投标成功率，主要针对业主和招标文件的要求，对后续施工实际性的指导意义不大，必然会对工程项目的顺利开展带来一定的负面影响。因此，信息渠道的畅通对编制投标施工组织设计意义重大。

3. 信息管理在投标编制施工组织设计应用的意义

现在是知识经济时代，信息技术的作用越来越大，建筑施工企业应大力发展与运用信息技术，重视新技术的移植和利用，拓宽智力资源的传播渠道，全面改进传统的编制方法，使信息在生产力诸要素中起到核心的作用，逐步实现施工信息自动化、施工作业机械化、施工技术模块化和系统化，以产生更大的经济效益，增强建筑施工企业的竞争力，从而使建筑企业能在日益激烈的竞争中获得更好的生存环境。

4. 编制投标施工组织设计过程中信息管理的应用流程（图6-1）

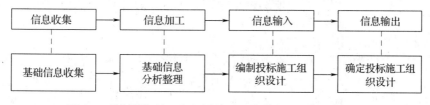

图6-1　编制投标施工组织设计过程中信息管理的应用流程

5. 基础信息收集

1）投标阶段跟工程有关的信息分类

① 拟建工程的周边环境、水电源位置、施工场地情况，是否存在扰民或者民扰的问题；

② 工程地质条件、水文地质勘察报告，设计、地质勘察报告等方面的信息，该工程有别于其他同类工程的技术要求、材料、设备、工艺、质量要求的有关信息；

③ 所在地政府及建设主管部门的要求；

④ 工程所在地工程造价的市场变化规律及材料、机械设备、劳动力差异；

⑤ 本工程适用的规范、规程、标准，特别是强制性规范及地方标准、规程等；

⑥ 当地施工企业的管理水平、质量保证体系、施工质量、设备、机具配备能力；

⑦ 所在地关于招投标有关法规、规定，国际招标、国际贷款指定适用的范本，本工程适用的建筑施工合同范本及主要特殊条款内容；

⑧ 所在地招标代理机构能力、特点，所在地招标管理机构及管理程序；

⑨ 该工程采用的"四新"相关内容，投标单位对"四新"处理能力和了解程度、经验、措施。

2）招标文件对施工组织设计的要求

① 对施工组织设计的编制要求；

② 对施工技术的要求；

③ 对施工质量的要求；

④ 工期要求；

⑤ 对企业资质要求和计划派驻该项目的施工人员的要求。

3）企业编制经验

① 本企业类似工程投标文件的编制方法；

② 其他企业编制类似工程的经验做法。

6. 投标施工组织设计编制过程的信息管理

1）制订投标施工组织设计编制的整体规划

整体规划反映了编制者的思路，让人一目了然，能引人入胜。规划标题尽可能详细，以保证编制施工组织设计全面考虑方方面面的因素。我们在编制投标施工组织设计时应主要注意：一是具体的措施计划要合理、实用，另一个就是要考虑施工各方面的因素。

2）对于编制过程中的信息及时反馈或调整

编制投标施工组织设计是一个系统工程，不可能完全模块化，对于编制过程中出现的各类信息要及时反馈至相应部门或责任人，对于编制过程中需要补充的信息要及时收集整理、输入。

3）编制投标施工组织设计信息管理的重点

① 重视人员配置信息。首先要明确信息管理的指挥者，明确职责，因为他统率整个编制过程，既是指挥家，又是专家。其次必须掌握施工组织设计中人员配置信息。尤其是项目经理配置的信息。项目经理作为项目的负责人，其素质及管理水平直接影响工程的工期、质量、安全等方面，因此业主往往对此人选比较重视，投标企业应选用有良好业绩的

项目经理，尤其是曾经获国、部、省优工程项目的项目经理。

② 重视编制投标施工组织设计采用技术先进性的信息。随着计算机技术和现代通信技术的发展，人类已经步入以数字化和网络化为特征的知识经济时代，编制投标施工组织设计应优先采用计算机技术，特别是采用专门的编制软件，以便提高编制效率。

③ 重视投标施工组织设计中采用先进技术和先进施工方法。

工期控制方面信息。应优先注意网络计划编制的严密性和科学性，这是评标得分中很重要的一部分。要分析计划总工期能否满足要求，工程各分部、分项工作的施工节拍是否合理，关键线路是否明确，机动时间是否充分，有无考虑季节施工的不利影响等。

重视施工平面布置图。特别是重要施工机械，如塔吊、搅拌站、钢筋加工机械、木工机械、安装工程加工机械的布置。还要考虑加工场地的布置、构件、半成品和材料的堆放位置、运输道路、临时房屋和临时水电管线及其他临时设施的合理布置问题。

增强技术创新能力。市场竞争的一般规律是，要想在竞争中取胜，就必须比对手有优势。优先采用建设部重点推广的"四新"，要比一般建筑企业要具有更强的竞争力。

④ 注意投标报价相关信息。投标施工组织设计中的施工措施与报价的关系十分紧密，应尽可能地做到施工技术同报价相平衡，不能一味追求技术先进而忽略造价，也不能因为降低造价而忽视推进先进技术，应综合考虑。

⑤ 最后成果的多媒体展示。

综合以上信息，采用动画的手段，应用于建筑设施、道路、桥梁招投标表现，利用三维技术和影视艺术展示工程施工流程、工艺流程。配以解说词、音乐，清晰明了地展现整个工程施工方案的特点，近乎真实地展现整个工程的施工过程，以提高中标率。如图6-2和6-3所示的多媒体演示。

通过对投标施工组织设计中信息管理的探索，可以让人们从一个全新的角度来看待如何提高投标施工组织设计编制水平。信息管理理论在投标施工组织设计编制过程中的系统应用，必将有效提高编制投标施工组织设计的水平，同时有效提高中标率，这对于建筑施工企业的发展具有重要意义。

图6-2　桩基施工的演示

图 6-3　施工现场塔吊的布置展示

专题I 投标施工组织设计编制标准（推荐）

目 录

1　总　　则

1.0.1　为加强施工组织设计（施工方案）编制工作，使施工组织设计（施工方案）编制标准化，使之具有可操作性和指导性，制定本标准。

1.0.2　本标准仅用作新建、扩建、改建等建设工程项目管理的内控标准。

1.0.3　本标准依据国家现行规范《建设工程项目管理规范》（GB/T 50326—2006）及国家有关验收规范的要求进行编制。

1.0.4　施工组织设计编制内容应满足本标准，当行业、地方主管部门另有规定时，应同时执行。

2　术　　语

2.0.1　建设项目施工组织总设计

以一个建设项目为对象进行编制，用以指导其建设全过程各项全局性施工活动的技术、经济、组织、协调和控制的综合性文件。

2.0.2　单位工程施工组织设计

以一个单位（项）工程为对象进行编制，用以指导其施工全过程各项施工活动的技术、经济、组织、协调和控制的综合性文件。

2.0.3　分部分项工程及特殊和关键过程施工方案

以一个分部（项）工程或特殊、关键过程为对象进行编制，用以指导各项作业活动的技术、经济、组织、协调和控制的综合性文件。

3　基　本　规　定

3.0.1　贯彻国家工程建设的法律、法规、方针、政策、技术规范和规程。

3.0.2 贯彻执行工程建设程序，采用合理的施工程序和施工工艺。

3.0.3 运用现代建筑管理原理，积极采用信息化管理技术、流水施工方法和网络计划技术等，做到有节奏、均衡和连续地施工。

3.0.4 优先采用先进施工技术和管理方法，推广行之有效的科技成果，科学确定施工方案，提高管理水平，提高劳动生产率，保证工程质量，缩短工期，降低成本，注意环境保护。

3.0.5 充分利用施工机械和设备，提高施工机械化、自动化程度，改善劳动条件，提高劳动生产率。

3.0.6 提高建筑工业化程度，科学安排冬期、雨季等季节性施工，确保全年均衡性、连续性施工。

3.0.7 坚持"追求质量卓越，信守合同承诺，保持过程受控，交付满意工程"的质量方针；坚持"安全第一，预防为主"方针，确保安全生产和文明施工；坚持"建筑与绿色共生，发展和生态谐调"的环境方针，做好生态环境和历史文物保护，防止建筑振动、噪声、粉尘和垃圾污染。

3.0.8 尽可能利用永久性设施和组装式施工设施，减少施工设施建造量；科学规划施工平面，减少施工用地。

3.0.9 优化现场物资储存量，合理确定物资储存方式，尽量减少库存量和物资损耗。

3.0.10 编制内容力求重点突出，表述准确，取值有据，图文并茂。

3.0.11 施工组织设计或施工方案在贯彻执行过程中应实施动态管理，具体过程见图3.0.11。

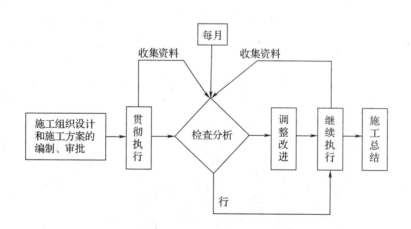

图3.0.11 施工组织设计实施框图

3.0.12 施工组织设计应由企业管理层技术部门组织编制，企业管理层总工程师审批，并应在工程开工之前完成（如为投标需要，则需在投标文件提交之前）。项目经理部是施工组织设计的实施主体，应严格按照施工组织设计要求的内容进行施工，不得随意更改。具体的编制、审查、审批、发放、更改等应按企业相关管理标准的要求进行。

4 建设项目施工组织总设计

4.1 编制步骤

施工组织总设计编制步骤如图4.1所示。

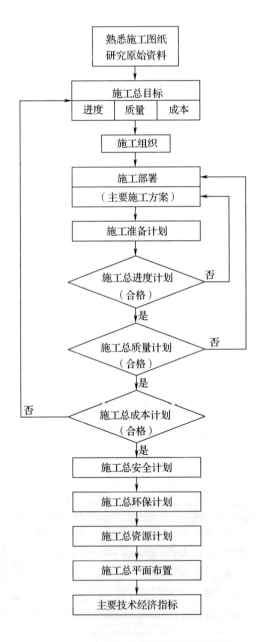

图4.1 施工组织总设计编制步骤

4.2　基本结构及基本内容

4.2.1　编制依据

1　建设项目基础文件

(1) 建设项目可行性研究报告及其批准文件；

(2) 建设项目规划红线范围和用地批准文件；

(3) 建设项目勘察设计任务书、图纸和说明书；

(4) 建设项目初步设计和技术设计批准文件，以及设计图纸和说明书；

(5) 建设项目总概算、修正总概算或设计总概算；

(6) 建设项目施工招标文件和工程承包合同文件。

2　工程建设政策、法规和规范资料

(1) 工程建设报建程序有关规定；

(2) 动迁工作有关规定；

(3) 工程项目实行建设监理有关规定；

(4) 工程建设管理机构资质管理有关规定；

(5) 工程造价管理有关规定；

(6) 工程设计、施工和质量验收有关规定。

3　建设地区原始调查资料

(1) 地区气象资料；

(2) 工程地形、工程地质和水文地质资料；

(3) 地区交通运输能力和价格资料；

(4) 地区建筑材料、构配件和半成品供应状况资料；

(5) 地区进口设备和材料到货口岸及其转运方式资料；

(6) 地区供水、供电、电信和供热能力及价格资料。

4　类似施工项目经验资料

(1) 类似施工项目成本控制资料；

(2) 类似施工项目工期控制资料；

(3) 类似施工项目质量控制资料；

(4) 类似施工项目安全、环保控制资料；

(5) 类似施工项目技术新成果资料；

(6) 类似施工项目管理新经验资料。

4.2.2　工程概况

1　工程构成情况

主要说明：建设项目名称、性质和建设地点，占地总面积和建设总规模，建安工作量和设备安装总吨数，以及每个单项工程占地面积、建筑面积、建筑层数、建筑体积、结构类型和复杂程度。通常以表 4.2.2-1 表达。

2　建设项目的建设、设计和承包单位

主要说明：建设项目的建设、勘察、设计、总承包和分包单位名称，以及建设单位委托的社会建设监理单位名称及其监理班子组织状况。通常以表 4.2.2-2 表达。

工程概况一览表 　　　　　表 4.2.2-1

单位工程名称	工程造价（万元）	占地面积（m²）	建筑面积（m²）	层数（m）	建筑总高度（m）	基础形式	上部结构类型	装饰装修情况	建筑安装情况

工程建设概况一览表 　　　　　表 4.2.2-2

工程名称		工程地址	
建设单位		勘察单位	
设计单位		监理单位	
质量监督部门		总承包单位	
合同工期		合同工程投资额	
主要分包单位			
工程主要功能或用途			

　3　建设地区自然条件状况

　主要说明：气象及其变化状态，工程地形和工程地质及其变化状态，工程水文地质及其变化状态，地震级别及其危害程度，周边道路及交通条件，以及厂区及周边地下管线情况。

　4　工程特点及项目实施条件分析

　概要说明：工程特点、难点，如：高、大（体量、跨度等）、新（结构、技术等）、特（有特殊要求）、重（国家、行业或地方的重点工程）、深（基础）、近（与周边建筑或道路）、短（工期）等。

　项目实施条件分析主要对工程施工合同条件、现场条件、现行法规条件进行分析。

　5　项目管理特点

　概要说明：项目承包方式，业主对项目在质量、安全、工期等方面的总体要求。

4.2.3　施工部署和施工方案

　1　建立项目管理组织

　明确项目管理组织目标、组织内容和组织结构模式，建立统一的工程指挥系统，通常采用组织机构框图表示，并体现人员配置、业务联系和信息反馈，明确所属机构的人员。不同的工程项目管理，其组织机构应是不相同的。

　明确项目管理人员工作职责和权限，通常以表 4.2.3-1 表示。

项目管理人员质量职责和权限 　　　　　表 4.2.3-1

序号	项目职务	姓名	职责和权限

　2　项目管理目标

　主要说明：项目管理控制目标，包括业主要求的建设项目施工总成本、总工期和总质量等级，以及每个单项工程施工成本、工期、质量、安全及现场控制目标等级要求，每个单项工程管理目标通常以表 4.2.3-2 表达。这 5 项控制目标应在已签订的工程承包合同的基础上，从提高项目管理经济效益和施工效率的原则出发，作出更积极的决策。

单项工程管理目标一览表　　　　　　　　　　表 4.2.3-2

单项工程名称	项目施工成本	工期	质量目标	安全目标	文明施工目标

3　总承包管理

（1）总包合同范围；

（2）总包范围内的分包工程。

根据合同总包、分包要求，组建综合或专业工作队组，合理划分每个承包单位的施工区域，明确主导施工项目和穿插施工项目及其建设期限，可采用表 4.2.3-3 表示。

总包范围内施工区段任务划分与安排一览表　　　　表 4.2.3-3

施工项目名称	项目负责人	专业施工队	施工队负责人	开始施工时间	建设工期	承包形式

4　工程施工程序

确定工程施工程序的几点原则：

（1）根据国家和上级指示精神，保证重点项目尽早完成。

（2）为了尽快发挥基本建设投资效果，大中型工程项目宜分期分批建成。工程的分期分批则应根据工程规模及施工难易程度，会同建设单位和施工单位研究确定。

（3）首先安排主体工程系统按期完成，同时考虑辅助、附属工程系统建成后可以为施工服务，即应考虑"辅 - 主 - 辅"的安排。

5　各项资源供应方式

主要说明：拟投入的施工力量总规模（最高人数和平均人数）、施工机械设备、物资供应方式、资金供应方式、临时设施提供方式等。

6　项目总体施工方案

反应各项目施工顺序、时间穿插、运输、单项工程方案、新技术引进等。

主要说明：各单位工程的土方、混凝土拌制、结构安装等综合机械化施工方案，施工方法和施工机械选择，施工段划分和施工流向，施工顺序，新工艺、新技术、新材料、新管理方法的使用，有关科学实验项目安排等。对某些技术要求高、本单位尚未完全掌握的分部分项工程，应提出原则性的技术措施方案。对一些特殊分部分项工程，应明确施工技术方案并提出总体施工思路。

机械化施工方案应遵循以下原则：

（1）所选主要机械的类型和数量应满足各主要项目的施工要求，并在各个工程上能进行流水作业；

(2) 尽可能选当地能调用或租用的机械；

(3) 机械化施工总方案应技术上先进和经济上合理。

4.2.4　施工准备工作计划

1　施工准备工作计划具体内容

(1) 施工技术准备。施工组织总设计编制，组织项目有关新结构、新材料、新技术试制和试验工作。

(2) 劳动组织准备。按计划组织各工种劳力及岗前的技术培训工作。

(3) 施工物资准备。施工工具准备，建筑原材料准备，成品、半成品准备，施工机械设备加工或订货工作，大型临时设施准备。

(4) 施工现场准备。按照建筑总平面图要求，做好现场控制网测量，清除现场障碍物，实现"四通一平"（水通、电通、运输畅通、通信畅通和场地平整）。

2　施工准备工作计划

采用表 4.2.4 表示。

主要施工准备工作计划　　　　　　　　　　　　　表 4.2.4

序号	准备工作名称	准备工作内容	主办单位	协办单位	完成日期	负责人

4.2.5　施工总平面规划

1　施工总平面布置的原则

(1) 在满足施工需要的前提下，尽量减少施工用地，不占或少占农田，施工现场布置要紧凑合理；

(2) 合理布置起重机械和各项施工设施，科学规划施工道路，尽量降低运输费用；

(3) 科学确定施工区域和场地面积，尽量减少专业工种之间交叉作业；

(4) 尽量利用永久性建筑物、构筑物或现有设施为施工服务，降低施工设施建造费用，尽量采用装配式施工设施，提高其安装速度；

(5) 各项施工设施布置都要满足有利生产、方便生活、安全防火和环境保护要求。

2　施工总平面布置的依据

(1) 建设项目建筑总平面图、竖向布置图和地下设施布置图；

(2) 建设项目施工部署和主要建筑物施工方案；

(3) 建设项目施工总进度计划、施工总质量计划和施工总成本计划；

(4) 建设项目施工总资源计划和施工设施计划；

(5) 建设项目施工用地范围和水电源位置，以及项目安全施工和防火标准。

3　施工总平面布置的内容

(1) 建设项目施工用地范围内的地形和等高线，全部地上、地下已有和拟建的建筑物、构筑物及其他设施的位置和尺寸。

(2) 全部拟建的建筑物、构筑物和其他基础设施的坐标网。

（3）为整个建设项目施工服务的施工设施布置，包括生产性施工设施和生活性施工设施两类。生产性施工设施包括：工地加工设施、工地运输设施、工地储存设施、工地供水设施、工地供电设施和工地通信设施6种；生活性施工设施包括：行政管理用房屋、居住用房屋和文化福利用房屋3种。

（4）建设项目施工必备的安全、防火和环境保护设施布置。

4　施工总平面设计的步骤

（1）把场外交通引入现场；

（2）确定仓库和堆场位置；

（3）确定搅拌站和加工厂位置；

（4）确定场内运输道路位置；

（5）确定生活性施工设施位置；

（6）确定水电管网和动力设施位置。

5　施工总平面管理

施工总平面管理是指在施工过程中对施工场地的布置进行合理的调节。

（1）总平面管理应以施工总平面规划为依据，总包单位应根据工程进度情况，对施工总平面布置进行调整、补充和修改，以满足各单位不同时间的需要。

（2）总平面管理包括施工总平面的统一管理和各专业施工单位的区域管理，确定各个区域内部有关道路、动力管线、排水沟渠及其他临时工程的施工、维修、养护责任。

（3）总平面管理要根据不同时间和不同需要，结合实际情况，合理调整场地；对运输大宗材料的车辆，作出妥善安排，避免拥挤堵塞；大型施工现场在施工管理部门内，应设专职组，负责平面管理，一般现场也应指派专人管理此项工作。

4.2.6　施工总资源计划

1　劳动力需用量计划

按总进度计划中确定的各工程项目主要工种工程量，套用概（预）算定额或者有关资料，求出各工程项目主要工种的劳动力需用量，采用表4.2.6-1表示，并在施工总进度计划网络中绘制相应的劳动力资源曲线。

劳动力需用量计划表　　　　　　　　　　　　　　　表 4.2.6-1

序号	单项工程名称	总劳动量（工日）	专业工种（工日）	需要量计划（工日）											
				年　度						年　度					
				1	2	3	4	5	……	1	2	3	4	5	6	……

2　施工工具需要量计划

主要指模板、脚手架用钢管、扣件、脚手板等辅助施工用工具需要量计划，采用表4.2.6-2表示。

施工工具需要量计划表　　　　　　　　　表 4.2.6-2

序号	单位（项）工程名称	模板		钢管		脚手板		……	
		需用量	进场日期	需用量	进场日期	需用量	进场日期	需用量	进场日期

3　原材料需要量计划

主要指工程用水泥、钢筋、砂、石子、砖、石灰、防水材料等主要材料需要量计划，采用表 4.2.6-3 表示。

原材料需要量计划表　　　　　　　　　表 4.2.6-3

序号	单位（项）工程名称	材料名称	规格	需要量		需要时间			备注
				单位	数量	×月	×月	×月	

4　成品、半成品需要量计划

主要指混凝土预制构件、钢结构、门窗构件等成品、半成品需要量计划，采用表 4.2.6-4 表示。

成品、半成品需要量计划表　　　　　　　　　表 4.2.6-4

序号	单位（项）工程名称	成品、半成品名称	规格	需要量		需要时间			备注
				单位	数量	×月	×月	×月	

5　施工机械、设备需要量计划

施工用大型机械设备、中小型施工工具等需要量计划，采用表 4.2.6-5 表示。

施工机械、设备需要量计划表　　　　　　　　　表 4.2.6-5

序号	施工机具名称	型号	规格	电功率（kVA）	需要量（台）	使用单位（项）工程名称	使用时间

6　生产工艺设备需要量计划

生产工艺设备需用量计划，采用表 4.2.6-6 表示。

生产工艺设备需要量计划表 表 4.2.6-6

序号	生产设备名称	型号	规格	电功率（kVA）	需要量（台）	使用单位（项）工程名称	进场时间

7 大型临时设施需要量计划

大型临时生产、生活用房，临时道路，临时用水、用电和供热供气等需用量计划，采用表 4.2.6-7 表示。

大型临时设施需要量计划表 表 4.2.6-7

序号	大型临时设施名称	型号	数量	单位	使用时间	备注

4.2.7 施工总进度计划

1 施工总进度计划编制

（1）施工总进度计划的编制应符合下列规定：

1）施工总进度计划应依据施工合同、施工进度目标、工期定额、有关技术经济资料、施工部署与主要工程施工方案等编制；

2）施工总进度计划的内容应包括：编制说明，施工总进度计划表，分期分批施工工程的开工日期、完工日期及工期一览表，资源需要量及供应平衡表等；

3）编制施工总进度计划的步骤应包括：收集编制依据，确定进度控制目标，计算工程量，确定各单位工程的施工期限和开、竣工日期，安排各单位工程的搭接关系，编写施工进度计划说明书。

（2）施工总进度计划应按国家现行标准《网络计划技术》（GB/T 13400.1～3—92）及行业标准《工程网络计划技术规程》（JGJ/T 121—99）编制网络计划图，必要时，还应编制横道图。

进度计划编制方法：

1）计算拟建工程项目主要分部分项工程量；

2）确定各建筑物、构筑物的工期；

3）确定各工程项目开竣工时间及相互搭接关系；

4）绘制施工总进度计划表，参见表 4.2.7-1、表 4.2.7-2。

施工总进度计划表 表 4.2.7-1

序号	单项工程名称	建安指标		设备安装指标（t）	造价（千元）			施工进度						
		单位	数量		合计	建筑工程	设备安装	第一年				第二年	第三年
								Ⅰ	Ⅱ	Ⅲ	Ⅳ		

主要分部工程施工进度计划表　　　　　　　表 4.2.7-2

序号	单项工程 单位工程 分部工程名称	工程量		机械		劳动力			施工 天数	施工进度（月）					
		单位	数量	机械 名称	机械 台班 数量	机械 台数	工种 名称	总工 日数	工人数		20××年					
											1	2	3	4	5	6

2　总进度计划保证措施

主要包括：

（1）施工阶段进度控制目标分解图；

（2）施工阶段进度控制的主要工作内容和深度；

（3）项目经理部对进度控制的责职分工；

（4）进度控制工作流程；

（5）进度控制的方法；

（6）进度控制的具体措施（包括组织措施、技术措施、经济措施及合同措施等）。

4.2.8　降低施工总成本计划及保证措施

1　现场可控成本的范围。

2　建设项目降低施工总成本计划。

依据设计概算确定项目的计划目标成本，通过工料分析制定节约成本措施，确定降低施工总成本计划（现场目标成本计划）及其责任分解。

3　建设项目降低施工总成本保证措施：技术保证措施、经济保证措施、组织保证措施、合同保证措施。

4.2.9　施工总质量计划及保证措施

1　施工总质量计划

（1）工程设计质量要求和特点：明确设计单位和建设单位对建设项目及其单项工程的施工质量要求；再经过项目质量影响因素分析，明确建设项目质量特点及其质量计划重点；

（2）工程施工质量总目标及其分析：根据建设项目施工质量总目标要求，确定每个单项工程施工质量目标，再将该质量目标分解至单位工程质量目标和分部工程质量目标；

（3）确定质量控制点；

（4）建立施工质量体系。

2　施工质量保证措施

包括组织保证措施、技术保证措施、经济保证措施和合同保证措施。

4.2.10　职业安全健康管理方案

1　施工总安全计划

1）安全概况：包括建设项目组成状况及其建设阶段划分、每个建设阶段内独立交工系统的项目组成状况、每个独立承包项目的单项工程组织状况；

2）安全控制程序：编制安全计划、安全计划实施、安全计划验证、安全持续改进和兑现合同承诺；

3）安全控制目标：建设项目施工总安全目标，独立交工系统施工安全目标，独立承包项目施工安全目标，以及每个单项工程、单位工程和分部工程施工安全目标；

4）安全组织机构：包括安全组织机构形式、安全组织管理层次、安全职责和权限，确定安全管理人员，以及建立健全安全管理规章制度；

5）安全资源配备：包括安全资源名称、规格、数量和使用部位，并列入资源总需要量计划；

6）安全检查评价和奖励：确定安全检查日期、安全检查人员组成、安全检查内容、安全检查方法、安全检查记录要求、安全检查结果的评价、编写安全检查报告以及兑现表彰安全施工优胜者的奖励制度。

2　安全技术措施

防火、防毒、防爆、防洪、防尘、防雷击、防坍塌、防物体打击、防溜车、防机械伤害、防高空坠落和防交通事故，以及防寒、防暑、防疫和防环境污染等项措施。

4.2.11　环境管理方案

1　确定环保目标：包括建设项目施工总环保目标、独立交工系统施工环保目标、独立承包项目施工环保目标、每个单项工程和单位工程施工环保目标。

2　确定环保组织机构：包括环保组织结构形式、环保组织管理层次、环保职责和权限，确定环保管理人员，以及建立健全环保管理规章制度。

3　明确施工环保事项内容和措施：现场泥浆、污水和排水，现场爆破危害防止，现场打桩震害防止，现场防尘和防噪声，现场地下旧有管线或文物保护，现场溶化沥青及其防护，现场及周边交通环境保护，以及现场卫生防疫和绿化工作。

4.2.12　项目风险总防范

1　施工风险类型：承包方式风险、承包合同风险、工期风险、质量安全风险以及成本风险。

2　施工风险因素识别：确定施工过程中存在哪些风险、引起风险的主要因素、哪些风险必须认真对待，风险识别采用的方法（专家调查法、故障树法、流程图分析法、财务报表分析法、现场观察法等）。

3　施工风险出现概率和损失值估计：选择合理的风险估计方法（概率分析法、趋势分析法、专家会议法、德尔菲法或专家系统分析法等），估计风险发生概率，确定风险后果和损失严重程度。

4　施工风险管理重点。

5　施工风险防范对策：包括风险控制对策、风险财务对策。

6　施工风险管理责任：以表 4.2.12 表示。

风险管理责任表　　　　　　　　　　　　表 4.2.12

序号	风险名称	管理目标	防范对策	管理责任人	备注

4.2.13　项目信息管理规划

建立施工项目信息管理系统，用流程框图表达；说明本施工项目信息管理系统的内

容，并建立信息代码系统，明确施工项目管理中的信息流程；建立施工项目管理中的信息
收集制度；建立施工项目管理中的信息处理；制定施工项目信息管理系统的基本要求，选
择施工项目管理软件。

4.2.14　主要技术经济指标

1　施工工期

建设项目总工期、独立交工系统工期、独立承包项目和单项工程工期。

2　项目施工质量

分部分项质量标准、单项工程质量标准、单项工程和建设项目质量水平等。

3　项目施工成本

建设项目总造价、总成本和利润，每个独立交工系统总造价、总成本和利润，独立承
包项目造价、成本和利润，单项工程、单位工程造价、成本和利润，以及产值（总造价）
利润率和成本降低率。

4　项目施工消耗

建设项目总用工量，独立交工系统用工量，单项工程用工量，以及各自平均人数、高
峰人数和劳动力不均衡系数、劳动生产率；主要材料消耗量和节约量；主要大型机械使用
数量、台班量和利用率。

5　项目施工安全

施工人员伤亡率、重伤率、轻伤率和经济损失。

6　项目施工其他指标

施工设施建造费比例、综合机械化程度、工厂化程度和装配化程度，以及流水施工系
数和施工现场利用系数。

4.2.15　施工组织设计或施工方案编制计划

1　大中型工业建设项目、民用建筑群项目在编制施工组织总设计后，还应对所有单
位（项）工程、构筑物等编制施工组织设计，制订单位（项）工程、构筑物施工组织设
计编制计划。

2　单位（项）工程、构筑物施工组织设计编制内容见本标准第 5 章。

3　单位（项）工程、构筑物施工组织设计编制计划按表 4.2.15 表示。

单位（项）工程、构筑物施工组织设计编制计划表　　　　　　　　表 4.2.15

序号	单位（项）工程、构筑物名称	编制单位	负责人	完成时间

5　单位工程施工组织设计

5.1　编制步骤

施工组织编制步骤如图 5.1 所示。

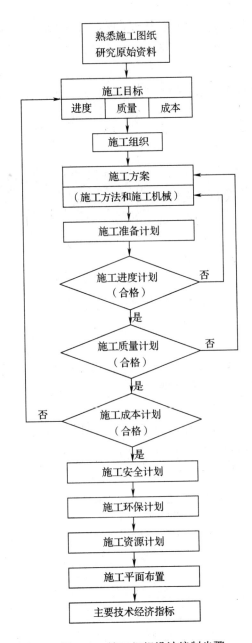

图 5.1　施工组织设计编制步骤

5.2　基本结构及基本内容

5.2.1　编制依据

1　施工组织总设计。

建设项目施工组织总设计编制单位、编制日期、审批情况和审批日期。

2　单项（位）工程全部施工图纸及其标准图。

3　单项（位）工程工程地质勘探报告、地形图和工程测量控制网。

说明工程地质勘探报告、地形图和工程测量控制网的名称、报告编号、报告日期。

4　建设项目施工组织总设计对本工程的工期、质量和成本控制的目标要求。

5　承包单位年度施工计划对本工程开竣工的时间要求。

6　合同文件，包括：

（1）协议书（包括合同名称、编号、签订日期）；

（2）中标通知书；

（3）投标书及其附件；

（4）专用条款；

（5）通用条款；

（6）标准、规范及其有关技术文件；

（7）图纸；

（8）具有标价的工程量清单；

（9）工程报价单或施工图预算书。

7　施工图纸及有关标准图

经有关部门审批有效施工图的编号、出图日期、批准部门、批准日期，设计图纸中引用的标准图编号、标准图名称。

8　法律、法规、技术规范文件

工程所涉及的国家、行业、地方主要法律、法规、技术规范、规程和企业技术标准及质量、环境、职业安全健康管理体系文件。

9　其他有关文件

指该工程有关的国家批准的基本建设计划文件，建设地区主管部门的批文，施工单位上级下达的施工任务书等。说明文件批号、日期。

10　本节内容可采用表 5.2.1 表示。

施工依据主要文件　　　　　　　　　　　表 5.2.1

序号	文件名称		编号	类别
	法律			
	规范标准			
	体系管理			
	企业技术标准			
	技术文件			
	其他			

注：类别是指国标（文件）、行标（文件）、地方标准（文件）还是本局标准（文件）。

5.2.2 工程概况

1 工程建设概况

建设项目名称、工程类别、使用功能、建设目的和建设地点；占地面积和建设规模；工程的建设、勘察、设计、总承包和分包单位名称，以及建设单位委托的社会建设监理单位名称及其监理班子组织状况；质量要求和投资额；工期要求等。可采用表5.2.2-1表格表达。

工程建设概况一览表 表 5.2.2-1

工程名称		工程地址	
工程类别		占地总面积	
建设单位		勘察单位	
设计单位		监理单位	
质量监督部门		质量要求	
总包单位		主要分包单位	
建设工期		合同工期	
总投资额		合同工期投资额	
工程主要功能或用途			

2 工程建筑设计概况

工程平面组成、层数、层高、建筑面积，装饰装修主要做法，工程各部位防水做法，保温节能、绿化以及环境保护等概况，并应附以平面、立面和剖面图。内容表达可采用表5.2.2-2。

工程建筑设计概况一览表 表 5.2.2-2

	占地面积		首层建筑面积		总建筑面积	
层数	地上		层高	首层	地上面积	
	地下			标准层	地下面积	
				地下		
装饰装修	外檐					
	楼地面					
	墙面					
	顶棚					
	楼梯					
	电梯厅	地面：		墙面：		顶棚：
防水	地下	防水等级：		防水材料：		
	屋面	防水等级：		防水材料：		
	厕浴间					
	阳台					
	雨篷					
	保温节能					
	绿化					
	环境保护					
其他需要说明的事项：						

3　工程结构设计概况

地基基础结构设计概况，主体结构设计概况，抗震设防等级，混凝土、钢筋等材料要求等。内容表达可采用表5.2.2-3。

工程结构设计概况一览表　　　　　表5.2.2-3

地基基础	埋深		持力层		承载力标准值		
	桩基	类型：		桩长：	桩径：		间距：
	箱、筏	地板厚度：			顶板厚度：		
	条基						
	独立						
主体	结构形式			主要柱网间距			
	主要结构尺寸	梁：	板：		柱：		墙：
抗震等级设防				人防等级			
混凝土强度等级及抗渗要求	基础		墙体			其他	
	梁		板				
	柱		楼梯				
钢筋	类别：						
特殊结构	（钢结构、网架、预应力）						
其他需说明的事项：							

4　建筑设备安装概况

给水、排水设计情况，强电、弱电设计概况，通风空调、采暖供热、消防系统以及电梯等设计概况。内容表达可采用表5.2.2-4。

建筑设备安装概况一览表　　　　　表5.2.2-4

给水	冷水		排水	污水	
	热水			雨水	
	消防			中水	
强电	高压		弱电	电视	
	低压			电话	
	接地			安全监控	
	防雷			楼宇自控	
				综合布线	
中央空调系统					
通风系统					
采暖供热系统					
消防系统	火灾报警系统				
	自动喷水灭火系统				
	消火栓系统				
	防、排烟系统				
	气体灭火系统				
电梯	人梯：　　台	货梯：　　台	消防梯：　　台	自动扶梯：　　台	
其他需说明的事项：					

5 自然条件

（1）气象条件

当地气象条件和变化状况。冬季开始时间，一般平均温度、最低温度、极端最低温度和降雪量情况；夏季开始时间、一般平均温度、最高温度和极端最高温度情况；雨季时间、平均降水量和日最大降水量情况。当地主导风向和最大风力情况。

（2）工程地质及水文条件

建筑物所处位置各层的土质情况，地下水水质、水位标高及水位流向等。

（3）地形条件

建筑物所在位置的场地绝对标高、场地平整情况等。

（4）周边道路及交通条件

施工现场周边道路状况、运输道路是否畅通等。

（5）场区及周边地下管线

施工现场及周边是否有地下水管、电缆、天然气、液化气等管道，各类管道埋置位置、深度等情况。

6 工程特点和项目实施条件分析

参见本标准第 4.3.2 条第 4 款。

5.2.3 施工部署

1 项目管理组织

参见本标准第 4.3.3 条第 1 款。

项目管理人员工作职责和权限，与质量、环境、职业安全健康管理体系文件中管理人员职责和权限相一致。

2 项目管理目标

参见本标准第 4.3.3 条第 2 款，以表 5.2.3 表格表达。

项目管理目标一览表 表 5.2.3

项目管理目标名称	目 标 值
项目施工成本	
工期	
质量目标	
安全目标	
环保施工、CI 目标	

3 总承包管理

（1）任务划分

内容参见本标准第 4.3.3 条第 3 款。

（2）总承包管理组织、策划、实施

1）总承包管理的方式、原则

工程总承包管理方式，包括目标管理、跟踪管理、授权管理、平衡管理等管理模式。

工程总承包管理原则："公正"、"科学"、"统一"、"控制"、"协调"等原则。

2）对专业工程管理范围及服务承诺

对业主自行组织施工单位、业主指定分包单位、总包的专业分包单位的管理原则、管理措施、提供的服务等。

3）与业主、监理的配合措施

总承包方的责任、总承包方与业主和监理关系、总承包方与业主的配合措施、总承包方与监理的配合措施等。

4）总承包各项管理规定和管理流程

文件控制、记录控制、监视和测量装置的控制、技术管理工作、文明施工 CI 形象达标、机具设备管理、材料管理制度、现场水电管理、穿插和配合施工、保卫与消防、合同和预决算管理、竣工及验收、回访保修等。

4　各项资源供应方式

内容参见本标准第 4.3.3 条第 5 款。

5　施工流水段的划分及施工工艺流程

（1）施工流水段的划分

根据工期目标、设计和资源状况，合理地进行流水段的划分，流水段划分应分基础阶段、主体阶段和装饰装修阶段三个阶段，并应分别附流水段划分的平面图。

（2）施工工艺流程

1）根据工程建筑、结构设计情况以及工期、施工季节等因素，确定施工工艺流程，并应有工艺流程图；

2）工艺流程的确定应遵循"先地下后地上，先主体后装修，先土建后设备安装"的原则，做到科学合理地确定施工工艺流程。

5.2.4　主要分部分项工程的施工方案

1　确定影响整个工程施工的分部分项工程，明确原则性施工要求。如：基坑开挖工程，应确定采用什么机械，开挖流向并分段，土方堆放地点，是否需要降水、采用什么降水设备，垂直运输方案等；钢筋工程，应确定钢筋加工形式、钢筋接头形式等；模板工程，应确定各种构件采用何种材料的模板，配备数量，周转次数，钢筋、模板的水平垂直运输方案等；脚手架工程，应确定采用何种架了系统、如何周转等；混凝土工程，应确定混凝土运输机械、混凝土浇筑顺序，浇筑机械，并确定机械数量和机械布置位置等；结构吊装工程，应明确吊装构件重量、起吊高度、起吊半径，选择吊装机械、机械设置位置或行走线路等，并绘出吊装图。

2　对于常规做法和工人熟知的分项工程提出主要应注意的一些特殊问题。

3　分部分项工程、特殊过程、关键过程，应另行编制具体的施工方案，并将其作为单位（项）工程施工组织设计的附件一同归档。

4　施工方案编制内容应符合本标准第 6 章的有关要求。

5.2.5　施工准备工作计划

1　施工准备工作计划具体内容

（1）施工技术准备

1）编制施工进度控制实施细则，包括：分解工程进度控制目标，编制施工作业计划；认真落实施工资源供应计划，严格控制工程进度计划目标；协调各施工部门之间关系，做好组织协调工作；收集工程进度控制信息，做好工程进度跟踪监控工作；以及采取有效控制措施，保证工程进度控制目标。

2）编制施工质量控制实施细则，包括：分解施工质量控制目标，建立健全施工质量体系；认真确定分项工程质量控制点，落实其质量控制措施；跟踪监控施工质量，分析施工质量变化状况；采取有效质量控制措施，保证工程质量控制目标。

3）编制施工成本控制实施细则，包括：分解施工成本控制目标，确定分项工程施工成本控制标准；采取有效成本控制措施，跟踪监控施工成本；全面履行承包合同，减少业主索赔机会；按时结算工程价款，加快工程资金周转；收集工程施工成本控制信息，保证施工成本控制目标。

4）做好工程技术交底工作，包括：单项（位）工程施工组织设计、施工方案和施工技术标准交底。

（2）劳动组织准备

1）建立工作队组，包括：根据施工方案、施工进度和劳动力需用量计划要求，确定工作队组形式，并建立队组领导体系，在队组内部工人技术等级比例要合理，并满足劳动组合优化要求；

2）做好劳动力培训工作，包括：根据劳动力需要量计划，组织劳动力进场，组建好工作队组，并安排好工人进场后的生活，按工作队组编制组织上岗培训。

（3）施工物资准备

包括：施工工具准备，建筑原材料准备，成品、半成品准备，施工机械设备准备，大型临时设施准备。

（4）施工现场准备

包括：清除现场障碍物，实现"四通一平"；现场控制网测量；建造各项施工设施；做好冬期、雨季施工准备；组织施工物资和施工机具进场。

2 施工准备工作计划

采用表 5.2.5 表示。

施工准备工作计划 表 5.2.5

序号	准备工作名称	准备工作内容	完成时间	负责人

5.2.6 施工平面布置

1 施工平面布置的依据

（1）施工总平面布置；

（2）建设地区原始资料；

（3）一切原有和拟建工程位置及尺寸；

（4）全部施工设施建造方案；

（5）施工方案、施工进度和资源需要量计划；

（6）建设单位可提供的房屋和其他生活设施；

（7）项目所在地方政府的有关规定。

2   施工平面布置的原则

（1）施工平面布置要紧凑合理，尽量减少施工用地；

（2）尽量利用原有建筑物或构筑物，降低施工设施建造费用；

（3）合理地组织运输，保证现场运输道路畅通，尽量减少场内运输费；

（4）尽量采用装配式施工设施，减少搬迁损失，提高施工设施安装速度；

（5）各项施工设施布置都要满足方便生产、有利于生活、安全防火、环境保护和劳动保护要求。

3   施工平面布置内容

（1）设计施工平面图

建筑总面图上的全部地上、地下建筑物、构筑物和管线，地形等高线，测量放线标桩位置，各类起重机械停放场地和开行线路位置，以及生产性、生活性施工设施和安全防火设施位置。

（2）编制施工设施计划

生产性和生活性施工设施的种类、规模和数量，以及占地面积和建造费用。一般采用表 5.2.6-1 表示。

施工设施计划一览表   表 5.2.6-1

序号	设施名称	种类	数量（或面积）	规模（或可存储量）	建造费用

（3）临时用水布置图

综合考虑施工现场用水量、机械用水量、生活用水量、生活区生活用水量、消防用水量等，确定总用水量，选择水源，设计临时给水系统。

（4）临时用电布置图

建筑工地临时用电包括动力用电与照明用电两种，在计算用电量时，从以下各点考虑：全工地所使用的机械动力设备，其他电气工具及照明用电的数量；施工总进度计划中施工高峰阶段同时用电的机械设备最高数量；各种机械设备在工作中的需用情况。确定总用电量，选择电源，设计临时用电系统。

（5）临时道路

根据生产和生活的要求，考虑 CI 规划，设计临时道路方案，明确道路的宽度、走向、厚度及材料等问题。

（6）排水系统

根据工程地势情况，结合当地的气候，综合考虑生产和生活要求，兼顾环境管理的规定，设计临时排水系统。

（7）CI 规划

根据企业形象视觉识别施工现场规范，编制《现场 CI 策划方案》，包括总则、CI 战略工作目标、CI 战略组织机构、CI 战略策划方案、CI 战略实施细则等内容。

4　设计施工平面图步骤

（1）确定起重机械数量和位置；

（2）确定搅拌站、材料堆场、仓库和加工场位置；

（3）确定运输道路位置；

（4）确定行政管理和文化福利设施布置；

（5）确定水电管网位置。

5　施工平面图输出要求

施工平面布置图最终由"三图一表"体现，"三图"即为：基础阶段施工平面布置图、主体阶段施工平面布置图和装饰装修阶段施工平面布置图，"一表"为表 5.2.6-2。

施工场地临时用地表　　　　　　　　表 5.2.6-2

序号	临设名称	平面尺寸（m）	面积（m²）	构造

6　施工平面管理规划

参见本标准第 4.3.5 条第 5 款。

5.2.7　施工资源计划

1　劳动力需用量计划

按进度计划中确定的各工程项目主要工种工程量，套用概（预）算定额或者有关资料，求出各工程项目主要工种的劳动力需要量。在施工总进度计划网络中应绘制相应的劳动力资源曲线，劳动力需用量计划采用表 5.2.7-1 表示。

劳动力需用量计划表　　　　　　　　表 5.2.7-1

序号	专业工种		劳动量（工日）	需要量计划（工日）													备注
	名称	级别		年度						年度							
				1	2	3	4	5	……	1	2	3	4	5	6	……	

2　施工工具需要量计划

主要指模板、脚手架用钢管、扣件、脚手板等辅助施工用工具需要量计划，采用表 5.2.7-2 表示。

施工工具需要量计划表　　　　　　　　表 5.2.7-2

序号	施工工具名称	需用量	进场日期	出场日期	备注

3　原材料需要量计划

主要指工程用水泥、钢筋、砂、石子、砖、石灰、防水材料等主要材料需要量计划，采用表 5.2.7-3 表示。

原材料需要量计划表　　　　　　　　　　表 5.2.7-3

序号	材料名称	规格	需要量		需要时间									备注
			单位	数量	×月			×月			×月			
					1	2	3	1	2	3	1	2	3	

4　成品、半成品需要量计划

主要指混凝土预制构件、钢结构、门窗构件等成品、半成品需要量计划，采用表 5.2.7-4 表示。

成品、半成品需要量计划表　　　　　　　　表 5.2.7-4

序号	成品、半成品名称	规格	需要量		需要时间									备注
			单位	数量	×月			×月			×月			
					1	2	3	1	2	3	1	2	3	

5　施工机械、设备需要量计划

主要指施工用大型机械设备、中小型施工工具等需要量计划，采用表 5.2.7-5 表示。

施工机械、设备需要量计划表　　　　　　　表 5.2.7-5

序号	施工机具名称	型号	规格	电功率（kVA）	需要量（台）	使用时间	备注

6　生产工艺设备需要量计划

主要指生产工艺设备需要量计划，采用表 5.2.7-6 表示。

生产工艺设备需要量计划表　　　　　　　表 5.2.7-6

序号	生产设备名称	型号	规格	电功率（kVA）	需要量（台）	进场时间	备注

7   测量装置需用量计划

主要指本工程用于定位测量放线用的计量设备、现场试验用计量装置、质量检测设备、安全检测设备、进场材料计量用设备等需用量计划，采用表5.2.7-7表示。

测量装置需用量计划表   表 5.2.7-7

序号	测量装置名称	分类	数量	使用特征	确认间距	保管人

8   技术文件配备计划

主要指工程施工所需的国家、行业、地方和企业的有关规范、标准、文件及标准图集配备计划，即项目应用文件清单，采用表5.2.7-8表示。

技术文件配备计划一览表   表 5.2.7-8

序号	文 件 名 称	文件编号	配备数量	持有人

5.2.8   施工进度计划

1   编制施工进度计划依据

（1）项目管理目标责任书；

（2）施工总进度计划；

（3）施工方案；

（4）主要材料和设备的供应能力；

（5）施工人员的技术素质及劳动效率；

（6）施工现场条件、气候条件、环境条件；

（7）已建成的同类工程实际进度及经济指标。

2   施工进度计划编制步骤

（1）施工网络进度计划编制步骤

1）熟悉审查施工图纸，研究原始资料；

2）确定施工起点流向，划分施工段和施工层；

3）分解施工过程，确定施工顺序和工作名称；

4）选择施工方法和施工机械，确定施工方案；

5）计算工程量，确定劳动量或机械台班数量；

6）计算各项工作持续时间；

7）绘制施工网络图；

8）计算网络图各项时间参数；

9）按照项目进度控制目标要求，调整和优化施工网络计划。

（2）施工横道进度计划编制步骤

1）熟悉审查施工图纸，研究原始资料；

2）确定施工起点流向，划分施工段和施工层；

3）分解施工过程，确定施工项目名称和施工顺序；

4）选择施工方法和施工机械，确定施工方案；

5）计算工程量，确定劳动量或机械台班数量；

6）计算工程项目持续时间，确定各项流水参数；

7）绘制施工横道图；

8）按项目进度控制目标要求，调整和优化施工横道计划图。

3　施工进度计划编制内容

（1）编制说明；

（2）进度计划图；

（3）单位工程施工进度计划的风险分析及控制措施。

编制单位工程施工进度计划应采用工程网络计划技术。编制工程网络计划应符合国家现行标准《网络计划技术》（GB/T 13400. 1～3—92）及行业标准《工程网络计划技术规程》（JGJ/T 121—99）的规定。

4　制订施工进度控制实施细则

（1）编制月、旬和周施工作业计划，项目经理部对进度控制的责职分工，进度控制的具体措施（包括组织措施、技术措施、经济措施及合同措施等）；

（2）落实劳动力、原材料和施工机具供应计划；

（3）协调同设计单位和分包单位关系，以便取得其配合和支持；

（4）协调同业主的关系，保证其供应材料、设备和图纸及时到位；

（5）跟踪监控施工进度，保证施工进度控制目标实现。

5.2.9　施工成本计划

1　施工成本计划

依据单位（项）工程施工预算，确定项目的计划目标成本，通过工料分析制订成本措施，确定正常施工成本计划及责任分解。

2　编制施工成本计划步骤

（1）收集和审查有关编制依据；

（2）做好工程施工成本预测；

（3）编制单项（位）工程施工成本计划；

（4）制订施工成本控制实施细则。

3　施工成本控制措施

确定施工项目成本控制程序和内容，健全工程施工成本控制组织，明确施工项目目标和控制责任制，设计降低施工项目成本的途径和措施，如优选材料、设备质量和价格，优化工期和成本，减少赶工费，跟踪监控计划成本与实际成本差额，分析产生原因，采取纠正措施；全面履行合同，减少业主索赔机会。

4　降低施工成本技术措施计划

技术组织措施以表 5.2.9-1 表示，降低成本计划以表 5.2.9-2 表示。

技术组织措施表 表 5. 2. 9-1

措施项目	措施内容	涉及对象			降低成本来源		成本降低额				
		实物名称	单价	数量	预算收入	计划开支	合计	人工费	材料费	机械费	其他直接费

降低成本计划表 表 5. 2. 9-2

分项工程名称	成本降低额					
	总计	直接成本				间接成本
		人工费	材料费	机械费	其他直接费	

5. 2. 10　施工质量计划及保证措施

施工质量计划是指确定施工的质量目标及达到这些质量目标所必要的作业过程、专门的质量措施和资源等工作。

1　质量概况

根据工程建筑结构特点、工程承包合同和工程设计要求，认真分析影响施工质量的各项因素，明确施工质量特点及其质量控制重点。

2　质量目标

根据施工质量要求和特点分析，确定单项（位）工程施工质量控制目标，然后将该目标逐级分解为分部工程、分项工程和工序质量控制子目标，作为确定施工质量控制点的依据。

根据单项（位）工程、分部（项）工程施工质量目标要求，对影响施工质量的关键环节、部位和工序设置质量控制点。

3　组织机构

（1）组织机构和人员职责。

（2）职能分配。

（3）建立健全各项质量管理规章制度。根据工程施工质量目标要求，确定质量控制点，并制订有效措施。

4　质量控制及管理组织协调的系统描述

（1）业主提供的材料、机械设备等产品的质量控制措施；

（2）材料、机械、设备、劳务及试验等采购控制；

（3）产品标识和可追溯性控制措施。

5　必要的质量控制手段，施工过程、服务、检验和试验程序等

如：现场质量管理制度，分包方资质与对分包方单位的管理制度，工程质量检验制

度，搅拌站及计量设施配置，现场材料、设备的存放与管理等。

建筑材料、预制加工品和工艺设备质量检查验收措施，分部工程、分项工程质量控制措施，以及施工质量控制点的跟踪监控办法。

6　确定关键工序和特殊过程及作业指导书

对在项目质量计划中界定的特殊过程，应设置工序质量控制点；对特殊过程的控制，除应执行一般过程控制的规定外，还应编制专门的作业指导书。

7　与施工阶段相适应的检验、试验、测量、验证要求

8　更改和完善质量计划的程序

9　质量保证措施

包括：施工准备工作阶段的质量控制、施工阶段的质量控制、竣工验收阶段的质量控制和质量持续改进措施等。

5.2.11　职业安全健康管理方案

1　安全概况

与安全相关的建筑结构特征，建造地点以及施工特征等。针对工程性质和特征，对安全工作提出的要求。

2　安全控制程序

项目安全控制应遵循的程序：

（1）确定施工安全目标；

（2）编制项目安全保证计划；

（3）项目安全计划实施；

（4）项目安全保证计划验证。

3　安全控制目标

（1）项目经理部应根据施工中人的不安全行为、物的不安全状态、作业环境的不安全因素和管理缺陷进行相应的安全控制。

（2）各单项工程、分部工程安全控制目标。

4　安全组织结构

安全组织结构形式、安全管理层次等。

5　安全职责权限

根据安全生产责任制要求，把安全责任目标分解到岗，落实到人。

6　安全规章制度

根据工程情况，编制施工现场安全生产、文明施工管理制度，例如：门卫制度、安全检查制度、食堂卫生管理制度、安全教育培训制度、宿舍卫生制度、厕所卫生制度、浴室卫生制度、设备设施验收制度、班前安全活动制度、安全值班制度、特种作业人员管理制度、安全生产责任制、安全生产责任制考核制度、安全生产责任目标考核制度、事故报告制度、安全防护费用与准用证管理制度、安全技术交底制度等。

7　安全资源配置

安全资源名称、规格、数量及使用地点和部门，并列入安全资源需用量计划。

（1）管理人员配置

参见本标准第 4.3.3 条第 1 款。

（2）特种作业人员配置

主要指作业风险较大的工种和容易发生安全事故的项目，操作人员应事先进行培训并持证上岗，采用表 5.2.11-1 表示。

特种作业人员配置计划　　　　　　　　　　　　　　　表 5.2.11-1

姓名	工种	操作证号	姓名	工种	操作证号

（3）检测工具配置

主要指用于安全及其安全防范检测的工具，采用表 5.2.11-2 表示。

检测工具配置计划　　　　　　　　　　　　　表 5.2.11-2

序号	设备名称	规格型号	数量	启用日期	备注

（4）安全措施费用计划

采用表 5.2.11-3 表示。

安全措施费用计划表　　　　　　　　　　　表 5.2.11-3

名称	数量	规格	单价（元）	小计（元）	备注
合计					

8　安全检查评价及奖惩制度

确定安全检查时间、安全检查人员组成、安全检查事项和方法、安全检查记录要求和结果评价、编写安全检查报告以及兑现安全施工优胜者的奖励制度等。

9　安全技术措施

（1）危害辨识

1）危害辨识与风险评价

针对施工现场具体情况，组织实施危害辨识与风险评价并记录。

2）重大危害因素清单

根据评价结果，编制重大危害因素清单。

3）重大危害因素控制目标

根据项目安全管理目标和重大危害因素辨识，确定重大危害因素控制目标（见表5.2.11-4）。

重大危害因素控制目标分解　　　　　　　　　　　　　表 5.2.11-4

序号	工作内容	目标值	控制手段	主控责任人	监控责任人	领导责任人

4）　实现重大危害因素控制目标的时间和进度

以表 5.2.11-5 表示。

实现重大危害因素控制目标的时间和进度　　　　　表 5.2.11-5

序号	危害因素	控制措施和进度安排	完成时间

（2）控制措施

1）对结构复杂、施工难度大、专业性强的项目，除制定项目安全技术总体安全保证计划外，还必须制订单位工程或分部、分项工程的安全施工措施。

2）对高空作业、井下作业、水上作业、水下作业、深基础开挖、爆破作业、脚手架作业、有害有毒作业、特种机械作业等专业性强的施工作业，以及电气、压力容器、起重机、金属焊接、井下瓦斯检验、机动车和船舶驾驶等特殊工种的作业，应制订单项安全技术方案和措施，并应对管理人员和操作人员的安全作业资格和身体状况进行合格审查。

3）安全技术措施包括：防火、防毒、防爆、防洪、防尘、防雷击、防触电、防坍塌、防物体打击、防机械伤害、防溜车、防高空坠落、防交通事故、防寒、防暑、防疫、防环境污染等方面的措施。

（3）不符合控制及纠正和预防措施

1）不符合控制

项目经理部应按照要求做好施工现场不符合的控制工作。阐述项目的具体措施，例如对发现的不符合情况采取的措施。

2）纠正和预防措施

项目经理部应该建立安全生产分析会制度，分析施工现场的安全管理情况。对经常发生的一般不符合、较严重的不符合或潜在不符合情况，按照《纠正和预防措施程序》执行，形成相关记录。

（4）绩效测量

1）目标测量

项目经理部应定期对重大危害因素控制目标进行测量。

2）主动测量

项目经理部应定期组织施工现场安全检查。

（5）应急预案

项目经理部组织对本项目潜在的事件和紧急情况进行识别，组织制订应急预案；项目经理部应该按照应急预案的要求，组织定期演练；项目紧急情况处理结束后，应进行评价。

5.2.12 环境管理方案

1 施工环保计划内容

（1）施工环保目标

（2）施工环保组织机构

（3）明确施工环保事项内容和措施

2 施工环保计划编制的步骤

（1）确定施工环保管理目标

单项工程、单位工程和分部工程施工环保目标。

（2）确定环保组织机构

施工环保组织机构形式、环保组织管理层次、环保职责和权限、环保管理人员组成以及建立环保管理规章制度。

（3）明确施工环保事项内容和措施

包括现场泥浆、污水和排水，现场爆破危害防止，现场打桩震害防止，现场防尘和防噪声，现场地下旧有管线或文物保护，现场溶化沥青及其防护，现场及周边交通环境保护，以及现场卫生防疫和绿化工作。

3 施工环保管理目标

项目经理部组织对现场环境因素进行调查，评价出本项目重大环境因素，并用表5.2.12-1表示。制订项目环境管理目标、实现目标的方法和时间，采用表5.2.12-2表示，落实重大环境因素的控制措施。

环境管理目标 表5.2.12-1

序号	环境因素	环境目标	环境指标	完成期限	责任实施部门	协助管理部门	实施监控部门

编制人： 审批人：

实现环境管理目标的方法和时间表 表5.2.12-2

序号	环境目标和指标	实现方法	责任人	实施时间

4 环保组织机构

（1）组织机构和人员职责见本标准4.3.3第1款。

（2）职能分配。

（3）建立健全环保管理规章制度。

项目经理部为保证环境管理目标的顺利实现，应制订各项环境管理制度。例如：施工现场卫生管理制度，现场化学危险品管理制度，现场有毒有害废弃物管理制度，现场消防管理制度，现场用水、用电管理制度等。

5　环保事项内容和措施

对识别的出重大环境因素制订控制措施。例如：现场泥浆排放控制措施，现场生产、生活污水排放控制措施，现场爆破危害防止措施，现场打桩震害防止措施，现场防尘措施，现场防噪声措施，现场地下旧有管线保护措施，现场文物保护措施，现场溶化沥青防护措施，现场周边交通环境保护措施，现场卫生防疫措施，现场绿化、亮化措施等。

（1）应急准备和响应

1）根据工程的特点，确定项目应急准备和响应的重点物资或场所。

2）项目经理部应成立紧急事故响应的组织机构，编制应急准备和响应的方案，组织进行必要演练，定期检查应急准备工作情况，并做好记录。

3）发生紧急情况时，立即按"紧急事故处理流程"采取应急措施，防止扩散。

（2）环境管理监督检查及监测

项目经理部对监测的对象进行定期环境监测，作好监督监测记录。

（3）不符合控制及纠正与预防措施

1）施工现场不符合的控制

项目实施环境监测、监控和监督过程中发现不符合情况时，按照《环境不符合控制程序》执行。阐述项目的具体措施，例如对发现的不符合情况采取的措施。

2）纠正和预防措施

项目部对经常发生的一般不符合、较严重的不符合或潜在不符合情况，按照《纠正和预防措施程序》执行，形成相关记录。

3）相关方投诉和抱怨的处理

项目经理部应建立环境投诉台账，处理好相关方的投诉和抱怨后，对处理情况进行记录和验证。发生重大投诉时，应组织制订和实施纠正措施，防止重复发生。纠正措施的制订和实施按《纠正和预防措施程序》执行。

（4）信息交流

1）内部信息交流的内容和方式

项目经理部应建立内部信息交流机制，保证环境管理信息的及时沟通与协调。

2）外部信息交流的内容和方式

项目经理部应建立外部信息交流机制，保证环境管理信息的及时沟通与协调。

5.2.13　施工风险防范

内容要求参见本标准第 4.3.12 条。

5.2.14　项目信息管理规划

内容要求参见本标准第 4.3.13 条。

5.2.15　新技术应用计划

项目施工过程中应积极推广应用建设部推广的十项新技术，并有所创新，采用表格 5.2.15 表示。

新技术应用计划   表 5.2.15

序号	新技术名称	应用部位	应用时间	责任人

5.2.16 主要技术经济指标

内容要求参见本标准第 4.3.14 条。

5.2.17 施工方案编制计划

1 单位（项）工程在编制施工组织设计后，还应对分部分项工程、特殊分部分项工程、特殊施工时期（冬期、雨季和高温季节）以及结构复杂、施工难度大、专业性强的项目等编制施工方案，制订施工方案编制计划。

2 安全和施工现场临时用电应按职能管理部门的规定单独编制方案，下列工程应编制专项施工方案：

（1）基坑支护与降水工程；

（2）土方开挖工程；

（3）模板工程；

（4）起重吊装工程；

（5）脚手架工程；

（6）拆除、爆破工程；

（7）国务院建设行政主管部门或者其他有关部门规定的其他危险性较大的工程。

3 施工方案编制内容执行本标准第 6 章的规定。

4 施工方案编制计划按表 5.2.17 表示。

施工方案编制计划表   表 5.2.17

序号	分部分项及特殊过程名称	编制单位	负责人	完成时间

6 分部分项工程及特殊和关键过程施工方案

6.0.1 分部分项工程及特殊和关键过程概况

主要说明：分部分项工程及特殊和关键过程项目名称，建筑、结构等概况及设计要求，工期、质量、安全、环境等要求，施工条件和周围环境情况，项目难点和特点等。必要时应配图表达。

6.0.2 施工方案

1 确定项目管理小组或人员。

2 确定劳务队伍：劳务队伍确定及详细劳动力数量。

3 确定施工方法。

4 确定施工工艺流程。

5 选择施工机械。

6 确定施工物质的采购：建筑材料、预制加工品、施工机具、生产工艺设备等需用量、供应商。

7 确定安全施工措施：包括自然灾害、防火防爆、劳动保护、特殊工程安全、环境保护等措施。

6.0.3 施工方法

内容要求：根据工艺流程顺序，提出各环节的施工要点和注意事项。对易发生质量通病的项目、新技术、新工艺、新材料等应作重点说明，并绘制详细的施工图加以说明。对具有安全隐患的工序，应进行详细计算并绘制详细的施工图加以说明。

6.0.4 劳动力组织

根据施工工艺要求，提出不同工种的需求计划，并采用表 6.0.4 表示。

劳动力需求计划   表 6.0.4

序号	工种名称	需用人数	进场时间	技术等级要求

6.0.5 材料、设备等供应计划

根据设计要求和施工工艺要求，提出各种原材料、成品、半成品以及施工机具需用计划，内容要求见本标准 5.3.7 第 2~7 款。

6.0.6 工期安排及保证措施

1 工期安排

根据工艺流程顺序，编制详细的进度，以横道图方式表示，也可采用网络图形式表示。

2 保证措施

组织措施、技术措施、经济措施及合同措施等。

6.0.7 质量标准及保证措施

1 质量标准

（1）主控项目：包括抽检数量、检验方法。

（2）一般项目：包括抽检数量、检验方法和合格标准。

2 保证措施

（1）人的控制：以项目经理的管理目标和职责为中心，配备合适的管理人员；严格实行分包单位的资质审查；坚持作业人员持证上岗；加强对现场管理和作业人员的质量意识教育及技术培训；严格现场管理制度和生产纪律，规范人的作业技术和管理活动行为；加强激励和沟通活动等。

（2）材料设备的控制：抓好原材料、成品、半成品、构配件的采购、材料检验、材料的仓储和使用；建筑设备的选择采购、设备运输、设备检查验收、设备安装和设备调试等。

（3）施工设备的控制：从施工需要和保证质量的要求出发，确定相应类型的性能参数；按照先进、经济合理、生产适用、性能可靠、使用安全的原则选择施工机械；施工过程中配备适合的操作人员并加强维护。

（4）施工方法的控制：采取的技术方案、工艺流程、检测手段、施工程序安排等。

（5）环境的控制：包括自然环境的控制、管理环境的控制和劳动作业环境的控制。

6.0.8　安全防护和保护环境措施

针对项目特点、施工现场环境、施工方法、劳动组织、作业使用的机械、动力设备、变配电设施、架设工具以及各项安全防护设施等，制订确保安全施工、保护环境、防止工伤事故和职业病危害，从技术上采取的预防措施。

6.0.9　其他

对达到一定规模的危险性较大的分部分项工程施工方案，必须附具详细的计算过程以及安全验算结果。

专题Ⅱ　投标施工组织设计编制实例

Ⅱ-1　公用建筑工程

目　录

1 总 体 概 况

1.1 编制说明

××项目由××投资建设，工程位于北京市繁华的王府井大街附近，结构设计复杂，系统功能齐全，工期紧，质量要求高，施工难度比较大。

我们积极做好指定分包工程配合协调与总包管理工作，确保工程建设顺利进行，为××项目的全面建成打下良好扎实的基础。

1.1.1 编制内容及范围

本施工组织设计内容共分14章。

第1章为《总体概况》，包括：编制说明、工程概况、对工程难点和重点的认识及对策。

第2章为《施工部署》，包括：管理目标、组织机构、施工组织及区段划分、总体施工流程、施工准备等内容。

第3章为《主要分项工程施工方案、技术措施》，具体包括：施工测量，土方开挖、降水与支护，钢筋工程，模板工程，混凝土工程，钢结构工程，砌体工程，屋面及防水工程，防腐、保温、隔热工程，门窗工程，地面装饰工程，顶棚装饰工程，墙面装饰工程，电气工程，给排水工程，通风空调及采暖工程，脚手架工程，季节性施工方案。

第4章为《质量保证体系、质量保证及创优措施》，具体包括：质量目标、施工质量保证体系、质量管理措施、主要工序质量薄弱环节质量问题预防措施、工程质量创优措施。

第5章为《安全措施》，具体包括：安全生产管理目标、安全管理的重点分析及对策、安全生产管理体系、安全管理控制措施、施工现场总体安全技术措施、主要分部分项工程安全措施。

第6章为《劳动力计划及主要设备材料、构件的用量计划及保证措施》，具体包括：劳动力计划及保证措施，主要设备、材料用量计划及保证措施。

第7章为《施工进度实施计划》，包括：施工进度计划安排及工期保证措施。

第8章为《现场文明施工、消防、环保及保卫方案》，包括：文明施工措施、消防措施、环境保护措施、保卫方案。

第9章为《施工现场总平面布置》，包括：现场现状分析，施工总平面布置，生活设施及其布置，办公设施及其布置，生产设施布置，现场围蔽、道路和消防应急通道布置，交通组织方案，现场临时用水、消防用水布置，现场临时用电布置，排水、排污布设，施工总平面管理。

第 10 章为《对总承包管理的认识及对专业分包的配合、协调、管理与服务方案》，包括：对总承包管理的认识，总包管理的原则，总包管理的方法，对专业分包的配合、协调、管理与服务方案。

第 11 章为《与相关单位人员的协调、配合措施》，具体包括：与设计单位的配合措施，与发包人的配合措施，与监理人配合措施，与其他独立发包工程的协调、配合措施。

第 12 章为《成品保护、工程保修及服务承诺》，包括：成品保护方案，成品保护措施，施工期间的防盗措施，工程竣工验收、移交与保修措施，工程维修。

第 13 章为《紧急情况的处理措施、应急预案》，包括：应急识别、应急组织、应急措施及预案、工程风险与工程保险措施。

第 14 章为《新技术使用计划》，包括：新技术应用的目标及意义、拟应用新技术计划。

1.1.2 编制依据

1.1.2.1 文件依据

（1）××项目施工总承包招标文件（编号：20070753，日期：2007 年 7 月），招标答疑文件。

（2）施工图纸。

（3）××项目现场勘察情况。

（4）企业各项管理手册和程序文件，以及类似工程施工经验和科技成果。

（5）针对××项目投标期间进行的各类施工工况分析和相关试验结果。

1.1.2.2 法律、规范

（1）中华人民共和国、行业和地方政府颁布的现行有效的建筑结构和建筑施工的各类规范、规程及验评标准。

（2）中华人民共和国、行业颁布的有关法律、法规及规定。

（3）ISO9000 质量管理标准、ISO14001 环境管理标准、OSHMS18001 职业安全健康管理标准。

（4）企业管理规定。

1.1.3 编制原则

（1）认真贯彻国家工程建设的法律、法规、规程、方针和政策。

（2）严格执行工程建设程序，坚持合理的施工程序、施工顺序和施工工艺。

（3）采用现代建筑管理原理、流水施工方法和网络施工技术，组织有节奏、均衡和连续的施工。

（4）优先选用先进的施工技术，科学确定施工方案；认真编写各项实施计划，严格控制质量、进度、成本和安全施工。

（5）提高施工机械化、自动化程度，改善劳动条件，提高生产率。

（6）坚持"安全第一、预防为主、综合治理"的原则，编制安全文明施工和生态环境保护措施，以及严防建筑振动、噪声、粉尘及垃圾污染的技术组织措施。

（7）尽可能利用永久性和组装式施工设施，努力减少施工设施的建造量，科学规划施工平面，减少的施工用地。

（8）优化现场物资存放量，合理确定储存方式，尽量减少库存和物资损耗。

（9）坚持"四节一保"、"绿色施工"的原则。

1.2　工程概况

本章阐述的内容包括项目简介、工程设计概况、现场及周边环境、主要工程量等。

1.2.1　项目简介

××项目是集门诊和病房为一体的综合性干部医疗保健基地。该工程地下2层，连成一个整体，主要功能为车库、设备机房、医疗配套用房；地上分为两部分，一部分为21.95m高的4层门诊楼，另一部分为50m高的12层病房楼。总建筑面积为80501m²，其中地下室面积24996m²，地上面积55505m²。

1.2.1.1　总承包合同范围

××项目施工图纸的全部内容，其中室外工程和立体车库设备安装为独立分包项目，不在范围之内。包括总承包单位自行施工的工程和专业分包工程，具体如下：

总承包单位自行施工的工程：土方开挖、清槽，通道暗挖，回填土工程，部分装饰工程，动力、照明电气系统，防雷接地系统，采暖、通风、空调系统，给排水系统，消防报警联动系统，楼宇自控等弱电系统。

专业分包工程：幕墙及外构件工程，铝合金外门、窗工程，二次精装修工程，电梯专业工程，污水处理站专业工程，热力站及热力外线工程，厨房设备安装工程，水疗中心水处理工程，消防消火栓、水喷淋系统、气体灭火系统工程，人防通风专业工程，医用气体系统专业工程，燃气系统专业工程，变配电专业工程，洁净系统工程。

1.2.1.2　工程目标

工程目标见表1.2.1。

工 程 目 标　　　　　表 1.2.1

项号	内容	说明与要求
1	承包方式	包工、包料、包工期、包质量、包安全生产、包文明施工、包联动调试、包施工期间对外协调、包竣工验收以及施工总承包管理配合服务
2	招标质量要求	1. 工程质量等级：达到中华人民共和国《建筑工程施工质量验收统一标准》的合格标准； 2. 质量创优目标：确保北京市结构长城杯金质奖、北京市竣工长城杯金质奖、鲁班奖
3	招标安全要求	责任事故死亡率为零，确保无重大安全事故。 施工现场达到北京市建筑系统北京市文明安全样板工地标准
4	招标工期要求	2007年9月25日~2009年3月15日，工期536d

1.2.2　工程设计概况

1.2.2.1　建筑概况

××项目是集门诊和病房为一体的综合性干部医疗保健基地。该工程地下2层，地上分为两部分，一部分为21.95m高的4层门诊楼，另一部分为50.0m高的12层病房楼。总建筑面积为80501m²，其中地下室面积24996m²，地上面积55505m²。

具体建筑概况用表表示。

1.2.2.2　结构概况

本工程由门诊楼、病房楼及2层地下室组成。建筑物结构概况用表表示。

1）地下室部分

地下室基本概况用表表示。

2）地上部分概况

本工程地上部分主要由门诊楼和病房楼组成，基本概况用表表示。

3）钢结构概况

钢结构檐高50m，建筑面积75243m²，地上12层，地下2层。

1.2.2.3　电气工程概况

（1）电气工程负荷等级基本概况用表表示。

（2）系统介绍基本概况用表表示。

1.2.2.4　通风空调概况

通风空调系统概况用表表示。

1.2.2.5　给排水系统概况

给排水系统概况用表表示。

1.3　工程现场及周边环境情况

1.3.1　场地特点及周围环境（略）

1.3.2　场地地质地貌（略）

1.3.3　气候条件（略）

1.4　工程特点、重点、难点的认识和对策

1.4.1　工程特点（略）

1.4.2　工程重点、难点的认识和对策

根据招标图纸，我们分析认为：地下通道暗挖施工、位移相关消能器安装、高支模施工、施工监测、大体积高性能混凝土施工等是本工程较为重要的技术工作，具体分析用表表示。

该章要根据招标文件和施工图纸中的内容和要求编制出本投标施组的总体概况，要让评标评委看完后基本了解本工程的特性，包括建筑面积、结构形式、层数、高度以及有哪些系统组成等；了解本工程周围的环境；本次招标范围包括哪些内容；知道业主对本工程的质量、工期、安全文明施工的要求；了解本工程的特点、难点和重点。

2　施　工　部　署

2.1　施工管理目标

施工管理目标主要包括：工期目标、质量目标、职业安全健康目标、文明施工目标及环境管理目标等（见表2.1）。

施工管理目标   表 2.1

管理内容	管 理 目 标
工期目标	1 工程开工时间：2007 年 9 月 25 日； 2 工程竣工时间：2009 年 2 月 5 日。 本工程总工期为 498d，比招标文件要求的规定工期提前 38d
质量目标	1 质量等级：确保达到《建筑工程施工质量验收统一标准》的"合格"标准，同时满足招标文件、技术规范及图纸要求； 2 质量奖项：确保北京市结构长城杯金质奖、北京市竣工长城杯金质奖、鲁班奖
职业安全健康目标	杜绝重伤、死亡、火灾和重大机械设备事故，轻伤事故率低于 1.5‰
文明施工目标	确保达到"北京市文明安全样板工地"标准要求
环境管理目标	1 噪声排放达标，符合《建筑施工场界噪声限值》规定。 2 污水排放达标，生产及生活污水经沉淀后排放，达到北京市的标准规定。 3 控制粉尘排放，施工现场道路硬化，办公区环境绿化，达到现场目测无扬尘；达到 ISO14001 的要求。 4 达到"绿色施工"的要求
服务目标	做好总承包配合服务工作，做好回访、维修工作

2.2 组织机构

工程中标后，我单位将按总承包管理模式实施项目法施工，成立××项目工程总承包项目经理部。项目经理部本着科学管理、精干高效、结构合理的原则，选配在同类工程的总承包管理中均具有丰富的施工经验、服务态度良好、勤奋实干的工程技术和管理人员组成，通过建立科学的项目管理制度，完善质量、技术、计划、成本和合约方面的管理程序，使整个工程的实施处于总承包商强有力的控制之下，实现对业主的承诺。

2.2.1 项目组织机构图

施工项目经理部门设置和人员配备的指导思想是要把项目经理部建成一个能够代表企业形象面向市场的窗口，真正成为全面履行施工合同的主体。

按照动态管理、优化配置的原则，全部岗位职责覆盖项目施工全过程的管理，不留死角，同时避免职责重叠交叉。项目经理部的组织机构设置指挥长、项目经理、质量总监、安全总监、技术负责人、项目生产经理、项目机电副经理、项目商务副经理领导层，分别对质量、安全、进度、成本等进行管理，各专业作业队及分包商由对应的管理部门进行管理。具体的组织机构用图表示。

2.2.2 项目管理机构各部门人员配备情况（略）

2.2.3 各部门及主要人员的职责（略）

2.3 施工区段划分及组织

2.3.1 施工区段划分

该工程建筑面积大、工程量多，为了便于施工生产和组织管理，拟分区段组织施工。

考虑工期安排以及资源的合理配置，在基础及主体施工阶段，以后浇带为分界线将施工区域划分为 2 个施工区，即 Ⅰ、Ⅱ 施工区。

在基础施工阶段，为了能够组织流水施工，将Ⅰ施工区划分为 6 个施工段，即Ⅰ$_1$、Ⅰ$_2$、Ⅰ$_3$、Ⅰ$_4$、Ⅰ$_5$、Ⅰ$_6$，将Ⅱ施工区划分为 6 个施工段，即Ⅱ$_1$、Ⅱ$_2$、Ⅱ$_3$、Ⅱ$_4$、Ⅱ$_5$、Ⅱ$_6$。

主体施工阶段按照两个主楼分为 2 个施工区，其中门诊楼根据施工后浇带划分为 4 个施工段，病房楼划分为 3 个施工段，分别组织施工。

装修施工阶段根据招标文件界定的精装区域及功能要求将施工区域划分为 6 个施工区。

2.3.2 施工组织

2.3.2.1 基础及主体结构施工阶段施工组织（略）

2.3.2.2 装修施工阶段施工组织（略）

2.3.2.3 机电安装工程施工组织（略）

2.4 总体施工流程

本工程分区段组织施工，每个区段采取先地下后地上、先结构后装修的施工顺序。整个工程施工按照五个阶段进行：（绘制施工流程图）

（1）施工准备阶段；

（2）±0.000 以下结构施工阶段；

（3）±0.000 以上结构施工阶段；

（4）机电安装及装修施工阶段；

（5）竣工验收阶段。

2.5 施工准备

施工准备工作是开工前期的主要工作内容，是前期施工的关键，主要内容包括：施工现场规划、技术准备、人力资源准备、主要材料准备、各种施工机械准备。（列出详细的施工准备工作表）

2.5.1 施工技术准备

（1）现场交接准备（略）

（2）技术文件的学习及相关的准备工作（略）

（3）检测、实验器具配备（列出详细的配备表）（略）

（4）技术工作计划（略）

2.5.2 施工现场准备

（1）现场临时水电（略）

（2）临时道路和围墙（略）

（3）生产、生活及临时设施（略）

本章中要阐述出明确的工程管理目标，并按要求进行现场施工组织机构设置，明确组织机构内部门、人员的职能、职责。根据施工组织进行施工区段的划分，绘制施工流程图，提出详细的施工准备计划，包括施工规划、技术、人力、材料、机械等安排，让评标评委对本工程的施工组织有感性认识，从而确定施工组织编制是否合理。

3　主要分项工程施工方案、技术措施

本章主要对工程地下室及地上结构施工的混凝土结构工程、施工测量、土方工程、砌体结构、钢结构工程、防水工程、屋面工程、装饰装修工程、电气工程、给排水及采暖工程、通风空调等分部分项工程的施工工艺和方案及技术措施进行阐述。特别对本工程的模板、高性能混凝土、大体积混凝土、超长结构等重点难点部分施工方案作叙述。

本章中的施工方案要突出工程的特点和难点，符合设计文件及招标文件要求，采用的数据要与设计一致，理由充分合理，符合现行设计规范和现行设计标准，施工方案要合理、可行，与招标文件及设计意图相符，有些特殊的施工工艺需要通过理论验算。

4　质量保证体系、质量保证及创优措施

本工程为创鲁班奖工程，为保证工程质量，我单位将建立健全的质量保证体系、严格的质量保证制度、完善的质量保证措施及工程创优措施。

4.1　质量目标

本工程质量目标见表4.1。

质 量 目 标 表4.1

序号	项　目	管 理 目 标
1	质量等级	确保达到《建筑工程施工质量验收统一标准》的"合格"标准，同时满足招标文件、技术规范及图纸要求
2	创优目标	确保北京市结构长城杯金质奖、北京市竣工长城杯金质奖、鲁班奖

4.2　施工质量保证体系

4.2.1　施工管理组织机构

设立质量管理组织机构，成立以项目经理为首，由专业经理、技术负责人、质量总监、技术质量部等相关职能部门及施工作业层组成的纵向到底、横向到边的质量管理机构体系。

4.2.2　质量管理职责（略）

4.2.3　质量管理制度（略）

4.3　质量保证措施

4.3.1　技术保证措施（略）

4.3.2　原材料质量管理措施（略）

4.3.3　检测试验管理措施（略）

4.3.4 计量管理措施（略）

4.3.5 资料管理措施（略）

4.4 主要工序质量薄弱环节质量问题预防措施

4.4.1 施工测量的质量问题预防措施（略）

4.4.2 土方回填质量问题预防措施（略）

4.4.3 防水工程质量问题预防措施（略）

4.4.4 混凝土施工缝的质量问题预控措施

混凝土工程将对混凝土泵送、施工缝、大体积混凝土、劲性混凝土柱、高强混凝土的施工质量进行重点控制。

4.4.5 梁柱接头的质量问题预防措施（略）

4.4.6 混凝土超长构件的裂缝控制措施（略）

4.4.7 高大模板质量问题预防措施（略）

4.4.8 二次装修工程质量问题预防措施（略）

4.5 工程质量创优计划

4.5.1 建立工程创优保证体系

质量创优保证体系是运用先进科学的管理模式，围绕既定质量创优目标制定的保证质量达到既定创优要求的工作系统，由创优组织机构、创优组织流程等内容组成，质量创优保证体系的建立使得创优管理中各项工作分工明确、有章可循。

4.5.2 设置质量控制点

根据质量管理各阶段需要控制的环节，制定本工程的质量控制点。

4.5.3 制定工程创优验收计划（略）

4.5.4 加强创优过程管理

（1）质量通病防治

我们结合长期积累的创优经验，针对常见质量通病、鲁班奖复查中暴露出的质量顽疾制订针对性的防治措施，并根据实际情况，革新一些建筑细部做法，避免质量通病的发生。

（2）质量创优细部处理及细部做法（略）

本章中质量目标要与招标文件及合同条款一致，按质量目标设置健全的质量保证组织机构，运用 ISO9000 质量管理模式，分清机构内部门和人员的职责，制定出质量管理制度，并按质量目标制订相应的质量保证措施，措施要合理可行，制订出工程创优计划，对工程中特殊部分要有单独的、完善的保证措施，让评委在本章中了解本工程完成后的质量水平。

5 安 全 措 施

我单位将坚持"安全第一，预防为主，综合治理"的安全管理方针，遵守国家及北京市有关安全生产的法律、法规和相关文件的规定，在健全安全生产管理体系、保证安全投入的前提下，针对工程安全隐患、主要分部分项作业特点等，制订实施完善严密的安全防范措施，确保安全生产管理目标的实现。

5.1　安全生产管理目标

本工程安全生产管理目标见表 5.1。

安全生产管理目标表 5.1

序号	类别	目 标 内 容
1	基本目标	杜绝重伤、死亡、火灾和重大机械设备事故，轻伤事故率低于 1.5‰
2	安全创优目标	确保获得"北京市文明安全样板工地"称号

5.2　安全管理工作的重点分析

本工程建筑面积总计 $80501\mathrm{m}^2$，其中地下面积达 $24996\mathrm{m}^2$，体量大，工期紧，专业分包队伍多，交叉作业多，且施工现场位于闹市区，这些因素给安全管理增加了难度。我单位通过认真分析施工现场潜在的各种安全隐患，确定安全管理重点。

5.3　安全生产管理体系

5.3.1　安全生产管理机构

成立以项目经理为首，由专业经理、技术负责人、安全总监、安全环保部等相关职能部门及施工作业层组成的纵向到底、横向到边的安全生产管理机构，由企业总部主管部门提供垂直保障，并接受业主、监理以及北京市政府安全监督部门的监督。

5.3.2　安全生产管理职责（略）

5.3.3　安全生产管理制度（略）

5.3.4　安全生产管理流程（略）

5.4　安全管理控制措施

5.4.1　安全教育及培训（略）

5.4.2　安全技术交底（略）

5.4.3　安全标志及标牌

按照建办［2005］89 号文及招标文件的要求，在施工现场易发伤亡事故处设置明显的、符合国家标准要求的安全警示标志牌或警示灯，场内设立足够的安全宣传画、标语、指示牌、火警、匪警和急救电话提示牌等，提醒广大职工时刻注意预防安全事故，并在现场入口的显著位置悬挂"七牌一图"。

5.4.4　班前安全活动（略）

5.4.5　安全检查

项目安全环保部负责施工现场安全巡查并做日检记录，对检查出的隐患定人、定时间、定措施落实整改；企业安全环境部门定期或不定期到现场进行安全检查，指导督促项目安全管理工作并提供相关支持保障。

5.4.6　安全总包管理措施（略）

5.5　施工现场总体安全技术措施

5.5.1　个人防护措施

本工程中投入使用的个人防护用品主要有：安全帽、安全带、绝缘手套、绝缘鞋、面罩、护目镜、耳塞、工作服等，施工中重点加强安全防护用品的采购和正确使用管理。

5.5.2　临边防护

（1）基坑临边防护（略）

（2）楼层临边防护（略）

5.5.3　"四口"防护

（1）安全通道口（略）

（2）预留洞口（略）

（3）楼梯口（略）

（4）电梯井口（略）

5.5.4　钢结构及交叉作业防护

（1）钢爬梯及专用操作平台（略）

（2）安全平网（略）

（3）操作挂篮（略）

（4）安全扶手绳（略）

（5）防坠器（略）

5.5.5　外架防护

本工程门诊楼及病房楼外脚手架为双排钢管落地脚手架，采用 $\phi 48 \times 3.5$ 钢管搭设，其安全防护措施主要由阻燃型密目网、5cm 厚跳板、20cm 高挡脚板、连墙件、剪刀撑等组成。

5.5.6　马道防护

（1）基坑上下马道

在基坑设置马道，两侧用密目网封闭，底部设 18cm 高挡脚板。

（2）脚手架马道

为解决作业面上人及应急疏散问题，我单位拟在四周外架上设置马道作为应急通道，两侧用密目网封闭，底部设 18cm 高挡脚板。当发生突发事件时，作业面上的工作人员从应急通道下到做好楼梯的层面，再从楼梯脱险。

5.5.7　安全用电

（1）临时用电管理：整个施工现场临时用电线路及设备采用三级配电，两级漏电保护。

（2）配电室及设施的保护措施：制定严格的安全管理制度，特别是进行倒闸及高压操作时，必须由两个人执行，一人操作，一人监护，必须穿绝缘靴及戴绝缘手套等防护用具，定期检查和更换消防器材和安全装置。

（3）临时电缆：埋地布置，穿越临时道路处加钢套管，四周填砂保护。

（4）现场照明：手持照明灯使用 36V 以下安全电压，潮湿作业场所使用 24V 安全电压，导线接头处用绝缘胶带包好。

（5）配电装置：配电箱内电器、规格参数与设备容量相匹配，按规定紧固在电器安装板上，严禁用其他金属丝代替熔丝。

（6）触电急救：加强安全用电教育及培训，让参建员工熟练掌握触电急救技能，触电急救遵循切断电源、开放气道、恢复呼吸、恢复循环的步骤。

5.5.8　机械设备的安全使用

投入使用的机械设备主要有塔吊、混凝土输送泵、物料提升机、挖掘机、大型运土车、搅拌机、钢筋木工加工机械等施工机具，我单位将严格执行《建筑机械使用安全技术规程》（JGJ 33—2001）的规定，强化日常安全管理和维护，确保机械设备的安全使用。

（1）塔吊（略）

（2）人货电梯（略）

（3）混凝土输送泵（略）

（4）中小型机械（略）

5.6　主要分部分项工程安全措施

按各专业分析易出现事故及其原因，制订出安全措施。

本章中安全管理目标要与招标文件及合同条款一致，按安全管理目标设置健全的安全保证组织机构，运用 ISO9000 质量管理模式，分清机构内部门和人员的职责，制定出安全管理制度，并按安全管理目标制订相应的安全保证措施，措施要合理可行，分析工程中易发生事故的部位，制订完善的防范措施。

6　劳动力计划及主要设备材料、构件的用量计划及保证措施

6.1　劳动力投入计划

根据图纸工程量测算分析各分部拟投入的劳动力如表 6.1 所示。

工程定额工日测算表　　　　　　　　　　　　　　　　　表 6.1

序号	分部工程	总工日	序号	分部工程	总工日
1	地下室结构	69000	4	机电安装工程	166600
2	地上结构	106152	5	装饰装修工程	85020
3	二次结构及抹灰	60500			

同时考虑现场环境、技术间歇、天气等各种因素，并根据以往工程施工经验和工程进度安排情况，我公司拟投入的劳动力日平均人数为 720 人，高峰期我公司拟投入的劳动力为 1000 人。

对于业主提名分包商项目的劳动力计划，由于工程量不明确，劳动力投入量未给予考虑，待工程施工后，根据工程量的具体情况，再对分包队伍劳动力作出安排。（绘制劳动

力计划表）

6.2 主要料具投入计划

6.2.1 主要周转材料进场计划

主要周转材料包括钢筋混凝土、钢结构工程使用的周转材料。

6.2.2 主要材料、设备进场计划

（1）土建工程材料进场计划（略）

（2）机电安装材料、设备进场计划（略）

（3）装饰装修工程材料进场计划（略）

6.3 主要施工机械设备投入计划

6.3.1 主要施工机械设备的选择

6.3.1.1 塔吊选择

本工程共投入 4 台塔吊。

6.3.1.2 施工电梯选择及配备

病房楼和门诊楼各布置 1 台电梯，共 2 台，负责材料的垂直运输。

6.3.1.3 混凝土输送泵的选择与配备

根据混凝土在不同阶段、不同流水段、不同部位的施工情况来配备混凝土输送泵。地下室及底板混凝土浇筑阶段，由于地下室底板混凝土量大，必须配备足够数量的混凝土输送泵，但混凝土输送的高度要求低。因此，我们根据施工区域，在每次底板浇筑时选用 2 台 HB80 固定泵，同时根据现场的情况设置 1 台 42m 臂长的汽车泵，可以灵活进行布料。

6.3.2 机械设备投入计划

6.3.2.1 土建工程施工机械投入计划（略）

6.3.2.2 机电安装工程施工机械投入计划（略）

6.3.2.3 拟投入检测仪器计划（略）

本章主要表明工程所用人、材、机的使用计划，该计划表要与预算表工料机统计表数量基本一致，机械设备、检测试验仪器表中设备种类、型号与施工方法、工艺描述要一致，数量应满足工程实施需要。

7 施工进度实施计划

施工进度计划是施工组织设计的核心内容，在施工组织设计中起着主导作用。施工进度计划编制合理与否，直接影响到工程质量、安全和工期，同时对各种资源的投入、成本控制产生重要影响。

7.1 工期目标

开工日期：2007 年 9 月 25 日；竣工日期：2009 年 2 月 5 日；总工期 498d。阶段性工期节点安排如表 7.1 所示。

阶段性工期节点安排　　　　　　　　　　　表 7.1

序号	施工内容	开始时间	完成时间	持续时间（d）
1	垫层及防水	2007 – 09 – 25	2007 – 10 – 09	15
2	地下室结构工程	2007 – 10 – 10	2007 – 12 – 31	84
3	地上结构工程	2008 – 01 – 01	2008 – 05 – 20	140
4	外幕墙封闭	2008 – 03′– 20	2008 – 07 – 31	135
5	室内精装修工程	2008 – 05 – 20	2009 – 02 – 05	200
6	屋面工程	2008 – 03 – 20	2008 – 07 – 20	120
7	电气系统安装调试	2008 – 03 – 20	2009 – 02 – 05	295
8	通风空调系统安装调试	2008 – 03 – 20	2009 – 02 – 05	295
9	给排水工程安装及调试	2008 – 03 – 20	2009 – 02 – 05	295
10	室外铺装及绿化工程	2008 – 07 – 25	2008 – 11 – 15	100

7.2　施工进度安排

施工进度计划用施工进度网络计划图和施工进度横道图分别表示，分二级进行编制：第一级为施工总进度计划；第二级为区段及阶段施工进度计划，具体包括门诊及病房楼基础及主体结构区段、装修及安装各专业阶段性施工进度计划。

7.3　工期的可行性分析及保证措施

7.3.1　基础及主体结构施工阶段的工期可行性分析及保证措施

（1）基础施工阶段（略）

（2）主体结构工程施工阶段（略）

7.3.2　装修施工阶段的工期可行性分析及保证措施（略）

7.3.3　机电安装工程的工期可行性分析及保证措施（略）

7.3.4　工期的其他保证措施

（1）工期保障的组织措施

1）总承包管理组织措施（略）

2）人力资源组织措施（略）

3）施工机械组织措施（略）

4）施工材料保障措施（略）

5）外部环境保障措施（略）

6）夜间施工组织措施（略）

（2）工期保障的技术措施（略）

（3）工期保障的经济措施（略）

（4）工期保障的合同措施（略）

（5）两会及奥运会期间的工期保证措施（略）

本章根据招标文件及图纸要求，制订本工程的工期目标、施工进度计划，是施工组织设计的核心内容，在施工组织设计中起着主导作用。施工进度计划编制合理与否，直接影响到工程质量、安全和工期，同时对各种资源的投入、成本控制产生重要影响。阶段工期、节点工期要满足要求，工期用网络图和横道图表示。根据工期要求，分析各专业、阶段所用人力、材料、机械等是否能满足要求，并提出相应的保证措施，保证工期的完成。

8　现场文明施工、消防、环保及保卫措施

我单位将结合"北京市文明安全样板工地"的创建要求，制订实施一系列针对性措施，确保现场施工文明有序，最大限度地改善施工环境，营造绿色建筑，力争为建筑企业施工环境管理作出典范。

8.1　文明施工措施

8.1.1　文明施工管理机构和职责（略）

8.1.2　人员管理措施（略）

8.1.3　场容控制措施

依据北京市《关于全面推行农民工实名制卡的通知》和《北京市建设工程施工现场生活区设置和管理标准》等有关文件，我单位对现场管理采取以下措施。

8.1.3.1　封闭管理

施工现场四周设置围挡，施工现场和生活区都实行封闭式管理，在所有入口处均设置门岗，负责出入现场人员及车辆登记，入口处设置 IC 卡读卡器，不佩戴胸卡或不携带 IC 卡的人员一律不许进入施工现场。

8.1.3.2　场区的规划、保洁措施（略）

8.1.3.3　现场标牌及宣传栏（略）

8.1.3.4　场区保洁（略）

8.1.3.5　垃圾分类及材料堆放（略）

8.1.3.6　卫生防疫（略）

8.1.3.7　临时厕所布置（略）

8.1.3.8　工完场清（略）

8.1.4　防止扰民和民扰的措施

8.1.4.1　防止扰民的措施（略）

8.1.4.2　防止民扰的措施

严格执行和落实防止扰民的措施，最大限度地减少噪声污染，就可以有效地减少民扰，民扰大部分是由于扰民引起的。

8.1.5　现场保卫措施

依据《北京市建设工程施工现场保卫消防工作标准》及我单位相关文件规定编制本工程的现场保卫措施，建立健全治安保卫制度和治安防范措施，将责任分解落实到人，杜绝失盗、斗殴事件。

8.2　消防措施

执行《北京市建设工程施工现场消防安全管理规定》，根据工程施工各阶段的特点采取相应的消防措施。

8.3　环境保护措施

我们将依据《中国环境保护法规全书》制订环境保护措施，争取达到噪声排放达标，符合《建筑施工场界噪声限值》规定；污水排放达标，生产及生活污水经沉淀后排放，达到北京市的标准规定；办公区环境绿化，达到现场目测无扬尘；现场施工环境达到ISO14001 环保认证的要求；实现"零污染"要求的目标，营造环保、节能、绿色的建筑施工环境。

8.3.1　环境因素辨识

综合考虑影响范围、影响程度、发生频次、社区关注度和法规符合性等方面，我单位对本工程的环境因素进行辨识，分别对施工噪声、粉尘、污水等重要环境因素进行控制。另外我单位将严格材料管理，优先选用绿色建材，对于那些危害人体健康或给居住者、使用人带来不适感觉和味觉的材料，无论政府是否明令禁止，我单位都将坚决抵制，保证不在任何临时和永久性工程中使用。

8.3.2　环保监控

安全环保部负责组织自行监测或邀请当地环保部门到场进行噪声、水质、扬尘监测，并根据监测结果，确定防控措施，确保现场污染排放始终控制在允许的范围内。

8.3.3　古树保护

通过现场考察，在施工现场西南角有古树一棵，针对此情况，我单位将对此古树采取有效保护措施。

本章主要依据有关要求，对现场文明施工、消防、环保及保卫提出有效的管理措施，使现场达到规范化管理，确保现场施工文明有序，最大限度地改善施工环境，营造环保、节能、绿色建筑。

9　施工现场总平面布置

施工现场平面布置涵盖了施工现场的机具布置、设施布置、场地布置及场内外的交通组织，是工程施工顺畅与否的关键所在。

9.1　施工现场现状分析

（1）本工程地处东城区王府井商业区繁华地段，东侧为校尉胡同大街，南侧为帅府园胡同，西侧毗邻新东安市场。

（2）工程北侧、西侧围墙外为市政停车场，昼夜均有车辆停放。

（3）场地内东侧、北侧及西侧基坑上部仅留有安全通道的距离，周边围挡与基坑上口距离较近，无法布置临建。

（4）本工程基坑东、西、北侧及南侧西段支护工程已由招标人完成，南侧东段人防地下车库部位未开挖，支护及降水工程未进行；地下车库与东侧老协和医院暗挖地下通道未施工。

（5）场地西南侧原有建筑拆除正在进行，该处空地可作为施工时的临时用地。

（6）本工程周边交通情况复杂，多处路段有交通限制。

9.2 施工现场总平面布置

施工现场总平面布置见表9.2。

施工现场总平面布置　　　　　　　　　　　　表9.2

平面布置项目	具体布置内容
围挡及出入口	施工现场围挡布置以建筑红线为界，在红线范围内设置围挡，围挡高度不低于2.5m。根据原围挡布置、出入口设置及周边交通情况，施工期间在场地北侧、东侧及南侧设置三个出入口解决交通问题。出入口按要求设置门卫室
临时设施布置	由于本工程基坑东、西、北三侧基坑上口仅留有安全通道宽度，无法设置临时设施或材料堆场，因此办公区、生活区及生产用临设均设于场地的南侧。办公区、生活区及生产用临设分别独立设置
机具布置	基础、主体结构混凝土施工期间在基坑南侧布置2台HBT80混凝土固定泵，并根据混凝土浇筑需求配备汽车泵。 　　基础、主体及装饰工程施工期间设置塔吊、升降机解决现场内的水平垂直运输问题，塔吊及升降机设置数量、规格及位置等根据运输需求进行确定。 　　（1）地下室结构施工期间，我们将投入四台塔吊用于现场垂直运输，分别为1号塔吊，2号塔吊覆盖病房楼及南侧5级人防车库范围，3号塔吊覆盖门诊楼范围，4号塔吊覆盖人防车库及地下室其他区域。 　　（2）主体结构施工期间，4号塔吊覆盖范围封顶后将该塔拆除，由1号塔吊~3号塔吊完成病房楼、门诊楼垂直运输。 　　（3）装饰施工期间在病房楼、门诊楼各布置一台SC100物料提升机（最大提升高度达150m，额定载重量1t）完成垂直运输
物料堆场	（1）地下室施工期间，基坑南侧场地主要为钢筋、模板加工区、钢构件及周转工具堆放区。基坑内灵活设置周转工具堆放区及钢筋加工区。钢构件随进随吊装。 　　（2）主体结构施工期间，在基坑南侧及已完人防车库顶板上设置临时堆场，基础底板上的临时堆场经计算满足承载要求后方可堆放。 　　（3）装饰工程施工期间，物料提升机周边就近布置各种材料堆场
场地硬化	根据工程进度需要，对场内道路进行硬化

9.3 生活设施及其布置（略）

9.4 办公设施及其布置（略）

9.5 生产设施布置

9.5.1 施工用场地布置（略）

9.5.2　标养室布置（略）

9.5.3　施工用仓储设施、工具用房布置（略）

9.5.4　施工场地内厕所布置（略）

9.5.5　主要施工机械选型及布置（略）

9.6　现场围蔽、道路和消防应急通道布置

9.6.1　围墙、出入口（略）

9.6.2　现场道路（略）

9.7　交通组织方案

9.7.1　场外交通组织

　　根据各项交通控制情况，本工程各种材料、机械、设备进出场将选择在每日 23 时至次日 6 时时间段内进行，零星材料、设备进场根据情况灵活组织。

9.7.2　场内交通组织

　　（1）基础施工阶段，基坑东、西、北侧基坑上口距围挡距离狭窄，无法留设车辆通道，仅留设人员行走安全通道，基坑南侧根据现场临建布置，在围墙南侧设置车辆出入口，出入口宽 8m，为地下室结构施工期间材料运输的主出入口，在现有东侧出入口位置设置出入口，主要为基底清理土方、人防车库土方清运及塔吊安装出入通道，该出入口宽 8m，在门内设置洗车池；

　　（2）主体、装饰施工阶段，北侧、东侧及南侧人防车库等地下结构完成后，该部位可作为临时堆场，拟将现场北侧出入口开通，场内通道南北贯通。

9.8　现场临时施工用水、消防用水布置（略）

9.9　施工现场临时用电布置（略）

　　本章主要介绍施工现场平面布置，临时工程位置及数量应符合招标文件的规定，施工场地和道路应明确，施工总用电量、总用水量应通过计算确定，现场消防用水布置应符合当地《施工现场消防规定》，大型设备的布置依据应充分，并具体明确安装位置，厕所与食堂布置应符合卫生管理规定，施工现场布置应考虑分包商所需的施工、办公、生活用场地，施工现场是否应采用封闭式管理，并对周边道路、信息进行了解，制订相应组织措施。

10　对总承包管理的认识及对专业分包的配合、协调、管理与服务方案

10.1　总承包管理范围

10.1.1　总承包管理涵盖的范围

　　总承包管理包括：开工、施工及保修全过程的管理，管理的范围分为时间范围、管理

范围以及协调工作范围（见表 10.1.1）。

总承包管理涵盖的范围

表 10.1.1

序号	范围分类	涵 盖 内 容
1	时间范围	从开工、过程施工、完工交验直至保修期满
2	管理范围	包括自主承建的部分和各项专业分包工程及非自主承建的独立工程，业主指定供应材料设备等与总体目标实现相关的单位工程事项
3	协调工作范围	包括本单位的各项工作、与直接参与本工程建设的各单位（业主、设计、监理、分包商、供应商等）之间的工作，以及间接与本工程有关的单位（政府、市政、环保、社区等）之间的工作

10.1.2　总承包管理的内容

依据招标文件的要求，施工总承包管理工作主要包括：工程承包范围规定的内容，有关实施工程时所必须的申报、检测、试验等工作，工程测量，工程施工及使用所需核准证件的办理以及业主交办的其他工作内容。

10.2　总承包管理的概念

总承包管理是以整个工程为对象，以总承包单位为龙头，对工程全过程及参与施工的所有单位实施的工程管理。总承包商对招标人负总责，分包商对总承包商负责；总承包商对分包商实行统一计划、组织、协调和监督。

总承包管理是指工程施工阶段对业主负总责的项目管理，包括土建施工、设备安装、装饰装修、园林绿化、室外总体等等。总包商根据承包项目情况，采取招标形式将工程分包给具有相应资质的各专业分包商。

10.3　总承包模式下的总承包责任

（1）总承包商的双重责任：一是协助业主履行部分项目管理职能，二是作为承包商完成自己施工建造的本职工作。

（2）协助业主履行项目管理职能的范围：项目开工相关手续，扰民协调处理，境外大宗材料或设备的招标、签约、供货管理，业主指定分包商的签约与管理。

（3）协助业主履行项目管理职能的指导原则：总承包牵头、共同操作、价格透明、业主审定。

（4）协助业主履行项目管理职能的报酬：在成本基础上计取一定的酬金。

（5）承包商角色：总承包商在结构施工等自己主营业务方面当好承包商角色。业主与总承包商的义务、责任、利益等在合同中界定。

10.4　总承包管理的方法

总承包管理的方法包括：目标管理、跟踪管理、平衡管理、制度管理等。具体内容见表 10.4。

总承包管理方法　　　　　　　　　　　　　　　　　　表 10.4

管理方法	内　　容
目标管理	目标管理是一种主动的管理方式，也是一种追求成果的管理方式，在管理过程中，对分包商提出总目标和阶段目标，在目标明确的前提下对分包商进行管理
跟踪管理	采取跟踪管理手段，以保证目标在完成过程中达到相应要求。过程中对质量、进度、安全、文明施工等进行跟踪检查，使问题解决在施工过程中，以免发生不必要的延误或损失
平衡管理	实施平衡管理，抓住重点。平衡管理是整个工程顺利完成的重要因素，充分利用洞察力和预见性，预见施工中可能发生的主要矛盾，并采取相应措施
制度管理	建立符合现场实际的总承包管理制度，分包进退场管理制度，工作例会制度，分包质量管理制度，分包进度管理制度，现场文明施工、环保管理制度，分包安全管理制度，分包技术资料管理制度，总平面管理制度，分包成品保护制度，后期保修服务制度等

10.5　总承包管理的模式

总承包管理模式是指施工总承包方依据合同体系，建立有效的组织机构并配备称职的管理人员，采用有效的管理方法和手段，对工程项目进行全过程、全方位的管理，全面履行合同体系中约定的各项义务，实现合同体系中约定的各项指标和目标。

10.6　对专业分包的配合、协调、管理与服务方案

在对总承包管理有正确认识和正确思路的前提下，编制科学合理的专业分包工程的配合、协调、管理与服务方案至关重要。幕墙工程，铝合金外窗、门，二次精装修工程，电梯工程，污水处理站设备安装工程，热力站及热力外线工程，厨房设备安装工程，水疗中心水处理工程，消防消火栓系统、水喷淋系统及气体灭火系统，人防通风工程，医用气体系统工程。独立发包工程包括：室外工程，立体车库设备安装工程。

本章主要阐述总承包管理的范围、内容和模式，让评委和业主对要招入的单位将是如何进行管理的，有一个感性认识，对总承包管理有正确认识和正确思路，有利于项目组织管理的顺利进行。意识决定管理思路；思路决定管理方案；方案决定管理内容；内容决定管理质量；工作质量的好坏决定工程能否顺利进行，决定能否实现合同约定的目标。建筑工程是一个复杂的系统工程，本工程更是多专业、多系统交叉融合在一起的高级医疗保健基地工程，科学的管理意识和丰富的大型复杂工程的总承包管理经验是做好顺利完成的先决条件，专业基础上的协调管理是总承包管理的主要内容之一。

11　与相关单位人员的配合、协调措施

11.1　项目部与设计单位的配合、协调

项目部在设计交底、图纸会审、设计洽商、变更、地基处理、隐蔽工程验收和交工验

收等环节中应与设计单位密切配合，同时接受发包人和监理工程师对双方的协调。

项目部注重与设计单位的沟通，对设计中存在的问题应主动与设计单位磋商，积极支持设计单位的工作，同时争取设计单位的支持。项目部在设计交底和图纸会审工作中应与设计单位进行深层次交流，准确把握设计意图，对设计与施工不吻合或设计中的隐含问题应及时予以澄清和落实。

11.2　项目部与发包人之间的配合、协调

（1）项目经理首先应理解总的管理目标，理解发包人的意图，反复阅读合同或项目任务文件。未能参加项目决策过程的项目经理，必须了解项目构思的基础、起因、出发点，了解目标设计和决策背景。

（2）项目经理在作出决策安排时要考虑到业主的期望、习惯和价值观念，说出他想要说的话，经常了解发包人所面临的压力，以及发包人对项目关注的焦点。

（3）尊重发包人，随时向发包人报告情况。在发包人作决策时，提供充分的信息，让他了解项目的全貌、项目实施状况、方案的利弊得失及对目标的影响。

（4）加强计划性和预见性，让发包人了解承包商、了解他自己非程序干预的后果。发包人和项目管理者双方理解得越深，双方期望越清楚，则争执越少。

（5）在项目运行过程中，项目管理者越早进入项目，项目实施越顺利。如果条件允许，最好能让他参与目标设计和决策过程，在项目整个过程中保持项目经理的稳定性和连续性。

（6）项目经理遇到发包人所属的其他部门或合资各方同时来指导项目的情况，项目经理应很好地倾听这些人的忠告，对他们作耐心的解释和说明。

总之，项目部与发包人之间的关系协调贯穿于施工项目管理的全过程。协调的目的是搞好协作，协调的方法是执行合同，协调的重点是资金问题、质量问题和进度问题。项目部在施工准备阶段要求发包人按规定的时间履行合同约定的责任，保证工程顺利开展。项目部在规定的时间内承担约定的责任，为开工之后连续施工创造条件。项目部及时向发包人提供有关的生产计划、统计资料、工程事故报告等，发包人按规定时间向项目部提供技术资料。

11.3　项目部与监理人的配合、协调

（1）项目部应及时向监理机构提供有关生产计划、统计资料、工程事故报告等，按《建设工程监理规范》的规定和施工合同的要求，接受监理单位的监督和管理，搞好协作配合。

（2）项目部应充分了解监理工作的性质、原则，尊重监理人员，对其工作积极配合，始终坚持双方目标一致的原则，并积极主动地处理工作矛盾。

（3）在合作过程中，项目部应注意现场签证工作，遇到设计变更、材料改变或特殊工艺以及隐蔽工程验收等要及时得到监理人员的认可，并形成书面材料，尽量减少与监理人员的摩擦。严格地组织施工，避免在施工中出现敏感问题。

（4）一旦与监理意见不一致时，双方应以进一步合作为前提，在相互理解、相互配合的原则下进行协商，项目部应尊重监理人员或监理机构的最后决定。

11.4　与其他独立发包工程的配合、协调

项目部与其他独立发包工程的协调按分包合同执行，正确处理技术关系、经济关系，正确处理项目进度控制、项目质量控制、项目安全控制、项目成本控制、项目生产要素管理和现场管理中的协作关系。项目部对分包单位的工作进行监督和支持。项目部会加强与分包人的沟通，及时了解分包人的情况，发现问题及时处理，并以平等的合同双方的关系支持分包人的活动，同时加强监管力度，避免问题的复杂化和扩大化，保持整个项目按照总计划整体向前推动。

11.5　项目部与材料供应人的配合、协调

项目部与材料供应人的协调应依据供应合同，充分利用价格招标制度、竞争机制和供求机制搞好协作配合。项目部在"项目管理实施规划"的指导下，认真做好材料需求计划，并认真进行市场调查，在确保材料质量的前提下选择供应人。为了保证双方的顺利合作，项目部与材料供应人签订供应合同，并力争使得供应合同具体、明确。

为了减少资源采购风险，提高资源利用效率，供应合同应就供应数量、规格、质量、时间和配套服务等事项进行明确。项目部会有效利用价格机制和竞争机制与材料供应人建立可靠的供求关系，确保材料质量和使用服务。

11.6　项目部与其他单位关系的配合、协调

项目部与其他公用部门有关单位的协调主要通过加强计划性和通过发包人或监理工程师进行协调。

本章主要阐述项目组织协调、配合的目的和方法，工程施工组织管理中排除障碍、解决矛盾、保证项目目标的顺利实现。

(1) 通过组织协调、配合，疏通决策渠道、命令传达渠道以及信息沟通渠道，避免管理网络的梗阻或不畅，提高管理效率和组织运行效率；

(2) 通过组织协调、配合，避免和化解工程施工各利益群体、组织各层次之间、个体之间的矛盾冲突，提高合作效率，增强凝聚力；

(3) 通过组织协调、配合，使得各层次、各部门、各个执行者之间增进了解、互相支持，共同为项目目标努力工作，确保项目目标的顺利实现；

(4) 组织协调、配合工作质量的好坏，直接关系到一个项目组织、一个企业的管理水平和整体素质，好的组织协调可以减少甚至避免各种不必要的内耗。

12　成品保护、工程保修及服务承诺

12.1　成品保护方案

本工程建筑面积大，施工工期紧，交叉施工的工序多，安装工程系统齐全，这些特点给工程的成品保护增加了很大难度。为此，我们将通过健全组织机构、完善管理制度、制

订各专业成品保护措施等一系列办法，确保成品保护工作圆满完成。

12.2 成品保护组织机构

（1）成立以总承包单位项目经理为组长、项目副经理为副组长、各专业项目负责人为组员的成品保护领导小组；

（2）成立由保安和专职成品保护人员组成的成品保护队，由总承包单位配备一名专职负责人员任队长，各专业队伍也成立相应的成品保护队伍。

12.3 成品保护管理制度

成品保护管理制度详见表12.3。

成品保护管理制度   表12.3

序号	名称	措施内容
1	施工进度计划统筹安排与现场协调制度	（1）本制度将从进度计划编审到计划调整，以及计划完成的考核，特别是交叉作业时的协调等方面进行规范。 （2）深入了解工程施工工序并在需要时根据实际情况进行调整，事先制订好成品保护措施，避免或减少后续工序造成前一工序成品的损伤和污染。一旦发生成品的损伤或污染，要及时采取有效措施处理，保证施工进度和质量
2	工序交接检查制度	（1）本制度将使各分包单位的交叉作业或流水施工做到先交接后施工，使前后工序的质量和成品保护责任界定清楚，便于成品损害时的责任追究。 （2）分包单位在某区域完成任务后，须向总承包单位书面提出作业面移交申请，批准后办理作业面移交手续
3	成品和设备保护措施的编制和审核制度	本制度规定总承包单位和分包单位在不同施工阶段成品和设备保护措施方案的编制内容和相关要求
4	成品和设备保护措施执行状况的过程记录制度	坚持谁施工谁负责的惯例，各分包单位或作业队应及时如实记录在相应施工时段的产品保护情况
5	成品和设备保护巡查制度	（1）每天对各类成品进行检查，发现有异常情况立即进行处理，不能及时处理的马上报项目经理部，研究制订切实可行的弥补措施。 （2）总承包单位按事先策划的时间间隔，组织各分包单位在进行安全、文明施工等方面巡查的同时，也要把成品保护方面的情况同时一并纳入巡查范围
6	成品损坏登记	成品造成损坏，成品保护责任单位应立即到总承包单位进行登记。分包单位需提供责任人，总承包单位确认后，由分包单位自行协商解决或由总承包单位取证裁决，责任方须无条件接受。未提供责任人的，责任自负
7	成品和设备损害的追查、补偿、处罚制度	对任何成品或者设备损害事件，总承包单位将预以调查处置，由失误造成的损害方报价补偿，对故意破坏将加重处罚，甚至移交当地政府司法部门追究肇事者的责任
8	成品和设备保护举报与奖罚制度	项目现场将设置举报电话和举报箱。对于署名举报者能够及时真实举报的，一经查实将给予一定的经济奖励
9	垃圾清运与工完场清制度	坚持这一制度，有利于产品的保护

续表

序号	名称	措　施　内　容
10	进入楼层或房间施工、检查、视察的许可制度	防止无关人员进入成品保护区,凡需进入保护区域者,需经成品保护小组同意,否则不得放行。除了进入工地实行胸卡制度外,当施工形象进度达到一定程度时,各楼层和主要房间将对进入该区的人员实行进入准许制度,以杜绝人为的产品损害事件发生
11	主要设备物资进场的验收或代管交接制度	总承包单位将对业主或其他指定分包单位,以及自身采购的设备、物资实行进场验收和代管手续交接办理制度
12	成品保护的培训教育制度	总承包单位将对全部进场的施工人员或视察人员进行相关培训教育工作。定期对管理和操作人员进行成品半成品保护教育。增强员工成品保护意识,自觉保护成品
13	其他制度	此外,总承包单位会在工程进行到后期时及时地委托有资质和能力的保安公司和物业管理公司协助总承包单位进行产品保护、物资看护和设备试运行方面的管理工作

12.4　成品保护措施

总承包单位项目经理部根据施工组织设计和工程进展的不同阶段、不同部位编制成品保护方案。以合同、协议等形式明确各分包单位对成品的保护和交接责任,确定主要分包单位为主要的成品保护责任单位,明确项目经理部对各分包单位保护成品工作有协调监督责任。

总承包单位项目部对所有入场的分包单位都要进行定期的成品保护意识教育,依据合同、协议,使分包单位认识到做好成品保护就是保证自己的产品质量,从而保证自身荣誉和切身利益的意义。

12.5　工程竣工验收、移交与保修措施

竣工验收是工程施工的最后一个阶段。经过竣工验收,本工程将由总承包管理交付发包方使用,并办理各项工程移交手续,这标志着本工程施工的结束,同时由此进入工程的保修过程。

12.5.1　竣工验收及备案

12.5.1.1　竣工验收组织机构

本工程项目规模大,竣工验收阶段仍有大量繁杂和琐碎的收尾工作和验收工作要做,这要求先做好组织管理工作。为此我们成立总承包竣工领导小组,由项目经理任组长,安装经理任副组长,成员为各部门的负责人及各分包队伍的项目经理及技术负责人。

12.5.1.2　竣工验收资料整理（略）

12.5.2　工程竣工移交与保修措施（略）

12.6　工程维修

12.6.1　工程回访

（1）在工程保修期内,每三个月回访一次,保修期满后每隔半年回访一次;

（2）工程回访或维修时,由单位工程服务部建立本工程回访维修记录,根据情况安排

回访计划，确定回访日期。

12.6.2 工程保修措施

我公司不仅重视施工过程中的质量控制，而且也同样重视对工程的保修服务。从工程交付之日起，我公司的保修工作随即展开。在保修期间，我公司将依据保修合同，本着"对用户服务、向业主负责，让用户满意"的认真态度，以有效的制度、措施做保证，以优质、迅速的维修服务维护用户的利益。

保修范围：我公司作为工程的总承包方，对整个工程的保修负全部责任，部分专业分包商所施工的项目将由我公司责成其进行保修，若分包方维修不及时，我公司将先行修复。

本章主要阐述施工过程中的成品保护和竣工验收后回访维修的措施，让评委和业主知道服务是施工过程中和竣工后全方位的提高对我公司质量管理制度的认识。

13 紧急情况的处理措施、应急预案

13.1 应急识别

我单位根据本工程的实际情况，采用定性评价的方法对本项目潜在可能发生的特殊、紧急情况进行识别，确定特殊、紧急情况，见表13.1。

潜在特殊、紧急情况一览表 表 13.1

序号	特殊、紧急情况
1	火灾、爆炸
2	中毒，非典型肺炎、禽流感等流行性传染病
3	化学危险品泄漏
4	坠落、物体打击、机械伤害、触电等事件
5	模板坍塌、建筑物坍塌、脚手架倒塌或坠落、大型设备倒塌等
6	施工现场存放危险品达到或超过《重大危险源辨识》（GB 18218—2000）规定的临界量
7	地震、暴雨等异常现象
8	粉尘和噪声污染
9	扰民、民扰事件
10	现场工人突发、紧急事件

13.2 应急组织

13.2.1 应急组织机构

如有幸中标，我单位将成立以项目经理为首的项目应急小组，并以此为主体健全应急组织机构，明确成员职责。

13.2.2 应急组织程序

如发生突发事件或出现紧急情况，执行如图13.2.2所示的应急组织程序。

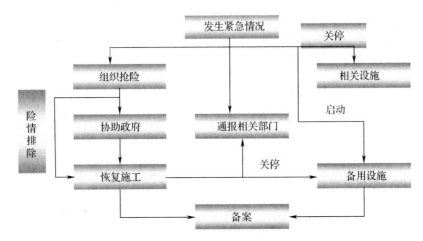

图 13.2.2 应急组织程序

13.2.3 应急准备

13.2.3.1 应急物资准备（略）

13.2.3.2 应急人员培训

为了使应急人员掌握应急准备和响应的基本技能，由安全总监组织进行应急培训工作。

13.2.3.3 应急演练

进场后，针对各项可能发生的特殊、紧急情况，由项目经理组织、安全总监负责具体实施，组织进行消防、急救、自救及紧急避难的演练，以检验、完善应急措施，提高应急技能。

13.2.3.4 应急点监控

针对已辨识出的可能发生的特殊、紧急情况，进行应急点的监控和检测，监控由专人负责，做好检查和记录并及时沟通、汇报。

13.3 应急措施及预案

13.3.1 消防应急预案（略）

13.3.2 突然断电应急预案（略）

13.3.3 突发公共卫生事件应急措施（略）

13.3.4 其他紧急情况的应急处理（略）

本章主要阐述对工程中易出现的潜在可能发生的特殊、紧急情况进行识别，并做好相应准备。建筑施工是一项作业环境复杂、事故隐患较多的工作，随时可能发生各种突发事件。根据现场环境及工程特点，结合以往承建类似大型项目积累的应急经验，针对可能出现的各种紧急情况，制订切实可行的应急处理措施和预案，从而达到抵抗风险、消除隐患、保障施工的目的。

14　新技术使用计划

14.1　目标及意义

积极推广四新技术，抓好新技术科技攻关，提高经济效益。

14.2　拟采用建设部推广十项新技术计划

拟采用建设部推广十项新技术使用情况见表 14.2。

新技术使用计划　　　　　　　　　　　　　表 14.2

序号	推广应用内容		使用部位
1	高效钢筋应用技术	钢筋采用三级钢	主体结构
2	滚轧直螺纹钢筋连接技术	直螺纹钢筋连接应用	墙、梁、柱主筋
3	钢结构施工技术	地上结构采用钢结构	病房楼
4	劲性混凝土应用技术	劲性混凝土	柱、梁
5	超长结构无缝施工技术	超长结构	地下结构
6	耐磨混凝土应用技术	耐磨混凝土地面	车库地面
7	混凝土测温新技术	大体积混凝土测温技术	部分基础梁
8	不锈钢管卡压技术	不锈钢管卡	给水系统
9	V8 软件应用	V8 软件绘图	管线深化设计、综合排布
10	地板采暖技术	地板采暖	门厅等公共区域
11	热缩电缆头应用技术	热缩电缆头	电缆末端
12	安全压线帽技术应用	安全压线帽	配电箱柜内
13	洁净空调技术应用	洁净空调	空调系统
14	企业计算机应用及管理技术	企业计算机应用及管理技术	预算软件
		企业计算机应用及管理技术	工程资料软件
		企业计算机应用及管理技术	安全资料软件

本章主要按照施工图纸及招标文件要求，列出相应的新技术应用计划。

Ⅱ-2 大型厂房工程

目 录

1   编制综合说明

1.1   指导思想

承蒙××邀请我单位参加贵厂易地技术改造 101 号联合工房工程（以下简称"本工程"）的投标。我们将以为业主服务、让业主满意为基本指导思想，以优良的工程质量，建造业主满意的工程；以严格的成本管理，降低工料消耗水平，保证业主的每一部分投入都将得到满意的回报。

本施工组织设计是我单位对 101 号联合工房工程的投标文件的一部分。这是我们在认真阅读有关招标文件，熟悉图纸，了解设计意图，并对现场实地踏勘的基础上，编写的一部对工程质量、工期、安全、成本等方面具有程序化管理作用的纲领性文件。编制时，我们力求在施工组织设计中履行我们对业主的承诺，希望能以科学、合理、适用的技术方案，严谨、务实的工作作风，赢得业主对我单位的信赖。

本施工组织设计在编写时，充分表述重点信息，一般项目和一般信息简明表述，以便业主选择。若我单位有幸中标，我们将以国家规范及相关规定为依据，以企业标准为准则，以创"精品工程"为目标、以缩短工期为主线、以丰富的施工和管理经验为依托，通过精心组织、精心施工，为贵厂 101 号联合工房工程建设增添新貌。同时，将依据本施工组织设计确定的原则，遵循我单位的技术管理规定和《管理手册》以及相关《程序文件》（ISO9001 质量管理体系、ISO 14000 环境管理体系、OHSM18000 职业安全健康管理体系）。并在设计交底和图纸会审之后，编制详细的施工方案及作业指导书，为工程提供完整的技术性文件，用以指导施工，确保优质、高速、安全地完成本工程的建设任务。

1.2   编制内容及范围

本施工组织设计内容包括：项目组织机构设置，主要分项工程施工方案，拟投入的主要施工机械设备计划及进出场计划，劳动力安排计划，确保工程质量技术保证措施，安全防护及文明施工保证措施，施工进度计划及工期保证措施，环境保护保证措施，避免扰民保证措施，季节性施工保证措施，工程关键工序，重点难点施工保证措施，施工现场平面布置，总承包管理及分包计划等全过程组织管理措施。编制范围除自行完成的项目外，还涵盖了对设计、分包商的总包管理方案及服务、配合、协调等措施。

1.3   项目实施目标

1.3.1   质量目标

工程质量必须符合国家现行规范要求，达到"合格"标准，在此基础上争创河北省"安济杯"优质工程。

1.3.2   工期目标

本工程招标文件要求工期 540 个日历天，并计划于 2006 年 7 月 10 日开工。我单位响应业主工期要求，定于 2006 年 7 月 10 日开工，于 2007 年 11 月 30 日竣工，总工期 509 个日历天。

1.3.3　安全目标

全面贯彻国家"安全第一、预防为主"的安全方针，做好安全教育，确保安全生产。杜绝发生重大人身伤亡事故、机械及火灾事故，一般事故频率控制在2.5‰以内。确保实现"河北省安全文明工地"目标实现。

1.3.4　环境管理目标

强化环保意识，注重环境保护，执行国家有关环境保护政策及河北省石家庄市有关建设工程工地文明生产管理规定，执行我单位《环境管理手册》，杜绝环境污染，美化施工周边环境，营建"绿色环保花园式工地"。

1.3.5　科技进步和降低成本目标

全面贯彻"科技是第一生产力"的科技思想，努力技术创新，大力推广应用科学技术成果和经济效益好的适用技术，将业主投入的每一分钱都用在刀刃上，并将本工程列入中建总公司"科技推广示范工程"，力争实现降低成本额3‰以上。

1.4　编制依据

1.4.1　施工图纸及相关文件

（1）业主提供的工程施工招标文件（略）；

（2）业主提供的工程施工图纸（略）；

（3）业主提供的工程招标答疑及修订文件清单（略）。

1.4.2　主要法规和相关文件

（1）国家法律法规（略）；

（2）行业及地方法规（略）；

（3）本企业文件、标准和规定（略）。

1.4.3　主要引用的国家及地方规范、规程及标准图集

（1）土建部分（略）；

（2）机电安装部分（略）；

（3）安全施工部分（略）。

本章主要是投标单位在收到招标单位的招标文件和施工图纸后，通过认真学习招标文件，熟悉图纸，了解设计意图和现场踏勘后，按其内容和要求编制的总体说明，既充分表达了投标单位的指导思想和承包决心，同时也向招标人表明了服务宗旨和实施目标。让招标人对投标人有一个基本的了解，以便赢得招标单位的信赖，得以中标。

2　工　程　概　况

2.1　土建工程

2.1.1　概况综述

本工程系××易地技术改造101号联合工房工程，建筑设计呈"凹"形平面布置，占

地面积 49911.62m²，为多种生产工序的联合厂房，由制丝车间、卷接包车间、生产辅房、生活辅房和高架库 5 部分组成。其中制丝、卷接包车间为单层网架结构，生产辅房及生活辅房分别为 2 层和 3 层现浇钢筋混凝土框架结构，高架库为门式钢架结构。详情见表 2.1.1。

基本概况　　　　　　　　　　　　　　表 2.1.1

序号	项　目	内　容
1	工程名称	××
2	建设地点	××
3	建设单位	××
4	设计单位	××
5	监理单位	××
6	建筑面积	69643m²，其中：A、C 区：30133m²，B 区：31937m²，D 区：7573m²
7	建筑层数	局部生产、生活办公等辅助用房分别为 2 层和 3 层外，其余均为 1 层
8	建筑高度	14.00~18.00m（局部高 21.97m）
9	建筑层高	2 层生产辅助房部分为 9.00m 和 8.54m，3 层生活辅助房部分为 5.10m、4.50m 和 4.50m
10	±0.000 绝对标高	60.30m
11	基底相对标高	-2.10~2.50m
12	主要功能	集仓储、生产加工、产品检验、办公、生活为一体
13	安全消防楼梯	7 座
14	工作电梯	2 部

2.1.2　建筑设计概况

（1）保温

1）主体外墙：40mm 厚挤塑聚苯乙烯保温板；

2）屋面：网架太空板、混凝土框架结构屋面为 50mm 厚挤塑聚苯乙烯泡沫保温板。

（2）装修装饰

1）门窗工程：铝合金门、木门、防火门、防火卷帘门、塑钢窗等。

2）楼地面：水泥砂浆楼地面、地砖地面、大理石地面、耐磨混凝土地面、细石混凝土地面、彩色水泥环氧地面、橡胶抗静电活动地面等。

3）外墙面：干挂花岗岩墙面、水泥砂浆涂料墙面。

4）内墙面：水泥砂浆白色涂料墙面、彩钢板墙面、釉面砖墙面、矿棉吸声板墙面等。

5）顶棚：水性耐擦洗涂料顶棚、金属板吊顶、纸面石膏板吊顶、矿棉吸声板吊顶等。

6）屋面：网架部分为太空板上做卷材防水；现浇混凝土屋面为 50mm 厚挤塑聚苯乙烯泡沫保温板，上铺卷材防水层后再做 25mm 厚 1:2 水泥砂浆保护或彩色水泥砖；钢架部分为发泡水泥复合板。

（3）防水工程

1）卫生间、淋浴间：1.5mm 厚环保型聚氨酯防水涂膜、3mm 厚聚合物涂膜防水；

2）厨房：1.5mm 厚单组分环保型聚氨酯防水涂膜；

3）屋面：防水卷材、水泥复合板、水泥砖。

2.1.3 结构设计概况

（1）水文地质情况

1）水文情况：地下水位在 40m 以下。

2）地质情况：基础持力层，属 I 级非自重湿陷性黄土层；地基承载力，经水泥复合地基处理后不小于 240kPa。

（2）结构设计指标

1）地震基本烈度：7 度；

2）工程抗震设防烈度：8 度；

3）建筑场地类别：Ⅲ类；

4）设计抗震设防等级：框架为三级，地基乙级；

5）抗震设防类别：丙类；

6）设计地震分组：第一组；

7）结构安全等级：二级；

8）耐火等级：一级；

9）使用年限：50 年。

（3）结构形式

1）基础结构：钢筋混凝土独立基础；

2）主体结构：现浇钢筋混凝土框架、排架结构和钢架结构；

3）楼梯：现浇混凝土板式楼梯；

4）墙体：灰砂砖、防火轻质隔墙板、多孔砖砌块。

（4）混凝土等级

基础垫层≥C10，基础≥C30，主体框架柱≥C30，主体梁、楼梯≥C25，楼面、屋面板≥C25，设备基础≥C25，圈梁、构造柱、现浇过梁≥C20。

（5）钢材

1）钢筋：HPB235，$f_y = 210$MPa；HRB335，$f_y = 300$MPa。

2）型钢：Q235 – B。

3）焊条：E43（HPB235、Q235 型），E50（HRB335）。

（6）结构尺寸

1）基础：半地下室外墙（凝结水回收间、三醋酸甘油酯间），厚度 350、500mm；独立基础：最小为 1500mm×1800mm×600mm，最大为 6200mm×5200mm×1000mm；其余均为 2850mm×3600mm×600mm～5900mm×5900mm×1000mm 之间不等。

2）基础连梁：400mm×600mm、400mm×800mm、500mm×600mm。

3）主体：外墙：240mm，内墙：100mm、120mm、150mm、200mm、240mm，柱：500mm×900mm、600mm×900mm、700mm×700mm、800mm×800mm、900mm×900mm、ϕ600mm，楼板：100mm、120mm、150mm。

4）框架梁：250mm×500mm、300mm×500mm、300mm×800mm、350mm×600mm、350mm×700mm、350mm×800mm、400mm×850mm、400mm×900mm、400mm×1000mm、

400mm×1450mm、450mm×1200mm。

2.2　安装工程

安装工程包括电气、给排水、暖通、热机、烟机工艺设备安装等内容。本次投标内容除水暖、消防、强电、避雷系统和预留预埋配合工作外，其他系统由建设单位二次招标，作为总承包单位，主要是质量、工期、安全等的过程控制。

2.3　现场状况

本工程位于××市良村经济技术产业开发区内，原为当地村民耕地，现业主已将征地范围建起了围墙，围墙除北侧已修建区内规划道路外，其余三面均为庄稼地和厂区。场地内目前基础土方开挖已基本完毕，正在进行水泥桩地基基处理施工，厂区内由于其他配套设施尚未施工，场地十分宽敞、平整，施工用电已经接至作业现场，但施工用水水源和通信等尚未解决。

2.4　施工有利条件

（1）本工程施工现场场地平整及场内道路硬化已部分完成，场内交通运输进出口及场外运输道路已基本具备，均能满足施工需要并具备相应的施工条件；

（2）我公司已做好中标前的一切施工准备工作，包括人、财、机、物等方面的准备，如我公司一旦中标，即可进场进行准备和施工，完全能够满足和具备工程施工条件及需要；

（3）我公司具有类似工程的成熟施工经验，项目管理班子和施工队伍对其结构施工、工程做法、施工流程均熟悉了解，彼此配合默契；

（4）工程单层面积较大，后浇带、建筑伸缩缝将平面合理地划分为自然流水段，为均衡地组织流水施工、合理安排施工工序提供了便利条件。

2.5　施工不利条件

（1）地下土方及基础工程施工正值雨季，地上结构部分经过冬期施工，季节性施工给施工组织、工程进度、质量控制及安全生产带来诸多不利；

（2）工程地处郊外，周边均为村民庄稼地，施工期间的材料保管、交通运输将受到一定的干扰和限制，需加强材料的进出场计划和使用管理。

本章主要是根据招标文件和施工图纸中的设计内容及特点向专家评委进行介绍，使其对工程情况大致有一个基本的了解，以便在评审标书时对工程、质量、成本等指标作出客观、公正、合理和科学的评判。

3　工程施工重点、难点及施工管理

为了实现我公司的既定目标和对业主的承诺，在施工过程中，我们将根据现场的实际情况和工程施工的轻、重、难、易等来确定施工方案及管理措施。施工总承包管理，是对工程施工全过程及施工参与各方，包括业主指定分包队伍的全方位管理。施工总承包管理的能力和水平高低，决定了工程能否顺利进行，也决定了工程各项目标能否顺利实现。因此，对该工程而言，中心和重点首先是施工总承包管理，只有切实搞好施工总承包管理，抓住工作的重点和施工难点，才能为实现工程目标奠定坚实的基础。

3.1　工作重点

3.3.1　季节性施工

由于本工程基础与主体结构和装修施工时均历经冬期、雨季，为保证工程能够按时按质完成，不留任何质量及安全隐患，必须采取切实可行的技术措施组织施工。我们将把季节性施工作为本工程的重点之一。具体措施详见"9　季节性施工措施"。

3.3.2　防止扰民和民扰施工措施

本工程位于经济技术产业开发区内。现场四周除了庄稼地外，距现场不远处尚有不少住宅小区及其他公用设施等，周边设施及居（村）民点众多，如何协调好与上述单位、部门及居（村）民的关系，为其创造一个安静的工作和生活环境，是保证本工程顺利进行的关键。因此，我单位将由现场项目部直接负责与周边各单位及附近居（村）民进行沟通及协调工作，力争在施工期间不影响附近居（村）民的正常施工和生活，为此，我们拟采取以下主要措施：

（1）贯彻××市施工现场管理条例，加强管理，文明施工。在现场内采取有效措施控制扬尘和设多个降噪检测点，随时进行噪声测量和扬尘测试与控制。

（2）主体工程采用自操作层防护高度至下层挂隔声帘的隔声措施，外侧用密目网围档以降低噪声，减少噪声扰民和扬尘污染。

（3）吊装指挥和远距离测量配套使用对讲机，不得高声喧嚷和吹口哨来指挥吊车的运行及测量作业。

（4）合理安排作业时间，将混凝土施工等噪声较大的工序放在白天进行，在夜间避免进行噪声较大的工作。采用低噪声振捣棒，减少噪声扰民。如必须连续作业且又影响附近居民的工序（如大型基础、超大楼面板混凝土浇筑），须提前与附近居（村）民及周边单位联系沟通，并提前办理夜间施工许可证，并张贴安民告示，以获得周边各单位及居（村）民的理解和支持。

（5）协助建设单位做好受施工干扰居（村）民的安抚事宜，现场设群众来访接待处，对居民提出的问题能及时解决的及时解决，不能及时解决的在24h内给予明确答复。

（6）采用碗扣式早拆支撑体系，减少因拆装扣件引发的高噪声。扣件、架料、钢筋等材料进出场要采用吊装设备成捆吊装，严禁抛掷。钢筋绑扎、模板支拆等工序操作中材料要轻拿轻放，严禁野蛮施工。

（7）在与居民相距较近的施工段施工时设防噪帷幕，木料加工在较为封闭的车间内进行，以降低施工噪声给居（村）民带来的危害。

（8）为了保护和改善周边居（村）民的生活环境与生态环境，防止由于建筑施工造成污染扰民，保障建筑工地附近居（村）民和施工人员的身体健康，促进社会文明的和谐，必须做好建筑施工现场的安全文明施工和环境保护工作。

（9）只有做到了首先不"扰民"，才能解决"民扰"问题。也只有克服"民扰"问题，才能为施工生产创造良好的外部环境，项目的质量、安全、工期目标才能够顺利实现。

3.2　施工难点控制

本工程为现浇钢筋混凝土排架、框架、钢架等结构，施工的关键部位及难点为：基础大体积混凝土施工，排架模板支设及混凝土施工，梁、柱节点高密度钢筋安装绑扎，施工缝的处理，混凝土空心砌块墙体防裂，半地下室（凝结水回收间等）、卫生间、厨房和屋面防水施工等。为了使工程施工顺利进行和确保工程质量，拟采取以下措施：

3.2.1　大体积混凝土施工

本工程大型基础最大截面尺寸为 6200mm × 5200mm × 1000mm，4000mm × 4000mm × 700mm 以上的占 2/3 以上，均属大体积混凝土，设计混凝土强度等级 C30。混凝土采用泵送商品混凝土一次浇捣成形，要合理控制混凝土内外温差，防止混凝土裂缝。

（1）优化设计，合理选择混凝土配合比

为保证大体积混凝土施工质量，在设计许可的情况下，用 60d 强度代替 28d 强度，以利用混凝土的后期强度，最大限度地降低水泥用量，减少水化热。

（2）混凝土供应

混凝土的制备质量和连续匀速供应，是保证大体积混凝土质量的重要环节，因此选用的商品混凝土供应商必须满足生产要求。

（3）施工平面布置与组织措施

1）平面布置

为了确保在施工过程中各项工作有条不紊地进行，对混凝土输送泵和现场道路都必须合理规划和布置。现场铺设环形运输道路，标明运输车辆行驶路线、出入道路，避免混乱，保证行车安全和畅通。

2）施工组织措施

本工程全部采用商品混凝土，现场用混凝土泵完成水平和垂直运输，由于该工艺是由每个机械综合生产环节和运输等多个环节组成，在各环节运行过程中如果其中的任何环节出现问题（机械故障、交通受阻、拥堵等）都将会直接影响施工。因此，在施工组织工作中，应采取相应措施。

（4）混凝土浇筑方法及技术措施

1）本工程基础混凝土浇筑按计划于 8 月份施工，混凝土必须连续浇筑作业。根据工期要求，公司和项目部应配备足够的施工机械设备。并在施工期间随时注意和掌握气候的变化，以确保施工顺利进行。

2）在浇筑混凝土时，为了防止前后浇筑的混凝土出现冷缝，施工采用"自然分层"的浇筑方法，每层混凝土浇筑厚度不大于 50cm，且前后层浇筑间隔不得超过混凝土初凝时间（约 3h）。振动按有关规定进行。

3）为减少混凝土表面收缩裂缝，必须采取有效措施做好混凝土面层的收水处理，特别要注意收水时间和开始养护时间。

4）商品混凝土入泵前必须做好现场坍落度测试工作，试验人员必须坚持每车必测，不达标混凝土做退场或降低标准使用处理，严禁施工现场随意向混凝土内加水使用，以免影响混凝土泵送效果和混凝土质量。

（5）混凝土养护方法

1）控制裂缝测算（略）；

2）保温材料的厚度计算和覆盖方法（略）。

（6）混凝土的测温

1）测温方法的选择（略）；

2）测温仪表的选定和标定（略）；

3）测温点的布置（略）；

4）测温元件的安设（略）；

5）测温频率（略）；

6）测温记录整理（略）；

7）现场测温注意事项（略）。

本章根据施工图纸的建筑、结构特征主要突出工程的特点和难点。编制内容力求覆盖工程的各个方面，同时在充分研究工期、质量、安全、环保等的基础上抓住工程的重点、难点和关键项目以及招标单位关注的其他重点问题进行详尽的表述，充分解释招标单位和评标专家们的疑惑。另外，在施工方法、施工方案上也要突出本企业对该工程设计、施工的理解程度，在本工程施工中计划采取的主要施工特点、关键技术、新材料、新工艺着重加以突出。

4　施　工　部　署

4.1　总承包管理组织机构

若我公司有幸中标，本工程将作为我们在××市的重点工程，并派曾经获得"先进集体荣誉"称号的项目经理部承担该工程的项目管理。

该工程由具有建设部一级资质并有同类工程经历的同志担任项目经理，统一指挥、组织协调各项工作，对本工程质量、安全、工期、成本全面负责；由具有高级工程师职称和有同类工程经历的同志担任项目总工程师，全面负责工程施工的技术、质量工作。

本工程将按项目法施工，实行项目经理负责制，以项目合同和成本控制为主要内容，以科学管理系统和先进技术为手段，行使计划、组织、指挥、协调、控制、监督六项基本职能，全面履行与业主签订的合同。

根据本工程特点，结合施工生产及现场管理需要，本工程施工总承包组织管理分为三个层次，即企业决策保障层、施工现场实施管理层、施工作业层（其职责略）。

4.2　总承包管理组织机构的人员配备（略）

4.3　总承包项目经理部工作内容

在总承包项目经理的领导下，施工总承包管理决策层和各管理部门及人员全面负责组织实施施工总承包管理，对施工总承包合同中的各项指标负责，行使招标文件及施工总承包合同规定的各项权力，履行总承包合同约定的义务和承担相应的责任，对整个工程实施综合协调和管理。主要内容如下：

(1) 对施工总承包管理方案进行总体策划；

(2) 组织编制施工总进度计划；

(3) 协调业主、监理，及时了解业主、监理的要求；

(4) 协助业主进行建筑、结构深化设计；

(5) 协调各分包单位之间的矛盾；

(6) 统一规划、布置施工现场的总平面；

(7) 对工程管理资料和技术资料实行集中管理；

(8) 协助业主进行专业分包的招投标及合同签订工作；

(9) 定期对工期、质量、安全、文明施工等进行检查评比。

4.4　施工部署与准备

4.4.1　施工部署总原则

本工程平面规模大、量大面广、结构形式多样复杂，专业交叉作业多，工艺复杂，质量要求高。为了保证基础、主体、装修均尽可能有充裕的时间施工，保证按期按质完成施工任务，应该综合考虑各方面的影响因素，充分规划任务、资源、时间、空间的总体布局。本着"技术先进、经济合理、安全适用、确保质量，同时在施工过程中保护环境、节约资源"的原则和要求，依据本工程招标文件确定的承包工程项目内容，本公司拟对该工程项目作出如下总体施工部署和安排：

(1) 按照"先地下，后地上；先结构，后装修；先土建，后安装"的总施工顺序原则进行；

(2) 划分施工流水段的，组织流水施工；

(3) 满足工期要求及合理配备劳动力；

(4) 水电设备安装预埋以及二次结构，在混凝土结构主导工序施工过程中穿插作业；

(5) 装修和设备安装工程亦划分为若干水平流水段，组织平行交叉流水施工。

4.4.2　施工段的划分

竖向以每层作为一个施工段，施工缝留置在板底标高处。装饰工程施工时以层分段。机电安装工程施工以系统分段。

4.4.3　机械设备部署与选择

根据施工工程量和现场实际条件，将对工程不同情况配置不同的施工机械设备，如塔吊、井字提升架等，负责钢筋、模板、安装及装饰材料等的吊运，混凝土用两台混凝土输送泵和一辆汽车泵配合施工。工程二次结构和装饰用砂浆配备两台砂浆搅拌机负责；其他小型机械按施工需要配置。

4.4.4　施工准备

4.4.4.1　技术准备（略）

4.4.4.2　物资准备（略）

4.4.4.3　生产准备（略）

（1）拟投入的主要施工机械设备

（2）劳动力需用量计划

4.4.5 施工现场准备

（1）与业主或监理工程师、前期土方施工单位办理交接手续，制作半永久坐标与水准控制桩。

（2）做好"四通一平"（路通、水通、电通、电话通和场地平整），搭建施工、生活临时设施。

1）施工用水：按照总平面布置，由业主指定的水源引入施工现场，入口处设置水表，给水管线分别引至各用水点。现场根据不同的施工阶段，分别确定雨水、污水排出渠道；现场施工产生的污水经现场两级沉淀后，再排入市政管网或指定排水沟。

2）施工用电：由业主提供的电源接口引入施工现场，按照《施工现场临时用电安全技术规范》（JGJ 46—88）规定，本工程采用 TN－S 系统三级配电，两级保护，执行三相五线制。现场夜间照明采用节能型高压镝灯新光源。现场临时配电箱采用统一制式配电箱。

3）施工道路：因施工过程部分阶段要在雨季进行，为了便于施工，拟使现场四周和南侧凹进建筑部分，修建一条宽6m 的临时主干道路，道路路面用180 厚 C20 混凝土硬化，能通达大部分施工场地，一般次要路面用石粉、碎石硬化。

4）施工通信：进场后立即与业主联系安设一部固定电话，并与业主等有关单位沟通，建立《通信录》，方便联系；在施工现场设电视监控系统，对施工重要部位的工作进行电视监控；采用无线对讲系统实现楼层上下、现场内外的通信联络。

5）搭建各种临时施工设施，为保证工程按期开工创造条件。具体详见"8. 施工现场总平面布置与管理"。

4.5　施工流程

（1）总体施工程序（略）

（2）分部分项工程施工程序（略）

4.6　施工进度计划及目标控制点

整个工程进度以制丝车间、卷接包车间的框排架混凝土结构和钢网架安装作为施工主线进行安排和控制。根据招标文件要求，本工程计划于 2006 年 7 月 10 日开工，总工期为 540 日历天。我公司响应招标人要求，计划于 2006 年 7 月 10 日开工，于 2007 年 11 月 30 日竣工，总工期为 509 日历天。为确保工程如期完成，确定工程施工阶段形象进度控制目标如下：

第一个控制目标：2006 年 8 月 30 日完成 ±0.00 以下全部钢筋混凝土结构工程；

第二个控制目标：2006 年 11 月 30 日结构封顶，完成全部钢筋混凝土结构工程；

第三个控制目标：2007 年 4 月 30 日完成全部屋面工程；

第四个控制目标：2007 年 10 月 30 日内外装修装饰完。

具体详见"施工进度计划网络图"（略）和"施工进度计划横道图"（略）。确保工期保证措施详见"7.6　施工进度计划及保证措施"。

本章主要描述项目施工组织管理体系、组织机构设置、管理人员工作内容，并根据工程施工特点、质量标准、工期要求、成本控制等进行详细的部署，制订既有针对性又有指导性的实施方案和保证措施，充分体现企业的优势和实力，以赢得招标人的信任与选择。

5 主要分部分项工程施工方法和技术措施

5.1 施工测量

5.1.1 施工测量准备

（1）校对测量仪器

本工程应用的经纬仪、水准仪等须经政府主管部门批准的计量检测单位校核，并确保使用时在有效检测期内。

（2）复核水准点及坐标点

对规划勘测部门或业主提供的坐标桩及水准点进行复测，确定水准点和坐标的准确性。

5.1.2 建筑物定位放线

为提高定位放线的精度，我们选用极坐标法。

（1）根据《施工总平面图》及《基坑开挖边线与红线位置图》提供的城市坐标点及相对位置，在现场内通视条件较好、易于保护的位置引测坐标点，并用混凝土固定，必要时设防护栏杆。

（2）依据规划勘测部门提供的坐标桩及总平面图实测，进行建筑物定位，复测无误后，申请规划勘测部门验线。

5.1.3 水准点引测

（1）根据业主提供的由规划勘测部门设置的水准点引测现场施工用水准点，采用精密水准仪进行数次往返闭合，埋设现场施工用水准点。现场水准点布置数量不少于 3 个，以便相互校核。水准点标石埋设见图 5.1.3。

（2）现场水准点的测量方法及精度要求

根据《工程测量规范》（GB 50026—2007）要求，本工程的高程控制网采用闭合导线法、三等水准测量精度测定。

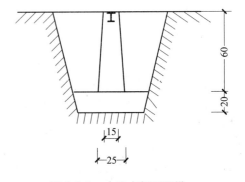

图 5.1.3 水准点标石埋设

5.1.4 基础结构的施工测量

（1）结构平面控制

1）采用极坐标法，先在基础垫层上引测建筑物轴线交点，然后根据地下室平面图弹出所有轴线及建筑物外边线；

2）将轴线控制点外移至基坑边，并设置木桩作为地下结构的平面控制点；

3）在基础施工过程中，对轴线控制桩每半月测一次，以控制桩位移，影响精度；

4）每一层平面或每一施工段的轴线测设完后，必须进行自检，合格后及时填写报验单，并附报验内容的测量成果表，以便能及时验证各轴线的正确性；

5）基础验线时，允许偏差如表 5.1.4 所示。

允许偏差 表 5.1.4

轴线长度 l	允许偏差	
	国家标准（mm）	内控标准（mm）
$l \leqslant 30m$	±5	±3
$30m < l < 90m$	±10	±8
$60m < l \leqslant 90m$	±15	±12
$l < 90m$	±20	±18

（2）结构标高控制

底板施工时，所需标高可以从现场内水准点逐步引至槽底，并在槽边适当位置设置水准点。地下一层施工时，可从槽底水准点向上传递，也可从现场内水准点直接引测。无论采取哪种方式，都应往返闭合，将误差控制在规范要求之内。

5.1.5 建筑物的沉降观测

（1）水准点的设置

沉降观测应在稳定性良好的水准点进行，水准点应考虑永久使用，为了便于检查核对，专用水准点埋设不少于 3 个，埋设地点必须稳定不变，防止施工机具、车辆碰压。

（2）沉降观测点的布置

沉降观测点的布置应符合设计要求，设计未规定时，按下列原则设置：

1）建筑物的四角、大转角处及沿外墙每 10～15m 处或每隔 2～3 根柱上设点；

2）建筑物两侧、不同结构的分界处设点；

3）框架结构建筑物的每个或部分柱基上或纵横轴线处。

（3）沉降观测的标志

根据本建筑的结构类型和建筑材料，选用隐蔽标志，见图 5.1.5。

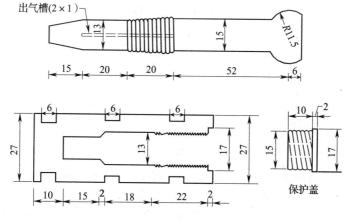

图 5.1.5 沉降观测标志

（4）沉降观测的周期及观测时间

1）建筑物施工阶段的观测，应随施工进度及时进行，当建筑物发生较大沉降、不均匀沉降或出现裂缝时，应立即向工程技术负责人汇报，并立即进行每日或数日一次连续值班观测。

2）建筑物使用阶段的观测次数，应视地基土塑性和沉降速度大小而定。一般情况下，第一年观测 3~4 次，第二年观测 2~3 次，第三年后每年 1 次，直至稳定为止。

3）沉降是否进入稳定阶段，应由沉降量与时间关系曲线判定。若沉降速度小于 0.01mm/d，可认为已进入稳定阶段。

（5）沉降观测结束后，应及时整理观测资料，妥善保存，作为该工程技术档案资料的一部分，观测成果资料应包括下列内容：

1）沉降观测记录表；

2）沉降观测点位分布图及各周期沉降展开图；

3）v-t-s（沉降速度、时间、沉降量）曲线图；

4）沉降观测分析报告。

5.2　土方工程

5.2.1　土方开挖

土方开挖工程不在本次招标范围内，我们只做清槽和破桩工作，在此对基坑开挖不作赘述。但有关土方作业重点要做好以下几点：

（1）标高控制

人工清槽时，专职测量人员必须跟班作业，用水准仪等随时控制标高，严禁超挖。

（2）土料存放

1）作为厂区的第一期工程，现场挖土不外运，堆砌到厂区指定地点。现场堆土必须有防尘扬沙措施，防止天气干燥，扬风起尘污染环境。

2）根据施工规范要求，现场堆土必须离开基础槽边 1m 的距离，这样不仅保证了边坡安全，还为施工提供了有效工作面。

（3）人工截桩头

本工程基础采用水泥土搅拌桩，桩数量较多，截桩头任务量较大。

1）截桩头施工做法

① 根据基础垫层标高确定相应位置的桩头顶面标高，然后在桩身上相应位置用红油漆作出标志，此项工作由测量员来完成。质检员和施工员必须 100% 复查标识标高，禁止出现截桩头后标高不足现象。

② 施工操作人员根据油漆标志，在相应标高上用錾子和铁锤剔凿。为了保证截后桩面平整，剔凿工作应当沿桩周圈进行，在桩身上形成一圈 100~150mm 深的凹槽，然后用大锤敲击桩头，可一次性将桩头截掉。

③ 严禁用大锤直接敲击桩身，从而破坏桩身的完整性和承载能力。

2）安全措施

① 基坑内从事截桩的工作人员必须正确佩戴安全帽，穿长裤，戴好防护镜；

② 相邻施工人员最小工作间距为 2m，防止桩头倒地时砸伤工作人员。

5.2.2 土方回填工程

本工程土方回填主要是基坑及室内地坪回填。基础施工后，基坑及室内地坪应及时回填、分层夯实，采用人工填土、蛙式打夯机夯实。

（1）土料要求

回填时，石灰和土料应过筛，石灰粒径≤5mm，土颗粒粒径≤15mm。

（2）操作要点及质量保证措施

1）基坑回填土在分段或单个基础施工完毕并征得现场监理工程师同意后即可进行。室内回填待基础做完隐蔽验收后进行。填土前，应将基坑的松散土及垃圾、杂物等清理干净，并把基层整平。在土料下基坑前，应对土料的含水量进行检测，方法是以手握成团，落地开花为宜。潮湿的土料要进行晾晒，防止形成橡皮土，土料过干不易夯实，要适当进行喷水湿润。

2）在摊铺土料前，应做好回填土的高度和厚度的水平标高的控制标志。

3）回填应分层铺摊，每层虚铺厚度为250mm，用蛙式打夯机夯打3~4遍。夯打时应一夯压半夯，夯夯相接，行行相连，不得漏夯。

4）基坑侧壁回填时应沿建筑物四周同时进行。为加快回填速度，可根据现场具体情况进行分段回填，按铺土、夯实两道工序组织流水施工。在施工段相接处做成阶梯形，即于夯实部分作出一个高100mm、宽500mm的台阶，然后虚铺土找平一起夯实。

5）基坑侧壁回填时，回填用灰、土应在坑上边分别过筛，严格按比例拌均匀，采用溜槽送下基坑。室内回填时，素土在室内过筛。

6）在每层回填土夯实后，必须按规范规定进行环刀取样，并附有取样部位平面图。测定土的干密度，必须符合设计要求。若达不到设计要求，应根据试验结果，进行补夯1~2遍，再测验合格后方可进行上层的铺土工作。

7）当整个土方回填完成，应进行资料整理。试验报告要注明土料种类、设计要求的土干密度、试验日期、试验结论，由试验人员签字归档。

（3）回填土的质量控制与检验

1）为使本工程回填土的质量能符合设计要求，必须对每层回填土的质量进行检验。采用环刀法取样测定土的密实度，要求密实度≥0.96。当检验结果达到设计要求后，才能填筑上层土。

2）室内填土，每层100~500m² 取样一组，但每层均不少于一组；每3~5个柱基取样一组，每层均不少于一组。取样部位在每层压实后的下半部。

5.3 钢筋工程

5.3.1 工程概述及质量控制

（1）工程概述

本工程为框、排架结构，基础为独立柱基础，框架抗震等级为三级，安全等级为二级。钢筋直径较大，规格多。

（2）质量控制

对于在主体结构中起核心作用的钢筋工程，必须在施工的全过程中采取动态控制，严格执行"三检制"，认真跟踪检查，其重点控制的内容为：

1）钢筋的长度：认真审查钢筋的配料单，保证钢筋下料长度符合设计要求；

2）钢筋的锚固：审查配料单使钢筋的弯折长度符合设计要求，现场检查钢筋的安装位置；

3）钢筋的接头：接头的位置、质量、搭接长度符合设计要求；

4）钢筋的位置：钢筋间距、纵向筋的两端伸到位；

5）钢筋在加工过程中，如发现脆断、焊接性能不良或力学性能显著不正常等现象，应通报技术人员处理，该批钢筋应停止加工和使用。

（3）钢筋的质量要求

本工程所用的国产钢材必须符合国家有关标准的规定及设计要求。所供钢材必须是国家定点厂家的产品，钢材必须批量进货，每批钢材出厂质量证明书或试验书应齐全，钢筋表面或每捆（盘）钢筋应有明确标志，且与出厂检验报告及出厂单相符，钢筋进场检验内容包括查验标志、外表观察，并在此基础上按规范要求每60t为一批抽样进行复检试验，合格后方可用于施工。

钢筋在加工过程中，如若发现脆断、焊接性能不良或力学性能显著不正常现象应根据现行国家标准进行化学分析检验，确保质量达到设计和规范要求。

5.3.2　钢筋的配料

钢筋下料要根据设计图中构件配筋图，先绘出各单根钢筋形状和规格简图，加以编号，然后分别计算钢筋下料长度和根数，填写配料单，经审查无误后，方可以对此钢筋进行下料加工。

5.3.3　钢筋的下料与加工

（1）钢筋除锈：钢筋的表面应洁净，所以在钢筋下料前必须进行除锈，将钢筋上的油渍、漆污和用锤敲击时能剥落的浮皮、铁锈清除干净。对盘圆钢筋除锈，在其冷拉调直过程中完成；对螺纹钢筋除锈，采用自制电动除锈机来完成。

（2）钢筋调直：用全自动钢筋调直机来完成盘条钢筋的调直和断料工作。根据施工规范要求，Ⅰ级钢筋的冷拉率不宜大于4%。钢筋经过调直后应平直，无局部曲折。

（3）钢筋切断：钢筋切断设备主要有钢筋切断机和无齿锯等，将根据钢筋直径的大小和具体情况进行选用。用于直螺纹套丝的钢筋必须使用无齿锯切断下料。

（4）弯曲成型

1）弯曲设备：钢筋弯曲成型主要利用钢筋弯曲机和手动弯曲工具配合共同完成。

2）弯曲成型工艺：钢筋弯曲前，对形状复杂的钢筋，根据配料单上标明的尺寸，用石笔将各弯曲点位置划出。划线工作宜从钢筋中线开始向两边进行。若为两边不对称钢筋时，也可以从钢筋一端开始划线，如划到另一端有出入时，则应重新调整。经对划线钢筋的各尺寸复核无误后，方可进行加工。

5.3.4　钢筋连接

（1）本工程 $\phi20$ 以上（含 $\phi20$）的钢筋为滚压直螺纹套筒连接，$\phi20$ 以下的钢筋接头为绑扎搭接。梁钢筋接头上铁接头位置在跨中1/3轴跨范围内，下铁接头在支座范围内。

（2）直螺纹连接工艺流程为：钢筋原材料检验→钢筋直螺纹加工→直螺纹丝扣质量检验→安装丝扣保护套→存放待用。

（3）直螺纹连接工艺要点

1）机具设备选择（略）；

2）直螺纹套筒的加工与检验（略）；

3）钢筋直螺纹的加工与检验（略）；

4）直螺纹钢筋的连接与检验（略）。

（4）直螺纹接头有关规定（略）

（5）质量标准

1）主控项目

① 钢筋品种、规格必须符合设计要求，质量符合国家标准。

② 套筒材质应符合《优质碳素结构钢》（GB/T 699—1999）规定，且应有质量检验单和合格证，几何尺寸要符合要求。

③ 钢筋连接时，应检查螺纹加工检验纪录。

④ 钢筋连接工程开始前，进行工艺检验：

A. 每种规格钢筋接头试件取 6 根；

B. 母材抗拉强度试件取 6 根，且取产生相应接头试件的钢筋。

⑤ 钢筋接头必须达到同类型钢材强度值，现场同一施工条件下采用同一批材料的同等级、同形式、同规格接头，以 500 个为一个检验批进行检验，不足 500 个也做一个检验批。

2）一般项目

① 加工质量检验

A. 螺纹丝头牙形检验：牙形应饱满，无断牙、秃牙缺陷，且与牙形规的牙行吻合，表面光洁。

B. 套筒用专用塞规检验：随机抽取同规格接头数的 10% 进行外观检查，应与钢筋连接套筒的规格相匹配，接头丝扣无完整丝扣外露。

② 现场外观抽检：量、柱构件取接头 15% 且每个构件不少于 1 个接头；基础墙板接头以 100 个为一个检验批，每批取 3 个接头，全部合格则该批合格；若有 1 个不合格，则必须逐个检查该批接头，不合格接头补强。

③ 接头的拉伸强度试验：试件从每批接头中随机抽取 3 个试验。若有 1 个不合格，再取 6 个试件复测，若仍有不合格者，则认为该批不合格。

（6）成品保护

1）各种规格和型号的套筒外表面必须有明显的钢筋级别及规格标记；

2）钢筋螺纹保护帽要堆放整齐，不准随意乱扔；

3）连接钢筋的钢套筒必须用塑料盖封上，以保持内部洁净、干燥、防锈；

4）钢筋螺纹加工经检验合格后，应戴上保护帽或拧上套筒，以防碰撞生锈；

5）已连接好套筒的钢筋接头不得随意抛砸。

5.3.5　钢筋的堆放与运输

（1）钢筋的堆放

堆放场地经硬化后，浇筑 300mm 高混凝土台，将钢筋放置在台上，防止钢筋浸在水中生锈或油污污染。成型的钢筋，应按其规格、直径大小及钢筋形状的不同，分别堆放整齐，并挂标识牌，标识要注明使用部位、规格、数量、尺寸等内容。钢筋标识牌要统一一致。

（2）钢筋的运输

由于本工程施工场地面积大，钢筋的运输通过机动车辆来完成。对于2层和3层的垂直运输用塔吊来完成。

5.3.6 钢筋的绑扎与安装

（1）准备工作

钢筋绑扎前，应核对成品钢筋的钢号、直径、形状、尺寸和数量等是否与配料单相符。如有错漏，应纠正增补。为了使钢筋安装方便，位置正确，应先划出钢筋位置线：底板钢筋位置线在找平层上划线，墙筋采用梯子筋定位，楼板筋在模板上划线，箍筋在四根对称竖向筋上划点，梁的箍筋在架立筋上划点。准备足够数量塑料垫块和塑料环圈，以保证钢筋的保护层厚度。

（2）基础钢筋连接

基础钢筋连接采用滚压直螺纹。对底板钢筋网片必须将全部钢筋交叉点绑扎牢。绑扎时注意相邻扎点的铁丝扣要成八字形，以免网片歪斜变形。在绑扎底板下部钢筋时，应将垫块安设牢固，以保证钢筋保护层的厚度。

（3）墙体、柱钢筋的施工

墙体钢筋接头采用搭接或滚压直螺纹，接头应错开，同截面的接头率不大于50%，钢筋搭接处应绑扎三个扣。墙体钢筋网绑扎时，钢筋的弯钩应朝向混凝土内，应按设计要求绑扎拉结筋来固定两网片的间距。

（4）梁板钢筋的施工

梁纵向筋采用双层排列时，两排钢筋之间应垫一根同直径（双层钢筋直径不同时，以较大钢筋为准）的短钢筋。箍筋接头应交错布置在两根架立钢筋上。梁箍筋加密范围必须符合设计要求。板的钢筋绑扎与基础相同，但应注意板上的负筋，应加密马凳铁并绑牢，以防止被踩下。

（5）钢筋质量检查与验收（略）

5.3.7 定位措施

（1）梁钢筋

梁的纵向受力钢筋采用双层排列时，两排钢筋之间应垫以同直径（双层钢筋直径不同时，以较大钢筋为准）的短钢筋，以保正其设计间距。梁箍筋的弯钩叠合处，应交错布置在受力钢筋方向上。

（2）墙体钢筋

竖向采用绑扎"梯子筋"的方法定位，根据墙体长度，按1.5m的间距与墙体同时绑扎，主要保证钢筋排距；同时墙体钢筋上间距1.5m梅花形设置塑料垫块，控制保护层厚度。水平方向在模板上口加设定距框，对墙体上部钢筋准确定位，如图5.3.7所示。

（3）柱钢筋

柱筋定位采用特制钢筋框或特制钢筋环的方法进行控制，即按设计要求需配筋的数量制作钢筋框（环）。钢筋焊接连接或绑扎连接施工时，在柱筋的上下端各设一道进行控制，以确保钢筋位置。安装柱模前将柱根部框（环）拆除，柱顶那道保留至下一楼层作为下一层的底部框，依此方法直到结构封顶。

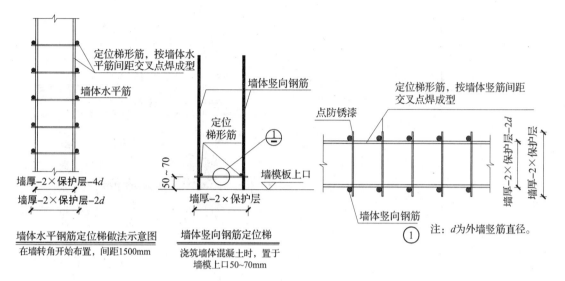

图 5.3.7　墙体钢筋

（4）板筋

为确保底板上下层钢筋之间距离，在上下层钢筋之间梅花形布置马凳铁（$\phi16$ 以上钢筋制成）固定，间距 1000mm。钢筋绑扎时，上下层钢筋网片应对齐，以利于混凝土的浇筑。底板钢筋网片的交叉点应每点绑扎，且铁丝扣成八字形，绑扣应正反对应，以增加钢筋绑扎的牢固性。在浇筑混凝土时，在底板上层钢筋上铺设跳板，以保证施工荷载通过跳板作用在钢筋网上，禁止直接作用在钢筋上。

5.3.8　钢筋的保护层控制

墙体、梁侧面钢筋保护层控制采用塑料垫块，墙体结构放在外侧的水平钢筋上，梁、暗柱结构放在主筋上。基础底板垫块间距控制在 600mm×600mm，呈梅花形布置。

5.4　模板工程

5.4.1　模板设计

5.4.1.1　基础模板

本工程基础均为钢筋混凝土独立基础，最小尺寸为 1500mm×1800mm×600mm，最大尺寸为 6200mm×5200mm×1000mm，其余为 2850×3600×600～5900×5900×1000 之间不等，其施工方法如图 5.4.1-1 所示。

5.4.1.2　墙体模板

（1）模板体系选择

墙体模板采用 15～18mm 厚多层胶合板或组合小钢模，用 50mm×100mm 木龙骨作背楞，根据墙体平面分块制作。胶合板与木方连接采用 2.5×50mm（2 寸）长木螺丝钉，胶合板打 $\phi4$ 孔用木螺丝拧紧在木方上，采用硬拼方法。板与板拼接采用长 130M12 机制螺栓连接。对局部无法满足施工要求时可以采用现场拼装的方法进行。

（2）墙体模板支设

1）为了保证墙体的厚度，同时为了防止墙身鼓胀，在两侧模板之间用 $\phi12@700×500$ 的螺栓拉结两侧模板，同时沿墙厚方向设置与竖向钢筋间距相同的 $\phi12$ 钢筋梯形撑。

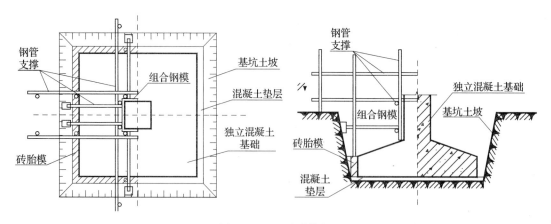

图 5.4.1-1 基础模板

2）墙模板安装时，根据边线先立一侧模板，临时用支撑撑住，用线锤校正模板的垂直，然后钉围檩，再用斜撑和平撑固定。待墙筋绑扎，预埋件、预埋套管安装完毕并经验收合格且墙内杂物清扫干净后，按同样方法安装另一侧模板及斜撑等，并留出清扫口。通过调整斜撑，使模板面垂直度符合设计要求后，拧紧穿墙螺栓。用钢管固定模板，模板安装完毕后，检查扣件、螺栓是否紧固，模板拼缝及下口是否严密。

5.4.1.3 梁模板

采用 15mm 厚木胶合板、50mm×100mm 木方配制成梁侧、梁底模板。梁支撑用门式钢管或扣件式钢管，侧模背次龙骨木方沿梁纵向布置，间距 400mm。当梁高小于等于 750mm 时，梁侧模可不用对拉螺栓，当梁高大于 750mm 时，梁侧模要增加对拉螺栓固定，对拉螺栓沿梁高每 500mm 设一道，纵向间距每 600mm 设置一道，梁下部支撑采用碗扣脚手架，设水平拉杆和斜拉杆。梁模拆除时需编制专项方案。梁模板支撑体系见图 5.4.1-2。

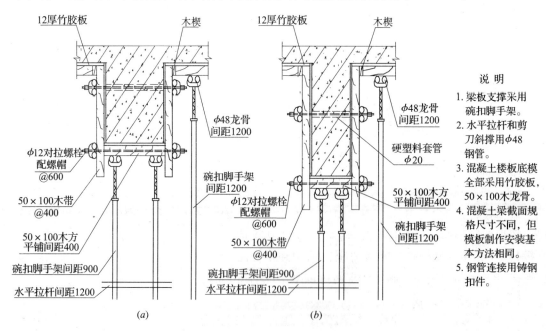

图 5.4.1-2 梁模板支撑体系

5.4.1.4 柱模板

本工程中柱有矩形柱和圆形柱两种，截面尺寸大小不一。其中圆柱采用定型钢模板，由专业模板公司制作。钢模的形式为压制的两个半圆形（内径按照柱直径），标准节单片长度1.5m，钢板厚6mm，每片端头两侧及半圆边缘满焊带螺孔的角钢L40×4，螺栓孔必须上下左右一致且均匀排布，以便安装时螺栓能顺利穿过。为防混凝土浇筑过程中灰浆流失，柱钢模水平接缝做成企口形式，竖向接缝加垫条封堵。为增强钢模的整体刚度，定型钢模横向每500mm设一道L40×40等边角钢，纵向每30°圆弧设一道4mm厚扁钢加劲，均点焊于钢模板的外侧，柱距梁底节点不足部分用单独加工高度200mm、300mm的钢模找补，拆模时找补部分留下，防止柱节点混凝土浇捣产生接槎流浆。矩形柱采用18mm厚多层木胶板拼制，每边尺寸大小依据柱子截面尺寸加长80mm（木方长度），钢管抱箍间距从柱底部至柱1/3高处为450mm，从柱1/3高处至柱顶处为500mm，并与满堂架拉牢。柱宽 $b = 800 \sim 1200mm$ 的柱中间布置一道 $\phi14@500$ 的对拉螺栓，柱宽 $b = 1200 \sim 1400mm$ 的柱布置二道 $\phi14@500$ 的对拉螺栓。柱模板如图 5.4.1-3 所示。

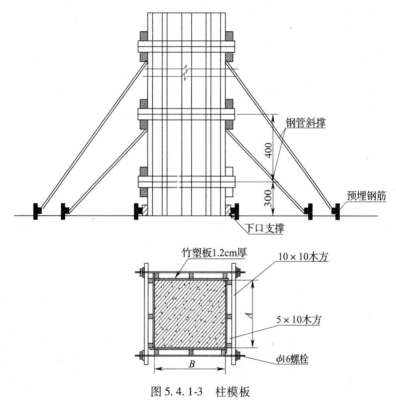

图 5.4.1-3　柱模板

5.4.1.5 楼板、顶板模板

支撑采用碗扣脚手架，纵横间距为1200mm，采用早拆体系柱头。主龙骨为100mm×100mm方木，次龙骨为50mm×100mm，上部铺设12mm厚木胶板，用钉子钉牢，木胶板间采用硬拼方式连接。两块木胶板拼缝下面必须垫一块木方，钉紧并塞海绵条贴上透明胶带，防止漏浆。

当平台模板与已浇筑墙柱接触时，应在木胶板与墙柱接触的地方粘贴海绵条，并用次龙骨顶紧，以防漏浆，污染墙面。

支设板模时，应该尽量少切割木胶板，切割板后应先刷油漆封边再投入使用，严禁在四周板侧边上，即沿板面方向钉钉子，从而延长板的周转使用时间。

跨度≥4m 的梁、板，应按设计要求起拱，当设计无具体要求时起拱高度为跨度的1/1000～3/1000。楼板模板配置三层，隔两层拆除，拆除时需编制专项方案。

5.4.1.6　楼梯模板

模板采用 12mm 厚的木胶板及 50mm×100mm 的木枋，现场放样后配制，踏步模板用木夹板及 50mm 木枋预制成型木模，而楼梯侧模用木枋及若干与踏步几何尺寸相同的三角形木板拼制。由于浇混凝土时将产生顶部模板升力，因此，在施工时须附加对拉螺栓，将踏步顶板与底板拉螺栓，将踏步顶板与底板拉结使其变形得到控制。

5.4.2　模板安装与拆除

5.4.2.1　模板的支设方法

（1）支模前的准备工作

1）做好定位基准工作。

2）按施工需要的模板及配件对其规格、数量逐项清点检查，未经修复的部件不得使用。

3）经检查合格的模板，应按照安装程序进行堆放。重叠平放时，每层之间加垫木，模板与垫木上下对齐，底层模板离地面大于 10cm。

4）模板安装前，向施工班组、操作工人进行技术交底。在模板表面涂刷脱模剂，严禁在模板上涂刷废机油。

5）做好施工机具及辅助材料的保养及进购等准备工作。

（2）柱模板安装

按图纸尺寸在地面先将柱模分片拼装好后，根据柱模控制线钉好压脚板，由塔吊直接吊到位，用钢管临时固定，吊线校正垂直度及柱顶对角线，最后紧固柱箍和对拉螺栓。其工艺流程为：安装前检查→大模安装→检查对角线长度差→安装柱箍→全面检查校正→整体固定→柱头找补→待浇混凝土。

（3）梁板模

根据楼面弹出的轴线在柱子上弹出梁位置和水平线。按设计标高调整支架的标高，安装梁底模板并拉线找平，当梁跨度≥4m 时，跨中梁底处按设计要求起拱，如设计无要求时，起拱高度一般为梁跨的 1/1000～3/1000。其工艺流程：支梁底模（按规范规定起拱）→支梁侧模→支板模→绑扎梁钢筋→支梁另一侧模→复核梁模尺寸及位置→与相邻梁板连接固定→检查验收→待浇混凝土。

（4）墙模板安装工艺流程

支模前检查→支一侧墙模→钢筋绑扎→支另一侧模→校正模板位置→紧固→支撑固定→全面检查→待浇混凝土。

5.4.2.2　模板安装质量控制

（1）竖向模板及其支架的支承部分，应有足够的支承面积。其支承面必须具备足够强度、刚度，满足全部荷载的承载力。

（2）安装模板及其支架过程中，必须设置足够的临时固定设施，以免倾覆。

（3）梁、板的模板安装应符合以下要求：

1）当梁高度较大时，应在侧模外另加斜撑。

2）梁模安装后应拉中心线检查，以校正梁模的位置。梁的底模安装后，则应检查并调整标高，将木楔钉牢在垫板上。各顶撑之间要加水平支撑或剪刀撑，保持顶撑的稳固，以免失稳。

5.4.2.3 模板拆除

模板需保留直到不损坏混凝土时才能拆模，拆模时不能损坏混凝土及产生破坏性冲击损坏混凝土。保留模板及支撑的时间取决于天气情况、养护方法、强度、构件的类型，以及后来将承受的荷载，但不应少于规范规定的最低要求。

（1）侧模的拆除应能保证其混凝土表面及棱角不受损伤，混凝土强度应达到 7.5MPa；混凝土强度大于或等于设计混凝土立方体抗压强度的标准值时，方可拆除顶板模板。拆模时以同条件养护试块抗压强度为准。构件模板拆除基准强度见表 5.4.2。

构件模板拆除基准强度 表 5.4.2

构件类型	构件跨度（m）	达到设计的混凝土立方体抗压强度标准值的百分率（%）
板	≤2	≥50
	>2, 8≤	≥75
	>8	≥100
梁	≤8	≥75
	>8	≥100

（2）常温下墙体要求拆除时强度不小于 1MPa，即混凝土浇筑完毕 12h 左右。拆墙体模板时，优先考虑整体拆除。先拆除穿墙螺栓等附件，再拆除斜杆、斜撑，用撬棍轻轻撬动模板，使模板离开墙体。

（3）拆下的模板应及时清理干净，涂刷隔离剂，防止粘连灰浆。拆下的扣件应及时收集、集中管理。

（4）已拆除模板及其支架的结构，在混凝土强度符合设计混凝土强度等级的要求后，方可承受全部使用荷载；当施工荷载所产生的效应比使用荷载的效应更为不利时，必须经过核算，加设临时支撑。

5.4.3 模板施工注意事项

（1）模板需进行设计、计算，满足施工过程中的刚度、强度和稳定性要求，能可靠地承受所浇筑混凝土的重量、侧压力及施工荷载。

（2）模板施工严格按翻样的施工图纸进行组装、就位和设支撑，模板安装就位后，由质量员按平面尺寸、标高、垂直度进行复核验收。

（3）模板支撑体系比较复杂，必须按方案要求进行，确保模板施工质量及安全。

（4）浇筑混凝土时派专人负责检查模板，发现异常情况及时加以处理。

（5）钢筋绑扎和模板施工穿插进行，外墙大模板及柱模需用塔吊吊升就位。必须提高施工人员安全意识，时时做好安全防护措施。

5.5 混凝土工程

本工程结构施工全部采用商品混凝土。

5.5.1 混凝土浇筑

（1）独立柱基础混凝土

独立柱基础混凝土浇筑时使用一台输送泵，分区段和流水进行作业。我们拟定采用分层的浇灌方法，在振捣操作上，至少设两排振动器，第一排设在混凝土出料点，主要振捣出料口堆积的混凝土，形成流淌坡度。另外一排全面振捣振实，振动棒按有关规定呈梅花状进行，严格控制振捣时间、移动间距和插入深度。基础大体积混凝土，在初凝前要进行二次振捣，减少混凝土内的气泡，增加混凝土的密实性。

（2）墙体混凝土

1）墙体支模前，必须对其根部的水平施工缝进行处理，并浇水冲洗干净，方可支墙体模板；

2）墙体混凝土采用一台固定泵输送，混凝土的浇筑方向为从一端开始，采用斜面分层法向另一端推进；

3）浇筑混凝土时，振捣器必须均匀地分布开，保证不漏振，以提高混凝土的密实度。

（3）梁、板混凝土

1）梁、板混凝土浇灌采用"赶浆法"施工，浇灌前应先浇水充分湿润模板，然后梁板同时浇筑呈阶梯状不断推进。

2）顶板混凝土浇筑时振点间距50cm，呈梅花形布置，要求振捣密实。顶板混凝土浇筑时沿开间四角进行，并拉线控制标高，随浇筑后用木杠刮平，待表面稍干后，用木抹子搓毛一遍，使混凝土表面平整并能赶去浮浆。

（4）楼梯混凝土

1）楼梯段混凝土自下向上浇筑，先振实楼梯板混凝土，达到踏步位置再与踏步混凝土一起浇筑，不断连续向上推进，并随时用木抹子将踏步上表面抹平、搓毛；

2）根据有关施工规定，楼梯施工缝留在沿踏步方向的1/3高度处。

（5）柱混凝土

浇筑柱混凝土前必须充分湿润模板，要求柱根不得有积水，然后在柱根铺设50mm厚与混凝土同配合比的水泥砂浆，以减少混凝土的烂根通病。柱混凝土浇筑时外搭溜槽下料，从柱门子洞下料，沿柱高设2~3振动点。

5.5.2 混凝土的振捣

（1）在浇筑混凝土时，采用正确的振捣方法，可以避免蜂窝麻面通病，必须认真对待，精心操作。对地下室底板、墙、梁和柱均采用HZ—50插入式振捣器；在梁相互交叉处钢筋较密，可改用HZ6X—30插入式振动器进行振捣；对楼板浇筑混凝土时，采用插入式振动器，但棒要斜插，然后再用平板式振动器振一遍，将混凝土整平。

（2）振捣时应做到"快插慢拔"。在振捣过程中，宜将振动棒上下略为抽动，以使混凝土上下振捣均匀。

（3）混凝土分层浇筑时，每层混凝土的厚度应符合规范要求。在振捣上层混凝土时，应插入下层内50mm左右，以消除两层间的接缝。同时在振捣上层混凝土时，要在下层混凝土初凝前进行。

（4）每一插点要掌握振捣时间，过短不易密实，过长会引起混凝土产生离析现象，一般控制在 15s 左右，对塑性混凝土尤其要注意。一般应以混凝土表面呈水平，不再显著沉降、出现气泡及表面泛出灰浆为准。

（5）振动器插点要均匀排列，可采用"行列式"或"交错式"的次序移动，但不能混用。每次移动的距离应不大于振动棒作用半径的 1.5 倍。振动器使用时，振动器距模板不应大于振动器作用半径的 0.5 倍，但不能紧靠模板，且尽量避开钢筋、预埋件等，严禁采用通过振动模板的方式振捣混凝土。

5.5.3　混凝土施工缝的留设

每施工段均应一次浇筑完毕，垂直施工缝留设在后浇带或伸缩缝处，水平施工缝留设在各层楼面和顶梁板下 10～15cm 处。浇筑混凝土时，先将施工缝处湿润并清洗干净，再铺 5cm 厚与混凝土内砂浆同配合比的水泥砂浆。

（1）混凝土的养护

为保证已浇好的混凝土在规定的龄期内达到设计强度，同时为防止混凝土产生收缩裂缝，必须做好混凝土的养护工作。

1）覆盖浇水养护应在混凝土浇筑完毕后 12h 以内进行。浇水养护时，保证混凝土处于湿润状态。

2）对于竖向构件采用涂刷养护液养护，对水平构件采用塑料薄膜覆盖或浇水养护。

3）对地下室有抗渗要求的混凝土养护时间不小于 14d，对普通混凝土养护时间不小于 7d。

（2）防水混凝土防止碱集料反应技术方案

本工程独立柱基础、半地下室底板、外墙、覆土以下部位混凝土处于潮湿环境，按照国家及××市关于预防混凝土工程碱集料反应技术管理规定和设计要求，在施工中采取措施，防止混凝土发生碱集料反应。

1）混凝土碱集料反应分析（略）；

2）碱集料反应的主要抑制措施（略）；

3）具体控制措施（略）；

4）技术资料对质量的保证（略）。

5.6　脚手架工程

本工程地上结构为框架结构，楼外檐高度为 14.00m 左右，该建筑外形比较规整，主要施工内容为主体结构、内外装饰、机电安装工程施工等。根据工程特点，该工程主体结构施工时拟选用落地式双排钢管脚手架，内装修施工采用移动脚手架和高架凳。

5.6.1　双排钢管脚手架

5.6.1.1　脚手架搭设

（1）施工准备

在进行顶板结构施工时，应开始准备外脚手架的材料，挑选合格的钢管、扣件，同时根据施工方案配备立杆、大横杆、小横杆及剪刀撑。

在顶板施工完成后，进行搭设外架部分的清理，并根据本施工方案确定的尺寸弹出外架搭设平面的尺寸线。

（2）普通双排脚手架搭设程序及方法

1）搭设程序

基层（顶板）清理→弹线→立杆定位→摆放扫地杆→竖立杆与扫地杆扣紧→装扫地小横杆与立杆和扫地杆扣紧→装第一步大横杆与各立杆扣紧→安第一步小横杆→安第二步大横杆→安第二步小横杆→加设临时斜撑杆，上端与第二步横杆扣紧→安第三、第四步大横杆和小横杆→安装二层与柱拉杆→接立杆→加设剪刀撑→铺设脚手板、绑扎防护栏及挡脚板→挂设安全网。

2）搭设方法

① 立杆

从弹好外架线的一个角或跨中立外架的立杆和大横杆，采用小横杆临时固定，开始竖杆时应不少于 3 根。立杆和大横杆要长短搭配，互相错开接头位置。每根立杆均搭设在底座内，开始搭设时，每隔 6 跨设置 1 根抛撑，直至梁墙件安装稳定后，方可根据情况拆除。立杆接头采用对接扣件。两根相邻立杆的接头在高度方向错开的距离大于 500mm，各接头的中心至主节点的距离控制在 600mm 以内。

立杆立好后立即设置纵横向扫地杆。纵向扫地杆采用直角扣件固定在距底座上表面 200mm 处的立杆上，横向扫地杆也采用直角扣件固定在紧靠纵向扫地杆下方的立杆上。

② 水平杆

纵向水平杆（大横杆）设置在立杆内侧，采用直角扣件与立杆连接，纵向水平杆接长时采用对接扣件连接，对接扣件交错布置。相邻两根纵向水平杆的接头不设置在同步或同跨内，不同步或不同跨两个相邻接头在水平方向错开 500mm 以上，各接头中心至最近主节点的距离不大于 500mm。

横向水平杆（小横杆）采用直角扣件固定在纵向水平杆上，纵向水平杆作为横向水平杆的支座。主节点处必须设置一根横向水平杆，用直角扣件扣接且严禁拆除。主节点处两个直角扣件的中心距不应大于 150mm。小横杆在靠墙一端距墙面净距为 10mm，非主节点处的小横杆根据支承脚手板的需要等间距设置，最大间距为 750mm，脚手板对接处两根小横杆间距不大于 300mm。

③ 脚手板

作业层脚手板满铺，并且离开结构 120mm。脚手板采用对接接头，如图 5.6.1-1 所示。

探头部位用直径 3.2mm 的镀锌钢丝固定在小横杆上。在拐角斜道平台口处的脚手板也采用直径 3.2mm 钢丝与横杆固定，防止滑动。

④ 连墙件

根据设计计算的结果和规范的要求，连墙件采用刚性拉结，每层与柱子拉结，竖向间距 3.05m，水平间距 9m，每根覆盖面积为 27.45m²。连墙件设置位置靠近主节点，偏离主节点的距离小于 300mm，如图 5.6.1-2 所示。

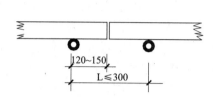

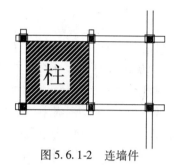

图 5.6.1-1 脚手板对接接头

图 5.6.1-2 连墙件

⑤ 剪刀撑

剪刀撑设置在外侧立面全高和全长范围内，剪刀撑斜杆固定在与之相交的小横杆的伸出端或立杆上，扣件中心线至主节点的距离小于150mm。斜杆与地面的斜角在45°~60°之间。剪刀撑斜杆的接长采用搭接，相邻两个搭接接头错开设置，不设置在同一步内，搭接接头长度不小于1m。采用两个旋转扣件固定，扣件边缘至杆端距离不小于100mm。如图5.6.1-3所示。

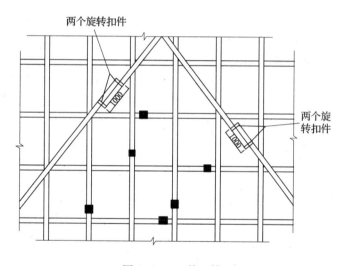

图 5.6.1-3 剪刀撑

⑥ 斜道

上人斜道附着外脚手架设置，宽度1m，坡度为1:3。斜道两侧及平台外围均设置栏杆及挡脚板，栏杆高度1.2m，挡脚板高度180mm。通道脚手板上每隔300mm钉20mm厚防滑条一道。斜道搭设随作业高度进行，外围满挂绿色密目安全网。

⑦ 安全网

本工程立网采用密目式安全网，沿脚手架全封闭设置。安全网连接环与大横杆全数绑扎。脚手架底部采用平网一道从架体底部兜过来挂在结构上。在搭设一步高后进行立杆和大横杆的校正调直。立杆应用线锤校正其垂直度（架高的1/200），大横杆应拉线调直并校正水平（高差不超过50mm，并不大于架高的1/300）。

（3）质量要求及注意事项

1）所使用钢管、扣件强度须满足要求。弯曲、烂洞、锈蚀、脱皮的钢管严禁使用到外架上。

2）所用小横杆长度应统一，且两头超出立杆的长度不小于100mm，立杆和大横杆的接头位置要错开。剪刀撑的接头长度不小于1000mm，且不能少于2个扣件。

3）在架体搭设时，各材料必须进行安全可靠传递，不得随意乱抛，同时施工人员必须系好安全带。在竖立杆时，必须有两人以上同时操作，以免立杆不稳。

4）六级以上大风和雨天不可进行外架搭设作业，同时各架体材料放置必须稳妥。

5）搭设好的架体，使用过程中严禁随意拆卸，并且架体上严禁堆放材料，其上只允许放置些临时零星材料，且放置要稳固。

6）建立严格完善的验收和检查制度。搭设好的外架在验收合格后方能投入使用，并要挂上验收合格牌。同时对外架应进行定期和不定期的检查，并安排专人对架体进行日常维护。

7）在恶劣天气（大风、雨、雪）前后，应对外架进行检查和加固，经过全面检查符合安全要求后才能继续使用。

5.6.1.2 脚手架拆除

（1）拆除原则

1）脚手架的拆除遵循自上而下、先搭的后拆、后搭的先拆的原则，先拆横杆后拆立杆再拆连墙杆，逐层拆除。

2）在拆除区域内设立标志、警戒线，并设专人看管。

3）在拆除过程中，凡已松开连接的杆配件应及时拆除运走，避免误扶、误靠。

4）拆下的扣件应装入袋子用绳子将其运下。严禁向下抛掷。

（2）脚手架的安全防护设施（略）

（3）钢脚手架的防雷接地措施

1）防电

① 对电线采用橡胶布包扎绝缘，并用瓷瓶固定，使其与钢脚手架保持一定的安全距离。

② 钢脚手架采取接地处理。

2）避雷

① 避雷针

采用直径不小于12mm的镀锌钢筋制作，设在建筑四角的脚手架立杆上，高度不小于1m。并将所有最上层的横杆全部连通形成避雷网路。

② 接地极

垂直接地极采用长度为1.5~2.5m，直径不小于20mm的圆钢；水平接地极选用长度不小于3m，直径为8~14mm的圆钢。

按脚手架的连续长度不超过50m设置一个接地极，但应满足离接地极最远点内脚手架上的过度电阻不超过10Ω的要求，如不能满足此要求时，应缩小接地间距。

接地电阻不得超过20Ω，如果一个接地的接地电阻不能满足20Ω的限值时，对于水平接地极应增加长度。接地极埋入地下最高点，应在地面以下不小于50cm，埋设时应填土夯实。注意接地极不得设于干燥的土层内，且位于地下水以上的砖石、焦渣或砂子内不得埋设接地极。

③ 接地线

引下线采用截面不小于 $16mm^2$ 的铝导线，其连接要保证接触可靠，在脚手架钢管下部连接时，应用两道螺栓卡箍，保持接触面积不小于 $10cm^2$。

接地线与接地极的连接采用焊接方法，焊接长度为接地线直径的 6 倍以上。

④ 注意事项

A. 接地装置在设置前要根据接地电阻对土湿度的限制和导电特性进行设计，装设完后要用电阻表测定是否符合要求。

B. 接地极的位置，应选择在人员不易走到的地方，以避免和减少跨步电压的危害和防止接地极线遭受机械损伤。同时应注意与其他金属物体或电缆之间保持一定的距离（不小于 3m），以免发生击穿造成危害。

C. 接地装置的使用期在 6 个月以上时，不宜在地下利用裸导体作为接地极或接地线。

D. 在施工期间遇有雷击或阴云密布及雷雨时，严禁作业人员在脚手架上施工，并应停止作业。

3）架子搭拆安全注意事项

① 架子搭设

A. 凡是患高血压、心脏病、癫痫病、恐高或视力弱等不适合高处作业人员，均不得从事架子作业。

B. 搭设脚手架前，必须制订施工方案和进行安全技术交底。

C. 架子工在高处（距地高度 2m 以上）作业时，必须佩戴安全带，安全带必须与已绑扎好的立、横杆挂牢，不得挂在铅丝扣或其他不牢固的地方。

D. 在架子上操作应集中精力，严禁打闹嬉笑和酒后上架作业，不得违章作业。

E. 遇有恶劣气候（如 6 级风以上、高温、雨雪天气等）影响安全施工时，应停止高处作业。

F. 在搭设脚手架期间，非架子工一律不准上架。架子搭设完后必须经有关人员验收合格并办理交接手续后方可使用。

G. 架子在使用中应保持完整，禁止随意拆改或挪用脚手板等。必须拆改时，应经有关技术负责人批准，由架子工负责操作。

H. 风、雨、雪后应对所有架子进行检查，如发现倾斜下沉、松扣或其他问题，应及时予以加固和修理，确保施工安全。

② 拆除架子

A. 拆除前，必须进行安全交底并有交底记录。交底内容要有针对性，注意事项必须讲清楚。

B. 拆架子时，应在现场设安全警戒线，并设专人进行监护和警戒。非作业人员不得入内。

C. 架子拆除必须遵循由上而下、按层按步拆除的原则，先清理架子上的各种杂物，严禁往下乱丢物体或料具，防止伤害他人。

D. 剪刀撑、拉杆不准一次性全部拆除，要做到杆件拆到哪一层其剪刀撑、拉结杆就拆到哪一层。

E. 拆架作业人员要戴好个人劳保用品，不准穿硬底鞋或塑料底易滑的鞋子上架作业，

衣服要轻便。

F. 严禁夜间进行拆架作业。

5.6.2　其他作业架子

内装饰及安装工程采用移动脚手架或自制钢筋高架马凳，即在高度超过3.5m时，采用移动脚手架，立管间距1500mm，水平杆间距1800mm，上铺脚手板进行施工；当高度低于3.5m时，采用自制钢筋马凳或专用移动式操作平台。

移动钢管脚手架又称为便携式脚手架，采用 $\phi25 \times 3500mm$ 焊接钢管焊接而成。移动脚手架拆装灵活，移动方便，一个人就可以进行拆装、移动等工作，可以大大提高工作效率。

5.7　砌筑工程

标高 ±0.000 以下墙体采用 MU10 灰砂砖和 M10 水泥砂浆砌筑。标高 ±0.000 以上内、外墙体采用容重小于 13.5KN/m³ 的多孔砖和 M5 混合砂浆砌筑。

5.7.1　材料要求

（1）水泥进场使用前，应分批对其强度、安定性进行复验。检验批应以同一生产厂家、同一编号为一批。当在使用中对水泥质量有怀疑或水泥出厂超过 3 个月时，应复查试验，并按其结果使用。不同品种的水泥，不得混合使用。

（2）砂浆用砂不得含有害杂物，本工程用砂的含泥量不应超过 5%。

（3）拌制砂浆用水的水质应符合国家现行标准《混凝土用水标准》（JGJ 63—2006）的规定。

（4）施工时所用砌块龄期不应小于 28d（由材料员认真检验产品出厂证明），砖块的强度等级必须符合设计要求，进场后必须按照规定方量进行复试。材料入场后应妥善覆盖，严禁遭受雨淋和水浸泡。灰砂砖砌筑前不提前浇水，只需在砌筑时向砌筑面适量洒水。多孔砖必须提前一天浇水湿润，以水渍进入砖后 1/5 为宜。

5.7.2　砂浆要求

（1）砂浆经检验和试配符合要求后，方可使用。

（2）砂浆现场拌制时，各组成材料采用重量计量。

（3）砌筑砂浆采用机械搅拌，自投料完成算起，水泥砂浆和水泥混合砂浆的搅拌时间不少于 2min；掺用外加剂的砂浆的搅拌时间不少于 3min。

（4）砂浆应随拌随用，采用现场搅拌时，水泥砂浆和水泥混合砂浆应分别在 3h 和 4h 内使用完毕。

5.7.3　砌体施工要点

（1）沿墙高每 600mm 设一道 2φ6 拉结筋与结构墙体连接，拉结筋与结构连接锚固长度不小于 40d。墙高大于 4m 时，要在半层处设置混凝土圈梁。

（2）当砌体填充墙长度大于 6m 时，根据建筑图纸，每 4～6m 设置混凝土构造柱。墙体洞口宽度大于 3m 时，洞口两侧设置构造柱。

（3）门洞宽≥2100mm 时，洞口抱框通顶；大于 400mm 宽的洞口顶部必须设过梁，过梁按设计要求施工。

（4）砌体工程应紧密配合安装各专业工种的预留预埋工作进行，在总承包单位统筹管理下，合理组织施工，减少不必要的损失和浪费。

5.7.4 施工工艺及技术要求

（1）多孔砖砌筑工艺流程

墙体放线→制备砂浆→铺砂浆→砌块排列→砌块就位→砌筑镶砖→竖缝灌浆→勒缝→校正。

（2）施工技术要求

1）砌体施工前，应确认砌体位置弹线，包括洞口位置线和墙身边线。

2）按砌块每皮高度制作皮数杆，并竖立于墙的两端，两相对皮数杆之间拉准线。并注意门窗口标高，使墙体水平交圈，标高一致。根据需要，皮数杆应立于墙体转角处和内外墙交接处或墙体的末端，但间距不得超过 15m。

3）砌筑墙体厚度不大于 240mm 时应单面挂线。当墙体厚度大于 240mm 时应双面挂线，随着墙体的增高要随时用靠尺检查其平整度和垂直度。砌块上下皮应错缝搭砌，不准出现通缝。

4）多孔砖块砌体的水平灰缝厚度及竖向灰缝宽度分别宜为 8mm 和 10mm，且灰缝应横平竖直，砂浆饱满。填充墙砌筑时应错缝搭砌，多孔砖砌体搭砌长度不应小于砌块长度的 1/3；竖向通缝不应大于 2 皮。砌体水平灰缝应平直，砂浆应饱满，饱满度不应低于90%，竖向灰缝应采用加浆法，使其砂浆饱满。严禁用水冲浆灌缝，不得出现瞎缝、通缝、透缝，其砂浆饱满度不宜低于 80%。

5）外墙窗口上下要一致，洞口每边必须在一个垂直线上，排尺和分口时必须用线找直。墙体洞口上部应放置 2 根直径 6mm 的钢筋，伸过洞口两边长度每边不小于 500mm。

6）填充墙砌体留置的拉结钢筋或网片的位置应与砌块皮数相符合。拉结钢筋或网片应置于灰缝中，埋置长度应符合设计要求，竖向位置偏差不应超过一皮高度。

7）填充墙砌至接近梁、板底时，应留一定空隙，待填充墙砌筑完并至少间隔 7d 后，再将其补砌挤紧。补砌时用烧结普通砖，砖倾斜度为 60°左右，砂浆应饱满。

8）墙体转角和交接处应同时砌筑，不得留设施工缝，如果必须留时，应留斜槎，且每天砌筑高度不得大于 1.8m。砌到接近上层梁、板底部时，用普通黏土砖斜砌挤紧，砖的倾斜度约为 60°左右，砂浆饱满密实。

9）根据门窗洞口尺寸，门窗型号、种类确定外墙洞口大小，保证外墙面装饰不吃框。多孔砖墙体门窗洞口边预埋混凝土块，随洞口砌筑，保证门窗框与墙连接牢固。

10）在砌筑砂浆终凝前后的时间内，应将灰缝刮平。砌筑砂浆不得使用隔夜砂浆，且使用过程不得随意加水，搅拌后的砂浆要尽快尽可能用完，避免时间过长致使砂浆终凝。砌筑施工应及时清除落地砂浆。

5.7.5 质量要求

（1）使用的加气混凝土块及原材料的品种、强度等级必须符合设计要求。加气混凝土的质量应满足相关材料技术性能指标，并有出厂合格证。

（2）砂浆的品种、强度必须符合设计要求。砌体砂浆必须饱满密实，砂浆的平均强度不小于 $f_{m,k}$，其中任意一组试块的强度不小于 $0.75 f_{m,k}$。

（3）转角处必须同时砌筑，交接处不能同时砌筑时必须留斜槎。

（4）砌体上下错缝，搭接长度不宜小于砌块长度的 1/3；无 4 皮砌块及 4 皮砌块高度以上的通缝；每道墙 3 皮砌块的通缝不得超过 3 处。

（5）砌体接槎处砂浆密实，砌块平顺，灰缝标准厚度为 10mm，过大或过小的灰缝缺陷不得大于 5 处。

（6）拉结筋（或拉结带）留设间距、位置、长度应符合设计要求，留置位置、间距偏差不得超过 1 皮砌块。

5.8　屋面工程

5.8.1　保温层施工

本工程屋面保温采用 50mm 厚挤塑保温层，上做卷材防水层、聚合物水泥复合防水涂料保护层。

5.8.2　找平层施工

在防水层施工前，应做好 20mm 厚 1∶3 水泥砂浆找坡（平）层，施工时应注意如下几点：

（1）操作前，应先将基层洒水湿润，刷纯水泥浆一次，随刷随铺砂浆，使之与基层粘结牢固，无松动、空鼓、凹坑、起砂、掉灰等现象。

（2）找平层表面应平整光滑，其平整度用 2m 长直尺检查，最大空隙不超过 5mm，空隙仅允许平缓变化，凹坑处应用水泥∶砂∶108 胶 = 1∶2.5 ~ 3∶0.15 的砂浆顺平。

（3）基层与突出屋面的结构应抹成均匀一致和平整光滑的小圆角。基层与天沟、落水口等相连接的转角，应抹成光滑的小圆弧形，其半径控制在 100 ~ 150mm 之间。女儿墙与水落口中心距离应在 200mm 以上。

（4）水泥浆找平层经过压实抹光，凝固后应及时洒水养护，养护时间不得少于 7d。

（5）为防止屋顶墙体开裂，屋面保温层的砂浆找平层设置分隔缝，分隔缝间距不宜大于 6m，并与女儿墙隔开，其缝宽不小于 30mm。

5.8.3　防水层施工

本工程防水层为高分子卷材防水。

（1）加强对防水卷材的进场检验。首先检查卷材外观质量，检查其断裂、皱折、孔洞、剥离、边缘整齐情况及是否涂盖均匀等项目。在外观质量检验合格后，再取样送指定试验室进行物理性试验，合格后方可使用。

（2）防水层施工时，应先做好节点处理工作。附加层和屋面排水比较集中的部位，如屋面与落水口连接处、檐口、檐沟、屋面转角处等先铺贴，然后由屋面最低标高处向上施工。卷材铺贴时，宜平行于屋脊，并按照"先远后近"的原则进行施工。

（3）卷材防水层的搭接缝宽度为 100mm，在接头部位每隔 1m 左右处，涂刷少许胶粘剂，待其基本干燥后，再将接头部位的卷材翻开临时粘结固定。将卷材接缝的专用胶粘剂，用油漆刷均匀涂刷在翻开的卷材接头的两个粘结面上，涂胶 20s 左右，以指触基本不粘手后，用手一边压合一边驱除空气，粘合后再用压辊滚压一遍。

（4）加强对屋面特殊部位的施工质量管理，包括檐沟及落水口、泛水、女儿墙、阴阳角。

5.8.4　保护层施工

（1）本工程屋面保护层为 8mm 厚 1∶2.5 聚合物水泥砂浆保护层。首先检查屋面平整情况，铺砂浆前，基层表面应清扫干净并洒水湿润。

（2）砂浆铺设应按由远到近、由高到低的程序进行，并要求在每分格内一次性完成，严格控制坡度。

（3）待砂浆稍收水后，用抹子压实抹平，终凝前，轻轻取出嵌缝条并注意成品保护。

（4）找平层完工 12h 后，需洒水进行养护，养护时间不少于 7d。

（5）找平层硬化后，应用密封材料嵌填分格缝。

5.9 装饰工程

5.9.1 门窗工程

本工程门窗包括：铝合金门、木门、防火卷帘门、塑钢窗、铝合金百叶窗等。

5.9.1.1 木门

（1）木框安装方法

为了确保工程质量和装饰木门的效果，应有效做好成品保护，采用后塞口法进行安装。

门窗洞口要按图纸上的位置和尺寸留出。洞口两侧按规定砌入木砖或打眼，木砖大小约为半砖并刷防腐油，间距应不大于 1.2m，每边 2～3 块。

安装门、窗框时，先把门、窗框塞进门窗洞内，用木榫临时固定，用线锤和水平尺校正。校正后，用钉子把门窗框钉在木窗上，每个木砖上应钉两颗钉子，钉帽砸扁冲入梃内。

装门框时，特别要注意门的开启方向。门框的居中位置应保持一致。

（2）门扇安装

1）施工准备

① 安装门扇前，先要检查门框上、中、下三部分是否一样宽，如果相差超过 5mm，就必须修整。

② 核对门扇的开启方向，并打记号，以免把门扇安错。

③ 安装门扇前，预先量出门框口的净尺寸，考虑风缝（松动）的大小，再做进一步确定门扇的宽度和高度，并进行修刨。

2）施工要点

将修刨好的门窗用木榫临时固定于门框中，排好缝隙后画出铰链位置。铰链位置距上、下边的距离宜是门扇宽度的 1/10，然后把扇取下来，剔除铰链页槽。铰链页槽应外边浅、里边深，控制深度以铰链合上后与框、扇平正为准。

双扇门扇的安装方法与单扇基本相同，只是多一道工序——错口。双扇门应按开启方向看，右手门是盖口，左手门是等口。

门扇安装好后要试开，其标准是：以开到哪里就能停到哪里为好，不能有自开或自关的现象。

5.9.1.2 防火门

（1）运输和堆放

在运输过程中，捆扎必须牢固，装卸时轻抬轻放，严格避免磕碰变形和损伤现象。凡门有编号者，严禁混乱码放。

防火门码放前，首先要清理存放处，垫好支撑物后方可码放。码放时面板叠放高度不得超过1.2m，门重叠平放高度不得超过1.5m，并要做好防风、防雨、防晒措施。

（2）施工程序

防火门的安装施工程序：划线→立门框→安装门扇及附件。

（3）操作要点

划线：按设计要求尺寸、标高和方向画出门框框口位置线。

立门框：先拆掉门框下部的固定板，凡框内高度比门扇的高度大于30mm，洞口两侧地面须设留凹槽。门框一般埋入±0.00标高以下20mm，须保证框口上下尺寸相同，允许误差不大于1.5mm，对角线允许误差不大于2mm。将门框用木楔临时固定在洞口内，经校正合格后，固定木楔，将门框铁脚与预埋铁板件焊牢。

安装门扇及附件：门框周边缝隙，用1:2的水泥砂浆或强度不低于10MPa的细石混凝土嵌塞牢固，应保证与墙体结成整体；经养护凝固后，再粉刷洞口及墙体。粉刷完毕后，安装门扇、五金配件及有关防火装置。门扇关闭后，门缝应均匀平整，开启自由轻便，不得有过紧、过松和反弹现象。

5.9.1.3 铝合金门窗施工

（1）工艺流程

弹线找规矩→门窗洞口处理→门窗洞口埋设连接件→门窗拆包检查→按图纸编号运至安装地点→检查保护膜→门窗安装→清理→安装五金配件→安装门窗密封条→质量检查→纱扇安装（窗）。

（2）操作工艺

1）将不同型号、规格的塑料门窗搬到相应的洞口旁竖放。当有保护膜脱落时，应将其补贴，并在框上下边划中线。

2）在门窗的上框及边框上安装固定片，其安装应符合下列要求：

① 检查门窗框上下边的位置及内外朝向，确认无误后再安固定片。安装时应先用直径为3.2mm的钻头钻孔，然后将十字槽盘端头自攻螺栓M4×20，拧入，严禁直接锤击钻入。

② 固定片的位置应距门窗角、中竖框、中横框150～200mm，固定片之间的间距应不大于600mm。不得将固定片直接装在中横框、中竖框的挡头上。

③ 根据设计图纸及门窗扇的开启方向，确定门窗框的安装位置，同时把门窗框装入洞口，并使其上下框中线与洞口中线对齐。

④ 安装时应采取防止门窗变形的措施，无下框平开门应使两边框的下角低于地面标高线30mm。

⑤ 当门窗框与墙体固定时，应先固定上框，后固定边框。

⑥ 门窗扇应待水泥砂浆硬化后再安装。

⑦ 门窗玻璃的安装应符合规定。

5.9.2 楼地面工程

5.9.2.1 水泥砂浆楼地面

（1）材料要求

水泥宜采用硅酸盐水泥或普通硅酸盐水泥，强度等级不应低于32.5级，严禁混用不同品种和不同强度等级的水泥。砂应采用中砂或中、粗混合砂,其含泥量不得大于3%。面层水泥砂浆的配合比为1:2.5,其稠度(以标准圆锥体沉入度计)不大于3.5cm,须拌合均匀,颜色一致,通常调制成以手握成团并稍见冒浆为宜。

(2)找规矩

弹基准线:地面抹灰前,应先在四周墙面弹出水平基准线,作为确定水泥砂浆面层标高的依据。水平基准线是以±0.00及楼层砌墙前的抄平点为依据,根据现场情况弹在标高1000mm的墙上。

做标筋:根据水平基准线再将面层上表面的水平辅助基准线弹出,即可做标筋。面积不大的房间,可根据水平基准线直接用长木杠抹标筋,施工中经几次复核尺寸即可。面积较大的房间,应根据基准线在四周墙角处每隔1.5~2m用1:2.5水泥砂浆(或水泥石屑浆)做灰饼。待灰饼硬结后,再依灰饼高度作出纵横方向通长的标筋以控制面层铺抹厚度。

(3)施工操作

1)先将基层(垫层、找平层)清扫干净,后浇水湿润。次日刷一道水灰比为0.4:1~0.5:1的水泥浆结合层,随即进行面层铺抹。面层铺抹方法是在标筋之间铺砂浆,随铺随用2m刮尺以冲筋标高为准反复搓刮平整并拍实,在砂浆收水初凝前,再用木抹子搓平,用铁抹子压出水花。当水泥砂浆开始初凝时,即上人踩踏有足印但不塌陷,用铁抹子压第二遍,做到压实、压光、不漏压,并把凹坑、砂眼和脚印等均予填补压平。在水泥砂浆终凝前,即试抹不显抹纹时,先用压光机再用铁抹子压第三遍,抹压用力加大,使表面压平、压实、压光。

2)当地面面积较大、设计要求分格时,需弹出分格线,在面层砂浆刮抹搓平后,依分格线位置先用木抹子搓出一条约一抹子宽的面层,再用铁抹子压光,用分格器压缝,做到分格平直、深浅一致。当水泥砂浆面层内因埋设管线等出现局部厚度减薄时,应按设计要求做好防止面层开裂措施,再开始施工。

3)水泥砂浆面层抹压完工后,在常温下应进行浇水养护。浇水应适时,一般在夏天是24h后浇水养护。养护期不少于7d,如采用矿渣水泥要延长至14d。面层强度达到5MPa时,才允许上人行走。

5.9.2.2 细石混凝土楼地面

细石混凝土楼地面的施工工艺如下:

(1)清理基层

将基层表面的泥土、浮浆块等杂物清理冲洗干净,板面有油污应用5%~10%浓度的火碱溶液清洗干净。浇灌面层前一天浇水湿润,表面积水应予扫除。

(2)冲筋贴灰饼

小面积房间在四周根据标高线作出灰饼,大面积房间应每隔1.5m冲筋一道,有地漏时要在地漏周围作出0.5%的泛水坡度;灰饼和冲筋均用细石混凝土制作,随后浇铺细石混凝土。

(3)拌制混凝土

细石混凝土按设计配制,采用机械搅拌,搅拌时间不少于1min,坍落度不宜大于30cm,随拌随用。

（4）浇铺混凝土

铺混凝土应预先用木板隔成不大于 3m 的区段，先在已湿润的基层表面均匀扫一道 1:0.4～1:0.45（水泥:水）的素水泥浆，随即分段摊铺混凝土，随铺随用长木刮杠刮平排实，不平处用混凝土补平后用平板振动器振捣密实，或用铁滚来回滚压 3～5 遍，直至表面出浆为止，然后用木抹搓平。

（5）撒干面砂

木抹搓平后，在细石混凝土面层上均匀地撒 1:1 干水泥砂，待灰面吸水后再用长木杠刮平，用木抹子搓平。

（6）抹压

用铁抹子进行至少 3 遍抹压，即第一遍将脚印压平，第二遍当面层开始凝结，将波纹压抹，第三遍是将纹痕抹平压光，压光时间应控制在终凝前完成。

（7）养护

第三遍抹压完 24h 后，即可对其进行覆盖浇水养护，每天两次，养护时间不少于 7d。

5.9.2.3　地砖楼地面

（1）操作要点

1）清理基层

① 将基层表面的泥土、浮浆、灰渣及其他垃圾杂物清除干净。如有松散颗粒、浮皮，必须凿除或用钢丝刷刷至外露结实面为止，凹洼处应用砂浆找补抹平，擦净油污。

② 铺前 1d，将基层浇水湿润。

2）做灰饼冲筋

① 根据墙面水平线，在地面四周拉线，在四角基层上用 1:3 水泥砂浆做灰饼，灰饼上平线应低于面层标高一块地砖厚度，在房间四周冲筋，房间中每隔 1.5m 左右补灰饼，并连通灰饼，做纵向或横向冲筋（标筋）。灰饼及冲筋用干硬性水泥砂浆分别抹成 50mm 见方和宽 50mm 左右条状。

② 有地漏者应由墙四周向地漏方向做放射状冲筋，坡度按设计定或采用 0.5%～1.0% 的坡度。无地漏者其门洞处一般应比最里边低约 5～10mm，以免积水。

3）做底灰

① 做完冲筋后在基层上均匀洒水湿润，刷一度水灰比为 0.4:1～0.5:1 的素水泥浆，须薄且匀，一次面积不宜过大，必须随刷随铺底灰（找平层）。

② 底灰用 1:3（体积比）干硬性水泥砂浆，稠度以手捏成团、落地开花为宜，厚度均为 20～25mm。铺后先用铁抹子将水泥砂浆摊开拍实，再用 2m 木刮杠按冲筋刮平，然后再用木抹子拍实搓平，顺手划毛。

③ 有地漏的房间，应按排水方向找出 0.5%～1.0% 坡度的泛水。

④ 底灰完成以后，用 2m 靠尺和楔形塞尺检查，表面平整偏差应在 2mm 以内。

4）铺贴地砖

① 对铺设的房间检查净空尺寸，找好地面周长基准线，在底灰（找平层）上弹（拉）出铺贴用的纵横控制线。弹线尺寸按地砖每联（张）实际长、宽及设计铺砌图形、房间净空大小等计算控制，由房中心向两边进行。与邻房或走道连通时，注意地砖铺贴的拼缝和花纹连接。

② 在"硬底"上铺设地砖时，先洒水湿润后刮一道 2～3mm 厚的水泥浆（掺水泥重 20% 的 107 胶）；在"软底"上铺贴面砖时，浇水泥浆，用刷子刷均匀。注意水泥浆结合层要随刷随贴，间歇时间不应过久。

③ 在水泥浆未初凝前铺地砖，从里向外沿控制线进行，铺时用刷子蘸水将地砖背面稍湿润，薄抹素水泥浆一道，随即将地砖正面朝上、背面朝下对正控制线，依次铺贴，用拍板拍实。

④ 铺贴地砖面层，采用退步法。

⑤ 整间（或一段）铺好后，用锤子和拍板，由一端开始依次拍击一遍，并须拍平拍实，要求拍至水泥浆填满缝隙为止。同时修好四周边角，将地砖地面与其他地面接槎处的门口修好，保证接槎平直。

5）拔缝、灌缝

① 及时检查缝隙是否均匀。如不顺直，用小靠尺比着开刀轻轻地拔顺、调直，先调竖缝，后调横缝，边调边用锤子敲垫板拍平拍实。

② 拔缝后次日，用棉纱头蘸与地砖同颜色的素水泥浆（或 1∶1 水泥砂浆），将缝隙擦嵌平实，并随手将表面污垢和灰浆用棉纱头擦洗干净。

6）养护

铺贴完 24h 后，应用干净湿润的锯末覆盖养护，养护不少于 7d。

（2）质量控制标准

地砖的品种、规格、颜色和图案必须符合设计要求。镶贴必须牢固，无歪斜、缺楞、掉角和裂缝等缺陷。表面应平整、洁净，色泽协调，无变色、泛碱、污痕等。接缝应填嵌密实、平直、宽窄均匀、颜色一致，使用不完整地砖部位适宜；卫生间的坡向正确。

5.9.2.4 大理石地面

（1）材料要求

1）大理石板材表面色泽应鲜明一致，晶体裸露，其技术要求的规格公差、平度偏差、板材的光泽度、棱角缺陷、裂纹、划痕、色调、色线和色斑等应符合现行国家标准。

2）板材应存放于室内，室外存放必须遮盖，入库时按品种、规格、等级或工程部位分别存放。

3）水泥：采用普通硅酸盐水泥，强度等级不得低于 32.5 级；禁止使用已经受潮结块或不同品种、不同标号的水泥。

4）砂：宜采用中、粗砂，砂必须过筛，颗粒要均匀，不得含有杂物，粒径一般不大于 5mm。

（2）施工要点

1）大理石地面应在顶棚及墙面抹灰后进行，先铺面层后安装踢脚板。

2）铺砌前按要求对板材对色、拼花、编号，并对其自然色调进行挑选排列，使之整体图面与色调和谐统一，体现其装饰效果。

3）对基层进行处理，板材在铺砌前应先浸水湿润，阴干或擦干后备用。

4）铺砌时，结合层与板材应分段同时铺砌，并按工艺要求先进行试铺。板材要四角同时下落并用木锤或皮锤敲击平实，要求四角平整，纵横间隙缝对齐。

（3）质量标准

1）铺砌的板材应平整，线条顺直，不脱空。板材与结合层以及在墙角墙边，柱边均应紧密砌合，不得有空隙。

2）面层表面应洁净、平整、坚实，板材间的缝隙宽度不应大于1mm或按设计要求。

3）面层铺砌后，其表面应加以养护和成品保护，待结合层的水泥砂浆强度达到要求后，方可进行打蜡擦光。

5.9.3　墙面装饰工程

本工程外墙面主要有：水泥砂浆涂料墙面、干挂花岗岩墙面。

内墙面主要有：水泥砂浆白色涂料墙面、彩钢板墙面、釉面砖墙面、矿棉吸声板墙面等。

顶棚做法有：水性耐擦洗涂料顶棚、金属板吊顶、纸面石膏板吊顶、矿棉吸声板吊顶等。

5.9.3.1　抹灰工程

（1）抹灰采用强度等级为32.5级的普通硅酸盐水泥配制M2.5水泥混合砂浆，砂子应过筛5mm孔径的筛子。所用的石灰膏熟化时间不得少于7d，应采用孔洞不大于3mm×3mm网过滤，砌筑砂浆内要添加防止开裂的添加剂。

（2）大墙面抹灰的主要工序为：阴阳角找方→设置标筋、灰饼→抹底层、中层、面层→修整→表面压光。

（3）操作要点

1）基层处理：将墙体表面的残余砂浆、灰尘、污垢、油渍、凹凸不平等应清理干净，并洒水湿润，浇水宜在抹灰前一天进行，且浇水量以水分渗入砌块深度8～10mm为宜。在多孔砖砌块墙体表面喷甩一层众霸Ⅱ型界面剂结合层。结合层施工配合比为界面剂：水泥：细砂＝1:2:3（重量比）。砌体与框架柱、构造柱及框架梁的结合缝处，用射钉固定附加500mm宽钢丝网，然后再抹灰，以防止产生抹灰裂缝。

2）按基层表面平整垂直情况吊垂直、套方、找规矩，经检查后确定抹灰厚度，但最少不应小于7mm，灰饼用1:3水泥砂浆抹成3cm见方的形状。

3）墙面冲筋：用与抹灰层相同砂浆冲筋，冲筋的根数根据房间的宽度和高度决定，标筋宽度为3cm。

4）抹底灰：冲筋结束2h后抹底灰，分层装档，找平，用大杠垂直水平刮找一遍，用木抹子搓毛，然后全面检查底子灰是否平整，保证阴阳角方正、管道处灰抹齐、墙与顶板交接处光滑平整，并用托线板检查墙面的垂直与平整情况，抹灰后及时清理散落在地上的砂浆。

5）修补预留孔洞、电气箱槽、盒：当底灰抹平后，安排专人将预留孔洞、电气箱槽、盒周边临时固定用5cm石灰砂浆刮掉，改用1:1:4水泥混合砂浆将该处抹光滑、平整。

6）抹罩面灰：当底灰抹好后，第二天即开始抹罩面灰（如底灰过干，要浇水湿润），纸筋灰厚度不大于3mm，两人同时操作，一人薄薄刮一遍，另一人随即抹平，按先上后下顺序进行，再赶光压实，然后用铁抹子压一遍，最后用塑料抹子压光。

7）做水泥护角：水泥护角在打底灰前做。室内墙面和门洞口阳角用 1:3 水泥砂浆打底与所抹灰饼找平，待砂浆稍干后，再用 108 胶素水泥膏抹成小圆角，每侧宽度不小于 5cm，门洞口护角做完后，及时清理门框上的水泥浆。

8）水泥砂浆抹灰层在常温下应洒水覆盖养护。

5.9.3.2　内墙及顶棚涂料施工

（1）基层检查

墙面须找平的房间，要对找平层的平整度、垂直度及空鼓情况进行检查，同时着重检查墙体阴角、阳角，墙面与顶棚相交的阴角，门窗洞口等部位的垂直度、平整度及截面尺寸。对顶棚基层平整度进行检查，对不平处进行基层处理。

（2）基层要求与处理

1）基层表面必须坚固，无酥松、脱皮、起壳、粉化现象，基层表面的泥土、灰尘、油污、油漆等必须清除洗净；

2）基层湿度应符合有关规定和要求，即新抹砂浆常温要求 7d 以上，现浇混凝土常温要求 28d 以上方可涂刷，否则会出现粉化或色泽不均匀等现象；

3）基层要求平整，但不应太光滑，太光滑的表面对涂料粘结性能有影响，太粗糙的表面涂料消耗量大；

4）在涂刷涂料前，要先喷刷一道与涂料体系相适应的稀释后的乳液，以增强渗透能力，可使基层坚实、干净、粘结性好并节省材料。

（3）操作要点

1）腻子施工：腻子施工时先进行墙面阴阳角、墙面与顶棚相交的阴角、门窗洞口周边等特殊部位的施工，再扩展至大面积施工，即利用上述特殊部位腻子施工厚度，作为大墙面腻子施工厚度的参照物，以保证墙面腻子的平整、顺直；腻子要求分三遍完成。成品腻子现场要加适量的水，用专用搅拌机搅拌均匀，局部须处理时用粉刷石膏分层嵌平补实，干燥 6~8h 后刮第一遍腻子，第一遍腻子干燥 8h 后刮第二遍腻子，第二遍腻子要用力满刮，做到平整光滑。为保证阴阳角的方正顺直，在第二遍腻子施工前，应弹出阴角线作为控制依据。

2）涂刷：涂刷时，其涂刷方向和行程长短应一致，如涂料干得快，应勤蘸短刷，接槎应在分格缝处。涂刷层次不应少于两遍，且前后两次涂刷的相隔时间通常不少于 2~4h。

3）滚涂：施工时在滚刷上蘸少量涂料，在被滚墙面上轻缓平稳地来回滚动，直上直下，避免歪斜，以保证涂层厚度，色泽质感一致。

（4）注意事项

1）选用涂料的颜色应完全一致，发现颜色有深浅时，应分别堆放、贮藏和使用。

2）涂料使用前必须经过充分搅拌，其工作黏度或稠度，应保证施涂时不流淌，不显刷纹。使用过程中亦需不断搅拌并不得任意加水或其他溶液稀释。

3）水性外墙建筑涂料，在施工过程中都不能随意掺水或颜料，也不宜在夜间灯光下施工。

4）施工所用的一切用具必须事先洗净，不得将灰尘、油污等杂物带入涂料中，施工完毕或间断时，其用具等应及时洗净，以便后用。

5.10 安装工程

作为大型工业厂房建筑，需要使用大型机械设备，安装工程复杂，系统繁多，工作难度较大，许多系统需要分包施工。但作为总承包单位，除了要搞好前期所有的预留预埋工作的配合外，还要进行电气工程中的强电系统和管道工程中的给排水与采暖工程施工作业，同时还要对业主指定分包的专业施工进行监管和控制。

5.10.1 管道安装工程

根据工程招标文件规定，本次管道工程招标内容仅限于给排水和消防管道施工以及相关系统的预留预埋工作。

5.10.1.1 工程特点

工业建筑物室内外管线较多，安装工程有多家单位同时作业，施工协调量较大，成品保护存在一定困难。

5.10.1.2 主要施工程序

管道安装总原则：先预制后安装，先干管后支管，先立管后水平管，先里后外，先系统试压后冲洗，最后进行防腐、保温及隐蔽验收。

（1）室内给水管道安装工序

施工准备→材料检查验收→测量下料→管件组对→支架制安→管道焊接及法兰连接→试压冲洗→管道验收及保温→设备碰头→系统调试。

（2）室内排水管道安装工序

施工准备→材料检验→测量下料→支架制安→管道连接→安装就位→试水→卫生洁具安装→通水试验。

（3）雨水管道安装工序

施工准备→材料检验→测量下料→管道组装→支架制安→管道安装→试压、试水→管道验收

5.10.1.3 主要施工方法及技术要求

（1）施工准备

1）熟悉图纸和相应的规范，进行图纸会审；

2）编制月、周、日进度计划、材料进场计划及作业指导书；

3）对施工班组进行技术交底，明确班组施工任务、工期、质量要求及操作工艺；

4）根据现场情况配置机械设备及劳动力计划。

（2）预留、预埋

根据现场情况，主体施工完毕进入砌筑施工阶段，预留预埋工作主要是在墙体上预留孔洞和预留套管、在已预留好的楼板洞上安装套管。

（3）支、吊架制作、安装

1）图纸核对→确定支、吊架形式和位置→支、吊架制作→放线定位→支、吊架安装。

2）原则上按施工图纸固定支架的安装位置。

（4）管道及附件安装

管道安装前，复查测量管道中心线及支架标高位置无误后，开始管道安装就位。管道与附件采用法兰连接。

1）立管安装（略）；

2）水平管的安装（略）；

3）阀门安装（略）；

4）卫生洁具安装（略）。

（5）给水管道的试压及冲洗

1）主要工作程序

试压范围及隔离→试验前的准备→接管→灌水→检查→试压→稳压检查→做记录及验收→泄压→拆除。

① 试验范围选定后，对本范围内的管道进行封闭。

② 试压准备：对封闭好的试压对象进行全面检查，应将不能参与试验的系统、设备、仪表及管道附件等加以隔离。

③ 管道系统注水时，应打开管道最高处的排气阀，将空气排尽。待水灌满后，关闭排气阀和进水阀，用电动试压泵加压。

④ 当试验压力降至工作压力时进行严密性试验。

⑤ 为避免不在冬期试验，根据现场施工实际情况，创造试验条件，对能构成试验的系统部分及时进行试验。当气温低于 0℃ 时，应采取特殊的防冻措施，做好室内临时供暖，保持室内一定的温度在短时间内对管道进行充水试验。试验完毕，应立即排净管内存水。

⑥ 在管道试压合格并经监理验收后，进行管道冲洗。生活给水管道冲洗应使用洁净水，连续进行冲洗。

2）排水管道试验

① 排水管道灌水试漏试验（略）；

② 管道通球试验（略）；

③ 管道通水试验（略）；

④ 雨水管道安装完后，必须做灌水试验，其灌水高度应不低于底层地面高度。

（6）管道保温

1）保温的施工程序

施工准备→防腐质量复核→材料准备→预制下料→保温→检查记录、报验→刷标识漆。

2）主要施工方法及技术要求

① 施工准备（略）；

② 施工要点（略）。

5.10.2　采暖工程

5.10.2.1　工程概况

本工程采暖系统用散热器采暖，采暖形式为上供上回式。

A 区分为三个采暖系统，其中一层两个采暖系统，二层一个采暖系统。B、C 区分为四个采暖系统，其中一层两个采暖系统，二层两个采暖系统。D 区分为两个采暖系统，供水管接自制丝生产工房，回水接卷接包生产工房。

5.10.2.2   施工准备

（1）积极认真地对本工程采暖部分的施工图纸进行自审和会审；

（2）施工机具与人员准备；

（3）材料要按照计划进场。

5.10.2.3   采暖管道安装

（1）施工顺序

安装准备→预制加工→卡架安装→干管安装→立管安装→支管安装→试压→冲洗→防腐、保温→调试。

（2）散热器安装工艺流程

编制散热器统计表→散热器单组水压试验→散热器安装→散热器冷风门安装→支管安装→系统试压。

（3）散热器水压试验（略）

（4）散热器拉杆和托架安装（略）

（5）散热器冷风门安装（略）

5.10.2.4   系统试压

采暖系统，管道试压按工作压力的 1.25 倍进行水压试验，以 5min 内压力降低不大于 0.02MPa 且不渗不漏为合格。

5.10.2.5   管道保温

敷设在吊顶、楼梯间、地沟、套管内的管道供热入口装置管道和有冻结危险场所的采暖供热管道均需保温，保温材料采用 30mm 超细玻璃棉。

5.10.2.6   配合土建预留预埋

对墙、楼板留洞等预留部位同土建专业人员配合，使预留部位能够充分满足本专业的施工工艺要求。对隔墙及土建专业未明确的预留部位积极同有关部门协商解决并提供出具体位置尺寸，尽量减少安装中出现的剔、凿、砸等现象。

5.10.3   电气工程

5.10.3.1   概况

电气工程施工内容包括：变电所、电气照明、车间动力和防雷接地系统以及预留预埋工作。

5.10.3.2   工程特点

电气预留预埋工程量大，要求精度高，施工时必须与土建工程施工密切配合，确保预留预埋一次到位，以保证下一步工序的顺利进行。

5.10.3.3   工程内容

（1）电气照明部分（略）

（2）电气动力部分（略）

（3）防雷及接地系统

1）依据设计文件说明，本建筑物按照三级防雷设计施工。

2）综合接地系统是本项工程的一个特点。工作接地、保护接地及防雷接地共用一个接地装置，通过建筑物混凝土柱子基础及地梁内的钢筋作接地体，利用混凝土内钢筋作防雷引下线，并在柱子上预埋钢板与室内外接地干线连接。

3）为了确保机械设备和人身安全，各种金属管道及工房内的用电设备金属外壳，电缆桥架应该就近与接地干线作可靠连接。电缆桥架接地引下线用 $35mm^2$ 的裸铜线，桥架之间采用跨接接地保护。

5.10.3.4　安装与土建配合

安装工程主要配合土建预留预埋工作，严格按照预留预埋施工图进行施工。若有矛盾则会同土建技术人员与甲方、监理工程师协调处理。

（1）工作要求

配合土建施工进行预留预埋时，应首先弄清土建装修要求，如建筑标高、装饰材料及抹灰装饰厚度，以此来调整预留预埋的高度和深度。预留预埋应与土建施工密切配合，要求管口顺畅、出口整齐，盒、箱位置准确。

（2）试验及调试

由于本工程自动化程度非常高，施工人员一定要熟悉图纸，学习产品说明书，掌握各系统的控制原理，在厂家的指导配合下，逐个进行系统的调试。

照明系统、动力系统调试前，应做各种相关试验，如绝缘电阻测试、接地电阻测试、相序、双电源互投等。调试的顺序是：先局部，后单体，再系统。

本章主要阐述各分部分项工程的施工方法及技术措施，总体上严格执行国家现行施工验收规范、规程、标准和地方的各种法律法规及强制性标准等。同时在工程施工过程中，广泛应用新技术、新工艺、新设备、新材料，加速施工进度，保证工程质量，降低工程成本，以获得最佳的经济效益和社会效益。

6　材料、机械、劳动力用量计划

6.1　主要周转材料、主要施工机械、劳动力用量计划表

6.1.1　主要周转材料用量计划表（表6.1.1）

主要周转材料用量计划表　　　　　　　　　　　表6.1.1

序号	名称	规格型号	单位	数量	备注
1	木胶板	12mm	m^2	16548	顶板
		18mm		4964	地下室墙、柱、梁
2	木方	50mm×100mm、100mm×100mm	m^3	450	梁、板、柱
3	WDJ碗扣脚架钢管	$\phi48×3500mm$	t	120	楼板支撑
	外架		t	840	
4	脚手板		m^2	1800	

6.1.2　主要施工机械用量计划表（表6.1.2）

主要施工机械用量计划表

表6.1.2

序号	机械或设备名称	型号规格	数量	国别产地	制造年份	额定功率（kW）	生产能力	用于施工阶段	备注
1	施工提升架	2T	7台	北京	2004	28		主体、装修、安装	
2	塔吊	QTZ6018	7台	广西	2003	70	最大起重15t	基础、主体	
3	混凝土输送泵	HBT80	2台	沈阳	2003	60	$80m^3/h$	混凝土工程	
4	钢筋直螺纹滚丝机	GY－40	2台	保定	2002	3.1	18～40mm	基础、主体	
5	交流电焊机	BX3－30	4台	保定	2004	23KVA	—	基础、主体	
6	砂浆搅拌机	TQ50	2台	河北	2004	15	$7m^3/h$	二次结构装修阶段	
7	插入式振动棒	ZX50	10台	北京	2004	1.1	—	混凝土工程	
8	高压水泵		2台	广东	2002	30		整个施工阶段	
9	钢筋切断机	QJ40－1	2台	广东	2002	5.5	—	基础、主体	
10	钢筋弯曲机	GW40	2台	广东	2002	3	—	基础、主体	
11	钢筋调直机	GT6/8	2台	广东	2002	5.5	—	基础、主体	
12	平刨	MI－1	2台	文登	2002	4	—	主体、装饰	
13	压刨	MBS/4B	2台	文登	2002	3	—	主体、装饰	
14	圆锯	MB104	2台	文登	2002	3	—	主体、装饰	
15	蛙式打夯机	HW170	6台	济南	2004	4		主体	
16	直流电弧焊机	ZXEL－160	2台	济南	2004	20		主体、装饰	
17	电动套丝机	TQ100A	2台	淄博	2003	2.75	—	主体、装饰	
18	电动割管机	ϕ400	2台	淄博	2003	3		主体、装饰	
19	台钻	EQ3025	2台	济南	2003	1.5		主体、装饰	
20	电锤	$ZIC_1 16$	4把	济南	2001	0.31		主体、装饰	
21	液压弯管器	DB4－1/1.5-2	2台	西安	2003			主体、装饰	
22	离心泵	ISG立式	5台	济南	2000	1.5	—	装饰	
23	水压试验泵	手动	3台	济南	2003	—		装饰	

6.1.3　劳动力用量计划表（表6.1.3）

劳动力用量计划表

表6.1.3

工　种	按工程施工阶段投入劳动力情况（人）			
	基础结构阶段	主体结构阶段	装修装饰阶段	竣清验收阶段
木工	100	120	55	
钢筋工	80	100	5	
混凝土工	50	65	5	
瓦工	30	60	30	

续表

工 种	按工程施工阶段投入劳动力情况（人）			
	基础结构阶段	主体结构阶段	装修装饰阶段	竣清验收阶段
抹灰工	14	40	80	
防水工	20		45	
机械工	10	10	10	
架子工	15	30	60	
电工	20	30	35	
水暖工	15	40	30	
油漆工			20	
其他	30	45	30	120
合计	384	540	405	120

6.2 施工机械设备投入保证措施

现代化的施工管理中，机械化程度的提高为工程更快、更好的完成创造了有利条件。为了在施工准备期间和施工过程中，保证其机械设备的良好运行状态，确保工程的施工质量，我们将根据以往的施工经验重点采取以下措施：

（1）编制合理的机械设备供应计划，确定在时间、数量、性能方面满足施工生产的需要。

（2）根据供应计划做好准备工作，编制大型机械设备运输进场方案，保证按时、安全地进场。

（3）在施工机械进场前必须对进场机械进行一次全面的保养，使施工机械在投入使用前就已达到最佳状态。表 6.2 为施工机械维护表。

施工机械维护表 表 6.2

序号	施工机械名称	维 护 要 求	维 护 人 员
1	物料提升机	每半月一次	机械设备管理员、司机
2	混凝土输送泵	浇筑混凝土后立即进行	泵车司机
3	砂浆搅拌机	每周一次	搅拌机操作员
4	钢筋加工机械	每半月一次	机修工
5	电焊机	每天一次	电焊工
6	混凝土振动器	浇筑混凝土后立即进行	机修工
7	水泵	每周一次	机修工
8	木工加工机械	每半月一次	机修工

工程施工的几大要素是人、料、机械等，故在方案中考虑的施工方法及施工工艺，不仅关系到工期、质量问题，而且与工程成本和报价有密切关系。因此，在施工方案中应采取合理的施工工艺和机械设备，有效地组织材料供应、均衡安排施工，合理地利用人力资源，为工程顺利施工提供了可靠的保障。

7　施工技术组织及保证措施

7.1　工程质量及保证措施

7.1.1　工程质量管理目标

本工程的质量管理目标是：满足招标文件要求，确保工程质量符合国家"合格"标准，并在此基础上争创省优工程。

针对上述质量目标，将委派高素质的项目管理和质量管理人员组成工程项目管理班子，项目经理部在单位总部的服务和控制下，充分发挥企业的整体优势和专业化施工保障，严格按照企业成熟的项目管理模式和 ISO 9002 模式标准建立的质量保证体系来运作，以专业管理和计算机管理相结合的科学化管理体制，全面推行施工操作科学化、标准化、程序化、制度化管理，以一流的管理、一流的技术、一流的施工和一流的服务以及严谨的工作作风，精心组织、精心施工，履行对业主的承诺，实现质量目标。

7.1.2　质量职责

（1）项目经理

项目经理是项目工程质量的第一责任人，对项目的工程质量负全面责任。

1）贯彻实施公司质量方针和质量目标，代表公司全面履行工程总承包合同，实现本项目质量目标；

2）保证国家、行业、地方及企业工程质量规章制度在项目实施中得到贯彻落实，负责本项目施工的组织、管理与协调工作，保证信息畅通；

3）按照公司的有关规定，建立本项目的工程质量保证体系，并保证体系的正常运行，明确项目经理部内部职责分配；

4）贯彻公司总体工程质量目标和质量计划，主持编制项目的质量计划，组织纠正和预防措施的实施工作；

5）组织项目有关人员编制施工组织设计、专项施工方案或技术措施，负责工程质量成本预算和控制，控制资金收支；

6）及时了解项目的工程质量状况，参加项目的工程质量专题会议，支持工程质量副经理和项目专职质量员的工作；

7）及时向上级报告工程质量事故，负责配合有关部门进行事故调查和处理。

（2）项目总工程师（技术负责人）

项目技术负责人在项目经理和企业技术负责人的领导下，对项目的工程质量负技术责任。

1）严格贯彻执行国家工程有关规范、质量技术标准和上级单位的各项有关质量规定，督促施工现场各级人员履行质量职责情况，对工程进行技术指导和监督；

2）编制施工组织设计、专项施工技术方案和施工措施，并及时上报企业有关部门和技术领导，从技术上对工程质量提供可靠保证；

3）编制或组织编制（视项目规模）技术质量交底文件，组织对作业班组的技术质量交底；

4）检查施工组织设计、施工方案、技术措施、技术质量交底的落实情况，负责对检验、试验、计算和内业等工作内容的指导和监督检查；

5）参加项目内部质量检查工作，负责组织新技术、新材料、新工艺、新设备在施工中的推广和应用，及时作出总结；

6）参加项目分阶段工程质量验收工作，负责工程施工技术文件、资料、竣工图的收集、整理、组卷，并按规定分类移交和存档；

7）参加工程质量事故调查，分析技术原因，制订事故处理的技术方案及防范措施，具有质量一票否决权。

（3）项目副经理

项目副经理协助项目经理进行工程质量管理，对项目的工程质量负直接管理责任。

1）认真执行工程质量的各项法规、标准、规范及规章制度，保证项目质量管理目标的实现；

2）保证公司 ISO 9001 质量管理体系的各项管理程序在项目施工过程中得到切实贯彻执行；

3）组织本项目的工程质量检查，对检查提出的质量问题组织有关人员在规定的时间内进行整改；

4）组织项目的工程质量专题会议，掌握工程质量状况，并及时向项目经理汇报情况；

5）组织工程各阶段的验收工作，督促项目部各职能部门按验收要求准备相关资料、文件等；

6）组织对项目人员的质量教育，提高项目全体人员的质量意识；

7）及时向项目经理报告工程质量事故，负责工程质量事故的调查，并提出处理意见。

（4）项目商务经理

协助项目经理工作，负责项目合约、商务工作。

1）按照公司 ISO 9001 质量管理体系文件的要求，对各分包方、材料设备供应方进行合同管理；

2）掌握项目部各分包方、材料设备供应方的施工状况和材料供应状况，控制分包方、材料设备供应方的付款，负责对分包进行评价和考核。

（5）工程技术部

协助项目副经理、项目总工程师，负责组织现场施工，对项目的工程质量履行技术管理责任，对施工全过程进行检查和控制。

1）贯彻执行国家、地方及行业有关规范、规程、技术标准及上级制定的有关规章制度，并负责检查、监督执行情况。

2）负责编制施工进度计划并组织实施，建立施工日志，负责特殊过程、关键工序的施工记录。组织新材料、新技术、新工艺、新设备的推广应用和实施。

3）负责对项目部各分包方及指定分包方进行全面管理、监督和考核。

4）负责组织项目部工程质量例会，协调各参建单位之间的关系，协调施工顺序，解决施工过程中的矛盾。

5）负责组织工程成品、半成品的保护，履行合同要求的工程交付后的维修保养工作。

6）负责协助技术、质量部门做好不合格品的控制、纠正和预防措施的实施。协助物资部门做好材料设备的选型、订货工作，参加重要物资、设备的检验工作。负责工程物资及施工的检验试验工作，参加工程隐蔽验收及工程验收。

7）负责对材料、设备、施工过程及竣工工程的标识情况进行监督、检查，负责施工现场具体质量管理，保证安全、文明的施工环境。

8）负责现场施工机械设备的调配、维护保养的检查，负责设备状态记录和标识管理。负责控制工程测量，做好各种检验、测量和试验设备的校准、使用、维修和保养。

9）参加图纸会审，汇总整理图纸会审记录，办理工程变更洽商，编制项目施工组织设计、施工、质量计划、特殊过程和关键工序的施工方案。

10）负责项目部技术文件和资料的统一管理，保存施工记录，负责施工技术资料及竣工资料的编制、组卷、移交工作。

（6）质量部

在项目副经理和上级质量管理部门的领导下负责项目的工程质量监督检查工作，对项目的工程质量负直接管理责任，具有质量一票否决权。

1）参加对施工作业班组的技术质量交底，熟悉每个分部分项工程的技术质量标准；

2）每天对施工作业面的工程质量进行检查，及时纠正违章、违规操作，防范质量问题隐患，防止质量事故发生；

3）对各分部分项工程的每一检验批进行实测实量，严格按国家工程质量验收标准或企业的质量标准组织内部质量验收；

4）会同建设方、监理方共同对每一检验批进行质量验收，并按企业质量标准对每一检验批进行质量评定；

5）发现工程质量存在隐患或经检查工程质量不合格时，有权下达停工整改决定，并立即向上级领导报告；

6）参与工程质量事故的调查和处理，对项目的质量情况应每周进行质量公示；

7）有权对项目的作业队伍和操作人员提出处罚和奖励意见，并有质量一票否决权。

（7）商务合约部

协助项目商务经理，负责项目商务、合约工作。

1）参加合同谈判、合同变更的协商会议及合同条款的草拟工作，负责合同变更、补充，合同文件的保存，以及到相关部门的传递；

2）负责项目工程分供方及分包方的合同管理，并监督合同实施情况；

3）编制施工预决算，负责合同价格调整和索赔，负责工程结算工作；

4）联系业主相关部门，了解业主要求，及时向项目经理和有关部门汇报、传达。

（8）设备物资部

1）参加对供货方的评价，对选定的供应方进行日常管理，并提供评价意见。

2）执行物资采购控制程序，负责授权范围内的零星物资的采购、供应工作。

3）编制项目物资采购计划，明确采购产品的技术标准和质量要求。

4）负责组织材料的进场验收并做好记录，负责对业主提供的产品进行验证、储存和保管，确保满足合同的要求。

5）负责及时索取、收集、整理有关材料合格证明文件，并转交技术部门。

6）负责对现场材料、产品及检验试验状态进行有效标识和可追溯性标识。

7）负责材料现场堆放和使用管理，满足工程质量要求。负责项目材料的保管及发放，保证工程所需材料的及时到位。

8）负责工程机械配备、使用及维护保养；负责周转工具的供应、运输与保管。

7.1.3　质量控制保证措施

（1）模板工程质量保证措施（略）；

（2）钢筋工程质量保证措施（略）；

（3）混凝土工程质量保证措施（略）；

（4）预留预埋工程质量保证措施（略）；

（5）墙体砌筑质量保证措施（略）；

（6）开展全面质量管理（略）。

7.2　安全防护及保证措施

7.2.1　施工安全管理方针及目标

7.2.1.1　管理方针

在施工管理中，要始终坚持"安全第一、预防为主"的安全管理方针。认真执行国务院、建设部、××市关于建筑施工企业安全生产管理的各项规定，重点落实××市建委、劳动局发布的《建设施工现场安全防护基本标准》，把安全生产工作纳入施工组织设计和施工管理计划，使安全生产工作与生产任务紧密结合，保证周边居民及全体参建职工在生产过程中的安全与健康，严防各类事故发生，以安全促生产，以安全保目标。

7.2.1.2　管理目标

确保达到"××市安全文明工地"。杜绝重大人身伤亡事故和机械事故，一般工伤事故频率控制在 1.5‰以下，确保安全生产。强化安全生产管理，通过组织落实、责任到人、定期检查、认真整改，实现零死亡事故目标。

7.2.2　项目安全管理机构

以项目经理为首，由项目副经理、项目总工程师、安全负责人、区域责任工程师、专业安全工程师、各专业分公司等各方面的管理人员组成本工程的安全管理组织机构。严格按照《职业健康安全管理体系》（GB/T 28001—2001）标准模式建立职业健康安全管理体系进行管理。

7.2.3　安全生产管理责任制度

以人为本，加强领导，提高全体人员安全意识，加大现场监督管理力度，落实各级安全生产责任制，主要生产人员的安全生产职责如下：

7.2.3.1　项目经理的安全生产职责

（1）项目经理是项目安全生产的第一责任人，对其工程项目的安全生产全面负责，保证国家安全生产法规和企业安全生产规章制度在项目上贯彻落实。

（2）组织编制施工安全生产措施计划，将安全防护设备、设施，安全技术措施费用等纳入计划。

（3）负责安全技术措施费用的及时投入，保证专款专用。

（4）负责按照国家和企业的有关规定，建立和完善项目安全生产管理和责任体系，并领导其有效运行。贯彻执行企业制定的安全生产管理标准，确保项目安全管理达标。

（5）组织项目各类人员进行安全思想、安全知识和安全技术教育。组织并参加项目定期的安全生产检查，落实隐患整改，保证生产设备、安全装备、消防设施、防护器材和急救器具等处于完好状态。

（6）参加现场特殊防护设施及进入现场的大型机械设备的检查验收。

（7）及时报告项目发生的安全事故，负责安全事故现场保护和伤员救护工作，配合有关部门进行事故调查和处理。

7.2.3.2　项目副经理的安全生产职责

（1）协助项目经理，对项目的安全生产负直接领导责任；

（2）认真落实安全生产的法规、标准、规范及规章制度，定期检查执行情况；

（3）组织实施各项安全技术措施，组织安全设施验收工作，检查指导安全技术交底；

（4）组织对进入施工现场的中、小型机械设备的检查验收；

（5）参加对进入施工现场的大型机械设备的检查验收；

（6）参加每天的现场安全巡视，组织有关人员定期进行安全生产和文明施工检查工作，并对发现的问题组织整改；

（7）加强对项目管理人员的安全教育，提高管理层的安全意识；

（8）组织项目积极参加各项现场达标活动；

（9）发生伤亡事故时组织抢救人员，保护现场，并及时上报。

7.2.3.3　项目总工程师的安全生产职责

（1）项目技术负责人对项目的安全技术负全面责任；

（2）在施工生产过程中，认真贯彻执行安全生产法规，严格落实安全技术标准规范；

（3）组织安全技术交底工作，检查施工组织设计或施工方案中安全技术措施的落实情况；

（4）组织安全防护设施的交底与验收，履行验收手续；

（5）对施工方案中安全技术措施的变更或采用新材料、新技术、新工艺等要及时上报，审批后方可组织实施，并做好培训和交底；

（6）参加安全检查工作，参加机械设备、安全防护设施等的验收工作；

（7）参加伤亡事故调查处理，分析技术原因，制订防范措施。

7.2.3.4　项目安全负责人的安全生产职责

（1）在项目经理的领导下负责项目的安全生产工作，协助项目经理贯彻上级安全生产的指示和规定，检查督促执行。

（2）负责或参与制订项目有关安全生产管理制度、安全技术措施计划和安全技术操作规程，督促落实并检查执行情况。

（3）每天进行安全巡查，及时纠正和查处违章指挥、违规操作、违反安全生产纪律的行为和人员；正确分析、判断和处理各种事故隐患，负责组织编制事故安全隐患整改方案，并及时检查整改方案的落实情况；对施工现场存在重大安全隐患的专业性较强的项目，有权下达停工整改指令。

（4）负责组织项目人员的安全意识、安全技术教育与考核工作，督促检查班组岗位三级安全教育。

（5）参加机械设备、安全防护设施的检查验收。

（6）负责项目安全设备、防护器材和急救器具的管理。

（7）如发生事故，要正确处理，及时、如实地向上级报告，并保护现场，做好详细记录，参与安全事故的调查和处理。

7.2.3.5　现场周边环境的安全管理措施

（1）施工现场与周边设置围挡隔开，禁止与施工无关的人员进入现场。

（2）进入施工现场工作人员必须佩戴安全帽。进入施工现场严禁携带明火，严禁吸烟。

（3）由专人负责现场安全管理，巡视现场各处可能出现安全问题的部位，发现问题及时整改。生活、办公区设置安全广播，每天播放安全生产情况，宣传安全生产知识，提示广大施工人员注意安全。

（4）现场污水、污物定期清理，给职工、附近居（村）民一个安全、舒适的工作和生活环境。

（5）每半个月组织一次全场的安全检查活动，查找安全隐患，及时整改。

7.2.3.6　临边与洞口作业的安全防护技术措施

（1）临边作业

1）对临边高处作业，必须设置防护措施。

2）基坑周边、尚未安装栏杆或栏板的阳台、料台与挑平台周边、雨篷与挑檐边、无脚手的屋面与楼层周边等处，都必须设防护栏杆。

3）分层施工的楼梯口和梯段边，都必须安装临时护栏；顶层楼梯口应随工程结构进度安装正式防护栏杆。

4）脚手架等与建筑物通道的两侧边，必须设防护栏杆。地面通道上部应安装安全防护棚。

5）各种垂直运输接料平台，除两侧设防护栏杆外，平台口还应设置安全门或活动防护栏杆。

临边防护如图7.2.3-1～图7.2.3-3所示。

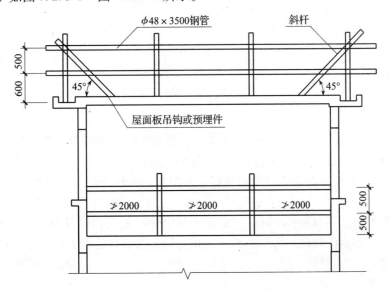

图7.2.3-1　屋面和楼层临边防护栏杆

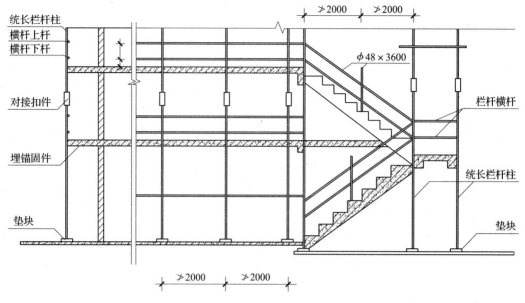

图 7.2.3-2　楼梯、楼层临边防护栏杆

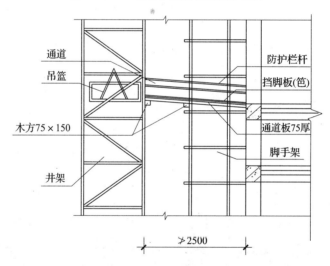

图 7.2.3-3　通道侧边防护栏杆

（2）洞口作业

1）进行洞口作业，或因工程和工序需要，在使人与物有坠落危险或危及人身安全的其他洞口进行高处作业时，必须按规定设置防护设施。

2）根据洞口具体情况采取设防护栏杆、加盖板、张挂安全网等措施。

3）楼板、屋面和平台等面上短边尺寸为2.5～25cm的孔口，必须用坚实的盖板盖住。楼板面等处边长为25～50cm的洞口、安装预制构件时的洞口以及缺件临时形成的洞口，可用木板等作盖板盖住洞口。边长为50～150cm的洞口，必须设置以扣件扣接钢管而形成的网络，并在上面满铺竹笆或脚手板，也可采用贯穿于混凝土板内的钢筋构成防护网，钢筋网格间距不得大于20cm。

4）边长在150cm以上的洞口，四周应设防护栏杆，洞口下张设安全平网。

7.2.3.7　脚手架和作业平台的安全技术措施

（1）施工组织设计中必须要有专项脚手架搭设设计措施，外墙脚手架工程要有专项施工技术方案，并有脚手架计算书。

（2）脚手架基础必须牢固、平整、夯实，各种杆件尺寸必须符合设计要求及施工规范。

（3）脚手架与建筑物拉接必须牢固，立面每高 4m、长 6m 必须与墙面（建筑物）至少要有一个拉结点。

（4）施工层脚手板必须满铺，有防护栏杆、踢脚板；高层及临街作业要实行全封闭；剪刀撑布置必须符合要求，脚手架材料有出厂合格证，施工时必须严格选材。

（5）脚手架必须设上下爬梯或马道。

（6）脚手架施工时严禁上下交叉作业，警戒区安排专人看守。脚手架必须要有防电避雷措施。

（7）脚手架拆除搭设完毕后应进行严格检查、验收，经有关人员签字后方可使用。

（8）脚手架拆除必须设立警戒区，悬挂警戒标志，并由专人指挥，按顺序先后依次拆除，严禁野蛮施工，乱动、乱抛。

7.3　文明施工及环保措施

文明施工是促进安全生产、保障工程质量、加快施工进度、降低工程成本、树立我公司外在形象的重要举措，同时文明施工的程度体现了我公司的综合管理水平。整洁文明的施工现场、井然有序的平面布置，给人以焕然一新的感觉。因此，我公司将以文明施工为突破口，全面抓好施工现场管理。

为了保护和改善生活环境与生态环境，防止由于建筑施工造成环境污染和扰民，保障建筑工地附近居民的身体健康；积极响应××市所提倡的"保护环境、以人为本"的精神，提升公司品牌形象，必须做好建筑施工现场的环境管理工作。施工现场的环境管理是文明施工的具体体现，也是施工现场管理达标考评的一项重要指标，所以我公司将依照公司程序文件及《工作手册》并根据《中华人民共和国环境保护法》等相关法律法规，采取有效的管理措施做好这项工作。

7.3.1　文明施工、环境保护管理目标

（1）达到"河北省安全文明工地"。

（2）做到"五化"：亮化、硬化、绿化、美化、净化。

（3）创建花园式的施工环境，营造绿色建筑。做好工程周围公益环保事业。

7.3.2　文明施工、环境保护管理体系

（1）文明施工、环境保护管理组织机构（略）

（2）文明施工、环境保护管理职责

1）项目经理职责

① 认真贯彻执行文明施工方针政策、法律法规和各项规章制度，对本工程的文明施工负责。组织制定本工程文明施工的管理办法和要求。

② 组织项目副经理、安全环境管理部、综合办公室制定本项目文明施工管理制度。

③ 每月定期领导组织施工现场的文明施工检查，发现不符合因素，发出整改指令。组织制订整改措施，并负责落实，对各级提出的文明施工管理方面的问题，定时、定人、

定措施予以解决。

④ 组织项目部各相关部门迎接外部对项目文明施工的检查。

2）项目副经理职责

① 组织学习有关的文明施工的标准、规定；

② 组织实施本项目制订的文明施工的各项措施；

③ 会同综合办公室、安全环境管理部进行文明施工的目标和范围的划分；

④ 每半月组织文明施工工作的检查，对检查出的不符合安全文明施工规定的情况，督促专业技术人员负责整改。

3）综合办公室职责

① 认真学习有关的文明施工各项规定，并向各部门转发；

② 规划好 CI 布置管理工作，制作并布置安装好整个施工、办公及生活区的 CI 设施，做好 CI 设施的管理工作，发现有损坏或遗失的设施要及时修复或重新制作购买安装就位；

③ 加强后勤生活的管理工作，使项目部管理和施工人员有一个良好的生活休息场所，保障项目施工顺利进行。

4）安全环境部职责

① 认真落实有关文明施工的规定，指导施工队（班组）搞好文明施工，督促进入施工现场的职工遵守各项规章制度，以保障文明施工得以执行；

② 深入现场检查文明施工措施的落实情况，发现不符合因素及时纠正，当出现有违章时有权采取果断措施，并对违章指挥、不服从管理、违反文明施工管理规定的施工队（班组）和个人，按照有关规定给予处罚；

③ 在项目副经理领导下，定期组织文明施工的检查，做好检查记录，对查出的问题，负责下发问题整改单，并亲自监督整改；

④ 负责收集整理文明施工管理资料，及时向上级主管部门汇报项目文明施工和环境保护状况。

5）设计计划部职责

① 负责编制本工程文明施工的技术措施。

② 参加项目部组织的文明施工的检查，对检查出的问题编制相应的整改措施。

③ 负责贯彻落实上级编制的文明施工措施和施工组织设计、方案中规定的文明施工的措施，根据本项目的特点，进行文明施工技术交底，并把注意事项详细地向施工人员交代清楚，履行签字手续。对操作规程、技术措施、文明施工技术交底的执行情况经常检查，随时纠正违章情况，对不进行交底或交底不清发生的事情负直接责任。

④ 对施工现场的文明施工设施运行负责，并监督指导设备维修、保养工作。

⑤ 按照项目部的统一部署，规则整齐地停放各种大型施工设备。

6）物资设备部职责

① 负责购置本项目的文明施工用品，并保证此类用品符合国家标准及地方政府有关规定，对不符合标准的用品，禁止发放使用；

② 按文明施工要求做好材料堆放和物品储存，对物品运输加强管理，保证文明施工得以落实。

7）专业技术人员职责

① 认真执行本项目文明施工的各种技术措施，并向班组做好技术交底；

② 每日对施工班组执行本项目文明施工规章制度的执行情况进行检查，发现问题及时纠正。

（3）文明施工、环境保护管理流程（略）

7.3.3　文明施工技术措施

7.3.3.1　现场场容管理措施

（1）施工工地的大门和门柱为正方形 600mm×600mm，净高为 2.80m，大门净宽为 8.0m。

（2）施工现场围墙采用加气混凝土砌块砌筑，高 2.4m，墙面按总公司 CI 形象标准进行涂刷。

（3）在大门口设置"五牌一图"施工标牌，采用不锈钢制作，大小为 120cm×80cm，主要包括：施工总平面布置图、安全生产制度、文明施工制度、环境保护制度、质量控制制度和工程概况等。

（4）场容场貌整齐、有序，材料区域堆放整齐，并有门卫值班。设置醒目安全标志，在施工区域和危险区域按规定设置安全警示标志。

（5）建立文明施工责任制，划分区域，明确管理负责人，实行挂牌制度，做到现场清洁整齐。

（6）施工现场地面全部硬化，将道路和材料堆放场地用 10cm 宽黄色油漆线划块予以分割。在适当位置放置花草等绿化植物，美化环境。

（7）现场出入口设置汽车冲洗槽，冲洗槽与大门一致，宽 300mm，深 400mm，冲洗槽端部设沉淀池。

（8）针对施工现场情况设宣传标语和黑板报，适当更换内容，确实起到鼓舞士气、表扬先进的作用。

7.3.3.2　施工人员管理

（1）全体员工树立遵章守纪思想，采用挂牌上岗制度，安全帽、工作服统一规范。安全值班人员佩戴不同颜色标记，工地负责人戴黄底红字臂章，班组安全员戴红底黄字袖章。

（2）安全帽

1）施工管理人员和各类操作人员佩戴不同颜色安全帽以示区别：部门经理以上管理人员及外来检查人员戴红色安全帽，一般施工管理人员戴白色安全帽，操作工人戴黄色安全帽，机械操作人员戴蓝色安全帽，机械吊车指挥戴红色安全帽；

2）在安全帽上方粘贴或喷绘我公司标志；

3）服装：所有操作人员统一服装；

4）胸卡：尺寸为 9cm×5.5cm，蓝底黑字，统一编号，贴个人一寸彩色照片。

7.3.3.3　生活区、办公区管理措施

（1）工地办公室应配备各种图表、图牌、标志。室内文明卫生，窗明几净，秩序井然有序；室内外摆放盆花，美化环境。

（2）施工现场办公室、仓库等，安排专职卫生管理人员和保洁人员，制定卫生管理制

度，设置必需的卫生设施。

（3）现场厕所及建筑物周围须保持清洁，无蛆少臭，通风良好，并有专人负责清洁打扫，厕所及时用水冲洗，严禁随地大小便。

（4）施工现场严禁居住家属，严禁居民家属、小孩在施工现场穿行、玩耍。

（5）宿舍管理以统一化管理为准，制定详尽的宿舍管理条例。要求每间宿舍排出值勤表，每天打扫卫生，保证宿舍的整洁。宿舍内不允许私接私拉电线及使用各种电器。宿舍必须牢固，安装符合标准，卧具摆放整齐，换洗衣物干净，晾挂整齐。

（6）食堂管理符合《食品卫生法》，有隔绝蝇鼠的防范措施，有盛剩饭剩料的加盖容器，内外环境清洁卫生。

（7）现场设置有明显标志的加盖茶水桶，每个水桶安排专人添供茶水及管理。

（8）现场排水沟末端设沉积井，并定期清理沉积井内的沉积物，食堂下水道和厕所化粪池要定期清理并消毒，防止有害细菌的传播。

7.3.3.4　施工现场文明施工措施

（1）楼层清理：生产班组每天完成工作任务后，必须将余料清理干净，堆放在规定的部位，不得随意堆放在楼层内，保持楼层整洁。

（2）控制施工用水：施工期间用水量大，用水部位多，容易造成施工楼层及施工现场污水横流或积水现象，污染建筑产品，影响人员行走，造成不文明的现象。拟采取以下防范措施：

1）每个供水笼头用自制木盒保护，上锁，设专人看管。严防他人随意开启、破坏。

2）主体结构施工期间，要在浇筑混凝土前冲洗模板及钢筋面的灰尘、润湿模板等，浇筑后养护等，浇水前在楼层边四周、电梯井或预留洞口边砌筑 60mm 高的砖墙，内侧用水泥砂浆抹面形成封闭的挡水线。

3）装修期间，干砖必须在底层浇水湿润后再运至楼层工程面，不得在楼层内浇水。砌筑砂浆在底层集中搅拌，不得在工作面上加水搅拌。

4）现场四周设置有组织排水沟，保持排水顺畅。

7.3.4　环境保护技术措施

7.3.4.1　扬尘污染控制措施

（1）施工现场内所有路面和材料堆放场地进行硬化处理，采取覆盖、固化、绿化、洒水等有效措施，做到不泥泞、不扬尘，做到黄土不裸露、不朝天。

（2）施工现场建筑垃圾设专门的垃圾分类堆放区，并将垃圾堆放区设置在避风处，以免产生扬尘。同时根据垃圾数量随时清运出施工现场，运垃圾的专用车每次装完后，用布盖好，避免途中遗洒，防止运输过程中扬尘。

（3）分区划定施工现场内卫生责任区域，确定各区域的负责人，负责监督检查该区域的控制扬尘的措施落实情况，安排专人进行日常的洒水、覆盖、维护等，达到控制扬尘的目的。

（4）在施工现场大门处设置车辆清洗沉淀池，车辆出场前，经清洗后车辆轮胎无泥迹并检查车斗覆盖完好后出场，严防车辆携带泥沙出场造成遗洒。

（5）水泥、石灰等易飞扬物、细颗粒散体材料运进现场后，立即安排在库房内存放或严密遮盖；运输时使用完好的苫布进行覆盖，以防止遗洒、飞扬；卸运时严禁抛掷，减少扬尘污染。

（6）对商品混凝土运输车要加强防止遗洒的管理措施，要求所有运输车卸料溜槽处必须装设防止遗洒的活动挡板；出场前，轮胎及其他各处须清理干净后方可出场。

（7）施工现场粉尘作业或扬尘点，必须采取密闭、除尘等综合防尘措施或实行湿式作业。定期洒水减少粉尘对周围环境污染。现场禁止燃放有毒、有害和有恶臭气味的物质。

（8）施工垃圾使用封闭的专用垃圾道或采用容器吊运，严禁随意凌空抛撒造成扬尘。

（9）搅拌站的降尘措施：砂浆搅拌要搭设封闭的搅拌棚，搅拌机上设置喷淋装置后方可进行施工。

7.3.4.2 固体废弃物控制措施

固体废弃物可分为建筑垃圾和生活垃圾。

（1）建筑垃圾的控制

1）建筑垃圾可分为可利用建筑垃圾和不可利用建筑垃圾。

2）项目部在编制现场平面布置图时，应确定建筑垃圾的堆放地。

3）施工过程中产生的渣土、弃土、弃料、余泥、泥浆等垃圾按"可利用"、"不可利用"、"有毒害"等分开堆放，并进行标识。

4）不可利用建筑垃圾应设置垃圾池存放，液体类垃圾应采用桶类容器存放，可利用建筑垃圾应分类并按平面布置图中规定位置存放。

5）建筑垃圾在施工现场内装卸运输时，应用水喷洒，卸到堆放场地后应及时覆盖或用水喷洒，以防扬尘。

6）建筑垃圾运出施工现场时应遵照当地有关规定。

7）有毒有害垃圾严禁任意排放，应单独存放，由项目部与垃圾处置单位签订协议书，按协议处理。

（2）生活垃圾的控制

1）生活垃圾应存放在桶类容器内，不得随意抛弃垃圾。有毒害垃圾要单独存放在容器内。

2）生活垃圾的清运可委托有资格的单位承运并签订清运协议，自运时应办妥外运手续如《生活弃物处置证》，按指定路线、地点倾倒，运出现场前必须覆盖严实，不得出现遗洒。

3）厕所设自动冲水装置，实行化粪池存贮、管道排放，并安排专人管理。化粪池的清掏工作委托当地的环卫部门并签订相应协议。

7.3.4.3 水污染控制措施

（1）现场搅拌机前台及运输车辆清洗处设置沉淀池。排放的废水要排入沉淀池内，经二次沉淀后，方可排入市政污水管线或回收用于洒水降尘。未经处理的泥浆水，严禁直接排入城市排水设施。

（2）乙炔发生罐污水排放控制。施工现场由于气焊使用乙炔发生罐产生的污水严禁随地倾倒，要用专用容器集中存放，倒入沉淀池处理，以免污染环境。

（3）食堂污水的排放控制。施工现场临时食堂要设置简易有效的隔油池，产生的污水排放要经过隔油池。平时应加强管理，定期掏油，防止污染。

（4）油漆油料库的防漏控制。施工现场要设置专用的油漆油料库，油库内严禁放置其他物资，库房地面和墙面要做防渗漏的特殊处理，储存、使用和保管要专人负责，防止油料跑、冒、滴、漏、污染水体。

（5）禁止将有毒有害废弃物用作土方回填，以免污染地下水和环境。

7.3.4.4　噪声污染控制措施

（1）人为噪声的控制措施。施工现场提倡文明施工，建立健全控制人为噪声的管理制度，尽量减少人为大声喧哗，增强全体施工人员防噪声扰民的自觉意识。

（2）强噪声作业时间的控制。

（3）产生强噪声的成品加工、制作作业，应尽量放在工厂、车间完成，减少因施工现场的加工制作产生的噪声。

（4）尽量选用低噪声或备有消声降噪设备的施工机械。施工现场的强噪声机械（如搅拌机、电锯、电刨、砂轮机等）外围设置封闭的机械棚，以减少强噪声扩散。

（5）加强施工现场的噪声监测。加强施工现场环境噪声的长期监测，采取专人监测，专人管理的原则，要及时对施工现场噪声超标的有关因素进行整改，达到施工噪声不扰民的目的。

7.4　施工现场保卫管理措施

7.4.1　施工现场治安保卫组织系统

（1）治安保卫组织管理体系

针对本项目成立保卫工作领导小组，以项目经理为组长，项目安全负责人为副组长，各施工段工长、作业队队长、安全员、现场保安为组员。

（2）职责与任务

1）定期分析施工人员的思想状况，做到心中有数。

2）定期对职工进行保卫教育，提高思想认识。一旦发生灾害事故，做到召之即来、来之能战、战之能胜。

7.4.2　治安保卫措施

为了加强施工现场的保卫工作，确保建设工程的顺利进行，根据××省建设工程施工现场保卫工作基本标准的要求，结合本工程实际情况，为预防各类盗窃、破坏案件的发生，应抓好以下工作：

（1）设立由10人组成的保卫领导小组，由工程项目经理任组长，全面负责领导工作，安全负责人任副组长，其他成员由施工工长、各施工队队长、安全员组成。

（2）工地设门卫值班室，由保安员24h轮流值班，白天对外来人员和进出车辆及所有物资进行登记，并加强夜间值班巡逻护场。重点是仓库、木工棚、办公室、塔吊及成品、半成品保卫。

（3）加强对劳务分包人员的管理，掌握人员底数，掌握每个人的思想动态，及时进行教育，把事故消灭在萌芽状态。非施工人员不得住在现场，特殊情况必须经项目保卫负责人批准。

（4）每月对职工进行一次治安教育，每季度召开一次治保会，定期组织保卫检查。

（5）对易燃、易爆、有毒品设立专库专管，未经项目负责人批准，任何人不得动用。

（6）施工现场必须按照"谁主管，谁负责"的原则，由党政主要领导干部负责保卫工作。由业主指定分包的队伍，仍由总包单位负责。总包单位与分包单位签订保卫工作责任书，各分包单位接受总包单位的统一领导和监督检查。

（7）施工现场设立门卫和巡逻护场制度，护场守卫人员要佩带值勤标志。

（8）财会室及职工宿舍等易发案部位要指定专人管理，重点巡查，防止发生盗窃案件。严禁赌博、酿酒、传播淫秽物品和打架斗殴。

（9）变电室、大型机械设备及工程的关键部位，是现场的要害部位，应加强保卫，确保安全。

（10）加强成品保卫工作，严格执行成品保卫措施，严防盗窃、破坏和治安灾害事故的发生。

（11）施工现场发生各类案件和灾害事故，应立即报告有关部门并保护好现场，配合公安机关侦破。

7.4.3　治安保卫教育

（1）内容

每月对职工进行治安教育，每季度召开一次治保会，定期组织保卫检查。现场重要出入口应设警卫室，昼夜有值班人和记录。施工现场禁止吸烟，所有人员必须服从和接受值班人员的管理。

（2）教育记录卡

每次对职工进行保卫教育的记录存档，以备核查。

7.4.4　现场保卫定期检查

为了维护社会治安，加强对施工现场保卫工作的管理，保护国家财产和职工人身安全，确保施工现场保卫工作的正常有序，促进建设工程顺利进行、按时交工，根据本项目实际进展情况每周对现场保卫工作进行一次检查，对现场保卫定期检查提出的问题限期整改，并按期进行复查。检查内容如下：

（1）加强对全体施工人员的管理，掌握各施工队伍人员底数，检查各队的职工"三证"是否齐全。对无证人员、非施工人员立即清退，并对施工队负责人进行处罚。

（2）加强对职工的政治思想教育，在施工场内严禁赌博酗酒、传播淫秽物品和打架斗殴。

（3）施工现场保卫值班人员必须佩带袖标上岗，门卫及值班人员的记录应完整明确。

（4）施工现场易燃、易爆物品设有专库，由专人负责保管，进出料应记录明确，做好成品保护工作，并制订具体措施严防盗窃、破坏和治安事故的发生。

7.4.5　门卫值班记录

（1）外来人员联系业务或找人，门卫必须先验明证件，进行登记后方可允许进入工地；

（2）门卫值班每天记录应完整清楚，值班人员上班时不得睡觉、喝酒，不得随意离开岗位，发现问题应及时向主管领导报告；

（3）进入工地的材料，门卫值班人员必须进行登记，注明材料规格、品种、数量，运输车的类型和车号。

7.5　施工现场消防管理工作

7.5.1　现场义务消防组织机构

（1）管理组织（略）

（2）职责与任务（略）

（3）义务消防队（略）

7.5.2　防火教育

（1）现场要有明显的防火宣传标志，每月对职工进行一次防火教育，定期组织防火检查，建立防火工作档案。

（2）电工、焊工从事电气设备安装和电、气焊切割作业，要有操作证和用火证。动火前，要清除附近易燃物，配备看火人员和灭火用具。用火证当日有效，动火地点变换，要重新办理用火证手续。

（3）施工材料的存放、保管，应符合防火安全要求，库房应用非燃性材料支搭。易燃易爆物品应专库储存，分类单独存放，保持通风，用火应符合防火规定。

（4）保温材料的存放与使用，必须采取防火措施。

7.5.3　消防安全措施

（1）机电设备

1）机械和动力机的机座必须稳固。转动的危险部位要安设防护装置。工作前必须检查机械、仪表、工具等，确认完好后方可使用。

2）电气设备和线路必须绝缘良好，电线不得与金属物绑在一起；各种电动机必须按规定接零接地，并设置单一开关，临时停电或停工休息时，必须拉闸加锁。

3）施工机械和电器设备不得"带病"运转和超负荷作业。发现不正常情况应停机检查，不得在运转中修理。

4）电气、仪表、管道和设备试运转，应严格按照单项安全技术规定进行。运转时不得擦洗和修理，严禁将头、手伸入机械行程范围内。

5）行灯电压不得超过36V，在潮湿场所或金属容器内工作时，行灯电压不得超过12V。

6）受压容器应配备相应的安全阀、压力表，并避免暴晒、碰撞；氧气瓶严防沾染油脂；氧炔燃焊割，必须有防止回火的安全装置。

7）从事腐蚀、粉尘、放射性和有毒作业的人员，要有防护措施，并进行定期体检。

（2）油漆工程

1）油漆类或其他易燃、有毒材料，存放在专用库房内，不得与其他材料混放。挥发性油料应装入密闭容器内，妥善保管。

2）库房应通风良好，不准住人，并设置消防器材和"严禁烟火"明显标志。库房与其他建筑物应保持一定的安全距离。

3）喷砂除锈时，喷嘴接头要牢固，不准对人。喷嘴堵塞时，应停机消除压力后，再进行修理和更换。

4）使用煤油、汽油、松香水、丙酮等调配油料，要带好防护用品，严禁吸烟。

5）沾染油漆的棉纱、破布、油纸等废物，应收集存放在有盖的金属容器内，及时处理。

6）在室内或容器内喷漆，要保持通风良好，喷漆作业周围不准有火种。

7）刷外开窗扇，必须将安全带挂在牢固的地方。刷封檐板、落水管等应搭设脚手架或吊架。

8）使用喷灯，加油不得过满，打气不得过足，使用的时间不宜过长，点火时火嘴不准对人。

9）使用喷浆机，手上沾有浆水时，不准开关电闸，以防触电。喷嘴堵塞，疏通时不准对人。

10）在调油漆或兑稀料时，室内应通风。在室内和地下室刷油漆时，通风应良好，操作人员及相关人员不准在操作时吸烟，防止气体燃烧伤人。

11）尚有余料的料桶应放回原处，不准到处乱放。

12）清理随用的小漆桶时，应办理用火手续，按申请地点用火烧，并设专人看火，配备消防设施器材，防止发生火灾。

（3）焊接工程

1）电焊作业时，电焊机外壳必须接地良好，其电源的装拆应由电工进行。电焊机要设单独的开关，开关应放在防雨的闸箱内，拉合时应带手套侧向操作。焊钳与把线必须绝缘良好，连接牢固，更换焊条应带手套。在潮湿地点工作，应站在绝缘胶板或木板上。把线、地线禁止与钢丝绳接触，更不得用钢丝绳、脚手架或机电设备代替零线。所有地线接头必须连接牢固。更换场地移动把线时应切断电源，并不得手持把线爬梯登高。多台电焊机在一起集中施焊时，焊接平台或焊件必须接地，并应有隔光板。工作结束时应切断焊机电源，并检查操作地点，确认无火灾隐患后方可离开。

2）气焊作业时，气焊操作人员必须遵守安全使用危险品的有关规定。氧气瓶与乙炔瓶所放的位置，距火源不得少于10m。乙炔瓶要放在空气流通好的地方，严禁放在高压线下面，要立放固定使用，严禁卧放使用。施工现场附近不得有易燃、易爆物品。装置要经常检查和维修，防止漏气。同时要严禁气路沾油，以防止引起火灾。氧气瓶、乙炔瓶在严冬工作时，易被冻结，此时只能用温水解冻（水温40℃），不准用火烤，夏天不得放在日光下直射或高温处，温度不要超过35℃。使用乙炔瓶时，必须配备专用的乙炔减压器和回火防止器。每变换一次工作地点，都要按上述要求检查。

（4）防水作业

1）皮肤病、眼结膜病以及对防水材料严重过敏的工人不得从事防水作业；

2）装卸、搬运、施工时必须使用规定的防护用品，皮肤不得外露；

3）防水施工设置明显警戒标志，施工范围内不得有电气焊作业、明火作业；

4）防水施工时，现场要配备灭火器。

（5）可燃可爆物资存放与管理

1）施工材料的存放、保管，应符合防火安全要求，库房应用非燃材料搭设。易燃易爆物品应专库储存，分类单独存放，保持通风，用电符合防火规定。化学类易燃品和压缩可燃性气体容器等，应按其性质设置专用库房分类存放，其库房的耐火等级和防火要求应符合公安部制定的《仓库防火安全管理规则》，使用后的废弃物料应及时消除。

2）用易燃易爆物品，必须严格落实防火措施，指定防火负责人，配备灭火器材，确保施工安全。

（6）明火作业

1）用电气设备和化学危险品，必须符合技术规范和操作规程，严格采取防火措施，确保施工安全，禁止违章作业。施工作业用火必须经保卫部门审批，领取用火证，方可作业。用火证只在指定地点和限定时间内有效。

2）具有火灾危险的场所禁止动用明火，确需动用明火时，必须事先向主管部办理审批手续，并采用严密的消防措施，切实保证安全。

3）现场生产、生活用火均应经主管消防的领导批准，任何人不准擅自动用明火。使用明火时，要远离易燃物，并备有消防器材。

4）冬期施工室内取暖或建筑物室内保温用的炉火，都要经消防人员检查，办理用火手续，发现无用火证的火炉要立即熄灭，并追究责任。

5）现场从事电气焊人员均应受过消防知识教育，持有操作合格证。在作业前办理用火手续，并配备适当的看火人员，看火人员随身应配有灭火器具，在焊接过程中不准离开岗位。

6）冬期施工采用电热法或红外线蓄热法施工时，要注意选用非燃烧材料保温，并清除易燃物。

（7）季节施工

1）大风大雨前后，要检查工地临时设施、脚手架、机电设备、临时线路，发现倾斜、变形、下沉、漏雨、漏电等现象，应及时修理加固；有严重危险的，应立即排除。

2）脚手架、塔吊、易燃易爆仓库等应设置临时避雷装置。对机电设备的电气开关，要有防雨、防潮设施。

3）现场道路应加强维护，斜道和脚手板应有防滑措施。

4）夏季作业应调整作息时间，从事高温作业的场所，应加强通风和降温措施。

5）冬期施工使用明火取暖，应符合防火要求和指定专人管理。

6）冬期油漆桶和涂料桶不准靠近火炉或用火烤。

（8）现场堆料防火措施

1）材料堆放不要过多，料垛之间应保持一定的防火间距。木材加工的废料要及时清理，以防自燃。

2）现场生石灰应单独存放，不准与易燃可燃材料放在一起，并应注意防水。

3）易燃易爆物品的仓库应设在地势低处。

（9）施工现场不同施工阶段的防火要点

1）在基础施工时，主要应注意保温、养护用的易燃材料的存放，焊接钢筋时易燃材料应及时清理。

2）在主体结构施工时，焊接量比较大，特别是上层施工时，电焊火花一落数层，如果场内易燃物多，应多设看火员；在焊点垂直下方，尽量清理易燃物。冬期施工用易燃材料保温时，要特别注意明火管理，电焊火花落点要及时清理，消灭火种。对大面积结构保温时，要设专人巡视。

3）在装修施工时，易燃材料较多，对所用电气及电线要严加管理，预防断路打火。

7.6　施工进度计划及保证措施

招标文件要求本工程施工工期 540 个日历天，并计划于 2006 年 7 月 10 日开工，预计 2007 年 12 月 31 日完工。我单位响应业主工期要求，定于 2006 年 7 月 10 日开工，于 2007 年 11 月 30 日竣工，总工期 509 个日历天。为了实现上述工期目标，拟采取以下措施：

7.6.1　建立例会制度，保证各项计划的落实

（1）例会制度。每日早 7：30 召开项目经理部有关人员会议，协调内部管理事务；每日下午 6：00 召开有分包、监理共同参加的生产例会，总结日计划完成情况，发布次日计划；每周一召开项目经理部、业主、监理三方例会，分析工程进展形势，互通信息，协调各方关系，制定工作对策，解决施工中存在的实际问题。通过例会制度，使施工各方信息交流渠道通畅，问题解决及时。

（2）应用计算机项目管理信息系统，实现资源共享。全面采用《建筑工程施工项目管理信息系统》（简称 MIS 系统），以项目区域计算机网络为基础，建立项目管理信息网络，通过 MIS 系统，实现高效、迅速并且条理清晰的信息沟通和传递。通过 MIS 系统，来提高工作效率，加快工作进程。

（3）根据不同阶段加强现场平面布置与管理。

（4）加强跟设计的协调和施工详图深化设计工作。

（5）加强与政府和社会各方面的协调沟通。

（6）加强与业主、监理、设计方的合作与协调，积极主动地为业主服务。

7.6.2　制订合理的施工方案

（1）配备足够的机械设备和必须的备用设备，加强机械设备的维修保养，使其经常保持良好的状态，提高使用率和生产效率。

（2）投入足够的劳动力、周转工具，在各个施工段上平行作业。

（3）采取一定措施，充分利用混凝土配制的富余强度，掺加早强剂，确保混凝土在短期内达到 100% 的设计强度，达到拆模强度要求。

（4）主体结构工程施工期间，框架柱采用定型大模，顶板采用大型木胶板，并配合使用模板早拆体系，从面提高主体结构施工进度。

（5）合理安排交叉施工：凡结构施工完成后，及时插入二次结构、装修及机电工程；主体结构分段施工，分段验收。为加快施工进度，室内装修和机电工程将随结构验收及时分期插入。室内装修将优先安排机电设备用房土建装修，以保证后期机电设备安装及调试工作顺利进行。

（6）及时组织材料、设备进场：公司良好的财务状况将会保证本项目专款专用，保证各类材料、设备按施工进度计划需求，提前进行加工订货，确保按时进场。

（7）针对工程特点，采用分段流水施工方法，减少技术间歇，对主要项目集中力量、突出重点，制订严密的方案组织合理的施工穿插，并重视资源需求计划落实，加快施工进度，重视施工组织的动态管理和不断优化。

7.6.3　采用流水施工，确保施工进度

根据工程工期要求和阶段目标要求，及总控计划安排，按区段采用流水施工方式进行组织施工。

流水施工是一种科学的施工组织方法，其原理是使用各种先进的施工技术和施工工艺，压缩或调整各施工工序在一个流水段上的持续时间，实现节拍的均衡流水。在实际施工中，我单位将根据各阶段施工内容、工程量以及季节的不同，采用增加资源投入、加强协调管理等措施，来满足流水节拍均衡施工的需要。

7.6.4　广泛采用新技术、新材料、新工艺

先进的施工工艺、材料和技术是进度计划成功的保证。我单位将针对工程特点和难点采用先进的施工技术和材料，提高施工速度，缩短施工工期，从而保证各里程碑工期目标和总体工期目标。

本章中的施工技术组织及管理措施是施工管理工作的重要组成部分，各种保障措施是针对工期、质量、安全、环保、现场文明施工、消防保卫等工作的落实，它反映了一个企业的整体策划能力及管理水平。

8　施工现场总平面布置与管理

8.1　施工现场总平面布置原则

（1）现场平面随着工程施工进度进行布置和安排，阶段平面布置要与该时期的施工内容相适应。

（2）由于场地设生产及道路等临时设施，因此，在平面布置中应充分考虑，进行优化布置，以满足施工及生活的需要。

（3）施工材料堆放应尽量设在垂直运输机械覆盖的范围内，以减少发生多次搬运为原则。

（4）中小型机械的布置，要处于安全环境中，要避开高空物体坠落打击的范围。

（5）临电电源、电线敷设要避开人员流量大的楼梯及安全出口，以及容易被坠落物体打击的范围；电线尽量采用暗敷方式。

（6）加强对职工的宣传教育，提高环境保护意识，坚持环境保护和文明施工，使工程施工现场保持整洁、卫生、优美、有序的状态，同时通过大家的共同努力和坚持不懈，使工程在环保、节能等方面成为一个名副其实的绿色建筑。

（7）控制粉尘设施及噪声设施的布置。

（8）设置便于大型运输车辆通行的现场道路并保证其可靠性。

（9）水、电及施工机械的供应和布置要满足施工的需求。

（10）现场污水经处理沉淀后排入市政管网。

8.2　各阶段施工平面布置

8.2.1　基础阶段

（1）本阶段的施工任务是破桩清槽，地下室结构的防水、钢筋、模板、混凝土施工等内容。

（2）先将基坑开挖至设计要求，再将基坑以外未硬化的场地进行平整、硬化处理。场地内修排水沟、集水井，防止积水。

（3）材料堆放及加工场地设置在现场北侧和中心空地内，工人生活区在现场西侧布置；在现场北侧靠近围墙处设置项目部办公室。

（4）从水源将供水主管通到建筑物四周，形成环状水路，水管埋入地下，根据需要留出接头位置，以便将接出水管引至用水地点。

（5）由变电室沿场地围墙设埋地供电电缆引至各用电处，形成环状电路，保证全场有足够的电力。

8.2.2　主体结构工程施工阶段

（1）本阶段的主要施工任务是主体结构钢筋、模板、混凝土施工以及墙体砌筑、网架安装、安装预留等，包括穿插进行的初装修、管道安装工程。本阶段是本工程的主要和关键施工阶段，施工节奏快，现场机具、材料需用量大。

（2）根据不同区段的施工需要，设置7台塔吊配合作业。

8.2.3　装饰、安装阶段

（1）本阶段的主要任务是地面工程、门窗工程、内装修、屋面工程、外墙装修、安装工程等；

（2）钢筋场地和模板场地清理，部分库房改成装修材料存放库。

8.2.4　生活设施布置

8.2.4.1　项目办公

现场办公区布置在施工现场北侧，办公室内统一配备办公桌椅、电脑、复印机、传真机等设施，会议室内配备拼装式长型会议桌，办公室、会议室安装空调机、电源插座、电话、传真机等。办公室门前进行绿化，靠道路设灯箱式"七牌一图"，营造一个整洁、文明、舒适的办公环境。

8.2.4.2　工人生活

工人生活区在场内西侧安排，由宿舍、食堂、浴室、厕所组成，面积约 $1200m^2$。可容纳500人同时住宿，生活区食堂内配冰柜、蒸箱、炉灶等设施，满足施工人员用膳。宿舍每间6人，上下铺，床架被褥统一，实行公寓化管理。整个生活区派人定时进行卫生打扫，做到干净、整洁、无异味、排水通畅、道路整齐，并进行适当绿化、美化，为工人营造整洁、卫生的环境，展现企业形象。

8.2.5　生产设施布置

8.2.5.1　施工临时用水

（1）施工临时用水计算

本工程现场用水分为施工用水、施工机械用水、消防用水和施工现场生活用水四部分，根据现场实际情况，现场临时用水只要满足消防用水条件，就可满足施工用水需要。消防用水量按总面积不大于 $2hm^2$、现场同时施工人数不超过2000人、火灾同时发生2次计算，消防用水的定额用量 $q_4 = 10 \sim 15L/s$，取 $q_4 = 10L/s$。

根据规定，当 $q_1 + q_2 + q_3 < q_4$ 时，取用 q_4 计算供水管径的原则，即：

$$q = q_4 = 10L/s = 10 \times 10^{-3} m^3/s$$

供水管径 d 按下面式计算：

$$d = \sqrt{\frac{4q}{\pi v}} = \sqrt{\frac{4 \times 10 \times 10^{-3}}{3.14 \times 1.5}} = 0.092m = 92mm$$

式中　q_1——施工用水；

　　　q_2——施工机械用水；

　　　q_3——施工现场生活用水；

　　　q_4——消防用水的定额用量；

　　　v——管网中的水流速度（一般采用 $1.2 \sim 1.5 \text{m/s}$，个别情况可采用 2.0m/s，本工程采用 1.5m/s）。

　　由计算结果可知，业主提供的 DN100（管径 100mm）水源管可满足现场施工要求。

（2）施工用水布置

　　根据总平面图布置和用水情况，水源分两支 DN65（管径 65mm）干管进行环形布置，并引至办公区、标准养护室以及施工现场附近位置；在主体建筑旁设置一个 15m^3 的水池和一台 50m 扬程的高压水泵；同时在环形干管中间预设 7 只 $\phi 65$ 消防栓；冲洗地面及洗车用水源设置在工地出口处；楼层中每层留设 $1 \sim 2$ 个 $\phi 25$ 水管阀门，用于混凝土浇水养护，施工用水布置情况将在施工总平面布置图（略）上详细说明。

8.2.5.2　施工临时用电

（1）施工临时用水计算

　　本工程用电高峰期将出现主体结构施工过程中，期间主要用电机械有：塔吊、混凝土输送泵等，详细情况在《主要施工机具一览表》中有说明，还有施工照明用电也是主要耗电项目。

　　1）本工程施工用电量按下式计算：

$$P_{\text{施}} = K_1 \sum P_{\text{机}} + \sum P_{\text{直}}$$

式中　$\sum P_{\text{机}}$——各种机械设备的用电量（kW），它以整个施工阶段内的最大负荷为准（一般以土建和设备安装施工搭接阶段的电力负荷为最大）；

　　　$\sum P_{\text{直}}$——直接用于施工的用电量（kW）；

　　　K_1——综合用电系数，本工程取 $K_1 = 0.6$。

$$P_{\text{施}} = 0.6 \times 1124.44 + 63 = 737.664 \text{kW}$$

　　2）照明用电可按下式计算：

$$Q_{\text{照}} = 0.001 \left(K_2 \sum P_{\text{内}} + K_3 \sum P_{\text{外}} \right)$$

式中　$\sum P_{\text{内}}$、$\sum P_{\text{外}}$——室内与室外照明用电量（W）；

　　　K_2、K_3——综合用电系数，取 0.8 和 1.0。

$$Q_{\text{照}} = 0.001(0.8 \times 8000 + 1.0 \times 20000) = 26.4 \text{kW}$$

故：

$$P_{\text{总}} = P_{\text{施}} + Q_{\text{照}} = 737.664 + 26.4 = 764.064 \text{kW}$$

（2）变压器选择

　　变压器的功率可按下式计算：

$$P = \frac{1.1}{\cos\phi} P_{\text{总}} = \frac{1.1}{0.75} 764.064 = 1494.17 \text{kVA}$$

式中　$\cos\phi$——用电设备的平均功率系数，取 0.75；

　　　1.1——线路上的电力损失系数。

根据计算结果，现场配置 5 台 300kVA 的变压器即能满足施工需要。

8.2.6　临时用地（表 8.2.6）

临时用地一览表　　　　　　　　　　表 8.2.6

序号	用　途	面积（m²）	位　置	需用时间
1	门卫	15	详见平面布置图	整个工期
2	项目办公室	180	详见平面布置图	整个工期
3	项目食堂	36	详见平面布置图	整个工期
4	项目卫生间	18	详见平面布置图	整个工期
5	项目浴室	18	详见平面布置图	整个工期
6	项目会议室	40	详见平面布置图	整个工期
7	项目餐厅	36	详见平面布置图	整个工期
8	医务室	30	详见平面布置图	整个工期
9	库房	30	详见平面布置图	整个工期
10	职工食堂	440	详见平面布置图	整个工期
11	职工宿舍	1200	详见平面布置图	整个工期
12	职工浴室	40	详见平面布置图	整个工期
13	职工水房	32	详见平面布置图	整个工期
14	职工厕所	60	详见平面布置图	整个工期
15	土建仓库	264	详见平面布置图	整个工期
16	安装仓库	220	详见平面布置图	整个工期
17	木工棚	800	详见平面布置图	基础、主体
18	钢筋棚	1000	详见平面布置图	基础、主体
19	水泥库	280	详见平面布置图	装修阶段
20	砂料堆放区	250	详见平面布置图	主体、装修阶段
21	装修材料堆放区	550	详见平面布置图	装修阶段
22	砌体材料堆放区	550	详见平面布置图	主体、装修阶段

科学、合理的施工现场平面布置，体现的是施工企业的综合施工能力和现场管理水平。现场平面布置是随着工程的进度和施工阶段变化而进行布置和安排的。而它的布置原则是最大限度地改善环境，满足施工及生活需要，确保安全的同时要求保持整洁、卫生、优美有序的状态，使工地成为名副其实的绿色工地。

9　季节性施工措施

9.1　冬期、雨季施工内容

根据本工程的工程规模和进度计划，在工程施工期间将历经两个冬期、雨季，各季节预计的施工部位如下：

（1）雨季施工

2006 年雨季：土方工程、基础结构、主体结构、安装预留预埋工程等分部；

2007 年雨季：屋面防水层、二次结构、室内装饰装修、外墙装饰、设备安装等分部。

（2）冬期施工

2006 年冬期：主体结构施工、安装预留预埋工程等；

2007 年冬期：装饰装修工程、机电设备安装调试、竣工清理及交验。

9.2 冬期施工

9.2.1 冬期施工界定

当冬天到来时，如连续 5d 的日平均气温稳定在 5℃以下，则此 5d 的第一天为进入冬期施工的初日，当气温转暖时，最后一个 5d 的日平均气温稳定在 5℃以上，则此 5d 的最后一天为冬期施工的终日（日平均气温是 1d 内 2、8、14 和 20 时等 4 次室外气温观测结果的平均值，应该在地面以上 1.5m 处，并远离热源的地方测得的）。根据历年来石家庄地区气象资料以及相关规定，冬期施工起始日为当年 11 月 15 日到翌年 3 月 15 日。

9.2.2 冬期施工特点

冬期施工由于施工条件及环境的影响，是工程质量事故的多发季节，应引起足够重视。

冬期施工的质量事故具有隐蔽性、滞后性，即工程是冬天施工的，大多数事故在春季才开始暴露出来，因而给事故处理带来很大的难度，轻者进行修补，重者返工重来，不仅给工程带来损失，而且影响工程的使用寿命。

9.2.3 气温特点

进入冬期施工后，应随时注意收听当地的气象预报，开始每天测温，并做好气温突然下降的防冻准备工作。

根据历年气温的变化规律，冬期施工又可分为一般低温阶段和极低温阶段。一般低温阶段的时间是：每年的 11 月 12 日至 12 月中旬和翌年的 2 月中旬至 3 月 18 日，大约 70~80d，占整个冬期施工时间的 60% 左右，白天的工作环境基本处于零度以上，混凝土施工掺早强型减水剂即可。极低温阶段的时间是：每年的 12 月下旬至翌年的 2 月中旬，特别是 1 月份，属于石家庄地区气温的最冷月，日最低气温大约在 −10℃左右，这个阶段不宜进行混凝土结构施工。

9.2.4 冬期施工准备工作

9.2.4.1 组织措施

（1）建立以项目经理为组长的冬期施工领导小组，加强冬期施工管理，保证冬期施工质量，确保冬期施工的正常进行。

（2）进行冬期施工的工程项目，在入冬前组织专人编制冬期施工方案。编制的原则是：确保工程质量；经济合理，使增加的费用为最少；所需的热源和材料有可靠的来源，并尽量减少能源消耗；确实能缩短工期。冬期施工方案应包括施工程序，施工方法，现场布置，设备、材料、能源、工具的供应计划，安全防火措施，测温制度和质量检查制度等。方案确定后，组织有关人员学习，并向班组进行交底。

（3）进入冬期施工前，对掺外加剂人员、测温保温人员，应专门组织技术业务培训，学习本工作范围内的有关知识，明确职责，经考试合格后，方准上岗工作。

（4）与当地气象台、站保持联系，及时收听天气预报，防止寒流突然袭击。安排专人测量施工期间的室外气温，砂浆、混凝土的温度并做好记录。

9.2.4.2　图纸准备

凡进行冬期施工的工程项目，必须复核施工图纸，看其是否适应冬期施工要求。如不适应，则应通过图纸会审解决。

9.2.4.3　现场准备

（1）根据实物工程量提前组织有关机具、外加剂和保温材料进场；

（2）工地的临时供水管道及石灰膏等材料做好保温防冻工作；

（3）做好砂浆及混凝土掺外加剂的试配试验工作。

9.2.4.4　冬期施工安全与防火措施

（1）冬期施工时，要采取防滑措施。生活区及施工道路、架子、坡道应经常清理积水、积雪、结冰，斜跑道要有可靠的防滑条。

（2）大雪后必须将架子上的积雪清扫干净，并检查马道平台。如有松动下沉现象，务必及时处理。

（3）施工时如接触热水，要防止烫伤；使用氯化钙、漂白粉时，要防止腐蚀皮肤。

（4）对现场火源，要加强管理。使用电焊、气焊时，应注意防止发生火灾。

（5）电源开关、控制箱等设施要统一布置，加锁保护，防止乱拉电线，防止漏电触电。

（6）冬期施工中，凡高空作业应系安全带，穿胶底鞋，防止滑落及高空坠落。

9.3　雨季施工

9.3.1　施工准备（略）

9.3.2　施工措施

（1）原材料的储存和堆放

1）水泥全部存入仓库，没有仓库的应搭设专门的棚子，保证不漏、不渗、不潮，下面应架空通风，四周设排水沟，避免积水。

2）砂、石料一定要有足够的储备，以保证工程的顺利进行。场地四周要有排水出路，防止淤泥渗入。

3）陶粒混凝土砌块应在底部用木方垫起，上部用防雨材料覆盖。

4）装修用材料要求入库存放，随用随领，防止受潮变质。

5）外窗应在室内粉刷前进行封闭。

（2）装修施工

1）雨季装修施工应精心组织，合理安排。按照晴、雨、内、外相结合的原则安排施工，晴天多做外装修，雨天做内装修。外装修作业前要收听天气预报，确认无雨后方可进行施工，雨天不得进行外装修作业。雨天室内工作时，应避免操作人员将泥水带入室内造成污染。一旦污染地面应及时清理。

2）室内木作、油漆及精装在雨季施工时，其室外门窗采取封闭措施，防止雨水淋湿浸泡。

3）外墙施工遇雨时，应进行覆盖；继续施工时，应全面检查。

4）内装修前应先安好门窗或采取遮挡措施。结构封顶前的楼梯口、通风口及所有洞口在雨天用塑料布及多层板封堵。落水管一定要安装到底，并安装好弯头，以免雨水污染外墙装饰。

5）对易受污染的外装修，要制订专门的成品保护措施。

6）每天下班前关好门窗，以防雨水损坏室内装修，防止门窗玻璃被风吹坏。

7）各种需防潮防雨的装修材料应按物资保管规定，入库或覆盖防潮布存放，防止变质失效。如门窗、白石灰等易受潮的材料应放于室内，垫高并覆盖塑料布。

（3）脚手架工程

1）雨季前对所有脚手架进行全面检查。脚手架立杆底座必须牢固，并加扫地杆，外用脚手架要与墙体拉结牢固。

2）外架基础应随时观察，如有下陷或变形，应立即处理。

（4）回填土施工

回填土施工应当尽量避开雨季，如因其他因素影响，必须确保土方均匀回填，必要时应在回填部分加砂石，保证基坑回填土质量。

（5）机电安装

1）设备预留孔洞应做好防雨措施。如施工现场地上部分设备已安装完毕，要采取措施防止设备受潮，被水浸泡。

2）现场中外露的管道或设备，应用塑料布或其他防雨材料盖好。

3）室外电缆中间头、终端头制作应选择晴朗无风的天气；油浸纸绝缘电缆制作前须摇测电缆绝缘及校验潮气。如发现电缆有潮气浸入时，应逐段切除，直至潮气消失为止。

9.4　高温季节施工措施

在夏季高温季节，为保证工程工期、保证广大职工的安全与健康、防止各类事故的发生、确保夏季施工顺利进行，重点做好安全生产和防暑降温工作，拟采取以下几点措施：

（1）成立夏季施工领导小组，由项目经理任组长，综合办公室主任、项目副经理担任副组长，对施工现场管理和职工生活管理做到责任到人，切实改善职工食堂、宿舍、办公室、厕所的环境卫生，定期喷洒杀虫剂，防止蚊、蝇孳生，杜绝常见病的流行。关心职工，特别是生产第一线和高温岗位职工的安全和健康，对高温作业人员进行就业和入暑前的体格检查，凡检查不合格者不得在高温条件下作业。认真督促检查，做到责任到人、措施得力，确实保证职工健康。

（2）做好用电管理，夏季是用电高峰期，应定期对电气设备逐台进行全面检查、保养，禁止乱拉电线，特别是对职工宿舍的电线应及时检查，加强用电知识教育。做好各种防雷装置接地电阻测试工作，预防触电和雷击事故的发生。

（3）加强对易燃等危险品的贮存、运输和使用的管理，在露天堆放的危险品应采取遮阳降温措施。

（4）高温期间根据生产和职工健康的需要，合理安排生产班次和劳动作息时间，对在特殊环境下（如露天、封闭等环境）施工的人员，采取诸如遮阳、通风等措施或调整工作时间，早晚工作，中午休息，防止职工中暑、窒息、中毒和其他事故的发生。炎热时期派医务人员深入工地进行巡回观察，一旦发生中暑、窒息、中毒等事故，立即进行紧急抢救或送医院急诊抢救。同时教育职工不得擅自到江河湖泊中洗澡、游泳，以免发生意外事故。

（5）夏季在工程施工过程中应注意以下几点：

1）脚手架和室外架空线路等应采用专用的锚固、拉线等装置要能防暴风雨，并定期进行安全隐患检查，以防止在风暴袭击时造成事故。

2）砌体要充分湿润，砌筑砂浆稠度稍加大，控制在9cm左右。

3）混凝土、水泥砂浆等成品应加强养护，派专人包干分片管理，及时用草袋覆盖或浇水养护。

4）对特殊材料采取遮阳或特殊管理，以防材料变质。

5）在高温期间要切实关心职工，特别是生产一线和高温岗位职工的安全和健康，保证茶水供应并配发风油精、清凉油及人丹等；适时供应绿豆汤等防暑降温饮料；生活区要设置淋浴室，保证职工洗浴需要；现场搭设适当数量的遮阳棚，供职工休息使用。

9.5 防沙尘施工措施

（1）收听天气预报，及时做好防范措施，在扬沙或沙尘暴到来之前进行全面检查。

（2）对各楼层的堆放材料进行全面清理，在堆放整齐的同时必须进行可靠的压重和固定，防止沙尘暴到来时将材料吹散。对外架进行细致的检查、加固。外架与结构的拉结要增加固定点，同时外架上的全部零星材料和零星垃圾要及时清理干净。

（3）塔吊的各构件要细致检查一遍，同时塔吊的小车和钓钩均要停靠在最安全处，封锁装置必须可靠有效。对塔吊臂杆进行了限位的，应将臂杆用揽风绳固定在可靠的结构上，驾驶室的门窗要关闭锁好。

（4）暴风、沙尘暴到来时各机械应停止操作，人员应停止施工。暴风、沙尘暴过后对各机械和安全设施进行全面检查，没有安全隐患时才可恢复施工。

由于我国气候条件的差异，尤其在北方冬期长达数月的寒冷气候，给施工带来了很多困难，所以在这种环境下施工，我们一定要采取一些特殊的施工防护措施，以保证工程正常的施工。冬期施工大体上的内容主要有冬期施工准备、冬期施工技术措施和有关冬期施工注意事项等。因此，在北方施工凡是跨年度的项目均要编制冬期、雨季施工方案。

10　科技进步与新技术应用

10.1 概述

任何企业的生产经营活动，都追求最大的经济效益。在本工程的投标施工组织设计和工程施工中，我们将遵循这一原则。认真分析、优化、对比选择最佳方案，充分体现方案的技术可行性和经济合理性，将业主的每一分钱都用在刀刃上，使工程成本降低到最小限度。

建筑业是以手工操作为主的劳动密集型产业，随着中国加入WTO，建筑市场的竞争日益加剧，施工企业的经济效益急剧下滑。如何用现代化技术手段改造传统产业，是摆在我们面前的重要课题。因此，在本工程的施工中，我们将积极采用新技术，通过科技进步提高工程科技含量，提高工程整体质量，并达到增加经济效益的目的。其措施如下：

（1）科技示范工程：我们将把本工程列为本企业的科技示范工程；

（2）采用新技术的种类：我们采用建设部推广应用的建筑业 10 项新技术；除此之外，我们还将采用其他新材料、新工艺；

（3）科技进步效益率：1.5%。

10.2　组织机构及保证措施

10.2.1　组织机构

（1）成立科技示范工程领导小组

成立以总工为首的科技示范工程领导小组，主要负责科技示范工程实施方案的审查、执行情况的监督检查及总结、验收、报评工作。

（2）建立科技示范工程实施情况汇报制度

在项目部成立以项目经理为组长、项目总工为副组长、各专业工程师参加的科技示范工程实施小组，具体负责科技示范工程实施方案的制订及具体执行和落实工作，定期向有关领导和部门汇报，并对实施过程出现的问题及时予以纠正。

10.2.2　保证措施

（1）组建业务水平高、管理能力强的项目经理部，把科技示范推广应用情况作为考评项目班子业绩的主要内容。

（2）建立技术保证、监督、检查、信息反馈系统，调动测量、质量、安全、施工技术等各个部门积极工作，将动态信息迅速传递到项目决策层，针对问题，及时调整方案，确保新技术、新工艺、新材料的顺利实施。

（3）严谨、细致地确保每项工作优质高效完成。新技术推广应用要有严谨的科学态度，对于任何一项新工艺、新技术的应用，均应认真分析，调查研究，有的放矢，既要确定目标，又要制订切实可行的方案，认真组织实施。

（4）熟悉图纸，做好技术培训工作。

（5）做好方案论证工作，针对拟采用的技术编制有针对性、可操作性的施工方案。

（6）充分发挥 QC 小组的攻关作用，群策群力，攻克技术难关。

10.2.3　应用项目及实施措施

（1）混凝土裂缝防治技术（略）；

（2）粗直径钢筋连接技术（略）；

（3）清水混凝土模板技术（略）；

（4）早拆模板成套技术（略）；

（5）碗扣式脚手架应用技术（略）；

（6）预拌砂浆技术（略）；

（7）施工放样技术（略）；

（8）大体积混凝土温度监测和控制（略）；

（9）给水管道卡压连接技术（略）；

（10）管线布置综合平衡技术（略）；

（11）电缆敷设与冷缩、热缩电缆头制作技术（略）。

10.2.4　信息化施工管理

（1）电视监控系统（略）；

（2）工程文档和合同管理系统（略）；

（3）施工微机管理（略）；

（4）网络及应用方案（略）。

10.2.5　社会效益分析（略）

　　任何企业的生产经营活动，都追求最大的经济效益。在本工程的投标施工组织设计和工程施工中，我们将遵循这一原则。认真分析、优化、对比选择最佳方案，充分体现方案的技术可行性和经济合理性，将业主的每一分钱都用在刀刃上，使工程成本降低到最小限度。

　　建筑业是以手工操作为主的劳动密集型产业，随着中国加入 WTO，建筑市场的竞争日益加剧，施工企业的经济效益急剧下滑。如何用现代化技术手段改造传统产业，是摆在我们面前的重要课题。因此，在本工程的施工中，我们将积极采用新技术，通过科技进步提高工程科技含量，提高工程整体质量，并达到增加经济效益的目的。

11　工程成本管理

11.1　概述

　　成本是项目施工过程中各种耗费的总和，它是一项综合指标，它涉及项目管理中施工组织、技术以及经济管理工作的质量。工程成本一般可分为直接成本和间接成本，根据不同的标准，可以对成本进行不同的划分，如：根据成本随产量的变化情况可划分为固定成本和变动成本，按经济性质可划分为工资及附加费、外购材料及动力费、折旧费和其他费用，按工程项目的特点和管理要求可划分为预算成本、计划成本和实际成本等。

　　对业主和总承包商来讲，虽然所处的层次和角度不同，但双方都要进行成本控制。一般说来，成本控制对于业主来讲通常称为投资控制，可采用价值工程等方法对各种投资方案进行比选，然后通过招投标择优选取承包商进行工程项目的建设。成本控制对于总承包商而言，主要通过加强管理、健全组织、堵塞漏洞等方法来实现。

11.2　工程成本管理的意义

　　业主和总承包商从各自的利益出发，都需要进行成本管理，但两者所处的地位和角度不同，决定了他们成本管理的内容不同，因此，两者对成本的管理既不冲突，也不矛盾。工程成本管理的意义主要有：

　　（1）工程成本管理的好坏，决定了工程预期利润能否实现。不能盈利的项目，从根本上讲是一个失败的项目。

　　（2）工程的盈利水平，反映了一个企业的综合管理水平和综合势力。只有保持良好的盈利水平，才能确保企业在激烈的市场竞争中处于领先地位。

　　（3）工程成本管理是建设项目从立项到竣工使用过程中不可缺少的环节，没有成本控制的项目管理不是完整的科学的项目管理。

　　（4）实施成本管理不仅可以减少浪费增加效益，还可以通过实施成本管理确保材料用量，防止偷工减料，有效地避免质量事故。

11.3 工程成本管理的步骤

(1) 成本估算（略）；
(2) 成本预算（略）；
(3) 成本控制和预测（略）；
(4) 数据分析（略）；
(5) 数据开发（略）；
(6) 进度计划（略）。

11.4 成本管理流程图

成本管理的流程如图11.4所示。

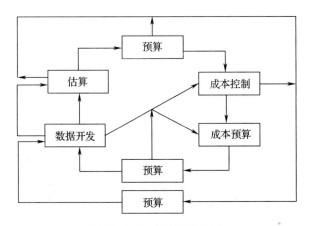

图11.4 成本管理流程图

11.5 总承包商的成本管理

随着我国加入WTO，建筑市场的竞争更加激烈，总承包商要想在竞争中求生存、谋发展，就必须进一步加强和提高包括成本管理在内的各项管理水平，并尽快与国际工程的项目管理接轨。加强成本管理，对于提高和发展企业综合实力都具有极大的现实意义。

11.5.1 加强成本管理的意义

(1) 成本管理的水平体现了企业的综合管理能力（略）；
(2) 加强成本管理可以控制支出，减少浪费（略）；
(3) 加强成本管理可以保证支出，防止偷工减料（略）；
(4) 加强成本管理是与国际工程项目管理接轨的需要（略）。

11.5.2 成本管理的原则

根据我们近年来的工程实践，通过对一些施工企业成本管理方面的成功经验进行总结，我们认为施工总承包企业的成本管理要遵循下列原则：

(1) 以人为本、全员参与的原则（略）；
(2) 目标分解、风险分担的原则（略）；

（3）成本控制的动态性、及时性、准确性原则（略）。

11.5.3　项目成本管理的组织机构图（略）

11.5.4　总承包商成本控制的实施

每一个阶段的成本控制工作主要有：

（1）施工准备阶段（略）；

（2）施工阶段（略）；

（3）验收移交阶段（略）。

11.5.5　总承包商对业主成本管理的协助

施工总承包商主要负责建设项目的施工阶段的施工管理任务。施工阶段作为建设项目中的一个重要阶段，对总的项目投资有着重要的影响。在此阶段，总承包商对业主成本管理的协助主要有以下几个方面：

（1）通过建议业主采用合理化建议，如采用新材料、新工艺、新方法等，降低工程造价，从而减少投资；

（2）加强对设计图纸的审核，将图纸设计错误在施工前消除，防止因变更或设计错误影响施工进度；

（3）加强对使用功能的审核，及时给业主提供改善使用功能又不增加投资的建议，防止因使用功能上的缺陷降低投资效果；

（4）通过加强成本管理，保证足够的施工投入，防止偷工减料，确保工程质量；

（5）加强进度计划管理，确保工程提前完成，从而达到提前使用的目的，增加业主投资效益。

成本是项目施工过程中各种耗费的总和，它是一项综合指标，它涉及项目管理中施工组织、技术以及经济管理工作的质量。工程成本一般可分为直接成本和间接成本，根据不同的标准，可以对成本进行不同的划分，如：根据成本随产量的变化情况可划分为固定成本和变动成本，按经济性质可划分为工资及附加费、外购材料及动力费、折旧费和其他费用，按工程项目的特点和管理要求可划分为预算成本、计划成本和实际成本等。

对业主和总承包商来讲，虽然所处的层次和角度不同，但双方都要进行成本控制。一般说来，成本控制对于业主来讲通常称为投资控制，可采用价值工程等方法对各种投资方案进行评选，然后通过招投标择优选取承包商进行工程项目的建设。成本控制对于总承包商而言，主要通过加强管理、健全组织、堵塞漏洞等方法来实现。

12　成品保护措施

12.1　成品保护的目的和原则

制订成品保护措施的目的，是为了最大限度地消除和避免成品及半成品在施工过程中的污染和损坏，以保证业主、总包单位及各分包单位的利益不受损害，达到降低成本以及减少各专业之间相互破坏造成的返工，保障工期目标和质量目标的实现。

根据以往工程施工的经验，总承包单位将对现场成品保护负责，同时制订完善的成品保护措施和工序交接制度，来达到成品保护的目的。各专业分包单位和指定分包单位就成品保护向总包单位负责，总包单位统一向业主负责。工程开工后，总包单位制订专项成品保护方案报监理单位审批，各专业分包单位和指定分包单位均需按照既定方案执行。

成品保护制度遵循的原则是：总包单位统一组织，施工过程中各自负责，分项完成后做好交接。

12. 2　组织管理措施

（1）成立以项目经理为组长的成品保护小组，成员包括工程技术部、设备物资部、工程质量部的有关人员，现场设专职成品保护队。明确各有关部门和人员的岗位职责。

（2）建立健全成品保护工作体系，严格执行公司的工程施工安装产品保护程序。在安排施工生产的同时明确成品保护的基本要求和重点。制订相应的保护措施，并加强监督检查。

（3）加强成品保护的宣传教育，使有关人员明白做好成品保护是满足施工正常进行的必要条件和维护职业道德的基本要求。各专业队或作业班组必须设认真负责的成品保护专管员。

（4）加大成品保护工作的监管力度，一是提高现场操作人员的文明施工意识，二是制订必要的成品保护措施。因此应落实相应的奖惩制度和保证一定的人力物力投入。

（5）行使总包单位的权力和义务，协调各指定专业分包单位之间的交叉作业，制订周密计划、合理安排各专业工序的进入和完成时间，落实时间段内的成品保护责任。定期召开会议，解决产品保护中存在的问题和纠纷。

1）指定分包单位应根据分包项目具体特点和环境特点，制定成品保护方案，成品保护措施应具体，具有针对性。分包单位成品保护方案需报总包单位审核。

2）总包单位定期对指定分包单位的成品保护工作进行检查，督促分包单位做好成品保护工作。

（6）组织办理成品保护交接手续，签订成品保护经济责任书。对成品破坏的责任方追究经济责任，对蓄意和严重破坏成品的责任方加重处罚，甚至追究刑事责任。

12. 3　成品保护岗位职责

12. 3. 1　工程技术部

（1）对项目经理负责。负责安排各专业、工种作业时间计划，协调各工种、各专业交叉作业。既要保证整体工期计划的落实，又要使产品不被交叉污染和破坏。

（2）负责协调物资部做好原材料、半成品、成品保护。

（3）负责组织做好物资检验、试验、验收。

（4）负责组织各工种、各专业产品过程验收，办理产品保护交接手续。

（5）负责专职成品保护人员工作同各工种、各专业人员工作之间的协调并处理成品保护纠纷。

（6）在每道工序施工前，由执行工长对操作人员就本道工序的成品保护进行交底，采取有针对性的保护措施。

12. 3. 2　设备物资部

（1）对采购的原材料、半成品、成品质量负责；

　　（2）对采购物资包装、运输过程的产品保护负责。

12.3.3　工程质量部

　　（1）对产品的检验、试验结果负责；

　　（2）对产品现场验收负责；

　　（3）对产品保护方案负责。

12.3.4　专业分包单位

　　（1）对专业内工程产品成品保护负责；

　　（2）对专业施工区内其他专业的产品保护负责；

　　（3）对本专业进入现场临时存放的材料、设备产品保护负责；

　　（4）本专业施工后对其他专业下道工序施工的可行性负责。

12.3.5　专职成品保护负责人

　　（1）负责成品保护队的日常管理工作；

　　（2）负责组织对移交产品的日常保护；

　　（3）负责监督、检查各工种、专业产品保护工作情况。

12.3.6　专业成品保护员

　　（1）具体负责落实成品及半成品保护工作；

　　（2）记录并汇报成品保护情况。

12.4　成品保护的具体措施

12.4.1　模板工程

　　（1）现场使用模板装卸、存放应注意保护，分规格码放整齐，防止损坏和变形。

　　（2）模板安装过程中要轻拿轻放，不强拉硬顶；支撑安装后不可人为随意拆除，造成松动。

　　（3）安装好的模板要防止钢筋、脚手架等碰坏模板表面。钢筋安装时要保证模板不发生变形和位移。

　　（4）模板表面应涂刷水溶性脱模剂，防止油污对混凝土表面造成污染和模板与混凝土之间发生粘连。模板拆除时禁止硬砸硬撬，防止损伤模板。

　　（5）剪力墙无后支架的大模板要存放在专用的插放架子内。吊运到地面的大模板要及时进行清理。所有穿墙螺栓等配套零件要求有专人负责收集管理。

12.4.2　钢筋工程

　　（1）钢筋运输和存放的机械设施和施工方法要适当，钢筋下使用垫木码放整齐，严禁野蛮装卸，防止造成损伤和变形。

　　（2）钢筋在安装、吊运过程中要防止变形，墙柱钢筋绑扎搭设架子。钢筋进行穿插时，要保护已绑扎完的钢筋成品质量。安放预埋管件时不得随意切断钢筋。

　　（3）钢筋绑扎后按规定固定好垫块和支架筋，以保证钢筋的间距和保护层。铺设行人通道时严禁人员直接在钢筋骨架上行走，以防钢筋变形。

　　（4）混凝土浇筑过程中，混凝土泵送管道设专用支架，不准直接放在钢筋上，以免造成钢筋变形。

　　（5）设专人负责钢筋的守护和整修，保证混凝土浇筑过程中钢筋的定位及连接质量。

（6）钢筋成品、半成品要防止油漆、油脂污染钢筋表面。

12.4.3　混凝土工程

（1）混凝土在浇筑后强度未达到1.2MPa之前，禁止上人行走，并派专人看护。混凝土收面时操作人员应在垫板上操作。

（2）加强混凝土的养护。遇有大中雨雪天气不进行混凝土浇筑，如浇筑过程中遇雨雪，用塑料布将已浇筑混凝土覆盖，以防新浇混凝土被雨水冲刷。

（3）混凝土结构的侧模和底模及其支撑的拆除严格执行设计要求和规范规定。

（4）拆除梁、板、柱及楼梯等构件模板时加强保护，禁止用钢筋、管件等撞击，以免造成混凝土表面和棱角损伤。

12.4.4　砌筑工程

（1）砌块在装运过程中，要轻装轻放；计算好各房间的用量，分别码放整齐。

（2）搭拆脚手架时不要碰坏已砌墙体和门窗口角。

（3）落地砂浆要及时清理，以免与地面粘结，影响下道工序施工。

（4）剔凿设备孔槽时不得硬凿，使墙体砌块完整。如有松动必须进行补强。

12.4.5　防水工程

（1）底板防水施工时，严禁穿硬底带钉的鞋在上面行走。底板防水施工完毕后，通过监理工程师验收后，及时办理交接手续，及时做防水保护层。

（2）地下室外墙施工缝部位，拆除模板时要注意不得碰坏施工企口缝、撞动钢板止水带，并且对该部位成品采取有针对性的保护措施，办理交接手续，责任工程师要将实际情况记录在施工日志中，作为一个重点检查项目。

（3）地下室外墙面防水施工时，将外墙面的穿墙螺栓、钢筋头及铁丝等清除干净，验收完基底后办理交接手续，再进行防水施工。

（4）卫生间防水施工时，基底通过验收后，将机电的管道固定到位；办理完交接手续后，再进行防水施工；防水施工验收合格后，及时浇筑防水保护层。

（5）屋面防水施工完工后应清理干净，做到屋面干净，排水畅通；不得在防水屋面上堆放材料、杂物、机具；不得在防水屋面上用火及敲击；因收尾工作需要在防水层面上作业，应先设置好防护木板、铁皮等保护设施，散落材料及垃圾应工完场清，清理干净；电焊工作应做好防火隔离。

12.4.6　楼地面工程

（1）水泥砂浆及块料面层的楼地面，应设置保护栏杆。到成品达到规定强度后方能拆除保护栏，拆除后建筑垃圾及多余材料应及时清理干净。

（2）雨季施工要求做好防雨措施，以确保楼地面质量。

（3）楼地面铺贴地砖时，不允许在上面放带棱角材料及易污染的油、酸、油漆、水泥等材料。

（4）下道工序进行施工，应对施工范围内楼地面进行覆盖保护，对油漆料、砂浆操作面下方的楼地面铺设防污染塑料布，操作用钢架、钢管下应设垫板，钢管扶手、挡板等硬物应轻放，不得抛敲，撞击楼地面。

（5）严禁在楼地面直接敲钉、生火作业。

12.4.7　装饰、装修工程

（1）合理安排施工顺序，制订多工种交叉施工作业计划，避免盲目施工赶工期及不采取防护措施而产生损伤和污染。凡下道工序对上道工序会产生损伤和污染的，先采取有效的保护措施后方可施工。

（2）针对成品、半成品的保护需要，采取护、包、盖、封等措施进行保护。

（3）对于有保护膜的成品，其保护膜保留到竣工前清理。

（4）装修后期将成立专职的成品保护组，负责完工房间的看护及管理；不得在装饰成品上涂写、敲击、刻划等。

（5）所有室内外、楼上楼下、厅堂、房间，每一装饰工程完工后，均应按规定清理干净，封闭房间进行成品保护工作。

（6）按施工楼层对装饰成品安排专人值班保护，因工作需要进房检查、测试、调试时，应换穿工作鞋，防止泥浆污染。

12.4.8　机电安装工程

（1）配电柜、箱、屏、台、箱的成品保护

1）安装过程中，要注意对已完工项目及设备配件的成品保护，防止磕碰摔砸。未经批准不得随意拆卸不应拆卸的设备零件及仪表等，不得利用开关柜、箱支撑脚手架。

2）要把安装过程和土建工程作为一个整体来对待。在安装过程中，要注意保护建筑物的墙面、地面、顶板、门窗及油漆、装饰等，剔槽、打眼应尽量缩小破损面。

（2）安装电缆桥架的成品保护

1）室内沿桥架敷设电缆时，宜在管道及空调工程基本施工完毕后进行，防止其他专业施工时损伤污染；

2）不允许将穿过墙壁的桥架与墙上的孔洞一起抹死；

3）电缆两端头处房间的门窗装好，并加锁，防止电缆丢失或损毁；

4）桥架盖板应齐全，不得遗漏，并防止损坏和污染线槽；

5）使用高凳时，注意不要碰坏建筑物的墙面及门窗等。

（3）电气配管时的成品保护

1）敷设管路时，保持墙面、顶棚、地面的清洁完整。修补铁件油漆时，不得污染建筑物。

2）施工用高凳时，不得碰撞墙、角、门、窗，更不得靠墙面立高凳；高凳脚应有包扎物，既防划伤地板，又防滑倒。

3）现浇混凝土楼板上配管时，注意不要踩坏钢筋。浇筑混凝土时，应留专人看守，以免振捣时损坏配管及盒、箱移位。遇有管路损坏时，应及时修复。

4）管路敷设完毕后注意成品保护，特别是在现浇混凝土结构施工中，应派电工看护，以防管路移位或受机械损伤。在支模和拆模时，应注意保护管路，不要出现移位、砸扁或踩坏等现象。

5）在混凝土板、加气混凝土砌块墙上剔洞时，注意不要剔断钢筋，剔洞时应先用钻打孔，再扩孔，不允许用大锤砸孔洞。

6）剔槽不得过大、过深或过宽。预制梁柱和应力楼板均不得随意剔槽打洞。混凝土楼板、墙等均不得私自切断钢筋。

7）明配管路及电气器具时，要保持顶棚、墙面及地面的清洁完整。搬运材料和使用高凳等机具时，不得碰坏门窗、墙面等。电气照明器具安装完后不要再喷浆。

8）吊顶内安装接线盒配管时，不要踩坏龙骨。严禁踩电线管行走，刷防锈漆不得污染墙面、吊顶或护墙板等。

9）其他专业在施工中，注意不得碰坏电气配管。严禁私自改动电线管及电气设备。

（4）电缆头制作的成品保护

1）制作电缆头时，对易损件要轻放，操作时要小心，防止碰坏电缆头的瓷套管等易损件。

2）在紧固电缆头的各处螺钉时，要防止用力过猛损坏部件。

3）起吊电缆头前，把防扭抱箍安装好，并备有保护绳，以免损伤电缆和碰坏磁套管，固定电缆时要垫好橡皮或铅皮。

4）灌注绝缘胶时，不许触动电缆头有关部件。

5）电缆头制作完毕后，立即安装固定送电运行。暂不能送电或有其他作业时，对电缆头加木箱给予保护，防止砸、碰。

（5）安装灯具的成品保护

1）在安装、运输中应加强保护，成批灯具应进入成品库，码放整齐、稳固；搬运时应轻拿轻放，以免碰坏表面的镀锌层、油漆及玻璃罩；设专人保管，建立责任制，对操作人员做好成品保护技术交底，不应过早拆去包装纸。

2）安装灯具时不要碰坏建筑物的门窗及墙面。

3）灯具安装完毕后不得再次喷浆，以防止器具污染。

4）电气照明装置施工结束后，对施工中造成的建筑物、构筑物局部破损部分，应修补完整。

（6）开关插座安装的成品保护

1）安装开关、插座时不得碰坏墙面，要保持墙面的清洁；

2）开关、插座安装完毕后，不得再次进行喷浆，以保持面板的清洁；

3）在插座上不要插接超过插座允许的临时负荷；

4）其他工种在施工时，不要碰坏和碰歪开关、插座。

（7）接地施工成品保护

1）在挖土施工时，应注意保护接地体，不得损坏接地体；

2）安装接地体时，不得破坏散水和外墙装修；

3）不得随意移动已经绑扎好的结构钢筋；

4）喷浆前，必须预先将接地线用纸包好；

5）拆除脚手架或搬运物体时，不得碰坏接地干线。

（8）等电位联结成品保护

1）其他专业在施工时注意保护等电位联结，不得损坏接地线；

2）安装等电位时，不得破坏其他专业已安装完毕的设施；

3）不得随意改动电气器具接线；

4）喷浆前，必须预先将等电位联结线用纸包好；

5）搬运物体时，不得碰坏等电位联结线。

（9）穿带线成品保护

1）穿线时不得污染设备和建筑物品，应保持周围环境清洁。

2）使用高凳及其他工具时，应注意不得碰坏其他设备和门窗、墙面、地面等。

3）在接、焊、包全部完成后，应将导线的接头盘入盒、箱内，并用纸封堵严实，以防污染，防止盒、箱内进水。

4）穿线时不得遗漏带护线套管或护口。

12.4.9 门窗工程

（1）木门框安装后，应按规定设置门档，以免门框变形；

（2）运输车辆进出口的门框两边应钉防护挡板，同小车高度一致，以防小车碰坏门框；

（3）铝合金门窗框塑料保护膜完好，不得随意拆除；

（4）不得利用门窗框销头作架子横档使用；

（5）窗口进出材料应设置保护挡板，覆盖塑料布防止压坏、碰伤、污染；

（6）施工墙面油漆涂料时，应对门窗进行覆盖保护；

（7）作业脚手架搭设与拆除不得碰撞、挤压门窗；

（8）不得随意在门窗上敲击、涂写，或打钉、挂物。

12.4.10 交工前成品保护措施

（1）为确保工程外观质量美观，装饰安装分区域或分层完成后，专门组织专职人员负责成品质量保护，值班巡察，进行成品保护工作；

（2）成品保护专职人员，按项目领导指定的保护区或楼层范围进行值班保护工作；

（3）成品保护专职人员，按项目质量保证计划中规定的成品保护职责、制度办法，做好保护范围内的所有成品检查保护工作；

（4）专职成品保护人员工作到竣工验收，办理移交手续后终止；

（5）在工程未办理竣工验收移交手续前，任何人不得在工程内使用房间、设备及其他一切设施。

制订成品保护措施的目的，是为了最大限度地消除和避免成品及半成品在施工过程中的污染和损坏，以保证业主、总包单位及各分包单位的利益不受损害，达到降低成本以及减少各专业之间相互破坏造成的返工，保障工期目标和质量目标的实现。

根据以往工程施工的经验，总承包单位将对现场成品保护负责，同时制订完善的成品保护措施和工序交接制度，来达到成品保护的目的。各专业分包单位和指定分包单位就成品保护责任向总包单位负责，总包单位统一向业主负责。工程开工后，总包单位制订专项成品保护方案报监理单位审批，各专业分包单位和指定分包单位均需按照执行。

成品保护制度遵循的原则是：总包单位统一组织，施工过程中各自负责，分项完成后做好交接。

13 工程交付、用户服务手册及回访保修

13.1 概述

为保证业主的投资尽快产生效益，工程及时投入使用，我单位把工程交付这项工作作为我们工作的重点来实施，在按计划完成竣工验收后 10 日内完成撤场，及时恢复施工占

用的业主场地，除留下必要的维修人员和材料外其余一律退场。

按照国家有关规定，"建设工程承包单位在向建设单位提交工程竣工验收报告时，应当向建设单位出具质量保修书"（即用户服务手册）。质量保修书中应当明确建设工程的保修范围、保修期限和保修责任等。

用户服务手册在一定程度上反映了业主的利益，尤其是在保修期间能体现业主权益的主要就是这些用户服务手册。建筑产品不同于其他的产（商）品，不能批量生产，它是一次性产品，所以用户服务手册需每项单独制作、单独编写，这就需要投入大量的人力、物力。

本着为用户着想、为用户服务的宗旨，我公司将从业主（用户）的角度出发，对业主关心的问题进行编制和描述。

用户服务手册应分系统分册进行编制，一般说来，主要由结构、装修、机电、总体等几部分组成。由于结构关系到建筑物的安全和稳固，装修关系到建筑物的美观和效果，其内容都是必须要保证的，且操作与维修使用的频率也不太高，因此可以一册进行覆盖。机电部分关系到建筑物的使用功能，且操作与维修使用的频率极高，所以要求用户手册必须全面实用，分系统进行编制。

13.2　工程回访制度

13.2.1　工程回访程序

工程交付使用后，在保修期内至少进行三次回访：第一次为交付使用后的一个月，第二次为交付使用后半年，第三次为交付使用后满一年。第一次采暖期、供暖期开始应重点组织回访。当工程所在地发生台风、暴雨、地震等自然灾害后，应及时进行追加回访。

13.2.2　回访组织

本工程回访将由我单位总经理或其授权人带队，工程部门组织有关人员参加。

在回访中，对业主提出的任何质量问题和意见，我方将虚心听取，认真对待，做好回访记录，对不属于施工方面的质量问题，也要耐心解释，并热心为业主提供解决办法。

在回访过程中，对业主提出的施工质量问题，应责成有关单位、部门认真处理解决，同时应认真分析原因，从中找出教训，制订纠正措施及对策，以免类似质量问题的出现。

13.3　工程保修

我单位不仅重视施工过程中的质量控制，而且也同样重视对工程的保修服务。从工程交付之日起，我方的工种保修工作随即展开。在保修期间，我方将依据保修合同，本着"对用户服务，向业主负责，让用户满意"的认真态度，以有效的制度、措施作保证，以优质、迅速的维修服务维护用户的利益。

13.3.1　保修期限与承诺

（1）保修范围

我单位作为工程的总承包方，对整个工程的保修负全部责任，由分包商施工的项目将由我方责成其进行保修。

（2）保修期限

1）基础设施工程、房屋建筑的地基基础工程和主体结构工程，规定保修年限50年，承诺保修年限为长期；

2）屋面防水工程、卫生间和外墙面的防渗漏，规定保修年限5年，承诺保修年限10年；

3）供热及供冷系统，规定保修年限2个冷暖期，承诺保修年限4年；

4）电气管线、给排水管道、设备安装和装修工程，规定保修年限2年，承诺保修年限4年。

13.3.2　维修程序

（1）维修任务的确定。当接到用户投诉或工程回访中发现质量缺陷后，应自接到通知之日起2天内就用户的投诉或发现的缺陷进一步确认，与业主商议返修内容。可现场调查，也可电话询问。将了解的情况填入维修记录表，分析存在的问题，找出主要原因，制订措施，经部门主管审核后，提交单位主管领导审批。

（2）工程维修记录由工程部门发给指定维修单位，尽快进行维修，并备份保存。维修人员一般由原项目经理或就近工程的项目经理担任。当原项目经理已调离且附近没有施工项目时，应派专人前往维修。工程部门主管应对维修负责人员及维修人员进行技术交底，强调公司服务原则，要求维修人员主动配合业主单位，对于业主的合理要求尽可能满足，坚决杜绝和业主方面发生争吵的情况。

（3）维修负责人按维修任务书中的内容进行维修工作。当维修任务完成后，通知单位质量部门对工程维修部分进行检验，合格后提请业主或用户验收并签署意见，维修负责人要将工程管理部门发放的工程维修记录返回工程部门。

13.3.3　保修记录

对于回访及维修，我单位均要建立相应的档案，并由工程部门保存维修记录。

13.4　用户服务手册

13.4.1　编制内容

（1）建筑结构、装修总说明：总平面图，立面图，整个建筑物的描述，包括分区、分层功能描述。

（2）结构说明：构造柱分布图、承重墙分布图、非承重墙分布图。结构说明便于用户以后增加墙壁安装重物时进行位置选择，同时应说明在哪些线口垂直方向有线管，不能进行固定等。

（3）装修说明：装修说明描述，墙、地面、顶棚做法，分层、分部位、分房间进行说明，列出装修材料表，说明材料品牌、厂家、联系人、联系方法、材料使用寿命、维修保养方法等。

（4）防水说明：防水部位（地下室、屋面、卫生间、厨房等）描述，列出防水材料表，说明材料品牌、厂家、联系人、联系方法、材料使用寿命、维修保养方法等。

（5）通道说明：通道布置图、楼梯布置图。

（6）门窗说明：门窗布置图，说明门窗表、门窗的开启方法和维修保养方法。

（7）消防说明：消防通道布置图、防火分区图、防火门布置图。

（8）室外说明：室外道路、构筑物布置图、出入口位置图、室外绿化标准及养护办法。

（9）特殊材料说明：材料表中需要进行重点说明的材料，如特殊地面、特殊墙面等。

（10）附录：重要的材料、设备产品资料作为附录，整理。

13.4.2　格式与要求

1）用户服务手册中的章节应以页码形式形成目录；

2）目录及附录中的不同部分应以彩页隔开，装订整齐，便于查阅；

3）全部使用 A4 幅图纸，A3 部分折页；

4）编制要图文并茂，并以图片、图形形式进行说明。

本章主要阐述工程交付、用户服务手册及回访保修，其在一定程度上反映了业主的利益，尤其是在保修期间能体现业主的权益的就是这些用户服务手册。建筑产品不同于其他的产（商）品，不能批量生产，它是一次性产品，所以用户服务手册需每项单独制作、单独编写，这就需要进行大量的工作投入。

本着为用户着想、为用户服务的宗旨，我公司将从业主（用户）的角度出发，对业主关心的问题进行编制和描述。

用户服务手册应分系统分册进行编制，一般说来，主要有结构、装修、机电、总体等几部分组成。由于结构关系到建筑物的安全和稳固，装修关系到建筑物的美观和效果，而这些都是必须要保证的，且操作与维修的频率也不太高，因此可以一册进行覆盖。机电部分关系到建筑物的使用功能，且操作与维修的频率极高，所以要求用户手册必须全面实用，需分系统进行编制。

结　语

投标阶段的施工组织设计文件是以发包方拟建项目为对象编制的指导施工全过程中各项施工活动的技术、经济、组织、协调和控制的综合性文件，其目的是为了中标。由于其编制时间、编制依据的特殊性，投标单位必须组织有丰富现场施工经验和标书编制经验的工程技术人员，对所从事工程施工领域的先进施工技术、方法、工艺、管理进行长期总结、积累和整理，并对具体工程项目的设计意图、招标文件及发包方关注的问题进行深入细致的研究，才能在有限的时间内编制出有针对性、重点突出、个性鲜明的高质量投标技术文件，以达到在投标竞争中获胜的最终目的。

专题 Ⅲ PKPM 施工组织设计系列软件介绍

中国建筑科学研究院建筑工程软件研究所主要研发领域集中在建筑设计 CAD 软件、工程造价分析软件、施工技术和施工项目管理系统、图形支撑平台、企业和项目管理信息化协同工作，创造了 PKPM 知名全国的软件品牌。

PKPM 系列建筑工程软件的施工类软件，包括施工项目管理和施工技术系列软件，系统的具体模块包括施工现场平面图绘制软件、项目管理软件、标书编制软件、深基坑支护设计软件、脚手架设计软件、模板设计软件、常用结构计算工具软件、地基处理软件、施工专项方案软件、施工现场设施安全计算软件（SGJS）、施工电子图集软件、临时用电方案软件等。

1 施工组织设计系列软件

1.1 施工组织设计类软件介绍

PKPM 施工系列软件由中国建筑科学研究院建筑工程软件研究所开发，该软件结合国家标准规范，为施工技术人员对施工组织的设计提供了方便，提高了施工现场管理效率，具有很强的实用性。

根据工程规模、结构特点、技术繁简程度及施工条件的差异，施工组织设计在编制的深度和广度上都有所不同，因此存在着不同种类的施工组织设计。目前在实际工作中主要有施工组织规划设计、施工组织总设计、单位工程施工组织设计和分部分项工程施工组织设计，如果按照编制时间，施工组织设计可以分为两类施工组织设计，即投标前施工组织设计和中标后的实施性施工组织设计。

施工组织设计已经不单纯是一个技术组织文件了，它不仅指导项目的技术实施，而且指导质量管理、安全管理、进度管理、季节性措施、项目组织、项目协调等。中国建筑科学研究院建筑工程软件研究所在开发施工组织设计类软件时充分考虑到目前施工组织设计技术的发展，根据施工组织设计内容的要求，研制了标书制作与管理软件、网络计划编制软件和现场平面图制作软件等文字处理软件和施工方案计算软件（包括安全计算软件，临时用电设计软件及施工图集管理软件）等软件。每个软件各自完成施工组织设计的不同部分，将这几个软件有机结合起来使用，可编制出一份优秀的施工组织设计方案。

1.2 施工组织设计类软件界面

PKPM 施工系列软件主菜单界面如图Ⅲ-1 所示。

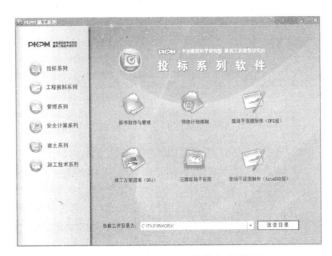

图Ⅲ-1 PKPM 施工系列软件主菜单界面

软件启动后主菜单分为投标系列、工程资料系列、管理系列、安全计算系列、岩土系列和施工技术系列六个系列。施工组织设计类软件主要在投标系列软件中，包括标书制作与管理、网络计划编制和施工平面图制作。

2 标书制作和管理软件

2.1 标书制作与管理软件界面

启动"标书系列"菜单下的标书制作与管理软件，首先跳出用户登录界面，输入密码后启动标书制作与管理软件，显示的软件界面如图Ⅲ-2 所示。

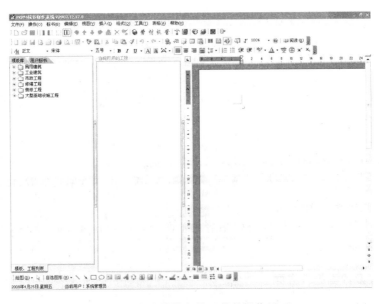

图Ⅲ-2 标书制作与管理软件操作界面

主界面由 WORD 菜单和模板列表区、工程操作区、文档内容显示区组成。

模板列表区中分为模板库和用户标书两个页签，在模板库页签中可以显示所有软件自带的标书模板。用户可以利用标书模板对当前工程标书的结构进行初始化，并且可实现从标书模板到当前标书的直接拷贝。

工程操作区主要显示当前打开的工程，以树形图形式显示用户当前正在编辑的标书结构。用户可通过 WORD 菜单上所述各种编辑操作对当前标书进行标书结构的操作。

文档内容显示区主要显示用户所要浏览的文档的具体内容，用户可以在这个区域内进行文字内容的修改操作。

2.2 标书制作与管理软件的应用范围

标书包括商务标和技术标，PKPM 投标系统是针对建筑工程招投标，为了使用户能够准确、快速地编制出技术标书（施工组织设计）而开发的。标书制作软件是其中一款软件，其他软件还包括有网络计划制作软件和施工现场平面图制作软件。标书制作软件的使用，决定了技术标书制作的进度和最终的效果，对投标起着举足轻重的作用。

PKPM 标书制作与管理系统集标书制作与管理为一身，功能特点如下：

（1）提供标书全套文档编辑、管理、打印功能；

（2）根据投标所需内容，可从模板素材库、施工资料库、常用图库中选取相关内容，任意组合，自动生成规范的标书及标书附件或施工组织设计；

（3）可导入 PKPM 施工系列其他模块生成的各种资源图表和施工网络计划图以及施工平面图等；

（4）系统还提供了劳动力、材料计划表及人事资料和设备资料管理功能。

2.2.1 建立完整的标书框架结构

新建一个标书，首先要建立该标书的框架结构。标书框架结构即标书中的内容框架，通常一份完整的技术标书应该包含：工程概况、编制依据、施工部署、主要分部分项工程施工方案、施工进度计划、施工质量计划、施工成本计划、施工资源计划、施工平面图布置、主要技术经济指标等项目。用户可以根据自身的实际情况建立相应的结构，然后从标书模板库中选择相应的内容，拖拽到用户标书的结构中。

2.2.2 简易的标书框架结构编辑

标书文件结构是按章、节及段落等多层结构以树形结构组织存储的，即标书结构文件由许多章组成，每章由若干节或段落构成，每节又包含若干段落，段落是标书结构的基本单位。设立工程标书组织就是确定工程标书文件的结构。

系统中确定标书的结构时是从上往下，按结构位置、章节依次递增。有三种方式可以进行编辑：

（1）按照工程节点组织方式即封面、目录、主体部分、相关资料四部分建立；

（2）利用现存的资源快速导入工程节点创建标题结构；

（3）展开模板分类，找到需要的模板，通过拖拽方式将模板中的节点复制到当前的工程。

2.2.3 方便快捷的标书文档编辑

在编辑完标书的组织结构后，就可针对工程对标书的内容进行编辑，设置标书的格式，生成标书。标书的生成是在 WORD 中进行的。针对建筑行业标书的特殊要求，系统提供了施工工艺素材库、常用的施工方法和质量管理措施，用户可方便地将它们的内容添加至自己的标书中。用户也可建立自己的库，将一些经常用到的内容添加到库中，这样随着您的使用，您会感到制作标书越来越简单、方便。

2.2.4　内容丰富的施工资料库

施工资料库界面如图Ⅲ-3 所示。施工资料库不但可为标书文档编辑提供丰富的素材，而且还可以自己对施工资料库进行维护，用户可以执行添加、删除、浏览、更新等基本操作。有了施工资料库，用户便可以方便地进行标书文档的制作与管理了。

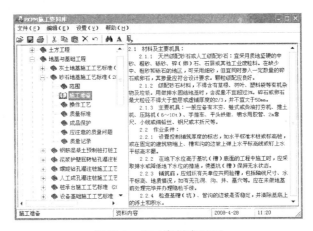

图Ⅲ-3　施工资料库界面

2.2.5　方便的格式设置

标书的章节标题、页眉、页脚、目录、页面和正文样式等可在软件提供的"格式设置对话框"中进行统一设置，见图Ⅲ-6。

2.2.6　人事资料管理，设备资料管理，机械设备计划表、劳动力计划表、材料计划表的管理

为方便用户快速生成标书和管理标书，系统提供了人事资料管理功能、设备资料管理功能，同时可以生成标书所需要的机械设备计划表、劳动力计划表、材料计划表。

2.3　标书制作实例

2.3.1　工程概况

某工程项目由 2 栋二层厂房及部分辅助用房组成。其中 1 号厂房长 110m，宽 41m，总高度 13.2m，基础埋深 1.78m；2 号厂房长 110m，宽 35m，总高度 13.2m，基础埋深 1.78m；研发楼长 26m，宽 17m，总高度 10.5m；辅助楼长 16m，宽 13m；辅助用房长 27.84m，宽 12m，总高度 10.3m。本工程自然地面标高 3.58m；室内外高差：长房为 0.2m，其余单体均为 0.3m；基础墙为 MU15 实心砖，上部按不同单体有多孔砖及小型混凝土空心砌块等多种形式。

该工程结构形式：厂房为二层框（排）架结构，研发楼、辅助楼以及辅助用房为框架结构，门卫、水泵房、变电房为混合结构。

该工程设计耐火等级为二级，所有钢结构及构件均按二级耐火极限设计，施工时所有

构件均应根据消防要求配置相应耐火极限的防火涂料和防火漆。

2.3.2　软件操作

（1）第一步：新建工程和技术标文档结构

1）在软件主界面上点击"标书制作与管理"，进入主操作界面。点击新建工程按钮，软件会跳出新建工程信息对话框，在这个对话框中，一般只用输入工程名称，其他可以不用输入，然后点击"确定"按钮，软件自动进入主操作界面，同时在"当前打开的工程"栏中建立一个以该工程命名的标书基本文档结构。

2）细化技术标文档结构，可以通过使用软件模板库中的工程模板或者操作者原先做好的类似工程的标书，进行导入建立文档结构，该工程实例是通过模板库中的工程模板细化的文档结构。

根据工程的类型，在左侧的"模板库"（如图Ⅲ-4 所示）中点击选择工程类型，然后点击选择相应类型下面的工程标书模板。

该项工程是工业厂房，在"工业建筑"下选择"其他工业工程"，再选择"预制砼排架结构厂房"。在"预制砼排架结构厂房"上按住鼠标左键不放，拖动到"当前打开的工程"栏中，然后将鼠标拖放到新建工程名称上面，软件就会自动将工程模板中的所有文档结构和内容拷贝到当前的标书当中，见图Ⅲ-5。

图Ⅲ-4　模板库

图Ⅲ-5　建立好的标书文档结构

（2）第二步：标书内容编辑

文档结构建立好以后，下一步就是关键的技术内容的编辑，此时鼠标左键点击要进行编辑的章节名称，进入标书编辑的界面。同时软件还提供了施工资料库，可根据需要进行复制粘贴。对于文字内容一般可以采用借鉴类似工程的办法，将类似工程的内容复制到文档结构中，然后结合实际工程的情况，编制相应的施工组织设计。

（3）第三步：标书的设置

标书编辑完成后，点击"格式设置"按钮进入标书格式设置界面，见图Ⅲ-6。

（a）封面设置

（b）目录、页眉、页脚设置

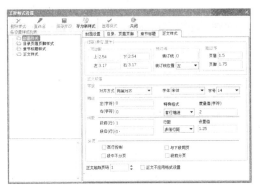

（c）章节标题设置

（d）正文样式设置

图Ⅲ-6　工程格式设置对话框

可对标书进行封面、目录、页眉、页脚、章节标题、正文样式设置，按照文字的提示进行相应的设置就可以了。

如果文件目录要多级显示，在章节标题项选择需要显示的级别数，然后在右边的"标题样式"中选择需要的样式。

（4）第四步：标书的生成

标书格式设置好后，点击"生成标书"按钮，然后软件自动生成设置好的标书的。在生成的过程中，软件会自动打开 WORD 软件，形成完整的标书，见图Ⅲ-7。

3　网络计划编制软件

3.1　网络计划编制软件界面

选择"标书系列"菜单下"网络计划编制"项目，软件启动后显示的软件界面如图Ⅲ-8 所示。

图Ⅲ-7 标书生成

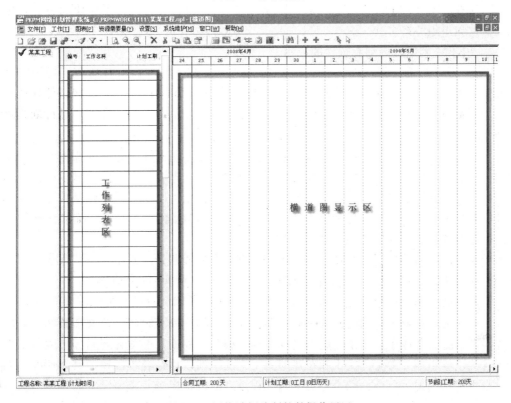

图Ⅲ-8 网络计划编制软件操作界面

主界面窗口主要由主菜单、工具条、项目计划文件管理区、工作列表区、横道图显示区和状态条几部分组成。

主菜单：主要用于工程的各项软件操作全部集合在此。

工具条：工具条上的命令，主菜单上都有命令与其对应。

项目计划文件管理区：将当前工程中所有的计划文件进行罗列，方便用户操作，同时也是用户对该工程项目下所有的计划文件进行修改、维护管理的窗口。

工作列表区：主要的操作区，进行当前计划文件工序的录入，并显示工序的相关信息。

横道图显示区：主要的操作区，显示每道工序的图形及搭接关系等图形信息，同时在此区域内可以进行搭接关系操作等一系列快捷操作。

3.2 网络计划编制软件的应用范围

3.2.1 网络计划技术

网络计划技术以缩短工期、提高生产力、降低消耗为目标，可为项目管理提供许多信息，有利于加强项目管理。既是一种编制计划的方法，又是一种科学的管理方法。有助于管理人员全面了解、重点掌握、灵活安排、合理组织、经济有效地完成项目目标。

网络计划是用网络图的形式来表述的，由箭头、节点和线路三个要素组成的。有双代号网络计划和单代号网络计划两种，支持 4 种逻辑关系：完工－开工（FS）、开工－开工（SS）、完工－完工（FF）、开工－完工（SF）。这四种逻辑关系包含了作业间可能发生的所有工艺和组织关系。

3.2.2 PKPM 网络计划编制软件的应用

PKPM 施工网络计划软件，是由中国建筑科学研究院建筑工程软件研究所应用网络技术的原理，以《建设工程项目管理规范》（GB/T 50326—2001）和《工程网络计划技术规程》（JGJ/T 121—99）为依据，运用计算机技术进行编制的，适用于各种项目计划管理的智能化软件。

PKPM 施工网络计划软件作为专业的工程项目计划管理软件，能满足工程项目计划管理的许多要求，主要是进度控制，同时也可以进行资源管理。特别是软件可以将进度、资源、资源限量和资源平衡很好地结合起来，使得进度计划可以不再只是凭经验制订的定性计划，而是基于要完成的工程量或工作量并结合施工承包商的人材机资源而制订出来的定量的、切实可行的、科学合理的进度计划。

手工绘制网络计划图很繁琐，关键线路、时差等参数要计算确定，编号要排好，一旦漏画工作，还须重新作图，很麻烦，从而失去了网络计划技术应有的作用。

利用 PKPM 施工网络计划软件编制工程施工进度计划时，以工程施工工序作业为实体，加上完成该作业需要的时间因素如工期、开工时间、完工时间，以及和其他作业之间的逻辑关系，就构成了最基本的施工进度计划。编制工程施工进度计划时，一般是根据相近工程的定额工期，参考已完工和在建同类工程的工期，再结合本工程的具体情况，如工程的自然和气候建设条件，综合考虑影响工程进度的设备提资、主要设备的供货能力、制造周期等因素，确定工程的总工期和开工完工时间，然后再编制工程的里程碑及总体控制性进度计划，最后编制各级施工进度计划。

编制工程施工进度计划的几种方法：

（1）直接新建进行施工进度网络计划图的绘制。

（2）利用软件"工作"菜单下提供的"从工程模板导入"的功能，快速建立好一个相似的工程进度计划，然后在这个进度计划上进行局部的修改，可以很快地做好工程进度计划。同时也可以对模板中的工程进度及工序模板进行编辑修改和添加新的模板，这样使用 PKPM 施工网络计划软件时间越长，积累的工程越多，在以后的工作中就可以很快地可以找到所需的工程进度计划。施工工序、工程模板见图Ⅲ-9。

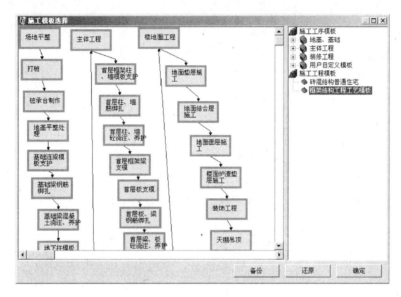

图Ⅲ-9　施工工序、工程模板

（3）还可以利用软件的导入功能，将原先利用别的软件（P3、Project 软件）做好的进度计划直接导入，同样可以起到事半功倍的作用。

在实际工作中，根据实际的工程情况可以随意按照上面的三种方法进行整体工程进度计划的安排，局部的计划可以利用前两种方法任意组合进行建立，还可以对其他工程的工序进行复制和粘贴。

3.2.3　PKPM 网络计划编制软件的特点

（1）灵活方便的作图功能

用 PKPM 施工网络计划软件，可以很方便地在软件操作界面上直接作网络图，可快速增加紧前工序和紧后工序。对关键线路及节点自动生成，网络图层次分明并可随意调整，网络图可随时转换成另一种形式，如双代号逻辑网络图、时标网络图、时标逻辑网络图、横道图、单代号网络图、汇聚单代号网络图等，形成用户需要的网络计划图，如图Ⅲ-10所示。

（2）方便实用的网络图分级管理功能（子网络功能）

通常一个复杂的工程要用多级网络进行控制，根据工程的实际情况可分为一级、二级、多级网络，PKPM 施工网络计划软件实现了真正的分级网络组合计划。

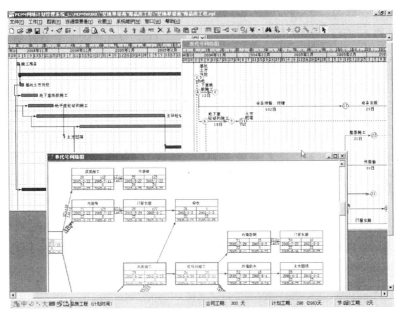

图Ⅲ-10　网络图相互转换

1) 从上级网络可以直接进入下级网络进行查看，从下级网络也可回到上级网络，并且将下级网络中的数据带到上级网络中以供上级网络计算和决策。

2) 可将一个独立编好的网络图并入到另一个网络中成为子网。工程上多任务、多工种以及分包工程都可以做相对独立网络，然后并入到上级网中成为子网。

3) 可随意将子网展开并成为主网的一部分，也可将主网中的相对独立的一部分合并成为下级子网，这样根据工程实际进展情况和重要程度不同进行动态的分级管理。子网展开如图Ⅲ-11 所示。

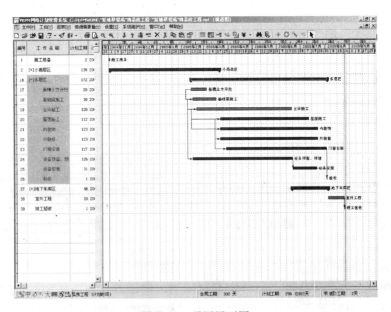

图Ⅲ-11　子网展开图

4）子网的分离功能，显示层次结构功能，建立、删除功能会使子网操作灵活自如。

（3）瞬间即可生成流水网络

用 PKPM 施工网络计划软件可方便地生成流水网络，只要做好一个标准层的工序安排，将其全部选中，然后点击鼠标右键，选择"流水施工"软件，就会将其他层自动生成普通流水网络或小流水（分层分段的立体流水）网络（小流水施工法对工期控制非常有效），自动带层段号。如图Ⅲ-12 所示。

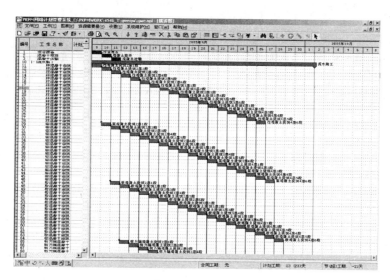

图Ⅲ-12 流水施工段图

（4）网络计划图形的灵活编辑

PKPM 施工网络计划软件给大家提供的是可见即可得的简易图形编辑功能，这样大家在显示图形的时候就已经知道最后打印的结果了，很方便实用，可设置文字字体、图形颜色和时间坐标等。对比结果见图Ⅲ-13。

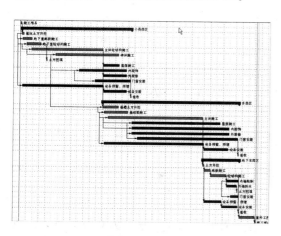

（a）横道图实体显示

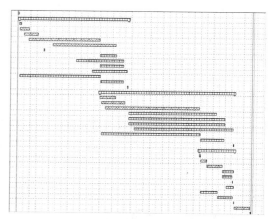

（b）横道图网格化显示

图Ⅲ-13 网络计划设置对比图

（5）资源图形的显示和编辑

PKPM 施工网络计划软件给客户提供了方便的资源浏览功能，可以对资源图进行单独打印，资源图和网络计划图可以同时显示和打印，单独的资源和网络计划图也可以进行组合打印。同时提供了各种资源表格，在输入完工程量选定好定额后点击计算资源，然后就可以通过菜单栏中"资源需要量"选取所需要的表格，软件会自动进行计算给出各种表格数据，如图Ⅲ-14 所示。

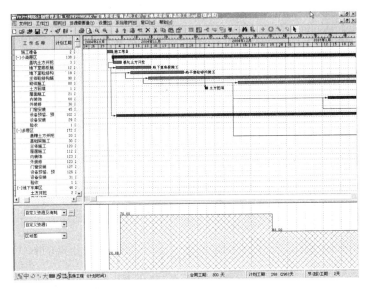

图Ⅲ-14　网络和资源共有图

3.3　网络计划绘制案例

3.3.1　工程概况

某学校新建工程位于某工业园区内，整个基地西、南临交通干线，东面为别墅住宅区，北面有一条约 10m 宽新辟建的道路，道路北面是居民小区。整个基地平面形状呈正方形，施工场地目前三通一平已基本完成。施工临时用水用电已由建设单位接至施工现场边缘，水管的直径为 200mm，电源为 200kW，均能满足施工临时用水用电要求。本工程进出场道路宽 8～10m。

本工程结构安全等级为二级；地基基础安全等级为二级；混凝土环境类别：基础为二 a 类，上部结构为一类。本工程基础与主体结构的设计使用年限为 50 年。本工程抗震设防类别为丙类，设防烈度为 7 度，框架抗震等级为三级。本工程为二类建筑，耐火等级为二级。

结构主体各部分混凝土：圈梁，过梁，构造柱为 C20 混凝土；垫层为 C10 混凝土，厚度为 100mm；其余均采用 C30 混凝土。

其中教学楼位于地块东侧，主体结构由 A 区，（教室楼）、B 区（实验楼、管理室）及 C 区（计算机、多媒体室）三个单体组成，相对独立，由环廊连通，层高 3.90m，建筑总高度16.65m；风雨操场位于地块北侧，建筑总高度19.3m；主门卫位于地块东北角，层高3.9m；次门卫位于地块东南角，层高3.9m；厕所位于地块西北角，层高3.9m。主要单体工程概况见表Ⅲ-1。

主要单体工程概况一览表   表Ⅲ-1

工程名称	类型	面积（m²）	层数	基础形式
教学楼A区	框架	9434.86	地上4层	独立承台桩基础
教学楼B区	框架	7450.73	地上4层	独立承台桩基础
教学楼C区	框架	4950.96	地上4层	独立承台桩基础
风雨操场	框架	5034.00	地上2层	独立承台桩基础
主门卫	砖混	28.57	地上1层	钢筋混凝土条形基础
次门卫	砖混	43.99	地上1层	钢筋混凝土条形基础
厕所	砖混	118.40	地上1层	独立柱基础

（1）教学楼

1）墙体：±0.000以下填充墙采用MU10小型混凝土空心砌块，M10水泥砂浆砌筑，砌块空洞用C20细石混凝土灌实；±0.000以上填充墙采用MU10小型混凝土空心砌块，M5混合砂浆砌筑。

2）屋面：高聚物改性沥青防水卷材。

3）门窗：彩色铝合金窗。

4）外墙面：外墙涂料和玻璃幕墙系统相结合。

5）内墙面：涂料、面砖。

6）楼地面：细石混凝土、防滑地砖。

7）平顶：涂料平顶，PVC吊顶。

（2）风雨操场

1）墙体：±0.000以下采用240厚MU15机制砖，M10水泥砂浆砌筑；±0.000以上均采用200厚MU10加气混凝土块，M7.5混合砂浆砌筑。

2）屋面：屋面防水等级为Ⅱ级。

3）门窗：铝合金门窗。

4）外墙面：涂料。

5）内墙面：面砖，乳胶漆。

6）楼地面：彩色水磨石，水泥地面，防滑地砖，石塑地板。

7）顶棚：轻钢龙骨石膏板吊顶，防霉涂料。

8）钢结构：二层外墙面及屋面均采用网架结构。

3.3.2 软件生成的网络计划图

软件生成的网络计划图见图Ⅲ-15。

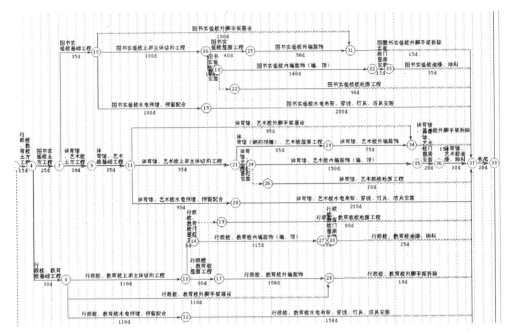

图Ⅲ-15 网络计划图

4 施工平面图制作软件

4.1 施工平面图制作软件界面

选择"标书系列"菜单下"施工平面图制作（CFG 版）"项目，软件启动后显示的软件界面如图Ⅲ-16 所示。

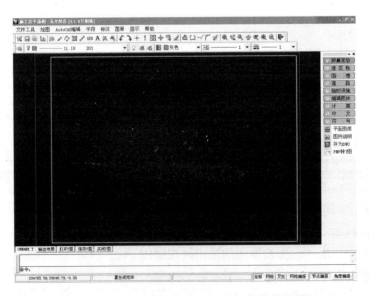

图Ⅲ-16 施工平面图制作（CFG 版）软件操作界面

主界面窗口中主要由菜单栏、工具栏、命令栏、绘图区及主要功能按钮区组成。

菜单栏、工具栏主要提供文件的操作和编辑图形的各种命令及快捷按钮。

绘图区是主要的图形编辑操作区域，所以的图形编辑都在此区域内完成，同时可以通过该区域查看施工现场平面图的绘制效果。

主要功能按钮区是整个软件的核心区域，在这个区域内包含了绘制施工现场平面图所需要的全部功能按钮。通过这个区域的使用，可以很轻松地绘制出施工现场平面图。

4.2　施工现场平面图软件的特点

建筑施工总平面布置是根据已经确定的施工方法、施工进度计划、各项技术物资需用量计划等内容，通过必要的计算分析，按照一定的布置原则，考虑技术上可能和经济上合理，将建筑物和设施等合理布置在平面图上。本软件在具有自主版权的通用图形平台上提供的设计功能，包括从已有建筑生成建筑轮廓，建筑物布置，绘制道路和行道树，绘制围墙，绘制工程管线、仓库和加工厂，标注各种图例符号与临时办公、生活、仓储、加工等场地面积以及临时施工的水、电计算功能，可以方便、快捷地绘制施工平面图。

（1）多样化的建筑物轮廓线的绘制功能，可选择任意轮廓形式或矩形轮廓形式的输入，也可直接读取 PKPM 设计数据的 PM 轮廓，同时可对建筑物图案进行填充绘制、可图形化标注建筑层数，同时具有对建筑物轮廓线的移动、旋转、复制、缩放、删除等编辑功能。道路可设定路宽、路弯半径；围墙可设定方向、间隔大小、大门位置等，并可随时进行修改，见图Ⅲ-17。

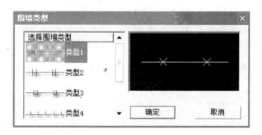

图Ⅲ-17　软件提供的各类围墙及大门图块

（2）临时设施利用参考指标确定加工厂、作业棚、临时房屋的面积及尺寸，并进行布置；根据施工需求可计算各类仓库的储备量，从而确定仓库面积、图例及尺寸，并进行布置，如图Ⅲ-18 所示。

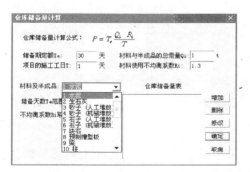

图Ⅲ-18　仓库储备量、面积计算

（3）软件提供了多种常用设备包括各类起重设备的图例，方便绘制自动生成图形中所需的图例说明，见图Ⅲ-19。

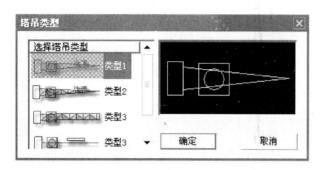 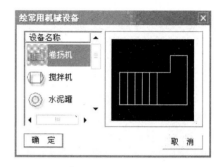

图Ⅲ-19 各种常用设备

（4）可自动进行供水量、供水管径、水头损失、临时给水、供电量、供热量、围墙面积、容积率的计算，并得出标准计算书，可调用、编辑大量建筑图库、用户图库，见图Ⅲ-20。

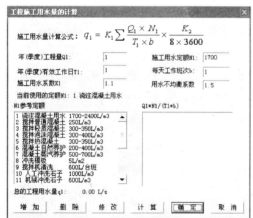 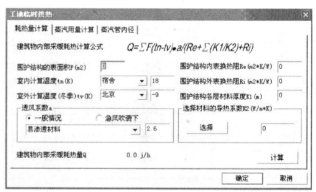

图Ⅲ-20 各类临时计算功能

4.3 施工现场平面图绘制案例

根据现场的实际情况，计算好各个仓库的面积、材料堆场面积，按照一定的布置原则，考虑技术上可能和经济上合理，将建筑物和设施等合理布置在平面图上，见图Ⅲ-21。

5 临时用电设计软件

临时用电施工组织设计是施工现场临时用电的指导性文件，也是开工前必须做的一项重要工作。临时用电设计是否合理直接关系到用电人员的安全，同时也影响着施工现

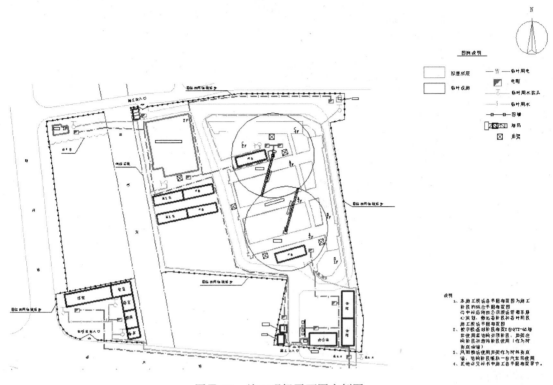

图Ⅲ-21　施工现场平面图实例图

场的用电质量和工程进度。因此《施工现场临时用电安全技术规范》规定：临时用电设备在 5 台及 5 台以上或设备总容量在 50kW 及 50kW 以上者，应编制临时用电施工组织设计。

临时用电设计应包括的内容有：现场勘测，确定电源进线、变电所或配电室、配电装置、用电设备位置及线路走向，进行负荷计算，选择变压器，设计配电系统，设计防雷装置，确定防护措施，制订安全用电措施和电气防火措施。依据工程特点和进度编制一个好的临时用电施工组织设计来规范施工现场用电组织工作，保障施工用电安全是施工现场安全管理工作的一个重要课题。

5.1　临时用电设计软件界面

点击施工系列软件主界面中的临时用电设计软件模块，进入该软件，主界面如图Ⅲ-22 所示。

主界面由主菜单区、工程结构区、快捷按钮区、主界面区组成。

主菜单区中包括文件、编辑、工程、临电安全规范、临时用电验收表格和帮助六个菜单项。"工程"菜单主要用于各电器件的参数设置和用电计算。"临电安全规范"菜单将《施工现场临时用电安全技术规范》中的规定写入了软件，用于查询规范中的各种规定。"临时用电验收表格"菜单中提供了常用的临时用电检验验收表格，供用户在工作中使用。

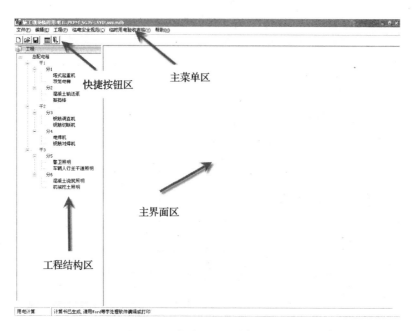

图Ⅲ-22 临时用电设计软件界面

工程结构区主要显示当前打开的工程，在此以树形结构形式显示用户当前正在编辑的临时用电布置线路结构。

主界面区是显示各个参数对话框和最后施工临时用电设计方案的地方。

5.2 临时用电设计软件的特点

PKPM 临时用电软件用于进行施工现场用电负荷计算，依照计算结果选择变压器容量、导线截面、自动开关、熔断器、漏电保护器等电器产品，最后自动编制临时用电组织设计，绘制临时供电施工图。

5.2.1 用电设备及电器元件的设置

在进行设计计算之前，要先对施工现场所使用的电机、导线、开关等设备进行设置，临时用电设计软件将电动机和电器元件的设置分开了，制作成一个带设备名和型号的多级表格，可以在定义开关箱中设备时点击选择，这样更加方便用户进行基础设备参数的输入，见图Ⅲ-23。

在电器元件输入对话框（图Ⅲ-24）中，将电缆的输入从导线中分离开，进行独立的输入，这样用户在输入的时候就不容易混淆了。

5.2.2 工程基本情况的设置

为了进行用电的计算，必须考虑现场的一些实际情况，因此要进行现场参数的输入，包括导线温度、三级用电的需要系数等等，见图Ⅲ-25。

工程现场参数设置对话框中，还有漏电保护级别的选项和开关的选择，用户可以按照三级用电三级保护或者是三级用电两级保护进行选择。对于小于 5.5kW 的电器，用户可选择使用自动开关或刀开关，使用刀开关的要加熔断器。对于导线的使用进行了细分，可以在总线和总箱至分电箱以及分电箱至电机的线路上使用不同的导线类型，使得同一工程中各种导线可以混排，同时对相应的导线可以进行材料和铺设方式的设置。

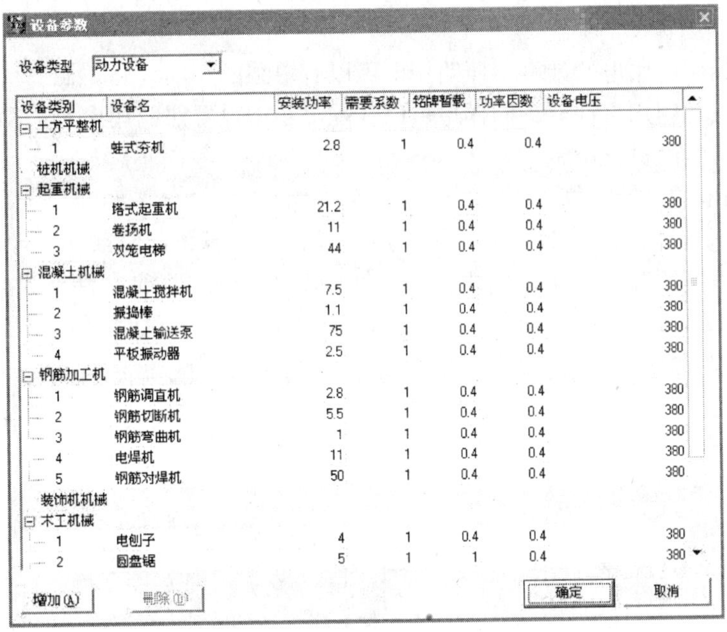

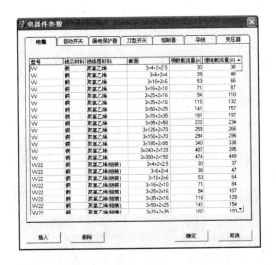

图Ⅲ-23　电机设备参数设置对话框

图Ⅲ-24　电器件参数设置对话框

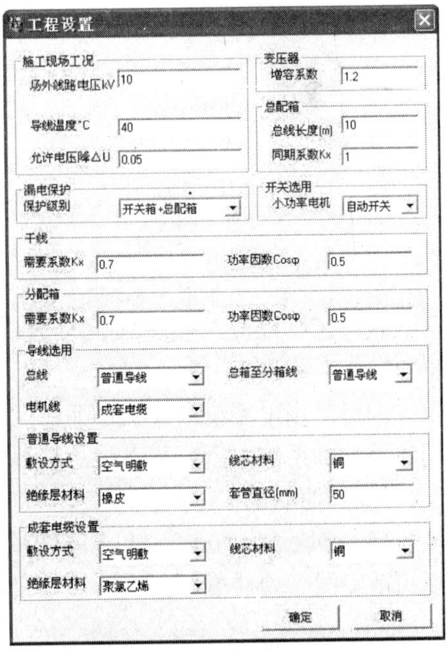

图Ⅲ-25　工程现场参数设置对话框

5.2.3 进行工程用电设备的分配设置

设置好施工现场的各种电器元件和工作条件后，就可以进行工程的临时用电方案的设计了。软件采用的是树形图方式表现，总电箱——分配箱——开关箱的从属关系一目了然，而且对这个树形图进行了优化，用户可以直接在图形上看到开关箱中的设备情况，见图Ⅲ-26。

软件中包括照明用电的计算，照明用电可以有单独的照明线路，照明线路下所有分配箱和开关箱均按照明用电计算，同样也可以在配电箱中设置照明用电开关箱，用户可根据自己现场的实际情况进行设定。

5.2.4 临时用电的设计计算

点击"用电计算"命令即可进行临时用电设计的计算，此时跳出一个计算结果对话框，这个对话框按照客户提出的需求，进行了可以导出成 excel 文件格式的功能的增加，点击"输出到 EXCEL"按钮，就可以将相同的格式导成 excel 文件（见图Ⅲ-27），方便用户使用。

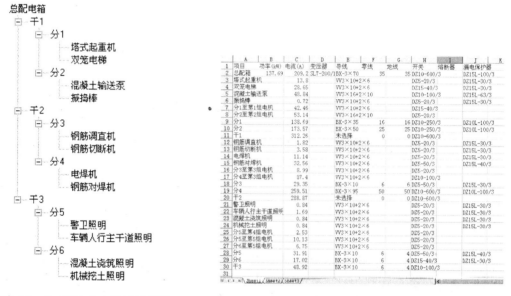

图Ⅲ-26 临时用电方案设置树形图   图Ⅲ-27 用电设计计算结果 excel 文件显示

软件还可以对总箱进线截面及分配箱到开关箱导线截面的电压降进行计算（见图Ⅲ-28）。

同时对用电系统图（见图Ⅲ-29）进行了优化，将三级用电用虚线框进行区分，这样用户在拿到系统图后，可以很清晰地看到三级用电的分配情况。

5.2.5 其他功能

（1）对于没有选择成套电缆线的，按规范要求自动选择零线和接地线截面，试算后可以更改零线、地线截面；

（2）等截面的相线、零线、接地保护线可以合并；

（3）各个参数均有浮动提示框，只要将鼠标放至相应的参数输入框上，就会自动弹出，用以说明参数的意义和建议值，给用户提供一个参考信息。

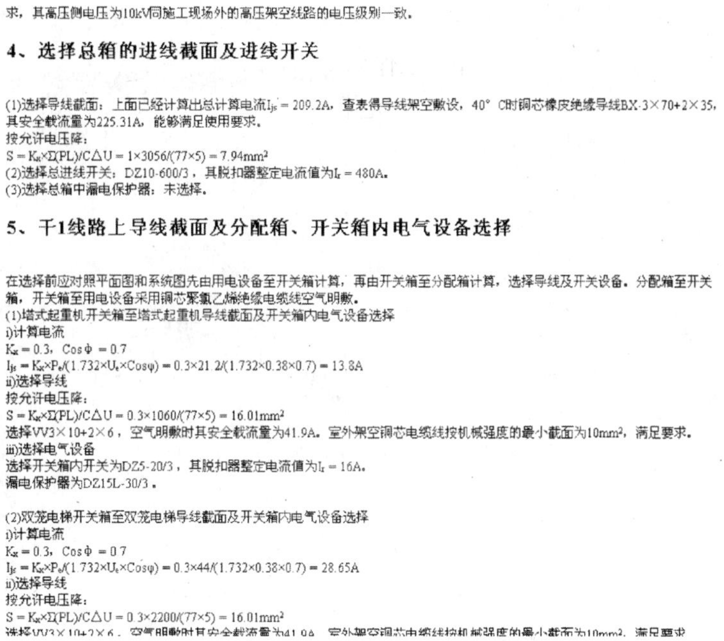

求，其高压侧电压为10kV同施工现场外的高压架空线路的电压级别一致。

4、选择总箱的进线截面及进线开关

(1)选择导线截面：上面已经计算出总计算电流I_{js} = 209.2A，查表得导线架空敷设，40°C时铜芯橡皮绝缘导线BX-3×70+2×35，其安全载流量为225.31A，能够满足使用要求。
按允许电压降：
$S = K_{it}×\Sigma(PL)/C\triangle U = 1×3056/(77×5) = 7.94mm^2$
(2)选择总进线开关：DZ10-600/3，其脱扣器整定电流值为I_t = 480A。
(3)选择总箱中漏电保护器：未选择。

5、干1线路上导线截面及分配箱、开关箱内电气设备选择

在选择前应对照平面图和系统图先由用电设备至开关箱计算，再由开关箱至分配箱计算，选择导线及开关设备。分配箱至开关箱，开关箱由用电设备采用铜芯聚氯乙烯绝缘电缆线空气明敷。
(1)塔式起重机开关箱至塔式起重机导线截面及开关箱内电气设备选择
i)计算电流
$K_{it} = 0.3$，$Cos\phi = 0.7$
$I_{jt} = K_{it}×P_e/(1.732×U_t×Cos\varphi) = 0.3×21.2/(1.732×0.38×0.7) = 13.8A$
ii)选择导线
按允许电压降：
$S = K_{it}×\Sigma(PL)/C\triangle U = 0.3×1060/(77×5) = 16.01mm^2$
选择VV3×10+2×6，空气明敷时其安全载流量为41.9A。室外架空铜芯电缆线按机械强度的最小截面为10mm²，满足要求。
iii)选择电气设备
选择开关箱内开关为DZ5-20/3，其脱扣器整定电流值为I_t = 16A。
漏电保护器为DZ15L-30/3。

(2)双笼电梯开关箱至双笼电梯导线截面及开关箱内电气设备选择
i)计算电流
$K_{it} = 0.3$，$Cos\phi = 0.7$
$I_{jt} = K_{it}×P_e/(1.732×U_t×Cos\varphi) = 0.3×44/(1.732×0.38×0.7) = 28.65A$
ii)选择导线
按允许电压降：
$S = K_{it}×\Sigma(PL)/C\triangle U = 0.3×2200/(77×5) = 16.01mm^2$
选择VV3×10+2×6，空气明敷时其安全载流量为41.9A。室外架空铜芯电缆线按机械强度的最小截面为10mm²，满足要求。

图Ⅲ-28 临时用电设计方案中总箱计算部分

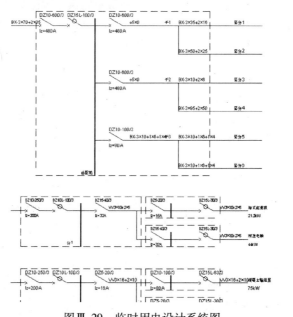

图Ⅲ-29 临时用电设计系统图

6 施工专项方案软件

6.1 施工专项方案软件界面

施工专项方案软件界面如图Ⅲ-30所示。

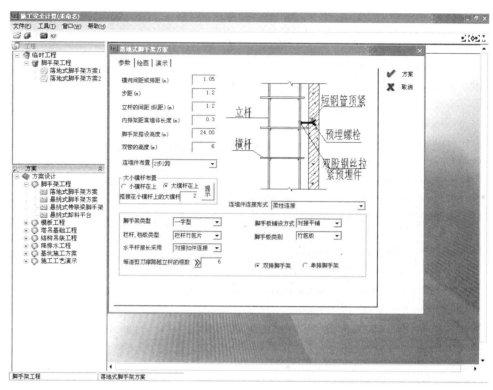

图Ⅲ-30　施工专项方案软件界面

6.2　施工专项方案软件介绍

根据《安全生产法》和《建设工程安全生产管理条例》的有关规定，结合施工中的各种规范要求，对建筑施工中关键分部工程编制了施工专项方案软件。

施工专项方案软件按照施工现场土建施工中有关内容的分类，快速准确地生成专项方案，并在方案中插入各种施工用图和节点详图，解决了施工现场广大技术人员在施工前编制专项方案繁琐的问题，使广大技术工程人员从繁重工作中解脱出来，更多投入到施工技术的研究上来。

施工专项方案软件将施工安全技术和计算机科学有机地结合起来，针对施工现场的特点和要求，依据有关国家规范和地方规程，归纳了施工现场常用的分部分项工程进行参数设置和分析，并提供了强大的绘制施工图功能，为施工企业的安全技术管理提供了便捷的工具，也为总施工组织设计的编制提供了可靠的依据，从而为施工安全提供了保障。

软件提供了施工现场常用的施工分项方案，包括基坑工程、脚手架工程、模板工程、塔吊基础工程、结构吊装工程、降排水工程等部分的方案，供施工现场技术人员参考，如图Ⅲ-31。

图Ⅲ-31　软件提供的施工
专项方案模板

7　施工图集软件

　　该系统专门为建筑施工企业而开发，汇集了多家施工企业（中建一局等）的实用图集，目前系统可提供 3000 多幅现成的图形。施工图集软件界面如图Ⅲ-32 所示。

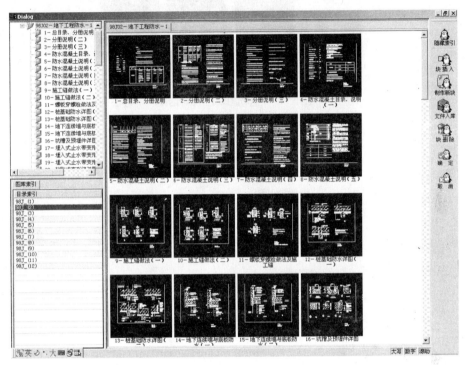

图Ⅲ-32　施工图集软件界面

　　施工图集软件有如下特点：

　　（1）独立版权 PKPM 建筑 CAD 图形平台提供专业建筑制图工具，无需学习 AUTOCAD 软件的命令，可直接上手使用。

　　（2）电子版资料配套使用软件，在资料软件中有图集接口。

　　（3）多类型图库为施工企业提供制作标书、编辑施工组织设计、施工方案及技术交底所需的各类施工详图、大样图、构造图、节点图等。包括基坑支护与基础、地下连续墙、防水工程、模板工程、脚手架、塔吊基础、临建、临水、临电、施工机械、安全防护、砌筑工程、钢管混凝土柱、钢结构、网架、抗震加固、预应力、施工缝和后浇带、装修、玻璃幕墙及门窗、成品保护等各类图块，如图Ⅲ-33 所示。

　　（4）多种图像格式支持 ∗.T、∗.BMP、∗.WMF。

　　（5）方便参数调整，可利用参数任意方向、任意角度调整图形大小。

　　（6）内容全面、完整、实用性强、操作简便快捷。软件提供了各种绘图和标注功能，可以任意编辑、组合，所见即所得地打印、预览等。也可以将常用的图形进行入库，方便多次操作。

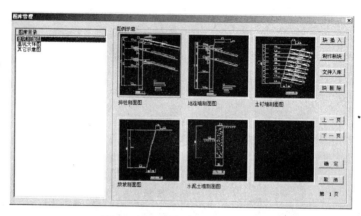

图Ⅲ-33　基坑图块输入对话框

参 考 文 献

1　程志贤，徐蓉等. 经评审的最低投标报价法理论与实务. 北京：中国建筑工业出版社，2004.

2　田耕等. 投标用施工组织设计实用手册. 北京：中国水利水电出版社，2007.

3　应惠清等. 土木工程施工. 2 版. 上海：同济大学出版社，2007.

4　赵志缙，应惠清等. 建筑施工. 2 版. 上海：同济出版社，2004.

5　同济大学经济管理学院，天津大学管理学院. 建筑施工组织学. 北京：中国建筑工业出版社，2008.

6　全国造价工程师执业资格考试培训教材编审委员会. 2006 年版建设工程基数与计量（土建工程部分）. 北京：中国计划出版社，2006.

7　全国造价工程师执业资格考试培训教材编审委员会. 2006 年版工程造价计价与控制. 北京：中国计划出版社，2006.

8　全国造价工程师执业资格考试培训教材编审委员会. 工程造价案例分析. 北京：中国城市出版社，2007.

9　徐蓉，王旭峰等. 建筑工程工程量清单与造价计算. 上海：同济大学出版社，2006.

10　徐蓉，王旭峰等. 工程造价管理. 上海：同济大学出版社，2005.

11　张宝玲，高晓升. 建设工程投标实务与投标报价技巧. 北京：机械工业出版社，2007.

12　周学军. 工程项目投标招标策略与案例. 济南：山东科学技术出版社，2002.

13　邓学才. 建筑工程施工组织设计的编制与实施. 北京：中国建材工业出版社，2006.

14　潘全祥. 建筑工程施工组织设计编制手册. 北京：中国建材工业出版社，1996.

15　上海市建设工程招标投标管理办公室. 上海工程量清单招标投标实务. 上海：同济大学出版社，2004.

16　上海市建设工程招标投标管理办公室，上海市职业能力考试院，上海市建设工程咨询行业协会. 工程项目招标投标相关法规知识. 上海：同济大学出版社，2005.

17　上海市建设工程招标投标管理办公室，上海市职业能力考试院，上海市建设工程咨询行业协会. 工程项目招标实务. 上海：同济大学出版社，2005.

18　中华人民共和国建设部. 房屋建筑和市政基础设施工程施工招标文件范本. 北京：中国建筑工业出版社，2003.

19　全国二级建造师执业资格考试用书编委会. 房屋建筑工程管理与实务. 2 版. 北京：中国建筑工业出版社，2007.

20　全国一级建造师执业资格考试用书编委会. 房屋建筑工程管理与实务. 2 版. 北京：中国建筑工业出版社，2007.

21　于立军，孙宝庆等. 建筑工程施工组织. 北京：高等教育出版社，2005.

22　后东升. 建筑施工现场管理课程. 北京：中华工商联合出版社，2006.

23　刘钟莹等. 建设工程招标投标. 南京：东南大学出版社，2007.

24　李立新，齐锡晶，常春等. 怎样编写土木工程招投标文件. 北京：中国水利水电出版社，2005.

25　姜晨光等. 建设工程招投标文件编写方法与范例. 北京：化学工业出版社，2007.

26　筑龙网. 建筑安装工程招投标及合同实例精选. 北京：中国电力出版社，2007.

27　张毅. 工程招标投标十日通. 北京：中国建筑工业出版社，2004.

28　郝杰忠等. 建筑工程施工项目招投标与合同管理. 北京：机械工业出版社，2007.

29　黄文杰等. 建设工程招标实务. 北京：中国计划出版社，2002.

30　（美）Blanchard, B. S.. 工程组织与管理. 李树田，方仲和译. 北京：机械工业出版社，1985.

31　卢谦. 建设工程招标投标与合同管理. 北京：中国水利水电出版社，2001.

32　中国投标网. 技术标书实录（钢结构及幕墙工程）. 北京：知识产权出版社，2005.

33　宋彩萍. 工程施工项目投标报价实战策略与技巧. 北京：科学出版社，2004.

34　何增勤. 工程项目投标策略. 天津：天津大学出版社，2004.

35　李辉，蒋宁生等. 工程施工组织设计编制与管理. 北京：人民交通出版社，2003.

36　中国建筑业协会筑龙网. 施工组织设计范例50篇. 北京：中国建筑工业出版社，2003.

37　张金锁，尚梅. 基于价值工程的清单计价评标方法研究. 西安科技大学学报：2005，25（4）.

38　王晗. 工程招标评标方法的探讨. 水利水电工程造价：2007（2）.

39　李文健. 关于对工程招标评标办法的浅谈. 大众科技：2007，97（9）.

40　马兆亮. 工程评标方法的分析与探讨. 水运工程：2007，410（12）.

41　李汝霞，柳榕. 现有评标办法及改进. 山西科技：2007（6）.

42　徐晓东，谭天. 浅论施工组织投标中的基数标书编写技巧. 浙江水利科技：2006，147（5）.

43　胡春琴. 论如何做好工程投标中的商务标. 化工施工技术：1997（5）.

44　何君君. 试论技术标权重、商务标基准价的合理取值. 中国市政工程：2003，105（3）.

45　张锦. 工程技术项目的选择与分析. 水利水电工程造价：2003（2）.

46　杨蕊. 建设项目招投标中评标价分析与决策. 河南机电高等专科学校学报：2003，11（3）.

47　曹迎春. 项目投标决策分析. 平原大学学报：2004，21（5）.

48　格力军. 如何提高施工企业投标的中标率. 人民黄河：2003，25（9）.

49　姚晓明. 论技术标与商务标的编制技巧. 山西建筑：2003，29（3）.

50　刘楠. 国外工程项目成功投标的策略与方法. 工程建设项目管理与总承包：2005（5）.

51　梁海龙. 投标文件中施工组织设计的编写. 内蒙古科技与经济：2006（14）.

52　熊翠敏. 投标施工组织设计的编制策略与技巧. 内蒙古科技与经济：2006（15）.

53　蒋瑛. 投标施工组织设计编制技巧. 沿海企业与科技：2007，77（10）.

54　李明华. 投标施工组织设计的编制策略与技巧. 铁道工程学报：2000，65（1）.

55　贾字国. 工程施工成本控制的基本方法. 太原理工大学学报（社会科学版）：2007（25）.

56　束冰龙. 项目施工管理与成本控制. 甘肃科技：2007，23（10）.

57　李君. 浅谈建筑工程阶段性施工成本控制. 山西建筑：2007，33（30）.

58　孙桂华. 浅谈建筑施工成本控制. 现代商贸工业：2007，19（6）.

59　解崇晖，蒋秋亮. 谈施工组织设计时工程施工成本的影响. 陕西建筑：2007，135（9）.

60　蔡焕琴. 工程项目施工成本控制的途径和措施. 河北建筑工程学院学报：2002，20（1）.

61　张建江. 标前与标后施工组织设计的特性与共性. 建筑经济：2003（4）.

62　姚传勤. 运用决策树法进行建设工程投标决策. 安徽建筑工业学院学报（自然科学版）：2006（4）.

63　杨俊琴. 投标决策支持系统研究. 重庆交通学院硕士学位论文. 2002.

64　王自忠. 建筑工程招投标策略与报价. 工程技术：2007（33）.